Beitz

NORBERT F. PÖTZL

BEITZ

Eine deutsche Geschichte

HEYNE〈

Verlagsgruppe Random House FSC-DEU-0100
Das für dieses Buch verwendete FSC®-zertifizierte Papier
EOS liefert Salzer Papier, St. Pölten, Austria.

Redaktion: Johann Lankes, München

Copyright © 2011 by Wilhelm Heyne Verlag, München,
in der Verlagsgruppe Random House GmbH
Umschlaggestaltung: Hauptmann & Kompanie Werbeagentur, Zürich,
unter Verwendung zweier Fotos von © picture alliance (Portrait) und
© Süddeutsche Zeitung Photo / ddp images / AP
Satz: EDV-Fotosatz Huber/Verlagsservice G. Pfeifer, Germering
Druck und Bindung: GGP Media GmbH, Pößneck
Printed in Germany 2011
ISBN 978-3-453-17955-4

www.heyne.de

INHALT

BESTELLTE WAHRHEITEN

Der Mann ist eine Legende. Judenretter in der Nazizeit, Wirtschaftswunder-Ikone in der jungen Bundesrepublik, Ostpionier im Kalten Krieg, Diplomat im internationalen Sport, Mäzen von Kultur und Wissenschaft.

Johannes Rau, damals gerade gewählter Bundespräsident, sagte 1999 zu Berthold Beitz, er würde ihm gern ein Diktiergerät schenken, denn »mit dem, was Sie zu erzählen haben, wären aufregende Bücher zu füllen«. Shimon Stein, seinerzeit israelischer Botschafter in Deutschland, bezeichnete Beitz 2002 als »Zeugen und Mitgestalter eines gesamten Jahrhunderts«.

Tatsächlich gibt es kaum einen Menschen, dessen Leben die Höhen und Tiefen der deutschen Geschichte im 20. Jahrhundert eindrucksvoller widerspiegelt. Aber Beitz hat auch selbst Legenden gewoben, die ihn in besonders strahlendem Licht erscheinen lassen.

Eine Legende ist es zum Beispiel, dass Beitz ein überaus erfolgreicher Wirtschaftsführer gewesen sei. Tatsächlich hat er den Weltkonzern Krupp wiederholt an den Rand des Abgrunds gesteuert; mit viel Glück konnte er das Unternehmen – und sich selbst – jedes Mal aus selbst verschuldeter Not retten.

Eine Legende ist es, dass die Firma Krupp auf Beitz' Betreiben freiwillig und als erstes deutsches Unternehmen ehemaligen Zwangsarbeitern Entschädigungen gezahlt habe. In Wahrheit mussten Beitz, der die Verhandlungen führte, die Almosen mühsam abgerungen werden.

Eine Legende ist es schließlich auch, dass Beitz eine besonders soziale Unternehmenskultur gepflegt habe. Wenn es seinen Interessen diente, setzte er sich rabiat über verbindliche Regeln und über die Belange anderer Menschen hinweg.

In dieser Ambivalenz von Leistung und Legendenbildung, von Heldenmut und Hochmut, von Charisma und Chuzpe changiert das Leben des Berthold Beitz. Geboren wurde er 1913, noch im wilhelminischen Kaiserreich, als – wie man damals sagte – kleiner Leute Sohn auf dem Land in Vorpommern. Als junger Mann, keine 30 Jahre alt, gehörte der kaufmännische Leiter einer Ölförderfirma im besetzten Polen mit seiner Frau zu den wenigen Deutschen, die unter Gefahr für ihr eigenes Leben Menschen schützten, die vom Nazi-Terror verfolgt wurden; das Ehepaar Beitz rettete Hunderte vor Erschießung und Gaskammer. Nach dem Zweiten Weltkrieg nutzte Berthold Beitz die Gunst des sogenannten Wirtschaftswunders für einen kometenhaften Aufstieg – ohne spezielle Vorkenntnisse brachte er es zum Generaldirektor einer großen Versicherungsgesellschaft. Als Alfried Krupp von Bohlen und Halbach, der letzte Alleineigentümer des Krupp-Konzerns, ihn 1953 zu seinem Generalbevollmächtigten berief, wurde Beitz Herrscher über das weltweit bekannteste und zeitweise auch größte deutsche Industrieunternehmen, das als ehemalige »Waffenschmiede des Reiches« auch das umstrittenste war. Teils im Alleingang, mitunter gegen den Widerstand des ersten Bundeskanzlers Konrad Adenauer, knüpfte Beitz Handelsbeziehungen zu damaligen kommunistischen Ostblockstaaten und galt deshalb später als Wegbereiter der Ostpolitik Willy Brandts. Auch als Mitglied und Vizepräsident des Internationalen Olympischen Komitees sowie als Förderer von Kunst und Wissenschaften hat Beitz Geschichte geschrieben.

Der Mann ist also eine Jahrhundertgestalt. Er faszinierte mich schon lange, bevor ich ihn persönlich kennenlernte. Und je mehr ich mich mit ihm beschäftigte, desto größer wurde die Faszination – auch und gerade wegen der Ambivalenz, die ich an ihm entdeckte. Das Leben ist eben nicht nur schwarz oder weiß, sondern bunt. Ein Triumphator mit einer glatten Fassade ist, zumal für einen Biografen, weniger reizvoll als ein Mensch in seinen Widersprüchen, der auch schmerzliche Niederlagen erfahren hat.

Meine erste Begegnung mit Beitz hatte ich im Juni 2001. Für meine Biografie über den ehemaligen DDR-Staatsratsvorsitzenden und SED-Generalsekretär Erich Honecker – auch er war facettenreicher, als sein mausgrauer Habitus vermuten ließ – befragte ich Beitz über seine Eindrücke und Erfahrungen, die er bei seinen zahlreichen Gesprächen mit dem ostdeutschen Potentaten gewonnen hatte. Nachdem das Honecker-Buch im August 2002 erschienen war, wollte ich mich der Lebensgeschichte von Berthold Beitz widmen.

Zwar war schon viel über ihn publiziert worden: Von seinem Einsatz für Juden im »Dritten Reich« künden Bücher, sein Wirken als Krupps Statthalter und Testamentsvollstrecker wurde wiederholt beschrieben, zu runden Geburtstagen erschienen in allen großen Tageszeitungen hymnische Porträts des Jubilars. Aber es fehlte noch eine umfassende Gesamtdarstellung seines Lebens. Diese Lücke wollte ich schließen.

Bei noch lebenden Persönlichkeiten steckt freilich jeder Biograf in einem Dilemma: Einerseits braucht er geistige Distanz, will er das Leben dieses Menschen faktengetreu schildern; andererseits muss er die Nähe des Betroffenen suchen, weil er auf dessen Mithilfe angewiesen ist – damit aber setzt er sich der subjektiven Beeinflussung aus. Dieser Widerspruch ist letztlich nur aufzulösen, wenn sich die Person ihrem Biografen öffnet, ohne Bedingungen zu stellen.

Mir war schnell klar, dass Beitz eine Heldendarstellung wollte. Deshalb schlug ich ihm eine literarische Form vor, von der ich glaubte, dass sie unser beider Ansprüchen genügen könnte: Beitz sollte sein Leben in der Ich-Form erzählen, ich hätte ihm nur die Feder geführt. Jeder Leser solcher Memoiren weiß, dass es sich um eine persönliche Rückschau handelt, die der historischen Wahrheit nicht gerecht werden muss. Der Ghostwriter wiederum ist für den Inhalt nicht verantwortlich, kann aber im günstigen Fall durch entsprechendes Nachfragen den Betroffenen zu kritischen Selbstreflexionen veranlassen.

Am 1. Oktober 2002 empfing mich Beitz im früheren Gästehaus der Villa Hügel, dem Sitz der Alfried Krupp von Bohlen und Halbach-Stiftung, zu einer ersten Besprechung über das Projekt. Unterstützt wurde es durch Beitz' Medienberater Klaus Bölling, den ehemaligen Regierungssprecher Helmut Schmidts. Beitz schien sich auf das Vorhaben einzulassen.

Ich studierte Archivmaterial über Beitz, um mich auf die Gespräche mit ihm vorzubereiten. Er aber schwankte, ob ihm nicht doch eine Biografie lieber wäre, in welcher ich als Autor, scheinbar neutral, sein Leben in der dritten Person Singular erzählen würde.

Der Berliner Verleger Wolf Jobst Siedler, der mit Bölling über das Projekt gesprochen hatte, riet Beitz, den er seit vielen Jahren kannte, dringend dazu, an der ursprünglich geplanten Autobiografie festzuhalten. Ein solches »Erinnerungsbuch … erlaubt, verlangt geradezu die Subjektivität des Blickwinkels«, schrieb er Beitz. Eine Biografie hingegen setze »eine übergeordnete Perspektive voraus«, wolle »darstellen, wie ein Mann in seiner Zeit stand und was sein Handeln objektiv im zeitgeschichtlichen Zusammenhang bedeutet«. Siedler traute Beitz so viel Zurückhaltung offenkundig nicht zu, denn er fragte: »Wollen Sie das wirklich? Muten Sie Ihrem Autor wissenschaftliche Distanz zu und setzen Sie voraus, dass er die Parallelliteratur berücksichtigt?«

Nach längerem Hin und Her wählte Beitz einen für ihn typischen Zwischenweg. Er wünschte, dass ich die Biografie schreibe –

aber mit dem schriftlich fixierten Vorbehalt, dass sie nur mit seiner Zustimmung veröffentlicht werden dürfe. Die Vereinbarung wurde Bestandteil meines Vertrags mit einem Buchverlag; sollte Beitz die Zustimmung nicht erteilen, würde er mir das entgangene Honorar ersetzen. Ein wirtschaftliches Risiko ging ich also nicht ein.

Aber ich hätte gewarnt sein müssen. Denn nach meinem Gespräch mit Beitz über Honecker hatte ich bereits einschlägige Erfahrungen gemacht, wie er bei der Autorisierung eines Textes vorgeht: Jedes gedruckte Wort, das ihn betrifft, scheint er unter allen denkbaren Aspekten so lange zu wägen, bis am Ende oft das Gegenteil von dem dasteht, was er im Interview ursprünglich gesagt hat.

Freimütig hatte mir Beitz von seinen zahlreichen Begegnungen mit dem einstigen Machthaber des anderen deutschen Staates berichtet: von gemeinsamen Jagdausflügen in der Schorfheide, von Empfängen im Ost-Berliner Staatsratsgebäude, von opulenten gemeinsamen Festmahlen. Das auf Tonband aufgezeichnete Gespräch dauerte etwa eine Stunde. Beitz erzählte lebhaft und anschaulich. Seine Schilderungen boten einen frappierenden Einblick, wie vertraut der westdeutsche Erzkapitalist und der ostdeutsche Oberkommunist miteinander umgingen. Doch als ich Beitz, einer üblichen Praxis folgend, die ihn betreffenden Passagen meines Manuskripts vorlegte, kassierte er das gesprochene Wort kurzerhand wieder ein.

Normalerweise, so kenne ich es aus meiner jahrzehntelangen journalistischen Praxis, korrigieren meine Gesprächspartner ihre Äußerungen nur geringfügig, meist geht es um stilistische Nachbesserungen. Beitz hingegen genehmigte zum Abdruck in meiner Honecker-Biografie nur wenige, völlig neu formulierte, kunstvoll gedrechselte Sätze.

Er habe sich, ließ sich Beitz nun zitieren, seit den frühen 1970er-Jahren »wohl eine gewisse menschliche Sympathie« des SED-Generalsekretärs erworben, »vielleicht erkannte er in mir einen ›progressiven Kapitalisten‹«. Wahrscheinlich, raunte Beitz in der von ihm freigegebenen Fassung, habe Honecker »auch von meinen Bemühungen während des Krieges, jüdische Leben zu retten«, gewusst. Eine weitere Erklärung für das Vertrauen, das Honecker ihm entgegenbrachte, sah Beitz »darin, dass ich, ohne mich irgendwann in die Politik einzumischen, sehr früh schon für einen aktiven Osthandel plädiert habe«. Insgesamt aber, behauptete Beitz in seiner nachgereichten Version, sei sein Verhältnis zu Honecker immer »distanziert« geblieben, »bei aller Freundlichkeit im Umgang miteinander«. Blutleere Floskeln ersetzten farbige Detailschilderungen.

Gleichwohl ließ ich mich auf die Bedingungen ein, die mir Beitz für seine Biografie diktierte. Zu sehr reizte mich die Chance, als dass ich die Risiken sehen wollte. Ich war neugierig, diese herausragende Persönlichkeit aus der Nähe kennenzulernen; diesen einzigartigen Lebensweg nachzuzeichnen erschien mir als publizistische Herausforderung. Die Gefahr des Scheiterns verdrängte ich. Ich traute mir zu, zwischen weihrauchdampfender Festschrift und faktengesättigter Lebensbeschreibung einen für ihn und mich akzeptablen Weg zu finden. Kurzum: Ich machte mich an die Quadratur des Kreises.

Ich habe Berthold Beitz und seine Frau Else im Januar 2003 eine Woche lang bei einem Kur-Urlaub in Bad Wörishofen begleitet. Auf langen Spaziergängen, bei gemeinsamen Mahlzeiten und abends am Kamin erzählte er mir aus seinem Leben. Im Sommer 2003 besuchte ich ihn mehrmals in seinem Büro auf dem Essener Hügel. Beitz ließ mir im historischen Archiv der Firma Krupp Dokumente vorlegen, vermittelte mir Weggefährten als Gesprächspartner und führte mich durch sein Privathaus am Weg zur Platte. Misstrauisch wachte er darüber, dass ich nur ihm wohlgesinnte Menschen interviewte, von Recherchen in anderen Archiven versuchte er mich abzuhalten. Alles, was ich tat, wollte er seiner Kontrolle unterwerfen.

Ich habe alle Beschränkungen, die Beitz mir auferlegte, hingenommen. Doch als ich ihm im Frühjahr 2004 das fast fertige Manuskript zur Durchsicht vorlegte, verweigerte er seine Zustimmung, die Biografie zu veröffentlichen. Den Grund habe ich nie erfahren. An der Qualität der Arbeit habe es nicht gelegen, versicherte er mir. Aber was hatte dann zu dem Veto geführt? Mangelnden Respekt vor der Lebensleistung des damals schon über Neunzigjährigen kann ich mir nicht vorwerfen, eher dass die Biografie zu unkritisch, zu schmeichelhaft war. Mir war ja beim Schreiben stets bewusst, unter welchem Vorbehalt sie stand – und war dennoch bestrebt, Beitz' Leben wahrhaftig zu schildern.

Aber es war nicht die Wahrheit, die Beitz vorgeschwebt und die er bestellt hatte. Wollte er keine objektive Lebensgeschichte, sondern eine Hagiografie, eine Jubelschrift, eine Heldenverklärung? Die jedenfalls habe ich ihm nicht geliefert. Beitz ließ mir, wie vereinbart, ein Ersatzhonorar für die Auflösung meines Buchvertrags anweisen – von der ThyssenKrupp AG, nicht aus seiner Privatschatulle.

Im November 2010 ist eine Biografie über Berthold Beitz erschienen, die sein Plazet erhalten hat. Der Autor, Joachim Käppner, Redakteur der *Süddeutschen Zeitung*, hat, wie ich unschwer erkennen konnte, überwiegend aus denselben Quellen geschöpft, die Beitz auch mir seinerzeit zugänglich gemacht hatte. Nun ist nachzulesen, wie viel Objektivität Beitz zulässt, wenn es um seine Person geht.

Rezensenten des Käppner-Buches, die nicht nur Beitz' glorreiche Gutmenschen-Vita nacherzählten, erkannten das Dilemma des Biografen. »Die umfangreiche Biografie«, schrieb etwa der Historiker Henning Köhler in der *Frankfurter Allgemeinen Zeitung*, »will dieses Leben weniger in kritischer Distanz präsentieren als den Helden selbst zu Wort kommen lassen. Beitz ist auch hier die handelnde Person, die in vielen Interviews dem Autor die Richtung gewiesen hat.«

Das *Manager Magazin* stellte fest, Käppner gebe »eine Sicht auf den letzten Patriarchen der deutschen Wirtschaft frei, die von Beitz selbst und von wichtigen Gefährten, die ihm zugetan sind, gesteuert ist. Viel Raum für Distanz bleibt da nicht.«

Über die »Gefahr, unter Einfluss zu geraten«, sinnierte in der *Berliner Zeitung* der Schriftsteller Burkhard Spinnen. »Das freilich liegt ganz in der Natur der Sache. Niemand öffnet sich einem Biografen, von dem er weiß, dass er mit einem inneren Stirnrunzeln zuhört und gleich für jede Äußerung anderswo Zeugen sucht, die entweder zustimmen oder widersprechen. Biografische Arbeit ist Vertrauenssache; freilich entsteht aus Vertrauensverhältnissen heraus auch ein ›geprägter Blick‹.« Autor Spinnen weiß, wovon er schreibt: Er hat 2003 selbst eine Unternehmerbiografie veröffentlicht, die ihm den Vorwurf eintrug, sich als bloßer »PR-Referent« betätigt zu haben.

Berthold Beitz hat die Macht und das Geld und die Selbstherrlichkeit, ihm genehme Publikationen in Auftrag zu geben und bei Nichtgefallen zu verhindern. So hat er es oft praktiziert, und er schreckte auch nicht davor zurück, prominente Autoren vor den Kopf zu stoßen.

Was ich mit Beitz erlebte, widerfuhr vor Jahrzehnten schon dem berühmten Golo Mann. Damals ging es zwar nicht um Beitz, sondern um Alfried Krupp, aber das macht in den Augen von Beitz kaum einen Unterschied. Vermutlich sieht sich Beitz, wie Krupps Nichte Diana Maria Friz zumindest lästert, als »Reinkarnation« des letzten Krupp.

Am 7. März 1975 schrieb Beitz einen Brief an den im schweizerischen Kilchberg lebenden Golo Mann: »Der letzte Inhaber der Firma Fried. Krupp und Stifter der Alfried Krupp von Bohlen und Halbach-Stiftung, Herr Dr. Ing. h. c. Alfried Krupp von Bohlen und Halbach, würde am 13. August 1977 70 Jahre alt. Es ist beabsichtigt, seine Person in einer Schrift zu würdigen. Ich wäre Ihnen sehr dankbar, wenn Sie mich wissen ließen, wann und wo Sie mich zu einem Gespräch über dieses Thema empfangen könnten.«

Den damals 65-jährigen Historiker und Publizisten Golo Mann, Sohn des Nobelpreisträgers Thomas Mann, hielt Beitz für würdig, Alfried Krupp ein literarisches Denkmal zu setzen. Golo Mann schien dafür aus drei Gründen prädestiniert. Erstens hatte er 1971 eine fulminante Wallenstein-Biografie vorgelegt, einen Wälzer von 1368 Seiten, der zum Bestseller avancierte; Golo Mann hatte sich damit als Großmeister der historischen Poesie ausgewiesen. Zweitens hatte sich der streitbare Konservative zwischen 1969 und 1973 – wie Beitz – für den sozialdemokratischen Bundeskanzler Willy Brandt und dessen Ostpolitik engagiert. Und drittens hatte Golo Mann 1973 zur Hundertjahrfeier der Degussa eine bemerkenswerte Rede gehalten: Der Laudator hatte das Kunststück fertiggebracht, die Verstrickungen der »Deutschen Gold- und Silber-Scheideanstalt« in die Naziverbrechen mit keinem einzigen Wort, ja nicht einmal andeutungsweise zu erwähnen. Immerhin war die gefeierte Jubilarin mit 42,5 Prozent an der Deutschen Gesellschaft für Schädlingsbekämpfung (Degesch) beteiligt gewesen, die das »Entwesungsmittel« Zyklon B lieferte, mit dem eine Million Juden in den Vernichtungslagern Auschwitz und Majdanek vergast wurden. Außerdem hatte die Degussa als Verarbeiter eines Großteils des von den Nazis geraubten Goldes und als Hersteller von Rüstungsgütern eine kriegswichtige Funktion – ähnlich wie die Waffenschmiede Krupp.

So konnte Beitz von Golo Mann wohl erwarten, dass der Starhistoriker die Rolle des Essener Stahlmagnaten und »Wehrwirtschaftsführers« im »Dritten Reich« mit einfühlsamem Verständnis darstellen würde. Zwar war Alfried Krupp kein emphatischer Anhänger der Nationalsozialisten gewesen, der Partei war er erst 1938 beigetreten, aber dem Hitler-Regime hatte er loyal gedient. Der Konzern hatte im letzten Kriegsjahr mindestens 100 000

Zwangsarbeiter ausgebeutet, die »fremdvölkischen« Arbeitssklaven und KZ-Häftlinge stellten mehr als ein Drittel der Belegschaft. Deshalb, aber auch wegen der Ausplünderung von Industrieunternehmen in den von der Wehrmacht besetzten Ländern war Alfried Krupp, seit 1943 an der Spitze des Unternehmens, nach dem Zweiten Weltkrieg in einem der Nürnberger Kriegsverbrecherprozesse zu zwölf Jahren Gefängnis und zur Einziehung seines gesamten Vermögens verurteilt worden. Bereits 1951 wurde Alfried Krupp indes vom amerikanischen Hochkommissar in Deutschland, John McCloy, begnadigt und wieder in sein Eigentum eingesetzt – im Kalten Krieg gegen die Kommunisten brauchten die Westmächte wirtschaftlich starke Verbündete und fanden die auch unter ihren einstigen Kriegsgegnern. Alfried Krupp starb 1967, sodass der Anlass für die geplante Biografie ein doppelter sein konnte: 70. Geburtstag und 10. Todestag.

Beitz lud Golo Mann zu einem Abendessen in sein Privathaus ein, »damit ich«, wie er kokett anmerkte, »Ihnen meine Ideen – soweit ein Geschäftsmann überhaupt Ideen haben kann – vortragen kann«. Nach der Begegnung mit Beitz am 25. April 1975 notierte Golo Mann in seinem Tagebuch hellsichtig: »Das sollte ich wohl nicht tuen. *Sollte.*« Eine »ausgewachsene Biografie« wollte er nicht schreiben, »es würde mich drei bis fünf Jahre kosten«. Aber er bot, weil ihn Beitz so charmant umgarnt hatte, »einen biografischen Essay von zwischen 50 bis 150 Seiten« Umfang an. Er müsse allerdings, schrieb Golo Mann an Beitz, bei seiner Arbeit »völlige Freiheit« haben, es dürfe »keine Kaiser-Geburtstagsrede« werden. »Gesellschaftliche, politische Verhältnisse der Frühzeit müssten so dargestellt werden, wie sie waren, nicht schlechter, nicht besser.« Zugleich stellte Mann eine Honorarforderung, von der er insgeheim vielleicht hoffte, dass er den Auftraggeber damit verschrecken würde: Er müsse »für einen an das Unternehmen gesetzten Monat DM 10 000 haben«;

bei einem kürzeren Essay von 50 Seiten rechne er mit drei oder vier Monaten Arbeit, bei einem längeren entsprechend mehr. »Ist unter den heutigen Umständen ein solcher Preis der Stiftung zu hoch, so hätte ich volles Verständnis dafür.« Doch schon wenige Tage später traf die Antwort von Beitz ein: Er freue sich über die Zusage, und »wie Sie wissen, liegt auch mir daran, keine Kaiser-Geburtstagsrede zu erhalten«.

Im Mai 1976 schloss die Krupp-Stiftung eine schriftliche Vereinbarung mit Golo Mann, der »sich bemühen« wollte, »ein druckfertiges Manuskript der Schrift im Frühjahr 1977 vorzulegen«. Bis dahin hatte Mann allerdings kaum mit der Arbeit begonnen. »Vor Krupp fürchte ich mich. Was soll er mir?«, notierte er im Februar 1977 in seinem Tagebuch. Schließlich fing er doch an, Zeitzeugen zu befragen und im Krupp-Archiv zu forschen. Aber sein Eindruck verfestigte sich, dass er Alfried Krupp als Person wenig abgewinnen konnte, er interessierte sich mehr und mehr für dessen Vater Gustav von Bohlen und Halbach und den Mythos Krupp.

Dennoch rang sich Golo Mann allmählich zu einer umfassenderen »biografischen Arbeit« durch, die er, wie er Beitz im August 1977 ankündigte, »bis Ende Februar 1978 zu Ende zu bringen« entschlossen sei. »Es dürfte ein Buch von 250–300 Schreibmaschinenseiten oder 200–220 normalen Druckseiten werden.«

Als sich die Ablieferung des Manuskripts jedoch immer weiter verzögerte, schrieb Beitz im Juni 1980 an Golo Mann: »Grundlage der Überlegungen war seinerzeit, Alfried Krupp in Verbindung mit seinem 10. Todestag im Juli 1977 in besonderer Weise zu würdigen. Diese Idee ist überholt, und im vorliegenden Zeitpunkt fehlt der rechte Anlass. Die Mitglieder des Kuratoriums haben mich daher gebeten zu versuchen, baldmöglichst einmal mit Ihnen zu sprechen, um zu beraten, ob die Arbeit überhaupt fortgesetzt werden sollte.« Selbstverständlich sei die Stiftung

»bereit, der bisher investierten Mühe und Zeit gerecht zu werden«.

Golo Mann antwortete verstimmt: »So geht's nicht. Ich habe mich viel zu tief in diese Biografie hineingearbeitet, viel zu viel, ich darf sagen, schwere Arbeit darauf gewandt, als dass ich sie nun aufgeben könnte.« Den Grund für den Auftragsentzug hielt er offenkundig für vorgeschoben, denn wie jeder wisse, sei der zehnte Todestag »ja nun seit demnächst drei Jahren vorüber«. Ein »ernsthaft gemachtes Buch über diese Persönlichkeit, 1975 erst begonnen, hätte 1977 keinesfalls erscheinen können«, rechnete Mann vor. »Ob aber 1979 oder 1981, macht, scheint mir, keinen wesentlichen Unterschied. Eine Festschrift muss zum Termin erscheinen, ein Buch dieses Charakters kaum.« Mann hegte den Verdacht, dass »man die Arbeit einem Anderen übertragen« wolle. Doch ein anderer Autor »müsste erst einmal *anfangen*«, und dann, fügte er selbstbewusst hinzu, »würde er es, schriftstellerisch, nun gewiss nicht so gut machen wie ich«.

Beitz versuchte, Golo Mann zu beschwichtigen: »Niemand möchte Sie um die Früchte Ihrer Arbeit bringen.« Das Kuratorium sei halt besorgt, weil er eine »längere schöpferische Pause« eingelegt habe, aber man denke nicht daran, einen anderen Verfasser zu suchen.

Im Februar 1981 trafen sich Golo Mann und Berthold Beitz in München zu einem gemeinsamen Mittagessen. In einem Brief hielt Beitz danach fest: »Wir waren so verblieben, dass Sie mir das Manuskript nach Fertigstellung zur Verfügung stellen, damit ich es kritisch durchlese.« Nach und nach sandte Golo Mann einzelne Kapitel an das Kuratorium, wobei er jedes Mal die nächste Teillieferung ankündigte, oft mit genervtem Unterton: »In 14 Tagen«, hieß es in einem Begleitschreiben, » – mein Gott ja, es mögen auch 17 Tage werden – folgt ein Konvolut etwa der gleichen Länge.« Den Kuratoriumsmitgliedern versicherte er, dass er sich in seinem Werk um größtmögliche Objektivität bemüht habe: »Die Wahrheit, ja. Nichts als die Wahrheit, ja. Die genaue Wahrheit – die auch insoweit sie greifbar ist, und natürlich ist sie es niemals ganz; und soweit sie greifbar ist, mit Takt und Augenmaß.«

Sieben Kapitel, 134 Schreibmaschinenseiten, hat Golo Mann schließlich abgeliefert, etwa die Hälfte des geplanten Ganzen. Für den 8. Juli 1981 lud Beitz den Autor nach Essen ein. Golo Mann hatte geglaubt, dass dabei über Einzelheiten des Buches gesprochen werden solle; deshalb trug er, wie er Beitz hinterher schrieb, »in der Handtasche, die Ihnen ja auffiel, das Manuskript, soweit es ins Reine geschrieben war«. Doch Beitz verlangte brüsk, das Projekt sofort zu beenden. Der Schriftsteller sah sich »in einer mich so überrumpelnden Situation«, dass er in eine Abfindung von 150 000 Mark einwilligte – später fand er, dass dies für drei Jahre Arbeit »noch immer jämmerlich wenig« sei. In seinem Tagebuch notierte Golo Mann: »Die Krupp-Sache zu Ende. Ein höchst merkwürdiges Gefühl; halb erleichtert, halb verwirrt und leer; wie plötzlich in den Ruhestand versetzt. Ein sehr großer Aufwand, seit Jahren nun, schmählich vertan.«

Die Gründe, die zur Ablehnung der Biografie führten, sind in der Korrespondenz nirgendwo konkret benannt worden. Immerhin versicherte Beitz dem Verfasser schriftlich, »dass die historische Richtigkeit Ihrer Ausführungen nie in Zweifel gezogen worden ist, zu schweigen von der literarischen Qualität Ihrer Arbeit«.

»Offensichtlich«, meint Diana Maria Friz, Tochter von Alfried Krupps Schwester Waldtraut, »hatte Berthold Beitz Zweifel daran bekommen, ob eine so detaillierte Darstellung von Alfrieds Leben, wie Golo Mann sie in Angriff genommen hatte, auch wirklich in Alfrieds Sinn gewesen wäre.« Beitz, der gern spontan, aus dem Bauch heraus entschied und stolz auf seine intuitiven Eingebungen war, wog mögliche Einwände und Bedenken oft erst hinterher ab. Dann hielt er, wie er gelegentlich erzählte, Zwiesprache mit seinem verstorbenen Mentor, fragte sich, »was hätte Alfried Krupp jetzt getan?«.

In einem Brief an einen Freund gab Golo Mann im Mai 1983 einen Hinweis, weshalb seine Krupp-Biografie keine Gnade bei Beitz gefunden hatte: »Es sollte ein Auftragsbuch daraus werden, aber so geschah es nicht, weil der fertige Teil Herrn Beitz nicht gefiel. Übrigens nicht aus politischen Gründen: Es war nur so, dass ich aus dem letzten Krupp, der nicht bös, aber eine ziemliche Null war, den Helden nicht machen konnte, den er, in eigentlich rührender Vasallentreue, in ihm sehen wollte.«

Bei seiner radikalen Ablehnung von Manns Manuskript sei Beitz anscheinend nicht ganz wohl in seiner Haut gewesen, glaubt Diana Maria Friz. Denn Beitz »entschloss sich, seinem Tun den Anschein zu geben, dass es auch von der Familie gebilligt werde«. So habe er das Manuskriptfragment Berthold von Bohlen und Halbach, Alfrieds ältestem Bruder, übergeben, der nach dessen Tod das Oberhaupt des Bohlen-Clans war. Beitz habe ihrem Onkel das Manuskript eines Abends mit der Bemerkung ausgehändigt, er müsse seine Stellungnahme bis zum nächsten Mittag haben, da er dann Golo Mann seine Entscheidung mitteilen wolle.

Berthold von Bohlen habe daher den Text nur überfliegen können. Dabei sei er »natürlich auf so manche Bewertung« gestoßen, »die sich nicht ganz mit seiner eigenen deckte«, und »ärgerte sich wohl auch über das eine oder andere«. Doch Zeit, diese emotionale Reaktion abklingen zu lassen und nochmals in Ruhe und mit kühlem Kopf das Manuskript zu lesen, habe ihm Beitz nicht gelassen. So sei es Beitz gelungen, am nächsten Morgen Berthold von Bohlen die Zustimmung abzuringen, dass das Buch vorerst nicht erscheinen solle. Berthold von Bohlen jedoch habe gespürt, dass sein Urteil nicht ausgewogen gewesen sei. Deshalb sei das Manuskript zwischen den noch lebenden Geschwistern Alfrieds und den älteren Mitgliedern der nachfolgenden Generation zirkuliert. Die Einschätzung sei überwiegend positiv gewesen. »Trotz manchen Widerspruchs im Einzelnen herrschte der Tenor vor: Endlich versuche hier ein Autor, sachlich und einfühlsam und unter Zuhilfenahme wissenschaftlicher Methoden das Bild der Krupps in einer Zeit zu zeichnen, die sich pauschaler, vereinfachender Betrachtung weitgehend entzieht.«

Berthold von Bohlens Gewissensbisse waren umso größer, als er und seine Frau Edith mit Golo Mann seit Jahren freundschaftlich verkehrten. Im Zuge seiner Recherchen hatte Mann Kontakt zu dem Ehepaar aufgenommen, es gab wechselseitige Besuche, und inzwischen duzten sie sich sogar. Berthold sei »äußerst unglücklich und bedrückt, dass er durch eine, wegen Zeitdruck, voreilige Stellungnahme zu Deinem Buch dessen Erscheinen unmöglich gemacht« habe, schrieb Edith von Bohlen an Golo Mann. Dabei habe sich Beitz nur ein Alibi für seine bereits getroffene Entscheidung verschaffen wollen, als er Berthold von Bohlen um dessen Einschätzung bat. Denn Beitz habe, wie ihr Mann ihr erzählt habe, schon vor der Prüfung des Manuskripts Bertholds Einverständnis gefordert, »mit Dir am folgenden Morgen eine Vereinbarung zu treffen, nach der das Buch nicht erscheinen solle«. Beitz habe dabei auch gesagt, »dass er und seine Rechtsberater bereits entschlossen seien, die Veröffentlichung des Buches zu verhindern, im Interesse der Stiftung, der Firma und der Familie«.

Beitz hatte demnach wohl doch, auch wenn er das Gegenteil beteuerte, eine »Kaiser-Geburtstagsrede« gewünscht. Das druckfertige Fragment staubt nun im Schweizerischen Literaturarchiv in Bern vor sich hin, als Teil des Nachlasses von Golo Mann, der 1994 starb. Einen Auszug, »Krupp und das Dritte Reich« betreffend, hat Diana Maria Friz in ihrem Buch veröffentlicht.

Golo Mann wurde von der Krupp-Stiftung finanziell dafür entschädigt, dass sein Text nicht erscheinen durfte. Andere Autoren versuchte Beitz durch Einschüchterung und Androhung rechtlicher Schritte von kritischen Publikationen abzubringen.

Der erste Fall ereignete sich noch zu Alfried Krupps Lebzeiten. Im Herbst 1958 hatte sich der amerikanische Autor Norbert Mühlen, ein 1939 aus Deutschland emigrierter Journalist, an Alfried Krupp gewandt: Er wolle das »erste … objektive Buch über Krupp« schreiben, nachdem bis dahin fast ausschließlich lobhudelnde Firmenchroniken verfasst worden waren. Konzernchef Krupp empfing Mühlen zu mehreren Gesprächen und öffnete ihm das Firmenarchiv. Als das Buch Anfang 1960 in den USA veröffentlicht wurde, ließ schon der Titel (*The Incredible Krupps*) in Essen die Alarmglocken schrillen. Eine von der Firma vorgenommene Übersetzung des Textes erschreckte die Krupp-Chefs noch mehr: So wie Mühlen hatte noch kein Biograf die Geschichte der Kanonenkönige erzählt.

Schon die Söhne des Firmengründers Arndt Krupp, der sich als Wein- und Viehhändler 1587 in Essen niedergelassen hatte, seien, so Mühlen, reich durch gute Waffengeschäfte geworden, denn 1618 brach ein Krieg aus, und »zu Krupps Glück dauerte dieser Krieg dreißig Jahre«. Den Schöpfer des Krupp-Imperiums, Alfred Krupp (1812–1887), porträtierte Mühlen als skrupellosen Kriegsgewinnler. Der angeheiratete Gustav von Bohlen und Halbach (1870–1950) habe sich von seiner Frau Bertha Krupp genauso willig gleichschalten lassen wie von Adolf Hitler. Und Alfried Krupp von Bohlen und Halbach erscheint bei Mühlen als ein recht unsympathischer Dümmling, dem »moralische und intellektuelle Scharfsicht« fehle, um seine Verstrickung mit dem Naziregime zu verstehen.

Auch Beitz, damals erst wenige Jahre Krupps Majordomus, bekam in dem Mühlen-Werk sein Fett ab. Er sei »formlos und brüsk« und zeige »eine fröhliche, fast grausame Verachtung für die überwürdige Art, in der die älteren Kruppianer sich gefielen«. Wegen seiner Attitüde werde Beitz »der Amerikaner« genannt: Er benutze gern amerikanische Slang-Ausdrücke, beschreibe etwa seine Mutter als ein »tough baby«; seine Anzüge seien »nach der neuesten Madison-Avenue-Mode geschnitten«, und er lasse »durchblicken, dass er jazzsüchtig sei«. Seine Reden schmücke Beitz »großzügig mit ›o. k.‹ sowohl wie mit ›k. o.‹ aus«, »der letztere Ausdruck galt jedem, der ihm im Wege stand«. Als das Buch 1960 in deutscher Übersetzung erscheinen sollte, bekamen der Autor und sein Frankfurter Verleger Heinrich Scheffler »den bedenklich mächtigen Einfluss des Hauses Krupp auf mancherlei deutsche Redaktionen und Buchhandlungen« (Mühlen) zu spüren. Schon Schefflers Ankündigung, das Buch veröffentlichen zu wollen, löste bei Krupp-Informationschef Bernd Huffschmid reflexhafte Abwehr aus: »Muss das sein?«, fragte er den Verleger. Der zeigte sich entgegenkommend: »Wir wollten ja nicht um jeden Preis eine Spitze gegen Krupp abschießen«, und erklärte sich bereit, die Firma bei der Bearbeitung der deutschen Version mitwirken zu lassen. Doch auch das entschärfte Produkt stieß nach seinem Erscheinen auf Gegenaktionen. Zeitungen und Zeitschriften, die Nachdrucke veröffentlichen wollten, beschied Krupps Presseabteilung: »Wir haben daran absolut kein Interesse.« Also unterblieben sie.

Selbst ein Werk, in dem Krupp nur am Rande Erwähnung fand, versuchte Gralshüter Beitz zu verhindern. Durch Vermittlung von *Stern*-Chefredakteur Henri Nannen war Beitz 1962 ein Fahnenabzug von Rolf Hochhuths Theaterstück *Der Stellvertreter* zugespielt worden. In dem »christlichen Trauerspiel« geht es um Papst Pius XII., der durch entschiedenen Protest womöglich eine große Zahl von Juden vor der Ermordung hätte retten können. Angeprangert wird darin auch die Beschäftigung von KZ-Häftlingen als Zwangsarbeiter durch Krupp. Das missfiel Beitz. Er rief den Verleger Heinrich Maria Ledig-Rowohlt an und drohte ihm mit einem Prozess. »Es war keine fragende Intervention«, erinnert sich Fritz J. Raddatz, der damalige »Stellvertreter des Verlegers«, der das Telefongespräch mithörte, »es war der knallharte Versuch, die Publikation zu unterbinden«. Ungerührt beendete Ledig-Rowohlt das Telefonat mit dem Satz: »Dann, hochverehrter Herr Beitz, freue ich mich auf den Prozess Krupp gegen Rowohlt« – der dann doch nicht stattfand.

Anstoß nahm Beitz ein Jahrzehnt später auch an einem Schlüsselroman, in dem er die Hauptrolle zu spielen schien. Der Illustrierten-Reporter und Drehbuch-Autor Will Tremper hatte ursprünglich ein Sachbuch über die Krupp-Krise 1966/67 schreiben wollen. Damals drohte der Konzern insolvent zu werden und musste mit Staatsbürgschaften gerettet werden. Beitz selbst, erzählte Tremper, habe ihn zu dem Buch animiert, weil er sich als Opfer einer »Verschwörung« von Bankiers und Politikern gesehen habe, die ihn aus seiner Position als Alfried Krupps Generalbevollmächtigtem zu drängen versucht hatten. Mit Trempers Hilfe wollte sich Beitz offenbar an seinen Widersachern rächen. Laut Tremper hatte es sogar einen Vertrag mit ihm und dem Verleger Fritz Molden gegeben, in dem sich Beitz verpflichtet habe, »alle Informationen für das Sachbuch bereitzustellen«.

Doch nachdem Beitz 1970 unangefochten an die Krupp-Spitze zurückgekehrt war, hatte er wohl das Interesse an einer Abrechnung mit seinen Kontrahenten verloren. Er gab die versprochenen Auskünfte nicht, und Tremper musste die Sachbuchidee begraben. Das schöne Recherchematerial, das er inzwischen zusammengetragen hatte, wollte der Journalist aber nicht einfach auf den Müll werfen. Also verfertigte er einen Roman, der von Intrigen in einem deutschen Industrieunternehmen handelte. Der Titel des Romans, *Das Tall-Komplott*, ließ durch den einsilbigen Firmennamen gleich an Krupp denken, die Hauptfigur Benjamin Bach trug die Initialen von Berthold Beitz, und das Geschehen lehnte sich unverkennbar an die äußeren Abläufe der Krupp-Krise an.

Immerhin war der Kolportageroman so kunstvoll ausgestaltet, dass Beitz keine Handhabe fand, dagegen juristisch vorzugehen. Deshalb beließ er es dabei, Tremper zu bitten, wenigstens die

»zarten Sexstellen« aus dem Manuskript zu streichen – wo Benjamin Bach seine Sekretärin auffordert: »Mach's mir schon«, und sie ihm entgegnet: »Ich bin doch keine Hure.«

Tremper tat unschuldig. »Sie sind es nicht«, schrieb er an Beitz, »und darum dürfen Sie sich um Himmels willen nicht mit einer solchen schriftlichen Bitte an mich wenden, die sich ja liest, als ob Sie sich vollkommen mit dem Romanhelden identifizierten.« Der Dialog blieb drin. Trempers Roman stand 15 Wochen lang auf der damals nur jeweils zehn Titel umfassenden *Spiegel*-Bestsellerliste.

Auch die Krupp-Nichte Diana Maria Friz ließ sich nicht einschüchtern. Als sie in den späten 1980er-Jahren daranging, ein Doppelporträt der »Stahlgiganten« Alfried Krupp und Berthold Beitz zu zeichnen, ersuchte sie Beitz um ein Gespräch. Dieser, so berichtet sie, habe sich »von Anfang an dagegen gesträubt und sich erst dann bereitgefunden, mit mir zu sprechen, als er erkannte, dass er das Buch nicht verhindern konnte«. Beitz, der Familienfremde, hatte Alfrieds Nichte sogar den Zugang zum Familienarchiv verwehrt und beim Verlag interveniert. Erst als alles nichts nutzte, empfing Beitz die Autorin, »weil er nur so«, wie seine Besucherin vermutete, »Schlimmeres zu verhüten hoffte«. Beitz legte schließlich »großen Wert auf die Feststellung, dass er nicht an dem Buch mitgewirkt und für seinen Inhalt keine Verantwortung übernehmen kann«.

Wie weit der Arm des Berthold Beitz reicht, bekam die Historikerin Brigitte Seebacher zu spüren. In den 1990er-Jahren schrieb sie eine Reihe von Essays und Zeitzeugenporträts für die *Frankfurter Allgemeine Zeitung* und deren Magazin. Ein Beitrag, den die langjährige »feste freie Mitarbeiterin« der *FAZ* mit dem zuständigen Redakteur abgesprochen hatte, sollte Beitz gewidmet sein. Dieser, so erinnert sich die Witwe des früheren Bundeskanzlers Willy Brandt, habe sie »mit äußerster Liebenswürdigkeit« empfangen, »immer auf seine wunderbaren Beziehungen zu Willy Brandt verweisend«. Aber schon auf ihre zweite Frage habe Beitz »eisig« reagiert und sie nach der dritten »buchstäblich vor die Tür gesetzt«. Seebachers Artikel über Beitz ist im *FAZ-Magazin* nie erschienen – als einziger der ganzen Serie. Jahre später, berichtet Seebacher, habe der Redakteur ihr offenbart, dass die Nichtveröffentlichung »von hoch oben« angeordnet worden sei, »wo man von Beitz mobilisiert worden war«.

Publiziert wurde der inkriminierte Beitrag dann doch noch: in einem im Herbst 1995 herausgegebenen Sammelband mit den *FAZ*-Aufsätzen Seebachers. »In der Kunst der Selbstdarstellung«, schrieb die Autorin, sei der Stiftungsherr »meisterhaft«; er wolle, »dass der Name Beitz und der Name Krupp ineinanderfließen«, und lasse »bewusst offen«, »wo das eigene Selbst aufhört und das geliehene anfängt«.

Der *Spiegel* druckte einen Totalverriss des Buches, das »Porträts und politische Analysen zweifelhafter Güte« enthalte. Der einzige Text, der vorher unveröffentlicht war, höhnte das Blatt, »wäre es wohl auch besser geblieben: eine Philippika gegen Berthold Beitz«. Den Krupp-Verweser gegen die Seebacher-Anwürfe zu verteidigen, war denn auch der einzige Zweck des *Spiegel*-Artikels, von dem Seebacher glaubt, dass er »durch Beitz veranlasst« worden sei. Die Vermutung erscheint nicht abwegig, denn fünf Wochen später kartete das Nachrichtenmagazin wegen der »Provokation der Brandt-Witwe« noch einmal nach: in einem *Spiegel*-Gespräch mit Beitz, das dessen langjähriger Freund Rudolf Augstein, zusammen mit zwei jungen Redakteuren, in seinem Haus auf Sylt führte.

Eigentlich muss ich Beitz dankbar dafür sein, dass er das Erscheinen meiner Biografie 2004 verhindert hat. Der Spagat, dem Auftraggeber gefallen und gleichzeitig eine objektive Lebensbeschreibung abliefern zu wollen, konnte nicht gelingen. Mein Interesse an dieser schillernden, gleichwohl epochalen Persönlichkeit hat indes nie nachgelassen. Seither habe ich als *Spiegel-*

Journalist mehrere Artikel über ihn geschrieben. Für einen, der seine eindrucksvolle Nachkriegskarriere nachzeichnete, hat sich Beitz schriftlich bei mir bedankt. Andere Artikel, etwa über seine Verstrickung in den Fall Rosemarie Nitribitt, jenen Sittenskandal um eine ermordete Frankfurter Prostituierte in den 1950er-Jahren, ließ er unkommentiert. In diesem Buch wird Beitz' Versuch, im Interesse eines Krupp-Bruders das Schweigen eines Zeugen zu erkaufen, erstmals ausführlich geschildert.

Immer wieder habe ich in den vergangenen Jahren in Archiven geforscht und Dokumente über Beitz gesammelt, von denen er mich in der Phase unserer Zusammenarbeit fernhalten wollte. Ich habe mit Menschen gesprochen, die Beitz lange und gut kennen, die er mir damals aber nicht als Gesprächspartner vermitteln mochte. Ich habe Literatur gesichtet, die sein Wirken zu verschiedenen Zeiten und auf verschiedenen Tätigkeitsfeldern beleuchtet. So kamen in einem langen Prozess die Bausteine für dieses Buch zusammen.

Von meinem ersten Manuskript, dessen Autorisierung Berthold Beitz verweigerte, ist so gut wie nichts übrig geblieben. Die Vereinbarung, die ich mit Beitz schloss, verbietet mir, aus den Interviews zu zitieren, die ich mit ihm und jenen Gesprächspartnern geführt habe, die er mir zugeführt hat; ebenso darf ich keine Dokumente verwenden, die Beitz mir zugänglich gemacht hat. Aber das Abkommen eröffnete mir die Freiheit, Nachforschungen anzustellen, die Beitz nicht geheuer waren. Und auch wenn ich aus meinen Gesprächen mit Beitz und den von ihm handverlesenen Zeitzeugen nichts wörtlich wiedergebe, hinterließen diese Begegnungen doch einen nachhaltigen Eindruck, den ich nicht aus meinem Kopf verbannen kann.

Nun kann ich eine Biografie vorlegen, die kein stilisiertes Selbstbildnis zeichnet und nicht nur die glatt polierte Oberfläche zeigt. Sie offenbart auch Risse, Kerben und dunkle Stellen im Leben des Berthold Beitz. Sie macht aus einem Denkmal, zu dem Beitz schon zu seinen Lebzeiten wurde, einen Menschen aus Fleisch und Blut, bei dem Gelingen und Versagen oft nahe beieinander lagen.

1. KAPITEL

DER JUNGE AUS POMMERN

»So viel Liebe zu meiner Heimat«

Wenn Berthold Beitz an das Land seiner Vorfahren denkt, wird er leicht sentimental. »Ich habe so viel Gefühl«, sagte er in seiner Dankrede, als ihm 1991 sein Geburtsort Zemmin in Vorpommern die Ehrenbürgerwürde verlieh, »so viel Liebe zu meiner Heimat, dass ich mir fast wünsche, hier begraben zu werden.« Aber nur fast. Denn Berthold Beitz ist seit Jahrzehnten im Ruhrpott heimisch geworden, auch wenn er sich das anfangs nicht vorstellen konnte. Als Beitz im August 1949 besuchsweise zum ersten Mal mit dem Auto durch das rauchige Gewirr der Hochöfen und Fördertürme fuhr, regnete es Ruß auf seinen Wagen, weshalb er zu Mitreisenden sagte, es sei ihm unverständlich, dass hier Menschen leben könnten. Er jedenfalls wolle da »nicht einmal tot überm Zaun hängen«.

Das Urteil sollte sich bald ändern. Seit Alfried Krupp von Bohlen und Halbach, der letzte Alleineigentümer des Krupp-Konzerns, den Mann aus dem Osten 1953 zu seinem »Generalbevollmächtigten« berief, hat Berthold Beitz im Westen der Republik Wurzeln geschlagen. Doch er erinnerte immer daran, wo er herkam.

Er stamme »aus ganz einfachen Lebensverhältnissen«, betonte Beitz ein wenig kokett: »Im Sommer sind wir barfuß gelaufen, im Winter hatten wir Holzpantinen an. Einmal in der Woche vielleicht gab's Fleisch. Wir haben von dem Gemüse, den Kartoffeln, den Rüben und dem Kohl gelebt, was wir selbst angebaut haben, und wenn wir ein Schwein geschlachtet haben, musste das ein ganzes Jahr halten.«

Das Dorf Zemmin, ein verschlafenes Nest inmitten eines kargen Landes, liegt nahe dem Städtchen Jarmen südlich der Peene. Die Gegend ist flach mit wenigen sanften Hügeln. Es gibt keine Wälder, nur Chausseebäume, Obstbäume in den Vorgärten und Weiden in den Senken. Flüsse und Bachläufe wie Peene, Trebel und Tollense mäandern träge durch die moorigen Wiesen. Mit Holzspießen machten die Kinder, als Beitz hier aufwuchs, Jagd auf Fische.

Den Mittelpunkt Zemmins bildet ein kleiner Teich. In dem Tümpel wäre der kleine Berthold einmal »fast ertrunken«, wie er als Erwachsener gern zum Besten gab. Der kecke Knabe turnte oft auf den Baumstämmen herum, die nach dem Fällen in dem kleinen See gewässert wurden, und dabei geschah es, dass er ausrutschte und ins Wasser plumpste. Oberhalb des Teiches steht die kleine Dorfkirche, ein rechteckiger Feldsteinbau aus dem 15. Jahrhundert mit einem gedrungenen Turm, der auf das Dach aufgesetzt ist. Im Kirchenschiff führt unter einer Luke eine Holztreppe hinunter in eine Gruft.

Eine mit Kopfsteinen gepflasterte Straße – heute asphaltiert und nach Berthold Beitz benannt – führte vom Ortseingang geradewegs zu dem Teich. Neben der Straße verlief ein unbefestigter Sommerweg, damit entgegenkommende Pferdefuhrwerke einander ausweichen konnten. Die Straße säumten drei niedrige, lang gestreckte Katen, sogenannte Insthäuser. Hier wohnten die Instleute, Landarbeiter, die mit festem Arbeitsvertrag auf dem Rittergut derer von Sobeck beschäftigt waren, das den Weiler beherrschte.

Die Sobecks, seit dem Ende des 18. Jahrhunderts an der Peene ansässig, entstammten oberschlesischem Uradel. Um die Mitte des 19. Jahrhunderts kaufte die Familie Sobeck Zemmin. Mitten auf dem Dorffriedhof errichteten sie im klassizistischen Stil eine Familienbegräbnisstätte, wie sie damals beim Landadel in Mode war. Das Rittergut Zemmin mit seinen 640 Hektar Ackerfläche war nur eine von vielen Sobeck'schen Latifundien. Die Sobecks zählten in Pommern zu den 50 Familien mit dem größten Landbesitz.

Sie waren Vertreter jener typischen reaktionären ostelbischen Junker, die im Kaiserreich bis 1918 eine privilegierte Stellung innehatten, ein Überbleibsel feudaler Gesellschaftsstrukturen, das nicht mehr in die Zeit der Industrialisierung passte.

»Statthalter« auf dem Rittergut Zemmin war Karl Stuth (1862–1931), der Großvater mütterlicherseits von Berthold Beitz. Der Statthalter wohnte in einem schlichten zweigeschossigen Haus, das an den Friedhof angrenzte, der wiederum das Kirchlein einrahmte. »In Pommern wird ein Verwalter auf adelichen Gütern, der des Eigenthümers Stelle in der Aufsicht über die ökonomische Verwaltung vertritt, … Statthalter genannt«, heißt es in einem alten Wörterbuch. Der Statthalter hatte zwar eine herausgehobene Position, war aber auch nur »der Erste unter dem Gesinde«.

So war auch der Statthalter Stuth von den Launen der Freiherren von Sobeck abhängig, musste sich von ihnen kujonieren und schikanieren lassen. Klaglos unterwarf er sich der hergebrachten patriarchalischen Ordnung. Sein Enkel jedoch setzte später alles daran, aus solchen Zwängen auszubrechen. Auch er wurde eine Art Statthalter, aber einer, der schalten und walten konnte, wie er es für richtig hielt. Er hatte, als er in die Dienste von Alfried Krupp trat, dessen Wort, er könne handeln »wie ein Unternehmer«. An seinem 70. Geburtstag zog Berthold Beitz zufrieden Bilanz: »Ich habe das Höchste erreicht, das es für Menschen gibt: Unabhängigkeit und Freiheit. Ich würde mit keinem Kanzler tauschen.«

Die Veranlagung, wider den Stachel zu löcken und mit starkem Willen auf ein Ziel hinzuarbeiten, hat Berthold Beitz wohl von seiner Mutter geerbt, die er zutiefst verehrte. Auf Beitz mag das berühmte Wort Sigmund Freuds zutreffen, das der Begründer der Psychoanalyse auf den ebenfalls von besonderer Mutterliebe umhegten Johann Wolfgang von Goethe gemünzt hatte: »Wenn man der unbestrittene Liebling der Mutter gewesen ist, so behält man fürs Leben jenes Eroberergefühl, jene Zuversicht des Erfolges, welche nicht selten wirklich den Erfolg nach sich zieht.«

Erna Stuth, geboren am 4. April 1892, war die älteste Tochter des Zemminer Statthalters, das zweite von acht Kindern. Sie hatte noch einen älteren Bruder, Hermann, der Feldwebel wurde beim 2. Garderegiment zu Fuß in Potsdam. Erna, ein blitzgescheites, tatendurstiges Mädchen, das etwas von der Welt sehen wollte, verließ nach der Volksschule ihr Dorf und ihre Familie und verdingte sich als Kindermädchen beim Ulanenrittmeister Johannes Freiherr von Bellersheim in der 16 Kilometer entfernten Kreisstadt Demmin.

Die Ulanen hatten als Uniformrock die blaue Ulanka mit weißem Kragen, breiten weißen – sogenannten polnischen – Aufschlägen und zwei Reihen goldener Knöpfe. Einer dieser feschen Ulanen war der Wachtmeister Erdmann Beitz, der als Trompeter auf der Tschapka, seinem Helm, einen roten Haarschweif trug. An dem Uniformträger fand das Kindermädchen Erna Stuth Gefallen, und bei einem Tanzabend, als Erdmann Beitz mit seinem Blasinstrument aufspielte, kamen sie sich näher.

Erdmann Beitz, geboren 1888, in jenem Jahr, als Wilhelm II. den Thron bestieg, hatte sich als 17-Jähriger auf zwölf Jahre zum Militärdienst verpflichtet. Wie jedes Jahr wurde auch in Demmin am 27. Januar 1913 Kaisers Geburtstag, diesmal sein 54., gefeiert. Schon am Vorabend spielten die Ulanen zum Zapfenstreich auf. Einer der Musiker war Erdmann Beitz, dessen junge

Frau gerade schwanger geworden war. Erdmann und Erna Beitz standen treu zur Monarchie. In ihrer Wohnung hing ein großes Porträt Wilhelms II., weil Ernas Bruder Hermann als bester Schütze im Garderegiment in Potsdam einen Preis gewonnen hatte. Das Foto war vom Kaiser signiert.

Am 26. September 1913, einem Freitag, brachte die 21-jährige Erna Anna Luise Beitz, geborene Stuth, Ehefrau des 25 Jahre alten Ulanenwachtmeisters Erdmann Hans Paul Beitz, in ihrem Elternhaus in Zemmin einen gesunden Knaben zur Welt, den die Eltern in der kleinen Dorfkirche auf die Namen Berthold Karl Heinz taufen ließen.

Das *Demminer Tageblatt* druckte an diesem Tag einen von Goethe stammenden Sinnspruch, der wie auf Berthold Beitz gemünzt erscheint: »Im Leben kann das Zufällige jeder Art das Allerbeste bewirken; doch ist es schöner, herzerhebender, wenn der Mensch sich sagen darf: er sei sein Glück sich selbst, der stillen, ruhigen Überlegung seines Herzens, einem edlen Vorsatz und raschen Entschlusse schuldig geworden.«

Als seine Frau den Sohn Berthold gebar, befand sich der Kindsvater mit seinem Regiment bei einem Manöver in Hinterpommern, erst am 29. September kehrte er in die Garnison zurück. Und schon zwei Tage später musste er wieder von seiner jungen Frau und dem Kind Abschied nehmen: Zwecks »Neuformation eines Regiments Jäger zu Pferde« wurde die aus dem Demminer Ulanenregiment ausscheidende 4. Eskadron am frühen Morgen des 1. Oktober 1913 »mittels Extrazuges … ihrer neuen Garnison Angerburg zugeführt«. Ehefrau Erna zog alsbald in die ostpreußische Stadt nach, sodass der kleine Berthold seine ersten Lebensmonate dort verbrachte.

Europa ging auf seinen letzten Winter vor dem Ersten Weltkrieg zu. Ausgelöst durch ein tödliches Attentat serbischer Terroristen auf den österreichischen Thronfolger Franz Ferdinand und seine Frau am 28. Juni 1914 in Sarajevo, fiel in das Pulverfass

Europa ein Funke, der einen Weltenbrand auslöste. Der Zar in St. Petersburg befahl die Generalmobilmachung, worauf der deutsche Kaiser am 1. August den Russen den Krieg erklärte und zwei Tage später auch den Franzosen. Der deutsche Einmarsch in das neutrale Belgien hatte am 4. August zur Folge, dass Großbritannien Deutschland den Krieg erklärte.

Die Bevölkerung glaubte den selbstgerechten Beteuerungen Wilhelms II. und der Reichsregierung, der Krieg sei den Deutschen von Russland und Frankreich aufgezwungen worden. Die anderen, hieß es, hätten Deutschland durch ihre militärischen Vorbereitungen bedroht, die das Kaiserreich indes provoziert hatte. Die Menschen waren voller Zuversicht. »Als am Nachmittag des Sonnabends des 1. August der Mobilmachungsbefehl einging, löste sich die bis dahin bestehende Spannung in einem ungeheuren Jubel aus«, beobachtete ein pommerscher Zeitgenosse. »Begeistert meldeten sich bereits die ersten Kriegsfreiwilligen auf dem Regimentsbüro und ließen sich in die Listen eintragen … Wie hier in Demmin, so flammte hell im ganzen Reiche die Kriegsbegeisterung auf. Von irgendwelcher Ängstlichkeit oder Trauer war keine Rede.«

Europas Armeen, so beschrieb der britische Militärhistoriker John Keegan die anachronistische Kriegführung, »waren 1914 noch voll von Kavalleristen – Husaren im quastenbesetzten Waffenrock, Ulanen mit quadratischer Kopfbedeckung, Kürassiere hinter blitzenden Brustpanzern, an denen einst bei Waterloo noch die Musketenkugeln abgeprallt waren«.

Die Ulanen, die mit lautem Hurra, seltsam unförmigen Helmen und ihren dreieinhalb Meter langen Lanzen unterm Arm auf ihren Pferden auf die Gegner zugaloppierten, waren eher Schreckgespenster denn wirkungsvolle Angreifer. Mit den Erfindungen der modernen Rüstungstechnik, vor allem durch das Maschinengewehr, waren alle ritterlichen Rituale vergangener Zeiten nur noch eine selbstmörderische Farce. Erdmann Beitz musste mit ansehen, wie sein Vorgesetzter, Rittmeister von Bellersheim, der ehemalige Dienstherr seiner Frau, an der Ostfront fiel.

Als die Russen am 15. August 1914 über die Grenze Ostpreußens vordrangen, kehrte Erna Beitz mit ihrem knapp einjährigen Sohn nach Vorpommern zurück und zog wieder bei ihren Eltern im Zemminer Statthalterhaus ein. Fast auf den Tag genau drei Jahre nach Bertholds Geburt, am 27. September 1916, bekam das Ehepaar Beitz sein zweites Kind, die Tochter Brunhild, Bertholds einzige Schwester.

Nachdem die Deutschen den Krieg verloren hatten, kehrten die überlebenden Ulanen nach Demmin zurück. Den Geschlagenen wurde trotz der Niederlage ein begeisterter Empfang zuteil. Die Dolchstoßlegende der politischen Rechten, dass der Krieg nicht militärisch, sondern durch Verrat der Linken in der Heimat verloren worden sei, fand auch bei den pommerschen Monarchisten gläubige Zustimmung. Der Friedensvertrag von Versailles, der am 28. Juni 1919 unterzeichnet wurde, schrieb die alleinige Kriegsschuld Deutschlands fest und verlangte den Besiegten erhebliche Gebietsverluste, hohe Reparationszahlungen und eine starke Reduzierung der Reichswehr ab. Von der äußersten Rechten bis hin zur Sozialdemokratie wurde der »Diktatfrieden« abgelehnt, aber da eine Fortsetzung des Krieges aussichtslos war, blieb der neuen republikanischen Regierung keine Wahl. Der Kaiser hatte abgedankt und war ins niederländische Exil gegangen.

Mit dem Ende des Krieges im November 1918 wurde Erdmann Beitz aus der Armee entlassen. Er schloss sich dem »Stahlhelm«, einem erzreaktionären und antisemitischen Bund ehemaliger Frontsoldaten an, der als bewaffneter Arm der Deutschnationalen Volkspartei fungierte. Wie die DNVP lehnte der »Stahlhelm« die demokratischen Institutionen der Weimarer Republik ab, forderte die Kündigung des Versailler Vertrags und die Schaffung eines »völkisch großdeutschen Reiches«.

Erdmann Beitz erhielt einen Militärversorgungsschein und nahm eine Stelle beim Finanzamt in Demmin an. Die vierköpfige Familie wohnte in der nunmehr zivil genutzten Westkaserne, Loitzer Straße 50. Im Schuljahr 1923/24 besuchte Berthold die erste Klasse (»Sexta«) der Goethe-Oberschule in Demmin. 1925, als sein Vater Geldoberzähler in der Reichsbankfiliale in Greifswald wurde, wechselte Berthold an die dortige Kaiserin-Auguste-Viktoria-Schule. Die Familie bezog eine Wohnung hinter dem Alten Friedhof in der »Nördlichen Mühlenvorstadt«, Georgenstraße 2 (entspricht heute dem Haus An den Wurthen 4). Quasi um die Ecke, aber ein bisschen stadtnäher, lag ab 1929 die zweite Wohnung des Reichsbank-Obersekretärs Beitz in der Wolgaster Straße 13. Zwei Jahre später bekam Erdmann Beitz eine Wohnung im Gebäude der Reichsbank-Filiale, Gützkower Straße 92, direkt am Wall, der die Innenstadt umschließt.

In der Nikolaikirche, dem gotischen Backsteindom, der mit seiner geschweiften Barockhaube die Silhouette der alten Hansestadt an der Ostsee beherrscht, wurde Berthold Beitz 1927 konfirmiert. Seine Losung – aus dem ersten Korintherbrief 16. Kapitel, Vers 13 – lautete: »Wachet und steht fest im Glauben! Seid männlich und seid stark!« Zumindest nach dem zweiten Teil des Spruchs richtete Beitz sein Leben aus. Religiös sei er eigentlich nicht, bekannte er ein Dreivierteljahrhundert später, »ich laufe ja nicht in die Kirche«, aber nachdenklich sei er im Laufe des Lebens doch geworden: »Vielleicht ist auch einer da, der die Hand drüber hält.«

Mit sanftem Druck brachte der musikalische Vater den jungen Berthold dazu, das Violinspiel zu erlernen. Einmal trat der Sohn bei einer Weihnachtsfeier in der Nikolaikirche sogar als Mitglied eines Streichquartetts auf. Lieber als die Werke der Klassiker waren ihm jedoch Songs der swingenden »Andrews Sisters« oder Dixieland-Rhythmen wie der »Tiger Rag«.

Mit der »Machtergreifung« der Nationalsozialisten am 30. Januar 1933 begann auch eine künstlerische Geschmacksdiktatur. Jazz, dieser lebensfrohe Musikstil aus dem schwarzen Amerika, war den dumpfdeutschen Kulturwächtern ein Gräuel. Zwar war die »Negermusik« mit ihren »unanständigen Tanzformen« nicht gesetzlich verboten, aber im Nazijargon galt Jazz als »Niggerei und jüdische Frivolität«, wie die Zeitschrift *Die Musik* 1938 schrieb. Viele Tanzkapellen spielten einen aufgemotzten Foxtrott, der als »deutscher Swing« bezeichnet und sogar von Joseph Goebbels zu Propagandazwecken eingesetzt wurde. Doch auch die Originalmusik der ausländischen Big Bands und Jazzsolisten war bei der deutschen Bevölkerung ziemlich beliebt. Deshalb ließ sich in den Jahren der Nazidiktatur weder deren Abspielen im Rundfunk noch der Verkauf der Schallplatten gänzlich verhindern.

Auch der junge Berthold Beitz pflegte seine Jazz-Leidenschaft weiter. Oft fuhr er in den 1930er-Jahren nach Berlin, um im »Delphi«, einem Tanzpalast nahe dem Bahnhof Zoo, in die Swing-Szene einzutauchen. Übernachten konnte er bei seinem Onkel Erhard, einem Bruder seiner Mutter, der in der Reichshauptstadt lebte.

Wie in vielen deutschen Universitätsstädten organisierten Studenten und Professoren am 10. Mai 1933 eine Bücherverbrennung auf dem Greifswalder Marktplatz, wenige hundert Meter von der Wohnung der Familie Beitz entfernt. Der Radau war nicht zu überhören, das Fanal nicht zu übersehen. Unter der Überschrift »Undeutsches Schrifttum lodert zum Himmel auf« berichtete die *Greifswalder Zeitung* am folgenden Tag, »um den im Abendschatten liegenden Marktplatz« habe sich »eine vielköpfige Menschenmenge« versammelt, »um Zeuge zu sein von der Verbrennung der kommunistischen Symbole und volkszersetzenden Schriften und Bücher der ›Literaten‹ der letzten 14 Jahre«.

Beitz hielt sich heraus. Er war nicht dagegen, aber er machte auch nicht mit. Er lehnte die Nazis nicht aus ideologischen Gründen ab, vielmehr waren ihm die braunen Horden wegen ihres ungehobelten Auftretens zuwider. Irgendwo mitzulaufen, nur weil alle es taten, war seine Sache sowieso nicht.

Ein Streber war Beitz in seiner Schulzeit nicht, lieber machte er, was ihm Vergnügen bereitete. So kam es, dass er einmal sitzen blieb und die Obersekunda wiederholen musste, das Abitur im Februar 1934 schaffte er mit mittelmäßigen Zensuren.

Eher lustlos folgte Berthold Beitz dem Wunsch des Vaters, in dessen berufliche Fußstapfen zu treten. Er hätte gern Medizin studiert, doch die finanziellen Verhältnisse im Elternhaus ließen es nicht zu. Also absolvierte er eine Banklehre, und weil es in Greifswald keine Lehrstelle für ihn gab, musste er nach Stralsund zur Pommerschen Bank, am Alten Markt 4, gegenüber dem Rathaus, wo sich heute das Haus der Gewerkschaften befindet.

Von seinem Lehrlingsgehalt konnte Beitz kaum die Miete für das möblierte Zimmer in der Barther Straße 60 bezahlen. Trotzdem setzte er alles daran, in die feine Gesellschaft der Hansestadt aufgenommen zu werden. »Es gehörte zum guten Ton«, erinnert sich der Goldschmied Rainer Stabenow, dessen Großvater Carl Stabenow damals Vorsitzender des Stralsunder Ruder-Clubs war, »dass der Bankdirektor und der Brauereibesitzer Mitglied sind.« Also wollte auch Berthold Beitz dort eintreten. Da traf es sich gut, dass Curt Meinke, sein Ausbilder bei der Pommerschen Bank, mit dem Clubvorsitzenden Stabenow befreundet war. Bereits im April 1934 wurde Berthold Beitz in den Stralsunder Ruder-Club aufgenommen, und der kinderlose Bankier unterstützte Beitz, indem er ihm nicht nur die Mitgliedsbeiträge, sondern auch Mittag- und Abendessen im Vereinsheim bezahlte.

Den Stabenows gehörte damals die größte Segeljacht Stralsunds, und so kam Berthold Beitz auch zum Segelsport. »Bobby«, wie Beitz gerufen wurde, war ein Sonnyboy und Womanizer, beliebt bei den Damen und im Bootshaus an der Sundpromenade. Der Ruder-Club biederte sich den neuen braunen Machthabern an. Er »bekannte sich sofort zur neuen Sache, wie er die alte Regierung in den 14 Jahren nie anerkannt« habe. Stets hätten »trotz Verbot immer wieder auf seinem Grundstück die alte Kriegs- und die schwarz-weiß-rote Flagge geweht«, brüsteten sich die Vereinsoberen.

Oft ruderte Beitz mit Clubkameraden nach Hiddensee, der schmalen Insel westlich von Rügen. Und er genoss die Segeltörns auf der Ostsee, die ihn manchmal bis an die gegenüberliegende Küste nach Südschweden führten. Dabei zeigte Beitz Weitblick: Weil es bei plötzlicher schwerer Krankheit auf See keine Rettung gegeben hätte, denn Funk und funktionstüchtige Hubschrauber waren noch nicht erfunden, ließ er sich vor einer solchen Reise »prophylaktisch den Blinddarm entfernen«.

Bald bezog Beitz in Stralsund ein möbliertes Zimmer in einer noblen Doppelhausvilla, die der Witwe Elfriede Diekelmann gehörte. Die Sarnowstraße 30 war eine feine Adresse, außerdem war das Bootshaus des Ruder-Clubs nur wenige Schritte entfernt. Einer seiner Mitbewohner wurde 1936 der Architekt Ferdinand Streb, der zuvor zwei Jahre bei dem berühmten Stadtplaner Le Corbusier in Paris gearbeitet hatte und nun seinen ersten Auftrag in Stralsund erhielt: den Bau des Marinelazaretts, in dem sich heute das Hanse-Klinikum am Sund befindet.

Beitz und der gebürtige Bayer Streb, der sechs Jahre älter war, freundeten sich rasch an und verbrachten einen großen Teil ihrer Freizeit miteinander. Weil der etwas pummelige Streb einen Kopf kleiner war als der schlanke, hoch aufgeschossene Beitz, hieß das stets zu Scherzen aufgelegte Duo im Freundeskreis »Pat und Patachon«, wie das dänische Komikerpaar aus der Stummfilmzeit. Beitz war, wie er erzählte, »mehr der Leithund«, Streb habe ihm meist die Führung überlassen: »Er sagte gern:

Bobby, mach du.« Auch Christel Hingst, Tochter eines Lehrers und Banklehrling wie Beitz, war oft mit von der Partie und wurde 1938 Strebs Ehefrau.

Nachdem Beitz seine dreijährige Banklehre beendet hatte, wurde er 1937 in Stettin in der zentralen Kreditabteilung der Pommerschen Bank angestellt, bald danach, noch nicht einmal 24 Jahre alt, als stellvertretender Filialleiter nach Demmin geschickt.

Die Zweigstelle der Pommerschen Bank befand sich in der Treptower Straße 30, einem Eckgebäude am Marienhain, einem kleinen Park. Beitz wohnte ganz in der Nähe im Kieselbach'schen Haus, Wollweberstraße 17, wo eine ältere Dame Zimmer vermietete. Das Quartier fand er wohl durch einen ehemaligen Ulanen-Kameraden seines Vaters, den früheren Stabstrompeter Hermann Stimming.

Die Pogromnacht vom 9. zum 10. November 1938, als in ganz Deutschland die Synagogen brannten, erlebte Beitz in Demmin. SA- und SS-Männer zertrümmerten die Auslagen jüdischer Geschäftsinhaber, demolierten deren Wohnungen und misshandelten die seit Jahren ausgegrenzten und gedemütigten Menschen. Die Ausschreitungen, wegen der zersplitterten Schaufensterscheiben von den Nazis als »Reichskristallnacht« bezeichnet, waren der vorläufige Höhepunkt eines staatlichen Antisemitismus, der mit der Machtübernahme Hitlers 1933 begonnen hatte. Auch die Stralsunder Synagoge am Apollonienmarkt fiel den Brandstiftern zum Opfer und wurde geplündert. In Demmin gab es kein jüdisches Gotteshaus mehr, das man hätte anstecken können. Denn es war im Jahr zuvor verkauft und in ein Privathaus umgewandelt worden, nachdem sich die Demminer Synagogengemeinde mit der in Stralsund zusammengeschlossen hatte. Aber auf dem kleinen jüdischen Friedhof, wo seit 1933 keine Beerdigungen mehr stattgefunden hatten, wurden Grabsteine umgeworfen.

Beitz zog es hinaus in die Welt. In der pommerschen Provinz wollte er nicht versauern. »Ich kam vom Dorf und hatte den Drang des jungen Mannes nach oben«, sagte er später rückblickend. Ein Aufstieg im Schneckentempo war nichts für den ehrgeizigen jungen Mann aus kleinbürgerlichem Milieu.

Er wäre »gern nach Amerika« gegangen, das war sein Traum. Er habe ein Angebot der Deutsch-Asiatischen Bank im chinesischen Tientsin gehabt, erzählte er, aber seine Mutter habe ihm das ausgeredet, »das kommt gar nicht infrage, du bist mein einziger Sohn«. Daraufhin bewarb er sich nach Hamburg, das war immerhin »das Tor zur Welt«. Er schrieb drei Bewerbungen: an die Reederei Hapag, an die Werft Blohm + Voss und an die Ölgesellschaft Royal Dutch Shell, deren deutsche Tochter als Rhenania-Ossag Mineralölwerke firmierte. Er entschied sich schließlich für Shell, weil er sich sagte, der niederländisch-britische Konzern habe wohl die besten internationalen Verbindungen, »und da hast du den leichtesten Weg, mal ins Ausland zu kommen«.

Mit einem Vulkanfiberkoffer und zwei Anzügen fuhr der smarte Bankkaufmann im Mai 1939 nach Hamburg. Sein Schreibtisch befand sich in der Revisionsabteilung im vierten Stock des Shell-Hauses am Ufer der Außenalster, nahe der Lombardsbrücke. Seine Tätigkeit bestand aus nüchterner Routine. Beispielsweise erstellte er Abrechnungen für den »Arbeitsausschuss für Schmierölverteilung« über die Produktion der Rhenania-Ossag-Raffinerien in Monheim, Grasbrook und Harburg.

In seiner Freizeit spielte Beitz auf dem firmeneigenen Tennisplatz an der Alster. Beim Sport lernte er eine Kollegin kennen, die als Sachbearbeiterin in der Abteilung Zentrale Kalkulation und Statistik beschäftigt war. Die blonde Else Hochheim war sieben Jahre jünger als er. Ihr Vater, August Hochheim, war Werkmeister in der Firma C. Friese Innenausstattung in Hamburg-Wandsbek und bis zum Verbot durch die Nazis ein engagierter Holz-Gewerkschafter und Sozialdemokrat.

Gemustert worden war Beitz nicht; als die Wehrmacht 1935 gegründet und die Wehrpflicht eingeführt wurde, galten die im Volksmund sogenannten weißen Jahrgänge bis 1913 bereits als zu alt. Aber von 1937 bis 1939 hatte Beitz etliche Monate lang freiwillige Wehrübungen absolviert, erst beim Infanterieregiment 25 in Waldenburg/Neumark, dann beim Infanterieregiment 92 in Greifswald. Im Frühjahr 1939 war er Feldwebel der Reserve und Offiziersanwärter geworden. Beitz bewarb sich um den Offiziersrang aus Kalkül, »nicht weil die Stellung eines Offiziers mein Traumziel gewesen wäre«: Wer als Soldat die für die Beförderung notwendige acht Wochen dauernde Übung absolviert hatte, brauchte nicht in die paramilitärischen Parteiorganisationen SA oder SS einzutreten. Genau dies wollte Beitz nach eigenem Bekunden vermeiden, wie er es auch umgangen hatte, Mitglied der NSDAP zu werden. Allerdings wurde keine Offiziersstelle für ihn frei.

Als Adolf Hitler am 1. September 1939 die Wehrmacht in Polen einmarschieren ließ und damit den Zweiten Weltkrieg entfesselte, rechnete auch Beitz mit seiner Einberufung. Doch überraschend tat sich eine Alternative auf.

Das Reichswirtschaftsministerium ging in einer Lagebeurteilung am 1. Oktober 1939 davon aus, dass die vor Kriegsbeginn angelegten Mineralölvorräte für Flugbenzin und Kraftfahrzeugtreibstoffe nur etwa viereinhalb Monate reichen würden. Falls danach nur noch Sprit aus den wenigen heimischen Ölfeldern oder aus synthetischer Herstellung zur Verfügung stehen sollte, hätten nach diesen Berechnungen höchstens ein Drittel des Bedarfs an Flugbenzin und zwei Drittel des erforderlichen Treibstoffs für Kraftfahrzeuge gedeckt werden können. Die Eroberung fremder Territorien und die anschließende Ausbeutung ihrer Bodenschätze waren daher ein fester Bestandteil in Hitlers militärischer Konzeption.

Das Oberkommando des Heeres beurteilte die gleich nach dem Einmarsch in Polen eroberten galizischen Ölfelder als kriegswichtig für die Treibstoffversorgung der Panzer und Militärfahrzeuge. Deshalb wurden Fachleute gesucht, die Förderanlagen und Raffinerien verwalten konnten. Der Personalchef der Shell AG in Hamburg, Gerhard Neuenkirch, fragte neben einigen anderen Mitarbeitern auch Beitz, ob er sich diese Aufgabe zutraue. Beitz konnte davon ausgehen, dass es ein wohlwollendes Angebot war: Neuenkirch, 1906 in Berlin geboren, aktiver Sozialdemokrat bis zum Verbot durch die Nazis, kannte natürlich den Parteifreund Hochheim und dessen Tochter Else, und er hatte Beitz ja selbst eingestellt.

Trotzdem rang Beitz mit sich, ob er dem Ruf folgen sollte. Einerseits würde er, wenn er zusagte, in Kauf nehmen müssen, von seiner Verlobten, die ein Kind von ihm erwartete, längere Zeit getrennt zu sein. Deutsche Zivilangestellte durften Angehörige nicht in das besetzte Polen mitnehmen, sofern diese dort nicht selbst einen festen Arbeitsplatz bekamen. Andererseits war die ihm angebotene Stelle reizvoll: Sie verlangte Improvisationsgeschick und versprach, wenn er sich bewährte, eine schnellere Karriere, als dies zu Hause im Reich wohl möglich gewesen wäre. Also nahm Beitz – ein Mensch, der nicht lange fackelt – den Posten an.

Ebenso kurz entschlossen wurde geheiratet. Am 30. Dezember 1939 gingen Else und Berthold Beitz in Hamburg die Ehe ein. Es wurde ein Bund fürs Leben, 2009 feierten sie die »Gnadenhochzeit«.

2. KAPITEL

DER JUDENRETTER

»Dem Glück eine Chance geben«

Als Berthold Beitz Ende November 1939 in Krakau eintraf, aus dem alten ginstergelben Bahnhofsgebäude hinaustrat und die Kopernikusstraße hinunterging zum Rynek Główny, dem riesigen mittelalterlichen Marktplatz, hingen überall in der Stadt unübersehbar Plakate mit einer »Anordnung« des Distriktgouverneurs Otto Wächter. In deutscher und polnischer Sprache wurde die »Kennzeichnung der Juden« dekretiert. Lange bevor die Juden im Deutschen Reich einen gelben, aus zwei schwarz umrandeten Dreiecken bestehenden sechszackigen Stern »sichtbar auf der linken Brustseite des Kleidungsstückes zu tragen« hatten – diese Vorschrift galt dort vom 1. September 1941 an –, wurden die Juden im besetzten Polen gezwungen, eine stigmatisierende Armbinde zu tragen.

Zu Beginn des Zweiten Weltkriegs war Polen der Staat mit dem höchsten jüdischen Bevölkerungsanteil in Europa. Rund dreieinhalb Millionen polnische Staatsbürger, etwa jeder Zehnte, waren mosaischen Glaubens. Legt man die Rassenkriterien der Nazis zugrunde, war die Zahl der Juden noch höher, denn nach der NS-Definition galten auch Christen jüdischer Abstammung bis zur zweiten Generation als Juden.

Wächters Anweisung vom 18. November trat »mit Wirkung vom 1.12.1939« in Kraft. Mit bürokratischer Pedanterie wurde befohlen: »Als Kennzeichen ist am rechten Oberarm der Kleidung und der Überkleidung eine Armbinde zu tragen, die auf weißem Grunde an der Außenseite einen blauen Zionstern trägt. Der weiße Grund muss eine Breite von mindestens 10 cm haben, der Zionstern muss so groß sein, dass dessen gegenüberliegende Spitzen mindestens 8 cm entfernt sind. Der Balken muss 1 cm breit sein. Juden, die dieser Verpflichtung nicht nachkommen, haben strenge Bestrafung zu gewärtigen.« Nur Kinder unter zwölf Jahren waren von der Vorschrift ausgenommen.

Als Beitz in Krakau ankam, sorgte ein Vorfall, der sich dort am 6. November ereignet hatte, noch immer für Aufregung. An diesem Tag waren die Professoren der altehrwürdigen Jagiellonen-Universität und der örtlichen Bergakademie von der SS zu einem Vortrag über den »deutschen Standpunkt in den Wissenschafts- und Hochschulfragen« in das Collegium Novum, das Hauptgebäude der Alma Mater, einbestellt worden. Doch statt eine Rede zu hören, wurden die Anwesenden, insgesamt 183 Personen, kurzerhand mit der zynischen Bemerkung festgenommen, im Konzentrationslager würden sie genügend Gelegenheit haben, über die angeblich deutschenfeindliche Haltung der polnischen Intelligenz nachzudenken. Der größte Teil der Wissenschaftler wurde in das Konzentrationslager Sachsenhausen bei Oranienburg nördlich von Berlin verschleppt.

Die Nachricht von der Inhaftierung der Professoren, von der SS als »Sonderaktion Krakau« bezeichnet, verbreitete sich wie ein Lauffeuer. Erst in Krakau und in anderen polnischen Städten, dann auch im Ausland erschienen Meldungen in der Presse und im Radio. Der ins Exil geflüchtete polnische Ministerpräsident Wladyslaw Sikorski protestierte in einer am 28. November in Frankreich ausgestrahlten Rundfunkansprache, in der er deutsche Gräueltaten im besetzten Polen anprangerte, auch gegen die Verhaftung der Wissenschaftler. Weltweit erhob sich ein Sturm der Entrüstung über den Terrorakt der SS, bis die Nazis überraschend einlenkten. Von Februar 1940 an wurden die Wissenschaftler nach und nach freigelassen, 27 überlebten die Lagerhaft allerdings nicht, drei jüdische Professoren wurden später ermordet. Es gibt in der Geschichte der nationalsozialistischen Konzentrationslager keinen anderen Fall, in dem internationale Interventionen zur Freilassung einer ganzen Gruppe von KZ-Häftlingen führten.

Der relativ glückliche Ausgang der »Sonderaktion Krakau« war noch nicht abzusehen, als Berthold Beitz sich in der Stadt aufhielt. Unmissverständlich hatte Reinhard Heydrich, der Ende September 1939 zum Chef des neu geschaffenen Reichssicherheitshauptamtes ernannt wurde, eine Woche nach Kriegsbeginn öffentlich angekündigt: »Die führenden Bevölkerungsschichten Polens sollen unschädlich gemacht werden.«

Adolf Hitler selbst hatte an seinem Kriegsziel, der »Vernichtung Polens«, niemals Zweifel aufkommen lassen. Nach dem deutschen Überfall am 1. September 1939 war Hitlers Armee rasch bis zur Hauptstadt Warschau vorgestoßen, die, von der deutschen Luftwaffe heftig bombardiert, am 27. September vor der Übermacht kapitulieren musste. Es dauerte nur noch bis Anfang Oktober, dann war Polen ganz verloren.

Die nach dem Ersten Weltkrieg abgetretenen Gebiete Posen, Westpreußen und Danzig wurden als »Reichsgaue« dem Deutschen Reich wieder einverleibt, die deutschen Provinzen Ostpreußen und Schlesien um polnische Grenzregionen erweitert. Das verbleibende Rumpfpolen erklärte Hitler zum »Generalgouvernement«, das er sich direkt unterstellte. Die Leitung der »Zivilverwaltung« übertrug er dem 39-jährigen Juristen Hans Frank, der bereits seit 1923 Mitglied der NSDAP war. Frank galt als besonders eifriger Verfechter der deutschen Rassengesetzgebung und hatte schon öfter gegen die »Verjudung« der Wissenschaft polemisiert.

Da die zerstörte Hauptstadt Warschau als »Nest des Widerstands« und »Symbol des Polentums« auf ausdrücklichen Befehl

Hitlers nicht wieder aufgebaut werden sollte, wurde Krakau zum Regierungssitz des Generalgouvernements bestimmt. Die alte polnische Krönungsstadt hatte nach den polnischen Teilungen im 18. Jahrhundert bis zum Ende des Ersten Weltkriegs zur Habsburgermonarchie gehört; sie wurde deshalb von den Nazis zur »urdeutschen« Stadt erklärt und kaum bombardiert.

Ein Student namens Karol Wojtyla, der 19-jährige Sohn eines ehemals österreich-ungarischen Unteroffiziers, der jetzt als Schneider arbeitete, hörte zu der Zeit, als Beitz in Krakau auf der Durchreise war, Vorlesungen in Philosophie und Literatur. Erst durch seine Erlebnisse im Krieg wandte er sich der Theologie zu. Wojtyla wurde später Erzbischof in Krakau und Kardinal und 1978 Papst, der sich den Namen Johannes Paul II. gab. 1981 empfing er in Rom das Ehepaar Beitz zu einer 20-minütigen Privataudienz, um beiden zu danken, was sie »für meine Polen« getan haben.

Auch dem mährischen Kaufmann Oskar Schindler, Jahrgang 1908, hätte Beitz auf der Durchreise über den Weg laufen können. Der Fabrikantensohn, der 1935 in seiner Heimat der von den deutschen Nazis unterstützten Sudetendeutschen Partei und, nach der Zerschlagung der Tschechoslowakei, der NSDAP beigetreten war, hatte sich gerade in Krakau niedergelassen. Er übernahm das »Press- und Emaillierwerk« aus vormals jüdischem Besitz, zunächst zur Pacht, später erwarb er es bei einer Versteigerung. Aber Beitz und Schindler sind sich nie begegnet. Beitz erfuhr sogar erst 1993 durch Steven Spielbergs Filmepos »Schindlers Liste«, wie diese schillernde Figur auf ähnliche Weise wie er selbst im Laufe des Krieges zum Judenretter geworden war. Mit Schindler, dem Hasardeur, der mit den SS-Schergen soff und zockte und erst später Ekel für seine Henkersfreunde empfand, möchte Beitz jedoch nicht verglichen werden. Er nimmt für sich in Anspruch, geradlinig aus menschlichem Anstand gehandelt und gegenüber der SS auf die Kraft seiner

Argumente vertraut zu haben. Außerdem, lässt Beitz durchblicken, war Schindler doch ein Pleitier, dem nach dem Krieg nichts mehr gelungen ist, während er einer der mächtigsten Wirtschaftslenker der Bundesrepublik wurde.

Als Beitz frierend durchs winterliche Krakau ging, ahnte er freilich noch nicht, was ihm bevorstand. Er reiste weiter ins rund 150 Kilometer entfernte Jaslo, seinen ersten Dienstort. Die Kleinstadt liegt am Fuße der Beskiden, eines bewaldeten Mittelgebirges, das die nordwestlichen Ausläufer der Karpaten bildet. Anfang November 1939 hatten zwei im Auftrag der Reichsregierung gegründete Betriebsgesellschaften der deutschen Erdölindustrie ihre Tätigkeit in Polen aufgenommen: die Beskiden-Erdöl-Gewinnungs-GmbH und die Beskiden-Erdöl-Verarbeitungs-GmbH. An ihr waren vor allem die vier größten deutschen Erdölproduzenten – Deutsche Erdöl AG (DEA), Preussag, Wintershall und Gewerkschaft Elwerath – beteiligt. In Jaslo, im westlichen Teil Galiziens, hatte die Beskiden-Erdöl-Gewinnungs-GmbH ihre Hauptverwaltung.

Vom 11. bis 23. September 1939 hatten größere Truppenteile der deutschen Heeresgruppe Süd bereits im Osten Galiziens gestanden, wo es noch reichere Ölvorkommen gab. Doch dann räumte die Wehrmacht das Gebiet gleich wieder und überließ es der Roten Armee. Denn Hitler hatte im August 1939 ein Abkommen mit dem sowjetischen Diktator Josef Stalin geschlossen. In einem geheimen Zusatzprotokoll waren »für den Fall einer territorial-politischen Umgestaltung« die jeweiligen Interessensphären abgesteckt worden – die beiden Tyrannen hatten Polen vorab unter sich aufgeteilt. Der deutsche Außenminister Joachim von Ribbentrop hatte zwar noch um die besonders ergiebigen Ölfelder von Drohobycz und Boryslaw gefeilscht, aber Stalin hatte auf der Osthälfte Galiziens bestanden, weil sie ein Teil der Ukraine sei.

Ostgalizien wurde der Ukrainischen Sozialistischen Sowjetrepublik einverleibt. Stalin stellte die dortige Ölindustrie jedoch in den Dienst des Deutschen Reiches: Der Bolschewist belieferte Nazi-Deutschland mit dem kriegswichtigen Rohstoff. Die letzten Kesselwagen rollten noch am 22. Juni 1941, dem Tag des deutschen Angriffs auf die Sowjetunion, über die Demarkationslinie.

Kreishauptmann, wie der Landrat in österreichischer Tradition genannt wurde, war in Jaslo, als Beitz dort ankam, der aus Mannheim stammende Jurist Ludwig Losacker. Als Mitglied der Heidelberger NSDAP-Studentengruppe hatte sich Losacker 1931/32 – neben dem damaligen Führer der dortigen Studentenschaft, Hanns Martin Schleyer, dem Arbeitgeber-Präsidenten in den 1970er-Jahren – besonders hervorgetan im Kampf gegen den jüdischen Universitätsprofessor Emil Julius Gumbel, der wegen seiner pazifistischen Einstellung schon vor der Machtergreifung der Nazis wie kein anderer deutscher Hochschullehrer drangsaliert worden war.

Beitz, dem der Judenhass Losackers nicht verborgen geblieben sein konnte, hatte in Jaslo dienstlichen Kontakt mit ihm, ebenso später mit dem aus Düsseldorf stammenden Rechtsanwalt Hermann Görgens, der – nach Losackers Berufung ins SD-Hauptamt – stellvertretender Kreishauptmann in Jaslo wurde; Beitz begegnete Görgens wieder, als dieser im Juni 1942 Kreishauptmann in Drohobycz wurde. Losacker war ab August 1941 Amtschef des Distrikts Galizien, somit rechte Hand des Gouverneurs und zeitweise sogar selbst geschäftsführender Gouverneur in Lemberg.

Ganz in der Nähe von Jaslo hatte einst die europäische Erdölgeschichte ihren Anfang genommen. Der Apotheker Ignacy Lukasiewicz hatte entdeckt, wie man Erdöl durch Raffination verarbeiten konnte, und 1854 bei der Ortschaft Bóbrka die erste Bohranlage gebaut. Er gilt auch als Miterfinder der Petroleumlampe. In der nahe gelegenen Stadt Krosno wurden dem Tüftler Denkmäler errichtet. Dorthin wechselte Beitz im Frühjahr 1940 zur Produktions-»Gruppe Ost« der Beskiden-Ölgesellschaften, wo er mit der Leitung der Buchhaltung und der Versandabteilung betraut wurde.

Im April 1940 brachte Else Beitz Zwillinge zur Welt, Barbara und Ingrid. Während Barbara ein kräftiges Baby war, starb Ingrid bereits nach wenigen Wochen an einer Lungenentzündung. Im Spätsommer durfte Beitz seine Frau nach Galizien nachkommen lassen, da sie als Sekretärin beim Geologischen Institut in Krosno eine Anstellung fand. Das Kleinkind blieb einstweilen zurück in Greifswald in der Obhut von Oma Erna.

Hitler hatte gleich nach dem erfolgreichen Feldzug am 6. Oktober 1939 im Reichstag verkündet, eine »neue Ordnung der ethnographischen Verhältnisse« in Polen durch »Umsiedlung der Nationalitäten« schaffen zu wollen. Die Naziführung hielt nicht hinterm Berg damit, was sie in den eroberten Gebieten vorhatte oder schon betrieb.

Auch wenn die Details der von Hitler angeordneten Völkerwanderung in einem geheimen »Führererlass« geregelt waren, spielten sich die Zwangsumzüge doch vor aller Augen ab. Gleich nach Hitlers Reichstagsrede wurde damit begonnen, Polen aus dem »deutschen Siedlungsraum« – Danzig, Westpreußen, Posen und Oberschlesien – ins Generalgouvernement umzusiedeln und in die teilweise entvölkerten Gebiete »Volksdeutsche« aus dem Baltikum, aus dem ukrainischen Wolhynien, aus dem rumänischen Bessarabien und dem italienischen Südtirol »zurückzuführen«. Bis zum Frühjahr 1941 wurden 500 000 Polen aus den ins Reich eingegliederten Gebieten zwangsevakuiert. Das rassistische und antisemitische »Volkstumsprogramm« der Nazis sah ferner vor, bei Krakau einen »Gau mit fremdsprachiger Bevölkerung« zu errichten. Neben anderen sollten Juden, auch aus dem Reich, sowie »Zigeuner« dorthin abgeschoben werden.

Für die Juden war freilich keine dauerhafte Bleibe in Galizien vorgesehen. Vielmehr sollten sie nach den Vorstellungen des

»Reichsführers SS« Heinrich Himmler letztlich »nach Afrika oder sonst in eine Kolonie« verbracht werden. Diese Äußerung bezog sich auf eine alte Idee der Antisemiten, die vom »Judenreferenten« des Auswärtigen Amtes, Franz Rademacher, im Sommer 1940 konkretisiert wurde. Die Planungen sahen vor, vier Millionen Juden aus ganz Europa auf die französische Kolonialinsel Madagaskar zu deportieren und in einem polizeistaatlich organisierten gigantischen Ghetto streng zu isolieren. Vier Jahre lang, so der Plan, sollten täglich zwei Schiffe mit jeweils 1500 Deportierten auf der Insel landen; die Transportkosten sollten britische und amerikanische Juden als »Wiedergutmachung für Versailles« übernehmen.

Auf längere Sicht hätten die Juden wohl auch dort durch Arbeit, Klima und Hunger umkommen sollen. Hans Frank versprach sich von einer solchen »Auswanderung« in den Indischen Ozean eine »Entlastung für das Generalgouvernement«. Das Madagaskar-Projekt blieb jedoch in der Schublade, nachdem die Invasion der Britischen Insel (»Unternehmen Seelöwe«) verschoben worden war und das Vorhaben aufgrund der weiterbestehenden Überlegenheit Großbritanniens zur See keine Chance auf Verwirklichung mehr hatte. Dennoch hatte der Madagaskar-Plan weitreichende Auswirkungen auf die »Judenpolitik« im Generalgouvernement. Seit dem Sommer 1940 betonte Frank immer wieder bei öffentlichen Ansprachen, Hitler habe ihm zugesichert, dass das Generalgouvernement »als erstes Gebiet von Juden völlig befreit werden solle«.

Mitte März 1941 wurden die Zwangsabschiebungen polnischer Bürger aus den »deutschen Gauen« gestoppt, weil die Wehrmacht das Generalgouvernement als Aufmarschgelände für das »Unternehmen Barbarossa«, den bevorstehenden Überfall auf die Sowjetunion, brauchte. Der Krieg gegen Stalins Riesenreich eröffnete Hitler und seinen Rassenfanatikern neue Perspektiven für die »Aussiedlung« von Polen und vor allem von

Juden »nach Osten«. Hitler malte sich aus, dass man diese »Verbrecherrasse« in den »Morast schicken«, also in die weißrussischen Pripjetsümpfe treiben könnte, wo sie bei kräftezehrenden Zwangsarbeiten jämmerlich krepieren sollten.

Die Ostoffensive verfolgte aber noch ein weiteres Ziel. Schon ein halbes Jahr bevor deutsche Truppen am 22. Juni 1941 die Sowjetunion angriffen, hatte Hermann Göring, der Cheforganisator der deutschen Kriegswirtschaft, den für ihn vorrangigen Zweck des »Unternehmens Barbarossa« definiert: »Die Ausnutzung der neu zu besetzenden Gebiete hat sich in erster Linie auf den Gebieten der Ernährungs- und Mineralölwirtschaft zu vollziehen. So viel wie möglich Lebensmittel und Mineralöl für Deutschland zu gewinnen ist das wirtschaftliche Hauptziel der Aktion.«

Am zehnten Tag des Russland-Feldzuges eroberte die 17. Armee das gesamte ostgalizische Erdölgebiet, das deutsche Truppen knapp zwei Jahre zuvor schon einmal eingenommen, aber infolge des Hitler-Stalin-Pakts wieder geräumt hatten. Mit den Wehrmachtssoldaten rückten Mitarbeiter der Beskiden-Gesellschaften vor. Auf der Pritsche eines Militärlastwagens überquerten Berthold Beitz und seine Frau den Grenzfluss San. Erstes Ziel war die Kreishauptstadt Drohobycz, aber der Personalchef der Beskiden-Gesellschaften bestimmte Beitz gleich zum kaufmännischen Leiter der Ölförderbetriebe im benachbarten Boryslaw, neun Kilometer südwestlich von Drohobycz. Dort oblag dem noch nicht einmal 28-jährigen Bankkaufmann die Verwaltung der Materialien, ihm unterstand das Rechnungswesen, und er hatte für die Verpflegung der bis zu 13 000 Arbeiter zu sorgen.

Nirgendwo in Europa lebten vor dem Zweiten Weltkrieg so viele Juden auf kleinem Raum zusammen wie in Ostgalizien. Es war eine uralte Judengemeinde mit großer Vergangenheit, die unter dem österreichischen Kaiser Franz Joseph I. (1830–1916), den sie liebevoll »Ephraim Jossele« nannten, eine letzte kulturelle Blüte erlebte; die wirtschaftliche Lage im rückständigen Ostpolen und die Furcht vor russischen Pogromen trieben Zehntausende in die Emigration nach Westeuropa und Amerika. Für die Antisemiten aller Länder, namentlich Österreicher, war »der galizische Jude« mit seiner fremdartigen Kleidung und seiner jiddischen Sprache Hauptziel aller Hassprojektionen, die auch der junge Hitler in Wien aufsog. Auch unter den galizischen Ukrainern, die im 19. Jahrhundert die staatliche Unabhängigkeit anstrebten, und unter den Polen wuchs die Judenfeindschaft. Diese Situation wurde nach dem Ersten Weltkrieg explosiv. An die Stelle des österreichischen Vielvölkerstaates trat in Ostgalizien die Republik Polen. Die Juden gerieten zwischen die Fronten des polnischen und des ukrainischen Nationalismus.

In Ostgalizien betrieb der 1894 geborene Ukrainer Nikita Chruschtschow, seit 1938 Erster Sekretär der Kommunistischen Partei in der Sowjetrepublik Ukraine, mit Hilfe des Geheimdienstes NKWD eine rücksichtslose Politik der Enteignung, Kollektivierung und Deportation, unter der besonders die Juden zu leiden hatten. Gleichwohl schürten die ukrainischen Nationalisten Gerüchte, die Juden würden sich als Zuträger des NKWD betätigen.

Als Beitz nach Boryslaw kam, hatten die Sowjets erst wenige Stunden zuvor die Stadt verlassen. Zuletzt hatten sie noch das Elektrizitätswerk in die Luft gesprengt, damit es nicht den Deutschen in die Hände fiel. Die nationalistischen Ukrainer jubelten den Deutschen zu und begrüßten sie als Befreier, in der festen Überzeugung, nun würden sie den lang ersehnten eigenen Staat erhalten. Sogleich begannen sie, alte Rechnungen mit ihren jüdischen Landsleuten zu begleichen – es folgte eine Orgie der Gewalt.

Schon der erste Anblick, der sich Beitz in Boryslaw bot, war schockierend. Im Polizeigebäude an der Panskastraße, wo zuletzt der NKWD sein Quartier hatte, wurden teilweise bestialisch verstümmelte Leichen gefunden. Ähnliche Entdeckungen gab es in mindestens 22 ostgalizischen Orten beim deutschen Einmarsch: Die Sowjets hatten vor ihrem fluchtartigen Abzug ihre politischen Gefangenen, vorwiegend Ukrainer, aber auch polnische Nationalisten und Juden, auf Befehl aus Moskau liquidiert. Die Toten hatten sie eilig in den Kellern verscharrt. Die Nazipropaganda behauptete, schuld am Tod dieser Menschen seien »jüdische Bolschewisten«. Die Ukrainer glaubten das Gräuelmärchen nur zu gern. So verbreitete sich schnell die Behauptung, die Massaker in den Gefängnissen seien von »den Juden« angerichtet worden.

Ein jüdischer Augenzeuge schilderte den Pogrom in Boryslaw, wie ihn auch Beitz erlebte: Ukrainer, die Armbinden und Gewehre trugen, »trieben die Juden aus ihren Häusern, vermeintlich zur Arbeit ... Wir wurden zum NKWD-Gebäude gebracht – ich wurde zusammen mit einem Freund ergriffen –, wo schon ungefähr 300 Juden waren, und wir wurden angewiesen, Leichen aus den Kellern herauszuholen und sie voneinander zu trennen. Haufen von Leichen. Wir mussten einige der Körper waschen. Einmal ging ich in diesen Keller hinein. Die Leichen waren nicht richtig beerdigt. Sie waren mit einer fünf bis zehn Zentimeter dicken Dreckschicht bedeckt. Das waren frische Leichen, die Körper von Menschen, die in der vergangenen Woche oder in den letzten zehn Tagen verhaftet worden waren. Dieser Bursche Kozlowski und seine Schwester waren darunter. Die Brustwarzen des Mädchens, sie war ungefähr 16 Jahre alt, waren wie mit einer Zange herausgezogen, ihr Gesicht verbrannt ... Kozlowski hatte nur ein ganz verschwollenes Auge, seine Lippen waren mit Stacheldraht zusammengenäht, seine Hände zerschlagen und ebenfalls verbrannt, die Haut pellte sich, als ob sie mit kochendem Wasser übergossen worden wäre. Sie war nackt, er nicht. Sie hatten keine Schuhe an. Der Eindruck war grauenhaft. Ich sah mir keine weiteren Leichen mehr an, weil ich es einfach nicht konnte. Aber diese waren meine Freunde. So wusch ich ihre Körper.«

Die Waschungen fanden teils im Hinterhof des NKWD-Gebäudes, teils in der Panskastraße statt, wo die Leichen in langer Reihe lagen. Während sie die verstümmelten Leichen zur Beerdigung vorbereiteten, wurden die Juden brutal misshandelt und verhöhnt. Jüdische Frauen wurden gezwungen, ihre Blusen auszuziehen und damit die toten Körper zu säubern. Immer wieder griffen ukrainische Milizionäre Männer heraus und erschossen sie.

Ukrainische Bauern aus der Umgebung eilten mit Mistgabeln, Dreschflegeln, Äxten und Knüppeln in die Stadt. Sie plünderten die Häuser der Juden, hieben und stachen auf die wehrlosen Bewohner ein und erschlugen viele von ihnen. Die Juden mochten nicht glauben, dass die Ausschreitungen von den neuen Besatzern gedeckt wurden. »Das sind die Ukrainer«, redete sich einer ein, »die würden uns mit Messern in Stücke hacken. Die Deutschen brauchen Leute zum Arbeiten.« Man müsse die neuen Herren »nur überzeugen, dass wir loyal und ungefährlich sind«.

Auch Beitz nahm für bare Münze, dass es sich um Übergriffe Einzelner, um eine »spontane Reaktion« der Ukrainer handelte, »die sich von den früheren sowjetischen Besatzern gegenüber den Juden benachteiligt fühlten«. Gegen diese Annahme sprach freilich der Umstand, dass die Pogrome gleichzeitig in vielen Orten stattfanden. Tatsächlich war am 22. Juni, dem Tag des deutschen Überfalls auf die Sowjetunion, in Krakau die Organisation Ukrainischer Nationalisten (OUN) gegründet worden, die einen Aufstand in den bislang sowjetisch besetzten Gebieten provozieren sollte. Flugblätter der OUN forderten zur »Vernichtung des Judentums« auf. Heydrich instruierte die Leiter der deutschen Einsatzgruppen am 29. Juni, den »Selbstreinigungsbestrebungen antikommunistischer oder antijüdischer Kreise in den neu zu besetzenden Gebieten« sei »kein Hindernis zu bereiten«, sie seien »im Gegenteil, allerdings spurenlos auszulösen, zu intensivieren, wenn erforderlich, und in die richtigen Bahnen zu lenken, ohne dass sich diese örtlichen ›Selbstschutzkreise‹ später auf Anordnungen oder auf gegebene politische Zusicherungen berufen können«.

Dass die Gewalttätigkeiten von den Deutschen angestachelt worden waren, konnte Beitz nicht wissen. Aber er wurde Augenzeuge der brutalen Barbarei, und er war »entsetzt, dass die SS dem grausamen Treiben tatenlos zusah«.

Nicht nur die SS ließ den Mob wohlwollend gewähren. Nachdem die Wehrmachtssoldaten anfangs passiv in der Menschenmenge an der Panskastraße gestanden, gegafft und fotografiert hatten, beteiligten sich später etliche von ihnen an der Judenhatz, an den Plünderungen und Tötungen. Als das Morden am 4. Juli nachließ, fuhr eine motorisierte Wehrmachtsstreife durch die Straßen und erschoss die liegen gebliebenen Schwerverletzten. 183 Opfer wurden auf dem jüdischen Friedhof von Boryslaw beerdigt.

Von den rund 50 000 Einwohnern Boryslaws waren 1941 etwa 13000 jüdischen Glaubens. Das Leben in der Stadt war daher von jüdischen Bräuchen geprägt. Die Männer trugen knöchellange Kaftane, Schläfenlocken und ungetrimmte Vollbärte. Wie überall im Generalgouvernement mussten nun auch die Juden in Ostgalizien weiße Armbinden mit blauem Davidstern tragen.

Die Gegend um Boryslaw schwamm auf Öl. Bis zur Mitte des 19. Jahrhunderts war das »polnische Baku« ein verschlafenes ruthenisches Dorf gewesen. Als man jedoch auf Erdöl stieß, fielen plötzlich massenhaft Goldgräber in den Ort ein, überwiegend Juden. Manche von ihnen war einst, wie abschätzig kolportiert wurde, »ohne Schuhe an den Füßen in die Gegend gekommen« und zählten nun zu den reichsten Industriellen, was wiederum antisemitische Stimmungen unter den polnischen und ukrainischen Mitbewohnern förderte.

Der Schriftsteller Joseph Roth schilderte gut ein Jahrzehnt vor Beginn des Zweiten Weltkriegs die Zustände in diesem »Teil des kleinpolnischen Landes«, das er »eines der interessantesten Gebiete Europas« nannte und dessen Mittelpunkt »die sehr merkwürdige Stadt Boryslaw« bildete. »Auf einem Gebiete von etwa 15 Quadratkilometern« standen »die dunklen, hölzernen Bohrtürme«, schrieb Roth, aber »trotz ihrer tausendfachen Zahl« waren sie »noch immer nicht die einzige Vegetation des Landes«. Es gebe »Wälder, die nur zögernd vor den Türmen weichen und sie eher friedlich zu umgeben als feindselig zu fliehen scheinen« – der Blick durfte »von den verschalten Quellen weg zu den grünen Hügeln schweifen«. Doch Staub, »weiß und außergewöhnlich dicht«, lag »wie Mehl, Puder oder Kreide« auf der Straße und hüllte »jedes Gefährt und jeden Fußgänger« ein. Und wenn es regnete, verwandelte sich der Staub in eine »aschgraue, feuchte, klebrige Masse, die in jeder kleinsten Höhlung zu einem grünlichen Tümpel« gerann.

Die Panskastraße, etwa sechs Kilometer lang, durchzog die Stadt und teilte sie in zwei Hälften. »Hart an den Häusern entlang«, berichtete Joseph Roth, verlief »ein hölzerner Gehsteig, von kurzen, stämmigen Pfählen getragen«. Ein Trottoir zu errichten war »unmöglich, weil Rohre unter der Straße das Öl zum Bahnhof« leiteten.

Als Berthold Beitz 1941 hier eintraf, hatte sich wenig verändert. Beitz, der auf Ordnung und Perfektion hin erzogen war, musste geschockt gewesen sein angesichts des Drecks und des Chaos. Vorpommern war auch ärmlich, aber es war bäuerlich geprägt. In Boryslaw sprudelte jedoch nur Erdöl. Nicht einmal Gemüse konnte man in den Vorgärten anbauen, weil der Boden vom Petroleum verseucht war. Obwohl Beitz wusste, dass ihn kein Luftkurort erwartete, hatte er Mühe, vor seiner Frau das Entsetzen zu verbergen, das ihn befiel, als er mit einem Firmenwagen zu seinem zukünftigen Domizil gebracht wurde.

Das Ehepaar bezog auf einer Anhöhe oberhalb der Stadt ein kleines Haus, das – wie vier oder fünf nebenan auch – dem Geologischen Institut gehörte, in dem Else Beitz arbeitete. Das Haus, das aus drei Zimmern und einem Kellerraum bestand, lag in einer Art Gartensiedlung, in der noch weitere deutsche Angestellte der Bezirksinspektion Boryslaw wohnten. Zum Wohnhaus gehörten auch Stallungen, in denen zwei Kutschpferde untergestellt waren.

Der junge Direktor legte Wert darauf, standesgemäß von der Wohnung zu seinem Büro in der Slowackistraße im Stadtzentrum befördert zu werden: Anfangs holte ihn ein polnischer Kutscher im offenen Landauer zur Arbeit ab, 1942 wurde ihm eine Mercedes-Limousine mit Fahrer zur Verfügung gestellt. Nachdem die Zuzugserlaubnis für Angehörige seit September 1941 nicht mehr an einen Arbeitsplatznachweis gekoppelt war, konnte Else Beitz ihre Berufstätigkeit aufgeben und die inzwischen eineinhalbjährige Tochter Barbara aus Greifswald zu sich holen.

Die Rote Armee hatte bei ihrem Abzug in großem Ausmaß Bohrgestänge, Pipelines und Ölpumpen zerstört, sodass die Ölproduktion zunächst stark gedrosselt war. Um sie wieder in Gang zu setzen, ordnete das Wirtschaftskommando Süd an, die Erdölarbeiter ausreichend zu ernähren. Doch die Versorgung mit Lebensmitteln war durch die rücksichtslose Ausplünderung des Generalgouvernements weitgehend zusammengebrochen. Beitz musste improvisieren. Er schickte seinen polnischen Kutscher Gronek mit einem Panjewagen voller Ölkanister hinaus aufs Land. Bei den Bauern ließ er Petroleum gegen agrarische Produkte tauschen. Gronek brachte Milch in Kübeln und Butter in Fässern mit, außerdem Säcke voller Kartoffeln und Mehl.

Zu allem Unglück wurde die Stadt Boryslaw im September 1941 vom heftigsten Hochwasser der letzten Jahrzehnte heimgesucht. Tagelang regnete es in Strömen, Häuser und Bohrtürme versanken in der schmutzigen Flut. Die Überschwemmung vernichtete große Teile der Ernte und verschärfte die Hungersnot.

Deshalb gründete Beitz in Absprache mit dem Gebietslandwirt Eberhard Helmrich, der das Ernährungsamt leitete, die Selbsthilfe-Genossenschaft »Zluka«. Diese unterhielt eigene Ladengeschäfte, für die sie Konsumgüter unter anderem von einer Filiale der Wiener »Gesellschaft für Außenhandel« bezog. Bald eröffnete Beitz auch eine Werksbäckerei, die der polnische Bäckermeister Leon Morski leitete, später kam noch eine Schweinezucht hinzu. Durch sein unkonventionelles Vorgehen fand Beitz Anerkennung bei seinen Vorgesetzten. Schon Ende Juli 1941 hatte er zudem kurzerhand die Strom-, Gas- und Wasserversorgung der ganzen Stadt Boryslaw übernommen. Wiederholt beklagte sich deshalb die Zivilverwaltung über »Eigenmächtigkeiten« des Unternehmens. Beitz entgegnete, nur durch seine Gesellschaft sei eine einwandfreie Wasserversorgung gesichert, »nicht jedoch durch den Deutschen Stadtkommissar« – eine dreiste Bemerkung, mit der er sich bei den Bürokraten keine Freunde machen konnte.

Wie überall in den galizischen Städten wurde auch in Boryslaw ein »Judenrat« gebildet. Das Gremium, von den Besatzern als Selbstverwaltungsorgan für interne Angelegenheiten deklariert, hatte dafür zu sorgen, dass die jüdische Bevölkerung die Anweisungen der deutschen Verwaltung befolgte – wegen ihrer antisemitischen Grundhaltung mieden die meisten Beamten direkten Kontakt mit Juden. Offiziell dienten die Judenräte dazu, Arbeitskräfte zu rekrutieren, die Verpflegung der jüdischen Bevölkerung zu organisieren und einen Ordnungsdienst aufzustellen. Tatsächlich wurden die Judenräte jedoch benutzt, um ihnen Mitverantwortung für die von den Deutschen angeordneten Zwangsmaßnahmen zuzuschieben. Sie sollten der Gestapo einen Teil der Drecksarbeit abnehmen. Manche Judenräte kollaborierten mit den Besatzern in der Hoffnung, dadurch Schlimmeres abzuwenden, manche ließen sich mit Versprechungen locken, die später in den seltensten Fällen eingehalten wurden. Zum Vorsitzenden des Judenrats in Boryslaw bestimmte die Wehrmacht den Rechtsanwalt Michael Herz, der jedoch bald fliehen konnte; als Verbindungsmann zu den deutschen Behörden fungierte Eduard Goldmann.

Vom ersten Tag an wurden die Judenräte dazu missbraucht, den Deutschen beim Ausplündern der jüdischen Bevölkerung zu helfen. Die Juden mussten nach und nach Radios, Uhren und Schmuck, Pelze, Skier und schließlich auch Möbel abliefern, und die Judenräte hatten die jeweiligen Abgabepflichten bekanntzumachen.

Eine Schlüsselrolle bei der beginnenden Judenvernichtung hatte das Arbeitsamt Drohobycz unter Regierungsoberinspektor Hellmut Bräunlich, das in Boryslaw eine Nebenstelle unterhielt. »Judeneinsatz«-Referent Bräunlichs war der SS-Mann Adolf Güldner, der den Betrieben von August 1941 an Arbeitskräfte zuwies.

Das Drohobyczer Arbeitsamt nahm am 6. September 1941 den gesamten »Judeneinsatz« in seine Regie. Männliche Juden zwischen 12 und 60 Jahren, die keine feste Arbeitsstelle hatten, mussten sich zweimal wöchentlich beim Judenrat melden. Dort forderte das Arbeitsamt die Männer an. Sie mussten Straßen kehren, Trümmer beseitigen, Maschinen für die Erdölindustrie von der Eisenbahn entladen, Brücken und Straßen reparieren, aber auch »erzieherische« Arbeiten verrichten, womit üble Schikanen umschrieben wurden.

Viele jüdische Männer aus Boryslaw waren gleich in den ersten Besatzungstagen zum Bau zweier Holzbrücken über die Tysmienica verpflichtet worden. Deutsche Soldaten schlugen die jüdischen Arbeitskräfte oft brutal zusammen und machten sich immer wieder einen Spaß daraus, sie zu »sportlichen Übungen« von der halb fertigen Brücke in das im Sommer ausgetrocknete, steinige

Flussbett springen zu lassen. Die meisten zogen sich dabei erhebliche Verletzungen zu. Bei den Misshandlungen hatten es die Soldaten besonders auf den 20-jährigen Zygmunt Spiegler abgesehen. Der junge Mann vermutete, dass er zum Spielball der Soldaten wurde, weil er, athletisch und blond, so gar nicht zu der Vorstellung passte, die sich Deutsche von einem Ostjuden machten.

Als der Fluss wenige Wochen später das Land überschwemmte, hatten wieder die Juden am meisten unter der Hungersnot zu leiden. Die Naturkatastrophe veranlasste das Gebietsernährungsamt Drohobycz, die ohnehin kümmerlichen Lebensmittelrationen noch weiter herabzusetzen: Für Juden waren nun pro Jahr nur noch 28 Kilogramm Brotmehl vorgesehen, also kaum mehr als 2 Kilogramm im Monat, ein Drittel dessen, was Reichsdeutschen und Militärangehörigen zugestanden wurde. Vom Bezug von Kochmehl, Nährmitteln, Fleisch, Fett und Eiern waren Juden gänzlich ausgeschlossen.

Der Gebietslandwirt Helmrich, der offiziell die Kürzung der Lebensmittelrationen verfügte, gründete, um die Ernährung der jüdischen Arbeitskräfte zu verbessern, auf einem verfallenen Bauernhof außerhalb von Drohobycz eine Gemüse-, Obst- und Milchfarm, genannt »Hyrawka«. Dort konnten bis zu 250 vorwiegend junge Leute leben und arbeiten. Nach außen verhielt sich Helmrich systemkonform, insgeheim aber half er den Notleidenden.

Helmrich, 1899 in Hamburg geboren und Vater der späteren FDP-Politikerin Cornelia Schmalz-Jacobsen, hatte schon in der Pogromnacht 1938 zusammen mit seiner Ehefrau Donata in ihrem Haus in der Berliner Westendallee drei Juden Unterschlupf gewährt. Nach seiner Versetzung nach Drohobycz entschloss er sich »sofort, ... mit allen Mitteln und ohne jede Rücksicht auf eigenes Leben und eigene Freiheit den Verfolgten zu helfen«.

Als die Beskiden-Gesellschaften im Juli 1941 die Erdölbetriebe in Drohobycz und Boryslaw übernahmen, bestand die Belegschaft zu rund einem Fünftel aus Juden. In den Förderanlagen und Raffinerien gab es jüdische Monteure und Laboranten ebenso wie jüdische Hilfsarbeiter. Vor allem aber in den leitenden Positionen waren Juden als Ingenieure, Chemiker und Kaufleute tätig.

Doch die Reichsregierung ordnete an, alle jüdischen Mitarbeiter zu entlassen. Respektlos fragte Beitz bei der deutschen Zivilverwaltung in Lemberg an, wie er denn die Fördermenge erhöhen solle, wenn ihm die Fachleute weggenommen würden. Die Argumentation war gewagt, denn Beitz setzte sich damit in offenen Widerspruch zum Chef des Wirtschaftsstabes Ost, Generalleutnant Wilhelm Schubert. Der Leiter dieser neu eingerichteten Zentralbehörde zur Ausplünderung der ehemals sowjetischen Gebiete hatte gerade stolz nach Berlin gemeldet, die Erfahrung in Drohobycz habe gezeigt, dass die »dortige Raffinerie nur 1 knappe Woche die leitenden Juden gebraucht hat und heute ganz judenfrei arbeiten kann«.

Beitz beharrte jedoch darauf, dass er die jüdischen Arbeiter brauche. Tatsächlich wurden von Oktober 1941 an wieder Juden bei der Betriebsinspektion Boryslaw und in den Raffinerien von Drohobycz beschäftigt. Die technische Rückständigkeit der veralteten Unternehmen musste durch massiven Personaleinsatz kompensiert werden. Um dies zu dokumentieren, schilderte Beitz noch einmal ein Jahr später in einem Brief an den SS- und Polizeiführer Theobald Thier in der Distrikthauptstadt Lemberg die Entwicklung: »Bei Übernahme durch die deutsche Verwaltung wurden sämtliche Juden aus dem Betriebe entlassen; wir aber waren gezwungen, nach einigen Monaten Juden wieder aufzunehmen, um den Betrieb zur höchsten Produktion zu steigern. Hinzu kommt, dass durch die Verschleppung der intelligenten Ukrainer und Polen durch die Russen sowie auch durch teilweise freiwillige Abwanderung während der Russenzeit ein fühlbarer Mangel an Fachkräften in Boryslaw eingetreten war.«

Beitz übertrieb die Bedeutung des Standorts gewaltig, denn den ostgalizischen Ölfeldern maßen Hitler und Göring zunächst gar nicht so große Bedeutung bei. Deren Ziel waren vor allem die Ölquellen im Kaukasus. Parallel dazu plante die Luftwaffe die Besetzung irakischer Erdölquartiere. Erst später, als die Eroberung des Kaukasus scheiterte und auch der Irak unerreichbar blieb, erhöhte sich der strategische Wert des galizischen Öls.

Zunächst stellte Beitz jüdische Spezialisten in der Lebensmittelverwaltung und in den technischen Abteilungen ein. So übertrug er dem Ingenieur Salomon Rosenberg die Leitung eines Gummiwalzwerkes, das wichtiges Zubehör für die Bohrungen fabrizierte und ihm früher selbst gehört hatte. Den Ingenieur Markus Kleiner, einst Eigentümer einer kleinen Bohrgerätefabrik, beauftragte Beitz mit dem Einkauf von Maschinenteilen. Den Techniker und Tüftler Maurycy Ringler, der mehrere internationale Patente besaß – etwa für abnehmbare Bohrköpfe und Schraubzwingen, mit denen Rohre aus den Schächten gezogen werden konnten –, beschäftigte Beitz als Leiter eines Konstruktionsbüros und einer Werkzeugmanufaktur. Diese drei Fachleute holten weitere Juden aus ihrem Bekannten- und Verwandtenkreis nach.

Im Zuge einer Neuorganisation der Beskiden-Gesellschaften waren Ende September 1941 die bisherigen »Gruppen« in »Betriebsinspektionen« umbenannt worden. Die Betriebsinspektion (BI) Boryslaw war der »Gruppenverwaltung Ost« in Drohobycz zugeordnet, die dem Gruppenleiter Richard Junge unterstand. Bei der BI Boryslaw bekam Beitz einen technischen Betriebsleiter vor die Nase gesetzt. Erich Radecke, Jahrgang 1905, Diplom-Bergbauingenieur aus Wernigerode am Harz, war vor dem Krieg Betriebsleiter der Wintershall AG in den Erdölwerken Nienhagen im Kreis Celle gewesen und hatte zuletzt, wie Beitz, in Krosno gearbeitet. Obwohl Radecke darauf bedacht war, seine Position als Chef der Betriebsinspektion herauszukehren, beharrte Beitz selbstbewusst auf seinen älteren Rechten.

Erst waren es Gesten und Gefälligkeiten, mit denen Else und Berthold Beitz darbenden Juden halfen. Wenn Reparaturen an ihrem Haus erforderlich wurden, bestellten sie jüdische Handwerker, wie es die meisten Deutschen in Boryslaw taten. Aber anders als die Mehrzahl ihrer Landsleute, die Juden wie Sklaven behandelten, gab das Ehepaar durch seine Freigebigkeit und Freundlichkeit zu verstehen, dass es die Rassenpolitik der Nazis ablehnte. Die meist jungen Leute wurden im Hause Beitz mit kräftigen Mahlzeiten verköstigt und bekamen darüber hinaus Essenspakete für ihre Angehörigen mit.

Der damals 14-jährige Klempnergehilfe Artur Birmann berichtete später, wie er den Auftrag erhalten hatte, in der Wohnung des Direktors eine kleine Instandsetzungsarbeit im Badezimmer auszuführen. »Als ich hinkam, wurde ich aufgefordert, mich mit ihm, seiner Frau und seiner Tochter an den Tisch zu setzen. Ich sah Köstlichkeiten wie weißes Brot, Honig und Wurst. Ich dankte und fragte, ob ich, statt mitzuessen, etwas für meine Mutter mitnehmen dürfe.« Doch Else Beitz bestand darauf, dass der Junge mit ihnen frühstückte. Anschließend packte sie ihm noch Lebensmittel für die Mutter ein.

Den Kürschnermeister Ignaz Linhard beauftragte Beitz, für ihn und seine Frau warme Wintermäntel anzufertigen. Statt Bargeld bot Beitz Naturalien an. Einen seiner Kutscher schickte Beitz ein paarmal nach Einbruch der Dunkelheit zu Linhards Wohnung und ließ ihm Waren aus der »Zluka« liefern.

Ende Oktober 1941 wurde Beitz erstmals als »Judenfreund« denunziert. In einem Schreiben an Kreishauptmann Eduard Jedamzik beklagte sich ein Anonymus unter einem fingierten Namen über angeblich »unhaltbare Zustände« in Boryslaw. Bei der »Zluka« gebe es »unsaubere« Vorgänge, und Beitz pflege persönliche Kontakte mit Juden. Jedamzik forderte den Boryslawer Stadtkommissar Bornemann auf, sich zu den Vorwürfen zu äußern. Bornemann nahm Beitz jedoch in Schutz: Die »Zluka«

habe sauber gearbeitet, nur gebe es angesichts der miserablen Versorgung mit Nahrungsmitteln nichts zu verteilen.

Am 6. November 1941 wurde die Arbeitsabteilung des Judenrates Drohobycz aufgelöst und in ein jüdisches Arbeitsamt unter Aufsicht Güldners umgewandelt. Der Judenrat musste für Güldner eine Liste von 350 bis 400 arbeitslosen Juden aufstellen, die »verschickt« werden sollten. Güldner bestellte die Opfer selbst ein: »Der Jude … hat sich am 22.XI.1941 pünktlich um 7 Uhr im Arbeitsamt, Hauptstraße 42, zu melden. Wer der Aufforderung nicht Folge leistet, wird mit dem Tode bestraft.« Der jüdische Ordnungsdienst musste die Vorladungen am frühen Morgen desselben Tages zustellen. Rund 250 Juden mit einer unbekannten Zahl von Kindern folgten dem Befehl. Sie wurden von einem Erschießungskommando auf Lastwagen verladen. Dann wurden sie, bewacht durch die ukrainische »schwarze Miliz«, in den Wald von Bronica gefahren und dort erschossen. Der Massenmord firmierte im zynischen Jargon der Besatzer als »Arbeitsamtsaktion«.

Nach demselben Muster folgte eine Woche später in Boryslaw die sogenannte Invalidenaktion. Aufgrund einer vom Judenrat erstellten Liste holten am 28. November Gestapo und ukrainische Polizei rund 700 »Arbeitsunfähige« und Kranke aus ihren Wohnungen und sperrten sie zunächst in der ukrainischen Polizeikaserne ein. Am folgenden Morgen wurden die Gefangenen in den umliegenden Wäldern von Truskawiec und Tustanowice erschossen. Dabei gab man sich nicht einmal Mühe, das Massaker zu verheimlichen: Eine der Mordstätten lag in Hörweite Boryslaws zwischen Bohrtürmen und Schrott.

An der »Aktion« beteiligte sich neben Gestapo und »schwarzer Miliz« auch eine 18 Mann starke Truppe der »Schutzpolizei«, die von dem Revierleutnant Gustav Wüpper angeführt wurde und erst neun Tage zuvor in Boryslaw eingetroffen war. Es handelte sich um meist altgediente 40- bis 50-jährige Polizeibeamte aus Wien, die sich anfangs über die gemeinsame k. u. k. Vergangenheit bei den einheimischen Juden einschmeichelten. Die Männer in den grünen Uniformen, erzählte später der jüdische Schriftsteller Wilhelm Dichter, »freuten sich über den Wiener Akzent unserer Frauen«, denen sie sogar Schutz versprachen: »Wenn etwas passieren sollte, stellen wir eine Wache vor die Tür.«

Die Mordmaschinerie war längst angelaufen, aber die meisten Menschen in den besetzten Gebieten durchschauten noch nicht, dass die systematische Vernichtung der europäischen Juden das Ziel der nationalsozialistischen Rassenpolitik war. Am 31. Juli 1941 hatte Göring den Leiter des Reichssicherheitshauptamtes, Heydrich, auf dessen Betreiben hin schriftlich beauftragt, »in Bälde einen Gesamtentwurf über die organisatorischen, sachlichen und materiellen Vorausmaßnahmen zur Durchführung der angestrebten Endlösung der Judenfrage vorzulegen«. Und am 13. Oktober 1941 hatte SS-Chef Heinrich Himmler den Befehl erteilt, mit der Ausrottung der Juden im Generalgouvernement zu beginnen. Der SS- und Polizeiführer im Distrikt Lublin, Odilo Globocnik, ließ daraufhin nacheinander die Vernichtungslager Belzec, Sobibór und Treblinka errichten.

In engem Zusammenhang mit dem Bau dieser Lager stand die Einrichtung jüdischer Ghettos in den Städten. Am 10. November 1941 ordnete der »Höhere SS- und Polizeiführer im Generalgouvernement«, SS-Obergruppenführer Friedrich Wilhelm Krüger, an, dass in den Distrikten Radom, Krakau und Galizien »Judenwohnbezirke« einzurichten seien. Schon im Mittelalter waren in größeren Städten Ghettos geschaffen worden, um Juden auszugrenzen. Im besetzten Polen aber war die Ghettobildung die Vorstufe zur Vernichtung der Juden, weil man sie in den abgeschlossenen Wohnvierteln leichter ergreifen konnte.

Die »Dritte Verordnung über Aufenthaltsbeschränkungen im Generalgouvernement« vom 15. Oktober 1941 drohte Juden, »die den ihnen zugewiesenen Wohnbezirk unbefugt verlassen«, die Todesstrafe an, ebenso »Personen, die solchen Juden wissentlich Unterschlupf gewähren«. Von der Pflicht, in einem Ghetto zu leben, waren nur »diejenigen Juden ausgenommen, die in Wehrwirtschafts- und Rüstungsbetrieben beschäftigt und in geschlossenen Lagern untergebracht« waren. Das Risiko für Judenhelfer war im Generalgouvernement ungleich höher als im Reich. Dort drohten für »freundschaftliche Beziehungen« zwischen »Ariern« und Juden nach einem Erlass des Reichssicherheitshauptamtes vom 24. Oktober 1941 dem »deutschblütigen Teil« bis zu drei Monate KZ-Haft; tatsächlich reichten die Maßnahmen von bloßer Verwarnung bis zur unbefristeten Einlieferung in ein Konzentrationslager. Im besetzten Polen stand auf dasselbe »Verbrechen« grundsätzlich die Todesstrafe.

Noch im November 1941 begann der Drohobyczer Kreishauptmann Jedamzik mit den Planungen für ein Ghetto in Boryslaw. Wegen einer Fleckfieberepidemie, die um die Jahreswende ausbrach und an der Hunderte von Juden erkrankten, stoppte die Gesundheitsverwaltung im Distrikt Galizien fürs erste die Ghettoisierung. Es dauerte schließlich bis zum 10. Oktober 1942, ehe das Ghetto in Boryslaw eingerichtet war.

Der Düsseldorfer Rechtsanwalt Hermann Görgens, seit Juni 1942 Kreishauptmann in Drohobycz, ließ nur sehr geringe Mengen an Lebensmitteln an die Ghettobewohner liefern, sodass bald eine Hungersnot ausbrach und viele Menschen verhungerten. Der stellvertretende Gouverneur des Distrikts Galizien, Losacker, der nach der Ablösung des der Korruption verdächtigten Gouverneurs Karl Lasch die Amtsgeschäfte führte, wies die Kreishauptleute an, die Ghettos abzuriegeln und Juden, die bisher ohne behördliche Erlaubnis »gewandert« waren, zum »verschärften lang dauernden Arbeitszwangsdienst« an die Gestapo auszuliefern. Gekennzeichnet wurden die Ghettos durch Schilder mit der Aufschrift »Jüdischer Wohnbezirk«; sie wurden aber nicht eingezäunt, wohl weil von vornherein beabsichtigt war, sie alsbald auszulöschen.

Schließlich waren die Deportationen nach Belzec schon in vollem Gange. Anders als in Auschwitz, wo Wohnbaracken und Vernichtungsstätten nebeneinander bestanden, Arbeitsmöglichkeiten für einen Teil der Häftlinge also durchaus vorgesehen waren, gab es hier ebenso wie in Sobibór und Treblinka keinerlei Lagerinfrastruktur, um die Juden unterzubringen oder ihnen irgendeine Art von Arbeit zu geben. Die Opfer wurden direkt in die Gaskammern getrieben.

Der Aufbau des Lagers in Belzec, einem abgeschiedenen Ort im Südosten des Distrikts Lublin, nur drei Kilometer jenseits der nördlichen Grenze des Distrikts Galizien, begann am 1. November 1941. Es wurde auf einer sieben Hektar großen Fläche errichtet, die in zwei Bereiche unterteilt war. Auf der einen Seite standen Verwaltungsgebäude, ein Bahngleis führte mitten in das Lager hinein und endete an einer Verladerampe. Im anderen Lagerkomplex befanden sich drei Gaskammern, mehrere Leichengruben und Scheiterhaufen sowie Unterkünfte für die wenigen dort kurzzeitig arbeitenden Juden. Ein schmaler Pfad führte von dem »Entkleidungsbereich« des ersten Lagerabschnitts direkt zu den Gaskammern.

Am 17. März 1942 leitete die SS den Massenmord in Belzec ein. Das Lagerpersonal verkündete den Ankommenden, sie hätten ein »Durchgangslager« erreicht, müssten nun duschen und würden anschließend mit neuer Kleidung in ein Arbeitslager überstellt. Bis auf einige wenige Männer wurden die Neuankömmlinge in die als »Inhalier- und Baderäume« getarnten Gaskammern getrieben und durch die Abgase eines im Nebenraum installierten Dieselmotors vergiftet. An die 600 000 hauptsächlich polnische, aber auch westeuropäische Juden wurden in Belzec innerhalb eines Dreivierteljahres, zwischen März und Dezember 1942, ermordet.

Während die Vernichtungslager bereits im Bau waren, trafen sich im Januar 1942 in der »Villa Minoux« am Großen Wannsee in Berlin hochrangige SS-Offiziere mit Staatssekretären aus den Reichsministerien und der NS-Bürokratie. Heydrich hatte zu der später sogenannten Wannsee-Konferenz eingeladen, um das Mordprogramm zu präsentieren. »Anstelle der Auswanderung ist nunmehr als weitere Lösungsmöglichkeit nach entsprechender vorheriger Genehmigung durch den Führer die Evakuierung der Juden nach dem Osten getreten«, hieß es im Protokoll. Dann folgte der berüchtigte Satz, dass »zweifellos ein Großteil durch natürliche Verminderung ausfallen« werde und »der allfällig endlich verbleibende Restbestand … entsprechend behandelt« werden müsse.

Von dem, was in Berlin beschlossen wurde, hatten die Menschen in Boryslaw keine Ahnung, auch Beitz nicht. Allerdings dürften bereits in den ersten sechs Monaten nach dem deutschen Einmarsch bis zur Jahreswende 1941/42 etwa 3000 der ursprünglich 13000 einheimischen Juden umgekommen sein, davon rund ein Drittel durch den ukrainischen Pogrom Anfang Juli und durch die »Invalidenaktion« Ende November, 1500 durch Hunger und Krankheiten, die übrigen in Zwangsarbeitslagern der Umgebung. Das konnte niemandem verborgen bleiben.

Ende 1941 liefen die Vorbereitungen zum systematischen Massenmord auf Hochtouren. In ihrem Rassenwahn gaben die Nazis den Juden die Schuld am Weltkrieg, dessen Beginn nach ihrer Definition nicht der deutsche Angriff auf Polen, sondern der Kriegseintritt der Vereinigten Staaten von Amerika war – dieser wiederum war die Konsequenz aus dem japanischen Überfall auf den US-Marinestützpunkt Pearl Harbor auf Hawaii am 7. Dezember 1941. In Bündnistreue zur »Achsenmacht« Japan erklärte Hitler daraufhin den Vereinigten Staaten den Krieg und weitete damit den europäischen Konflikt zum Weltenbrand aus.

Seit Anfang Februar 1942 beschäftigte Beitz auch in der Verwaltung wieder Juden. Als ersten stellte er Josef Hirsch ein, einen 39 Jahre alten Buchhalter. Hirsch erhielt ein reguläres Gehalt und »arische« Verpflegung. Sein achtjähriger Sohn entging mehreren Mordaktionen der SS, weil Hirsch, von Beitz gewarnt, ihn jedes Mal rechtzeitig in ein Versteck bringen konnte.

Else Beitz war, seit sie ihre Heimatstadt Hamburg verlassen hatte, mit einer ehemaligen Kollegin in regem Briefkontakt geblieben. Evelyn Döring, 1914 als Tochter eines Deutschen und einer Schottin geboren, war immer voller Lebenslust gewesen und hatte um sich gute Laune verbreitet. Jetzt aber bedrückte sie der Tod ihres Bruders, der im Mai 1941 mit dem Schlachtschiff »Bismarck« vor der französischen Küste untergegangen war – versenkt von britischen Kriegsschiffen. Else Beitz überredete die Brieffreundin, nach Boryslaw zu kommen und als Sekretärin ihres Mannes zu arbeiten.

Ebenfalls im Juli 1942 stellte Beitz eine weitere Mitarbeiterin für sein Vorzimmer ein. Hilde Berger war eine attraktive Frau, 28 Jahre jung, mit kurzen, lockigen schwarzen Haaren. Und sie war Jüdin. Beitz hatte schon Monate zuvor ein Auge auf sie geworfen, als er ihr beim Gruppenleiter Richard Junge in Drohobycz begegnet war. Für Junge arbeitete sie seit März 1942, zuvor war sie beim Judenrat in Boryslaw angestellt gewesen. Junge schätzte zwar die Tüchtigkeit seiner Schreibkraft, hatte aber schon bei ihrer Einstellung seinen Vorgesetzten versprochen, sie möglichst bald durch »eine Arierin ersetzen« zu wollen.

Hilde Berger wurde 1914 in Berlin geboren. Ihre Eltern, der Damenschneider Nathan Berger und seine Frau Sarah, stammten aus Boryslaw und waren zwei Jahre vor Ausbruch des Ersten Weltkriegs in die deutsche Hauptstadt gezogen, jedoch immer polnische Staatsbürger geblieben. Nathan Berger besaß einen kleinen Laden in Kreuzberg. In der neben dem Geschäft liegenden Drei-Zimmer-Wohnung war Hilde mit drei Geschwistern aufgewachsen.

Mit ihrem Bruder Hans war Hilde zunächst Mitglied der Kommunistischen Jugend geworden; 1933, nach Hitlers »Machtergreifung«, schlossen sich beide den Trotzkisten an. Tagsüber arbeitete Hilde als Stenotypistin, nach Feierabend widmete sie sich der illegalen Untergrundtätigkeit gegen das Naziregime. Im November 1936 wurde Hilde Berger von der Gestapo verhaftet, ein Jahr später wegen »Vorbereitung zum Hochverrat« zu zweieinhalb Jahren Zuchthaus verurteilt. Anfang Mai 1939 wurde sie aus der Haft entlassen, aber schon am Ende desselben Monats als unerwünschte Ausländerin nach Polen abgeschoben. Ihre Eltern waren bereits im April 1938 nach Boryslaw ausgereist, um der Zwangsabschiebung zuvorzukommen, die das NS-Regime Ende Oktober 1938 für alle jüdischen Polen im Reichsgebiet verfügt hatte.

Im Sommer 1939 traf Hilde Berger ihre Eltern und ihre ältere Schwester Regina in Boryslaw wieder. »Jetzt ist alles gut, wo Hilde bei uns ist«, meinte der Vater. Kurz vor Weihnachten 1941 schrieb Hilde ihrem Bruder Hans, der 1937 vom Volksgerichtshof zu acht Jahren Zuchthaus verurteilt worden war und nun in Brandenburg-Görden inhaftiert war. In dem Brief schilderte sie die Lage in Boryslaw. Die Mitteilung versetzte Hans, wie er im Februar 1942 in seiner Antwort bekundete, »in große Sorge und Unruhe um Euch«: »Ich verzweifle fast darüber, dass ich Euch gar nicht helfen kann. Werde versuchen, Euch Geld zu schicken … Wovon lebt Ihr? Wie ist die Ernährung?«

Von Eduard Goldmann, dem mit ihr befreundeten Verbindungsmann des Boryslawer Judenrats zu den deutschen Behörden, bekam Hilde Berger Anfang 1942 den Tipp, dass die Gruppenleitung der Beskiden-Ölgesellschaften in Drohobycz eine Sekretärin für deutsche Stenografie und Schreibmaschine suche.

Goldmann drängte die Freundin, Boryslaw zu verlassen, da sie hier nicht mehr sicher sei. Jemand habe in einer anonymen Anzeige erwähnt, dass sie in Deutschland im Gefängnis gesessen hatte. Er habe den Brief des Denunzianten in die Finger bekommen und verschwinden lassen, aber öfter könne er solche Schreiben nicht unterschlagen.

Nathan Berger betrachtete den Umzug seiner Tochter nach Drohobycz als böses Omen. Die beiden Orte seien doch nur neun Kilometer voneinander entfernt, wiegelte sie ab. Dabei wusste sie sehr wohl, dass die Distanz für Juden praktisch unüberwindlich war: Bei Androhung der Todesstrafe war es ihnen untersagt, den Wohnort ohne amtliche Genehmigung zu verlassen. Hilde Berger sah ihre Eltern und ihre Schwester Regina nicht wieder. Als sie nach Boryslaw zurückkehrte, um ihren neuen Job bei Beitz anzutreten, fand sie ihre Angehörigen nicht mehr. Sie waren abgeholt und verschleppt worden.

Hilde Berger bat Beitz, ihr bei der Auflösung der Wohnung ihrer deportierten Eltern zu helfen. Als sie die Küche betraten, stand auf dem Herd noch das Essen, das die Mutter vorbereitet hatte, und auf dem Tisch lagen die Tefillin des Vaters, die ledernen Gebetsriemen. Alles deutete auf einen überstürzten Aufbruch hin, die deutschen Besatzer hatten es eilig, Galizien »judenfrei« zu machen. Von ihren düsteren Ahnungen sagte Hilde Berger ihrem Chef nichts. Sie wusste ja selbst noch nicht, wohin die Züge fuhren. Erst später verfolgten einige Polen die Spuren und stellten fest, dass es in Belzec keine Arbeitsstätte gab, sondern dass die dorthin transportierten Menschen direkt in den Tod geschickt wurden. »Die Juden kommen nur durch den Kamin heraus«, erzählten Eisenbahner in Boryslaw.

Für die Beskiden-Ölgesellschaften war Hilde Berger außerordentlich nützlich. Außer deutsch sprach sie fließend polnisch, wenn auch mit starkem Akzent, in Englisch und Französisch konnte sie sich gewandt ausdrücken. Wirtschaftskorrespondenz hatte sie in ihrer Ausbildung in Berlin gelernt, Stenografie und Maschinenschreiben beherrschte sie perfekt. Boryslaw kannte sie wie ihre Westentasche, als Mitglied einer alteingesessenen Familie genoss sie Vertrauen bei den Einheimischen.

Als Arbeitsplatz wies Beitz seiner neuen Schreibkraft eine kleine Kammer neben seinem Büro zu, abgetrennt von dem Vorzimmer, in dem Evelyn Döring die Stellung hielt. Hilde Bergers Kabuff war durch eine Klingel mit dem Direktor verbunden. Wenn er läutete, musste sie zum Diktat kommen. Die Raumaufteilung hatte den Vorteil, dass Besucher die jüdische Sekretärin nicht gleich zu Gesicht bekamen. Entgegen der Vorschrift musste sie die Armbinde mit dem Davidstern nicht tragen, Beitz wollte es so.

Um dieselbe Zeit tauchte Emil Piotr Ehrlich in Boryslaw auf. Der 41-jährige Diplomkaufmann und Wirtschaftswissenschaftler, der in Ostgalizien geboren war und in Wien studiert hatte, war ein katholisch getaufter Jude, den der polnische Widerstand als Kurier und Informant ins Erdölgebiet entsandt hatte. Beitz durchschaute Ehrlichs konspirativen Auftrag. Gleichwohl stellte er ihn als Leiter seines Rechtsbüros ein. In dieser Schlüsselposition wurde Ehrlich neben Chefbuchhalter Hirsch sein engster Mitarbeiter.

Anfang August 1942 wollte Beitz eine Dienstreise antreten. Aber Hirsch beschwor ihn, in der Stadt zu bleiben. Der Direktor sollte sich notfalls schützend vor seine jüdischen Mitarbeiter und deren Angehörige stellen können. Denn es hatte sich herumgesprochen, dass in den Nachbarkreisen Gestapo, SS und Sicherheitspolizei damit begonnen hatten, »arbeitsunfähige« Juden »auszusiedeln«. Die Juden flüchteten aus dem ihnen zugewiesenen Wohnbezirk und suchten verzweifelt Orte, wo sie sich verstecken konnten. Als Sicherheitspolizei und SS das zuvor umstellte Ghetto am 5. August fast menschenleer antrafen, traten die Häscher zum Schein den Rückzug an. Viele Juden tappten in die Falle: Sie kehrten in ihre Wohnungen zurück und wurden anderntags prompt verhaftet.

Als am späten Abend des 6. August in Boryslaw die Juden mit brachialer Gewalt zum Abtransport zusammengetrieben wurden, ordnete Beitz an, dass die jüdischen Angestellten das Büro nicht verlassen, sondern Zuflucht in einem Versteck auf dem Firmengelände suchen sollten. Trotzdem wurden jüdische Mitarbeiter der Ölfirma wahllos verhaftet, offenbar verraten und oft eigenhändig ergriffen von eifernden Volksdeutschen, die sich als besonders überzeugte Nazis erwiesen.

Die Gefangenen wurden in den Kinosaal des »Colosseum« eingesperrt, und als der nicht mehr ausreichte, wurden zwei weitere »Sammelstellen« eingerichtet. Alte und Kranke, Kleinkinder und in Verstecken entdeckte Juden wurden an Ort und Stelle erschossen.

Gegen Mitternacht am 7. August rief Revierleutnant Wüpper, der Chef der Schutzpolizei, Beitz in dessen Wohnung an. Er bestellte ihn zu sich und eröffnete ihm, dass auf Befehl »aus Lemberg« – das hieß: vom SS- und Polizeiführer Friedrich Katzmann – 5000 Juden »auszusiedeln« seien, »die Waggons müssen rausgehen«, erklärte Wüpper. Weil er aber um die Ölproduktion besorgt war, empfahl er Beitz, er solle versuchen, seine Leute aus dem Transport herauszuholen.

In der Morgendämmerung des 8. August begann der Marsch der in den »Sammelstellen« festgehaltenen Juden zum Bahnhof. Teils wurden sie in Kolonnen dorthin getrieben, teils auf Lastwagen hingekarrt. Darunter befanden sich auch Kinder aus dem Waisenhaus, die aus dem Schlaf herausgerissen und, nur mit ihren Nachthemden bekleidet, auf die Fahrzeuge verladen worden waren.

Die Szenen am Bahnhof haben sich Beitz unauslöschlich eingeprägt. Er sah die Kinder in ihren gestreiften Pyjamas unter dem milchigen Licht der Laternen. Dann kamen die Erwachsenen, die abgezählt wurden zum Besteigen der leeren Viehwaggons. Jeder musste ein Kind mitnehmen. Einer wandte gegen seine Verhaftung ein, er sei doch Arzt, aber der SS-Mann erwiderte hämisch: »Ach, im Himmel werden auch Ärzte gebraucht.« Während Beitz noch darüber nachsann, wie apathisch sich die Menschen in ihr Schicksal fügten, sich nicht wehrten oder wegliefen, und während in ihm Wut hochkam über die Uniformierten, über deren menschenverachtende Brutalität, da dämmerte ihm, dass sich die Kinder, die mit den Erwachsenen in die Waggons gepfercht wurden, doch überhaupt nicht für eine Arbeit eigneten, die am Ziel der Fahrt angeblich auf sie wartete. Beitz begann zu begreifen, dass die Menschen in den Tod geschickt wurden.

Einer der drangsalierten Juden, der schon auf der Verladerampe stand und darauf wartete, in einen der Waggons gezwängt zu werden, war Zygmunt Spiegler – jener junge Mann, den die deutschen Soldaten an der Tysmienica-Brücke malträtiert hatten. Spiegler bemerkte, wie unter den in Todesangst erstarrten Menschen plötzlich Unruhe aufkam. Er suchte nach der Ursache des Raunens und erblickte einen hochgewachsenen, gut aussehenden Zivilisten, der von mehreren Uniformträgern begleitet wurde. Spiegler hatte Beitz zuvor noch nie zu Gesicht bekommen. Aber mit einem Mal hatte er »das Gefühl, dass ein Engel plötzlich in eine Hölle kam«, wie Spiegler später sagte.

Beitz rief laut, Inhaber von Arbeitsausweisen der Beskiden-Ölgesellschaften sollten sich melden. Sofort gellten verzweifelte Hilfeschreie aus den Waggons, vom Bahnsteig und aus dem Lagerschuppen. Alle Inhaftierten boten sich als Arbeitskräfte an. Beitz griff eine ganze Reihe von ihnen heraus, indem er sie als unentbehrliche Facharbeiter ausgab, obschon viele von ihnen gar keinen oder einen für die Erdölindustrie nutzlosen Beruf hatten, etwa der Kürschner Ignaz Linhard und dessen Sohn Salek. »Die arbeiten bei mir«, schwindelte Beitz, worauf ein SS-

Mann die beiden tatsächlich freigab. Den Gärtner Samuel Wegner erklärte Beitz ebenso zum Erdölfacharbeiter wie den 14-jährigen Klempnergehilfen Artur Birmann und dessen Mutter, die nicht einmal eine Ausbildung hatte, ferner einen Friseur, einen Arzt und viele andere. »Ja, der arbeitet doch für unsere Beskiden-Werke, den kenne ich doch«, behauptete Beitz von einem Juden, den er noch nie gesehen hatte. Auch Zygmunt Spiegler durfte als angeblicher Facharbeiter die Rampe verlassen.

Immer wieder ging Beitz am Zug entlang und rief laut die Namen der Angehörigen seiner Mitarbeiter, die ihn um Hilfe gebeten hatten: »Frau Lockspeiser! Frau und Sohn Klinghoffer! Frau und Kinder Engelberg!« In dem Getöse hörte Beitz oft nur durch Zufall, wie sich die Gesuchten bemerkbar machten. Aber er konnte Hella Klinghoffer befreien, die nicht im Betrieb beschäftigt war, ebenso Lizzy Lockspeiser und Emilia Engelberg, während deren Mutter und ihr 15-jähriger Bruder im Waggon zurückbleiben mussten.

Eine jüdische Sekretärin der Beskiden-Gesellschaften rief aus einem bereits verschlossenen Güterwagen immer wieder verzweifelt nach Beitz. Er ließ sie zu sich bringen. Als sie vor ihm stand, fragte sie ihn: »Mit Verlaub, Herr Direktor, ist es erlaubt, meine Mutter herauszuholen?« Beitz mahnte zur Eile: »Ja, hol sie heraus.« Als einer der SS-Männer die alte Frau sah, forderte er von Beitz eine Erklärung. »Die arbeitet bei mir«, log Beitz, aber der SS-Mann durchschaute den Schwindel und befahl barsch: »Die geht zurück!« Mit einer Handbewegung, die generös wirken sollte, zeigte er auf die Sekretärin: »Die können Sie haben, die schenke ich Ihnen.« Doch die junge Frau sagte entschlossen: »Wenn es erlaubt ist, Herr Direktor, dann gehe ich auch zurück.« Und sie bestieg wieder den Waggon, wissend, dass sie in den sicheren Tod ging.

Als Jahrzehnte später, im Oktober 1997 bei der Verleihung der Josef-Neuberger-Medaille an Berthold Beitz in der Alten Synagoge zu Düsseldorf, diese Szene geschildert wurde, brach im Publikum ein Mann in Tränen aus. »Bitte vergeben Sie mir, dass ich diese Rührung nicht zurückhalten kann«, entschuldigte sich Ignatz Bubis, der damalige Vorsitzende des Zentralrats der Juden in Deutschland, der durch die Geschichte der Sekretärin an sein eigenes Schicksal erinnert wurde. Hilflos hatte Bubis als 14-jähriger Junge im Debliner Ghetto zusehen müssen, wie SS-Schergen seinen Vater abführten zur Deportation und Ermordung in Treblinka. Mitbewohner hatten ihn davon abgehalten, dem Vater in den Tod nachzulaufen. Er wisse jetzt, schrieb Bubis in seiner Autobiografie, »dass mich niemand hätte zurückhalten können, wenn ich ihm wirklich hätte folgen wollen«.

Zu denen, die das Ehepaar Beitz in Boryslaw rettete, gehörte auch die Familie des Bubis-Schwagers Naftali Backenroth, der mit einer Schwester von Bubis' Ehefrau Ida verheiratet war. Bevor am 17. Februar 1943 das Ghetto in Boryslaw liquidiert wurde, warnte Beitz, der von der Absicht erfahren hatte, die Bewohner: »Ihr müsst aus dem Ghetto verschwinden!« Naftali Backenroth, seine Eltern und weitere Verwandte, berichtete Ignatz Bubis, hätten auf den Rat von Beitz hin das Ghetto verlassen und allesamt überlebt. Bubis sagte zum Ehepaar Beitz: »Sie konnten nicht alle 800 Bewohner des Ghettos bei sich zu Hause aufnehmen, aber Sie haben ein Maximum getan.« Ignatz Bubis war es auch, der kurz vor seinem Tod im August 1999 das Ehepaar Beitz für den Leo-Baeck-Preis vorschlug, die höchste Auszeichnung, die der Zentralrat der Juden in Deutschland vergibt. Im Jahr darauf wurde Berthold und Else Beitz diese Ehrung zuteil.

Auf dem Bahnhof in Boryslaw war die »Selektion« abgeschlossen. Nachdem die Todgeweihten in die Viehwaggons getrieben worden waren, in jedem Wagen bis zu 180, schoben Polizisten die Türen zu und wickelten Draht um die Verriegelungen. Uniformierte schrieben die Zahlen der »Umsiedler« mit Kreide auf die Wagenwände. Eine Dampflokomotive fuhr heran und stieß dröhnend gegen die Puffer. Eisenbahner hängten die Ketten in den Kupplungshaken ein, dann setzte sich der Zug zischend in Bewegung.

Mindestens 150 Menschen bewahrte Beitz an diesem 8. August 1942 vor der Fahrt ins Vernichtungslager. Er hatte nicht lange überlegen und über mögliche Konsequenzen nachdenken können, sondern spontan gehandelt. Die grauenhaften Szenen hatten ihm allerdings eine Illusion geraubt: Bis dahin hatte Beitz der offiziellen Version glauben wollen, dass die Juden in ein Arbeitslager geschafft würden, irgendwo weiter im Osten. Wenn Juden ihm sagten, die Abtransportierten würden nicht wiederkommen, sondern umgebracht, tat er das als Gräuelpropaganda ab. Schließlich erlaube die SS den Leuten doch, Kleidung, Bargeld und Handwerkszeug mitzunehmen. Nun, auf dem Bahnhof, »wurde mir blitzschnell klar, dass es hier auf Leben und Tod ging«.

Als Beitz in sein Büro zurückkam, begegnete er einem volksdeutschen Mitarbeiter, der mit einem Messer im Gürtel und einer Peitsche herumlief und die deportierten Juden verhöhnte. »Den hätte ich umbringen können«, sagte Beitz später. Dem Stadtkommissar Möllers schleuderte Beitz ins Gesicht, was hier betrieben werde, sei »organisierter Raubmord«. Denn die Möbel der deportierten Juden wurden von jüdischen Zwangsarbeitern des Luftschutzhilfsdienstes, einer der Schutzpolizei unterstehenden Organisation, aus den Wohnungen geholt, in Möllers' Kaserne eingelagert und dann an die in Galizien angesiedelten Volksdeutschen verteilt. Private Plünderungen durch Beamte wurden in der letzten Phase der Ghettos zu einem Massenphänomen. Führende Nazis in Berlin nannten das Generalgouvernement deshalb »Gangstergau« oder »Skandalizien«.

Am 5. September 1942 ordnete der Chef des Oberkommandos der Wehrmacht, Generalfeldmarschall Wilhelm Keitel, an, dass sämtliche Juden aus den Wehrmachts- und Rüstungsbetrieben des Generalgouvernements zu entlassen und durch nicht jüdische Polen zu ersetzen seien. Die SS mochte auf den Arbeitskräftebedarf der Beskiden-Gesellschaften, obwohl sie als kriegswichtige Unternehmen galten, keine Rücksicht mehr nehmen. Gruppenleiter Junge stellte die ungelernten Arbeitskräfte beflissen zur Disposition. Diese, schrieb Junge ans Rüstungskommando, könnten »selbstverständlich sofort entbehrt werden, sobald anderweitig Arbeitskräfte, sei es in Form von Gefangenen oder anderen fremdvölkischen Arbeitern, gestellt werden«. Das Unternehmen beschäftigte zu dieser Zeit 1960 jüdische Arbeitskräfte, davon allein 1760 in Boryslaw. Nach den Deportationen im August hatte Beitz zusätzlich Juden eingestellt.

Die judenfreundliche Haltung, die Beitz offenbarte, missfiel etlichen Kollegen. Schon bald nach der August-Aktion scharte Adelheid Nowak, die Sekretärin des Technischen Betriebsleiters Radecke, eine nazi-fromme Clique um sich, die Beitz bei dessen Vorgesetzten anschwärzte und seine Ablösung betrieb. Eine günstige Gelegenheit, Beitz loszuwerden, sah Gruppenleiter Junge gekommen, als General Walter von Unruh seinen Besuch ankündigte. Der Infanteriegeneral hatte vom Oberkommando der Wehrmacht den Auftrag erhalten, jeden nur irgendwie für den Militärdienst tauglichen Mann zu erfassen, um die klaffenden Lücken in den Frontdivisionen aufzufüllen. Die exzessive Art, wie Unruh die »Auskämmungen« vornahm, trug ihm den Spitznamen »Heldenklau« ein.

Am 9. September 1942 ließ sich der General von Junge die Namenslisten mit den deutschen Belegschaftsangehörigen vorlegen und verfügte, dass Beitz eingezogen werden solle. Beitz, der von Unruhs Kommen gewusst hatte, telefonierte mit Junge und fragte, wie es denn gelaufen sei und welche Mitarbeiter er in seinem Betrieb ersetzen müsse. Alles bestens, erwiderte Junge, bis auf einen Fall, und das sei Beitz selbst. Bestürzt rief Beitz Hermann Malz an, den Personalchef in der Lemberger Zentrale der Beskiden-Gesellschaften, und bat ihn um Hilfe. Malz schickte seine Sekretärin dem Sonderzug Unruhs hinterher und ließ die Anordnung rückgängig machen.

Malz behielt seinen Posten, als im Herbst 1942 die Beskiden-Gesellschaften aufgelöst wurden und in der Karpathen-Öl AG aufgingen. Beitz freundete sich mit Malz an, der, wie Beitz feststellte, ein praktizierender Katholik und »konsequenter Antinazi« war. Mit seiner Frau kam Malz oft zum Essen nach Boryslaw; man feierte gemeinsam Weihnachten und Silvester, wobei ausgiebig dem Wodka zugesprochen wurde, und hörte Jazzplatten auf herbeigeschafften Grammophonen.

Die Zwangsumsiedlung der Juden in das Boryslawer Ghetto war inzwischen, Ende September 1942, beinahe abgeschlossen. Um ihre Erdölarbeiter vor willkürlichen Zugriffen der SS und der Gestapo wenigstens halbwegs zu schützen, ließ die Firma komplette Wohnblocks im Ghetto belegen, mit Stacheldraht umzäunen und von ukrainischem Werkschutz bewachen. Als der SS- und Polizeiführer Katzmann am 26. September innerhalb von nur drei Tagen eine »Erfassungsliste« verlangte, in der das Unternehmen alle Arbeiter nach Branchen geordnet aufführen musste, war klar, dass eine erneute Selektion bevorstand. Vor allem über Büroangestellten und »Schlüsselkräften«, die in deutschen Dienststellen nicht mehr beschäftigt werden durften, schwebte das Damoklesschwert der Deportation.

Daraufhin errichtete die Karpathen-Öl AG in Drohobycz und Boryslaw »Prominentenlager«. Beitz ging es dabei vor allem um den Schutz der ihm nahestehenden jüdischen Mitarbeiter. Die Unterkunft für diese Fachkräfte lag in Boryslaw weitab vom Stadtzentrum im Rohölbezirk Mrasznica, der Eigentum der Karpathen-Öl AG war. Das von den Juden wegen seines Anstrichs »Weißes Haus« genannte Lager hatte vor dem Krieg dem Grubenbesitzer Emanuel Lockspeiser gehört. Es war selbst für die Sicherheitspolizei und die ukrainische Polizei tabu. Die

Bewohner lebten beengt, aber im Vergleich zu den Ghettokasernen und dem späteren Zwangsarbeiterlager relativ komfortabel, sie erhielten größere Essensrationen und weiterhin Lohntüten mit Bargeld. Am 6. Oktober 1942 teilte Beitz dem Gruppenleiter Junge mit, dass 24 in der kaufmännischen Leitung der BI Boryslaw beschäftigte Juden nebst Familienangehörigen ins »Prominentenlager« aufgenommen worden seien. Später zog auch Hilde Berger dort ein, Beitz wies ihr ein Einzelzimmer zu.

Als zusätzliche Sicherheit beschaffte Beitz über seine Vorgesetzten, den Generaldirektor der Karpathen-Öl AG, Karl Große, und den Personalchef Malz, persönliche Schutzbriefe Katzmanns für die jüdischen Angestellten Salomon Rosenberg, Maurycy Ringler und Emil Sack: Sie stünden, hieß es in dem vom 16. Oktober 1942 datierten Schreiben Katzmanns, »bis auf Weiteres unter dem besonderen Schutz meiner Dienststelle« und dürften »ohne meine Genehmigung nicht ausgesiedelt werden«.

Wen er anders nicht beschirmen konnte, dem verhalf Beitz zur Flucht über die etwa 100 Kilometer entfernte ungarische Grenze. In Ungarn waren Juden vorerst relativ sicher, da sich die Regierung des Reichsverwesers Miklós Horthy bis 1944 weigerte, dem deutschen Verlangen nach Deportation nachzukommen. Einer der so Geretteten war der jüdische Angestellte Michal Toww, der sich eines Tages im Oktober 1942 in auffallend korrekter Kleidung vor Beitz postierte. Am Hals trug er das Eiserne Kreuz I. Klasse, eine Auszeichnung für besondere Tapferkeit im Feld. »Herr Direktor«, erläuterte Toww seinen feierlichen Aufzug, »ich bin im Ersten Weltkrieg Offizier gewesen in der deutschen Armee.« Er habe, sagte Toww, für sein Vaterland gekämpft und sei verwundet worden. Nun aber frage er sich, ob dies »noch das Deutschland von Goethe, Schiller und Beethoven« sei. Beitz gab ihm darauf keine Antwort. Aber es entspann sich – weil beide annahmen, dass die Wände Ohren hatten – ein bizarrer Dialog. Beitz wusste, dass Toww auf einer Liste von Todeskandidaten stand. Deshalb riet er ihm verklausuliert, Boryslaw so rasch wie möglich zu verlassen: »Sie waren doch noch nie im Urlaub. Sie müssten mal Urlaub nehmen.« In Frageform legte ihm Beitz die Flucht nahe: »Haben Sie die Absicht, nach Ungarn zu gehen?« Als Toww zögerte, machte ihm Beitz die Dringlichkeit klar: »Sie haben kaum mehr viel zu retten, das nackte Leben.« Nun verstand Toww: »Wir müssen etwas unternehmen. Möglicherweise gehen wir nach Ungarn.« Aber die Vorbereitungen würden wohl »einige Tage dauern«. Beitz fragte: »Bis wann wollen Sie Urlaub?« Toww antwortete: »Bis Montag.« Darauf beschied ihn Beitz: »Der Urlaub ist bewilligt.«

Toww, der sich dann Michael Halski nannte, schrieb Anfang 1963 aus Memphis im US-Bundesstaat Tennessee an Beitz: »Dieser Urlaub zog sich in die Länge und dauert eigentlich noch immer fort, bis auf den heutigen Tag, zwanzig Jahre.« Nach Ungarn hatte es Toww damals allerdings nicht geschafft. Vielmehr hielt sich die Familie 22 Monate lang in einem Kaninchenstall versteckt und wurde im August 1944 von der Roten Armee befreit.

Am 13. Oktober 1942 war auch in Boryslaw die Umsiedlung der Juden ins Ghetto abgeschlossen, wie Kreishauptmann Görgens befriedigt notierte. So waren die Juden gefangen, als zehn Tage später die nächste »Aktion« über sie hereinbrach. Nach Mitteilung des Judenrats lebten zu dieser Zeit noch 4860 Juden in Boryslaw. Görgens ordnete an, auch 140 in Schodnica verbliebene Juden nach Boryslaw zu schaffen, damit sie von dort aus mitdeportiert würden. Himmlers Versprechen, der Karpathen-Öl AG ihre Arbeitskräfte zu belassen, galt nicht mehr, als Katzmann am 18. Oktober dem Unternehmen eine Liste von knapp 700 Juden zustellte, die »für die Umsiedlung vorgesehen« waren – nach Belzec und ins Zwangsarbeitslager Lemberg-Janowska. Auf der Liste standen auch sämtliche Facharbeiter sowie 284 Buchhalter und Schreibkräfte der Karpathen-Öl AG.

Die praktische Ausführung übertrug Katzmann seinem »Judenreferenten« Friedrich Hildebrand, der dieses Amt seit Juli 1942 innehatte. Der 1902 im niedersächsischen Syke geborene Hildebrand war nach einer Kriegsverletzung als Angehöriger der Waffen-SS zum Stab des SS- und Polizeiführers nach Lemberg versetzt worden. Während Hildebrand in Drohobycz selbst die »Selektionen« vornahm und entschied, welche Facharbeiter von der »Umsiedlung« ausgenommen sein sollten, sonderte in Boryslaw das Arbeitsamt die für unentbehrlich gehaltenen Arbeitskräfte aus.

Am Bahnhof von Boryslaw fungierte Arbeitsamtsleiter Bräunlich als Herr über Leben und Tod. Er kontrollierte die Ausweise der Juden und entschied, wer als arbeitsfähig zurückbleiben durfte. Die anderen wurden in die Waggons geprügelt, wobei Bräunlich keine Rücksicht auf Arbeiter der Karpathen-Öl AG nahm. Allerdings ließ er Beitz informieren, dass »Juden einwaggoniert« würden, die »ausweislich bei der Karpathen-Erdöl AG beschäftigt« seien.

Beitz war jedoch ohnehin bereits von seinen Leuten alarmiert worden, von denen viele schon frühmorgens vor seinem Haus warteten und ihn um Hilfe baten. So waren alle 13 Mitarbeiter von Markus Kleiners »Rohstofferfassung« verhaftet worden. Der Leiter eines benachbarten Sägewerks, das für die Karpathen-Öl AG produzierte, setzte sich bei Beitz dafür ein, die Tochter eines jüdischen Betriebsleiters zu retten. Beitz wies, wie schon im August, seine Mitarbeiter an, das Büro nicht zu verlassen, forderte Schutzpolizisten für das »Weiße Haus« an und fuhr zum Bahnhof.

Ein SS-Offizier im Ledermantel herrschte ihn an, was er hier eigentlich zu suchen habe. Aber Beitz ließ sich nicht einschüchtern. Er zückte die Kopie einer Weisung des Oberkommandos der Wehrmacht vom 15. September, die Große allen seinen Betriebsleitern vorsorglich hatte zukommen lassen. Das Schrift-

stück ordnete an, »Abzüge jüdischer Arbeitskräfte aus Mineral-
ölbetrieben nur nach vorangegangener Fühlungnahme mit dem
Rüstungskommando vornehmen zu wollen«. Beitz' energisches
Auftreten machte offenbar Eindruck, der SS-Mann ließ ihn gewähren.

Beitz holte die Tochter des jüdischen Sägewerkers und weitere
Frauen aus dem Magazinschuppen, in dem die Juden eingesperrt
worden waren, ebenso eine Reihe von »Karpathenjuden«, dar-
unter Kleiner und seine Leute. Insgesamt rettete Beitz an diesem
Tag wieder rund 150 Männer, Frauen und Jugendliche vor der
Vergasung. Für Zygmunt Spiegler war dies »erneut ein Wunder:
Herr Beitz erschien und wählte mich als ›Facharbeiter‹ aus.«
Spiegler erkannte dankbar: »So hatte mir Herr Beitz zum zwei-
ten Mal das Leben gerettet.«

Obwohl Beitz wusste, dass er in der Firma viele Gegner hatte,
ließ er in seinen Bemühungen, Juden zu helfen, nicht nach. Die
Gruppenverwaltung der Karpathen-Öl AG hatte vom Arbeitsamt Drohobycz »arische« Ersatzarbeitskräfte für die deportierten Juden gefordert. Bedauernd antwortete Arbeitsamtsleiter
Bräunlich Ende Oktober 1942, derzeit sei »kein einziger arischer
Bautechniker, Bohrmeister oder Bohrtechniker verfügbar«. Das
Unternehmen solle deshalb innerbetriebliche Reserven mobili-
sieren und qualifizierte Kräfte zu Facharbeitern anlernen. Daraufhin richtete Beitz eine Werksschule unter Ehrlichs Leitung
ein. Angeblich diente dies dazu, wie Beitz später dem Nachfolger
Katzmanns im Amt des SS- und Polizeiführers im Distrikt Galizien, Theobald Thier, mitteilte, »arischen« Buchhalternach-
wuchs heranzuziehen. Tatsächlich wurden in der Werksschule
aber auch Juden aufgenommen und zu Fachkräften ausgebildet.
So unterlief Beitz mit Schwejk'scher Schläue die Anweisung
Bräunlichs.

Vorbild war Eberhard Helmrichs »Hyrawka«. Die Gärtnerei,
die offiziell eingerichtet worden war, um Gestapo, Sicherheits-

polizei und andere Privilegierte stets mit frischem Obst und Gemüse zu versorgen, entwickelte sich immer mehr zu einer Tarn-
firma zur Rettung der Beschäftigten. Schließlich gab es dort, wie
ein Überlebender berichtete, »mehr Arbeiter als Tomaten«.

Über ihre Hilfe für Juden sprachen Beitz und Helmrich nie
miteinander. Beitz und seine Frau luden Helmrich, der allein in
Drohobycz lebte – seine Frau war in Berlin geblieben –, ein
paarmal zum Essen ein. Sie hielten sich bedeckt, mochten kein
Risiko eingehen. Beitz und Helmrich gingen auch nicht miteinander zur Jagd, obwohl sie beide passionierte Jäger waren. Helmrichs Tochter Cornelia Schmalz-Jacobsen war sich jedoch »ganz
sicher, dass mein Vater schon damals über Beitz' politische Einstellung und dessen Rettungsanstrengungen genau Bescheid
wusste, denn er hat schon sehr früh darüber gesprochen«. Sie
hält es für »möglich, dass andere ihm davon erzählt hatten, zum
Beispiel Mitglieder des Judenrats«, während Beitz erst nach dem
Krieg von Helmrichs hilfreichem Wirken erfuhr.

Seit Anfang November 1942 durfte die Karpathen-Öl AG, wie
andere kriegswichtige Betriebe auch, an jüdische Arbeitskräfte,
die ihr von der Sicherheitspolizei bewilligt worden waren, sogenannte R-Abzeichen ausgeben. »R« stand für »Rüstungsarbeiter«. Das Abzeichen war ein grob gewebtes graues Stück Stoff,
auf dem der Buchstabe »R« mit schwarzem Garn aufgestickt
war. Auf der Vorderseite war, um Fälschungen zu erschweren,
der Reichsadler mit Hakenkreuz aufgestempelt, auf der Rückseite eine Registriernummer. Der Stofffetzen war nur gültig in Verbindung mit einem von der Sicherheitspolizei ausgestellten
»Ausweis für Arbeitsjuden«. Der Karpathen-Öl AG wurden
durch den Lemberger SS- und Polizeiführer Katzmann insgesamt 1670 R-Abzeichen zugeteilt.

Katzmann und die Gestapo in Drohobycz wollten ungelernte
Arbeiter und Personen, die nur pro forma beschäftigt wurden,
etwa die Ehefrauen und Kinder der Facharbeiter, so schnell wie

möglich liquidieren. Die Karpathen-Öl AG sollte ihnen dabei zuarbeiten, weshalb ihr ein teuflischer Pakt angeboten wurde: Nach den Weisungen des SS- und Polizeiführers mussten die R-Abzeichen entlassener jüdischer Mitarbeiter bei der Gestapo abgeliefert werden; die Gestapo Drohobycz gestattete der Karpathen-Öl AG jedoch, frei werdende Abzeichen zu behalten und an jüdische Fachkräfte weiterzugeben, die bislang noch nicht als »Rüstungsjuden« ausgewiesen waren. So wurde die Karpathen-Öl AG in die Selektionspraxis der Nazis eingebunden.

Beitz konnte zeitweilig die Zahl seiner jüdischen Mitarbeiter sogar noch erhöhen, weil Kollegen beflissen die Forderungen der SS erfüllten. Gruppenleiter Junge meldete Katzmann am 7. Dezember 1942 zufrieden, dass die jüdische Belegschaft der Karpathen-Öl AG binnen zweier Monate von 1663 »auf 1511 Mann reduziert« worden sei. Allein bei der BI Boryslaw, also in Beitz' Bereich, waren jedoch zu diesem Zeitpunkt 1470 Juden beschäftigt. Außerdem stellte Beitz fortwährend neue Mitarbeiter ein, darunter Frauen, deren Aufgaben im Betrieb, etwa als »Rohrlegerinnen« oder »Schweißerinnen«, mehr oder weniger vorgetäuscht waren.

Sein Eintreten für Juden brachte Beitz immer mehr selbst in Gefahr. Als am 14. Dezember 1942 ein Kraftfahrer der Betriebsinspektion Boryslaw mit einer Gruppe von Fluchtwilligen bei dem Versuch, die Grenze nach Ungarn zu überschreiten, aufgegriffen und von der Gestapo verhört wurde, belastete er offenbar Beitz. Aufgrund dieses Vorfalls initiierte Adelheid Nowak, die Sekretärin des technischen Betriebsleiters Radecke, unter den Volksdeutschen im Unternehmen ein Schreiben an den Sicherheitsdienst (SD), worin Beitz als Polenfreund und Judenhelfer denunziert wurde. Der SD Drohobycz gab den Vorgang routinemäßig an den Leitabschnitt Breslau ab, da Vergehen von Reichsdeutschen im Generalgouvernement vor dem Sondergericht Breslau angeklagt werden sollten.

Beitz wurde ohne Angabe von Gründen zum Sicherheitsdienst nach Breslau einbestellt. Er rätselte, was man von ihm wollte. Als er in einem Raum des Gebäudes wartete, betrat ein SS-Obersturmbannführer das Zimmer. Es war, wie sich herausstellte, ein alter Bekannter von Beitz aus Greifswald. Karl-Heinz Bendt hatte dort evangelische Theologie studiert, die Ausbildung aber abgebrochen und Karriere bei der Gestapo gemacht.

Bendt berichtete Beitz von einem schier unglaublichen Zufall. Er sei gerade die Treppe heruntergegangen, als ein Kollege ihn angesprochen habe: Es gebe da eine Anzeige gegen einen gewissen Beitz aus Greifswald – ob er, Bendt, den vielleicht kenne? Als Bendt bejahte, habe ihm der Mitarbeiter das Schriftstück mit der Bemerkung in die Hand gedrückt: »Machen Sie das mal!« Beitz wurde mit einem Schlag klar: Wenn Bendt »eine halbe Minute später die Treppe heruntergekommen wäre« und ein anderer SS-Mann den Vorgang untersucht hätte, »wäre ich erledigt gewesen«. Bendt aber zeigte Beitz den belastenden Brief, der fein säuberlich von Hand auf kariertem Papier geschrieben war. Er zerriss die Anzeige vor den Augen seines pommerschen Jugendfreundes, warf sie in den Kamin und entließ Beitz nach Hause.

Im Dezember 1942 wurde in Boryslaw, wie andernorts in Galizien schon geschehen, ein Zwangsarbeiterlager (ZAL) für die jüdischen Beschäftigten der Karpathen-Öl AG eingerichtet. Dazu diente eine ehemalige Kavalleriekaserne im Rohölbezirk nahe dem »Weißen Haus«, einige Kilometer außerhalb des Stadtzentrums. Es galt, obschon es von der SS bewacht wurde, als Firmenlager, weshalb Beitz einen gewissen Einfluss auf die dort herrschenden Zustände hatte. Das Lager hatte ein Ein- und Ausfahrtstor, war zur Straße nach Schodnica von einer Mauer, auf der Rückseite von einem Stacheldrahtzaun begrenzt. Dennoch war es relativ einfach, im ZAL Boryslaw ein und aus zu gehen, so dass entgegen Katzmanns Verbot Frauen und Kinder illegal im Lager Unterschlupf fanden. In Boryslaw bestanden also im Januar 1943 drei Wohnquartiere für jüdische Mitarbeiter der Karpathen-Öl AG: das »Weiße Haus«, das ZAL Mrascznica und der »Karpathen-Wohnblock« innerhalb des Ghettos. Nach der Zahl der Passierscheine waren nur noch 993 Juden bei der BI Boryslaw beschäftigt, woraus folgt, dass allein im Dezember wohl mehr als 400 Karpathen-Juden erschossen worden waren.

Anfang 1943 erschien erstmals SS-Obersturmführer Friedrich Hildebrand, seit einem halben Jahr Katzmanns »Judenreferent«, bei Beitz im Büro, um den »Judeneinsatz« der BI Boryslaw zu kontrollieren. Hildebrand, gerade 40 geworden, entdeckte sofort die hübsche Hilde Berger. Er zog Beitz beiseite, druckste ein bisschen herum. »Kann man mit der mal ausgehen?«, fragte er. »Nee«, erwiderte Beitz verschmitzt, »das können Sie nicht, das ist eine Jüdin aus Berlin.« Augenblicklich wurde Hildebrand zur Amtsperson: »Die nehme ich sofort mit«, zischte er, »die darf doch ohne Armbinde gar nicht herumlaufen.« Aber Beitz beschwatzte ihn: Hilde Berger sei wegen ihrer Sprachkenntnisse als Korrespondentin und Übersetzerin für die Firma unentbehrlich. Da ließ der SS-Mann die Pflichtwidrigkeit durchgehen.

Im Vergleich zum Ghetto war das Zwangsarbeiterlager ein sicherer Ort. Um dem Zugriff der Schutzpolizei zu entgehen, versuchten viele Juden, die nicht bei der Karpathen-Öl AG beschäftigt waren, bei Angehörigen im Lager Unterschlupf zu finden. Die Lebensverhältnisse im Lager verschlechterten sich jedoch zunehmend. Die Verpflegungsrationen wurden von der SS rigoros reduziert. Zum Frühstück erhielten die jüdischen Arbeitskräfte nur noch schwarzen Ersatzkaffee und ein Stück Brot, mittags wurde ein Liter dünne Suppe ausgegeben.

Der SS entging nicht, dass sich immer mehr »Illegale« im Lager aufhielten. Sie durchkämmte deshalb wiederholt das Gelände, um diejenigen aufzuspüren, die nicht bei der Karpathen-Öl AG beschäftigt oder arbeitsunfähig geworden waren. Eine dieser

Aktionen begann am 15. Februar 1943. Sicherheits- und Schutz-polizei trieben die von Lagerkommandant Hildebrand selektier-ten rund 300 Juden – vor allem Frauen und Kinder, aber auch »Rüstungsarbeiter« mit R-Abzeichen – zusammen und sperrten sie im Saal des »Colosseum«-Kinos ein.

Beitz wurde von Mitarbeitern alarmiert, dass sich die SS nicht mehr darum schere, ob einer das R-Abzeichen trug, sondern wahllos verhafte. Beitz fuhr sofort zu dem Lichtspieltheater. Dort stellte sich ihm ein Arzt in den Weg und flehte ihn an, seine Familie, die unter den Gefangenen sei, zu retten. Aber Beitz konnte dem Mann nur raten, sich selbst schleunigst in Sicherheit zu bringen, denn er hatte ihn erst kurz zuvor aus der Sammel-stelle befreit.

Einer der Polizisten fuchtelte mit einem großkalibrigen Re-volver herum und prahlte, dass er mit dieser Waffe erst kürzlich 30 Juden »umgelegt« habe. Beitz musste mit ansehen, wie der Polizist kaltblütig eine Frau erschoss, die ihr kleines Kind auf einem Arm trug, den anderen hatte sie sich gebrochen. »Die konnte sowieso nicht mehr arbeiten«, meinte der Uniformierte achselzuckend. Beitz war schockiert: »Was machen Sie denn da? Das ist ja schlimm, was Sie da machen.« Die Szene ließ Beitz nie wieder los. »Wenn Sie so etwas erleben und haben selbst ein kleines Kind, dann haben Sie plötzlich eine ganz andere Reakti-on. Da sind Sie nicht mehr Sie selber, da stehen Sie neben sich.«

Als Beitz am 17. Februar 1943 morgens zur Arbeit kam, herrschte im Verwaltungsgebäude der Karpathen-Öl AG helle Aufregung. »Warum arbeiten Sie nicht?«, fragte er Marceli Ho-rowitz, einen seiner Buchhalter. »Wie soll ich arbeiten«, antwor-tete dieser, »wenn meine Frau und mein Kind abtransportiert werden?« Mina Horowitz und die zweijährige Tochter waren ebenso wie die Frauen der Buchhalter Maurycy Birnbaum und Seweryn Buchband sowie mehrere Angehörige des Ingenieurs Salomon Rosenberg inhaftiert worden. Zusammen mit rund 650 anderen Juden aus Boryslaw wurden sie im »Colosseum« festgehalten.

Sofort fuhr Beitz mit seinem Auto zum Kino, wo Polizisten und SS-Männer schon damit begonnen hatten, die Juden gruppenweise hinauszuführen. Sie sollten auf Lastwagen zum Schlachthof transportiert und dort erschossen werden. Als erste Opfer waren die Kinder ihren Eltern entrissen worden, darunter auch die kleine Rehle Horowitz. In ihrem Schmerz hörte Mina Horowitz zunächst gar nicht, wie Beitz rief: »Frau Horowitz und Kind!« Am Eingang des Kinos stand Beitz neben dem Schupo-Führer Wüpper. Geistesgegenwärtig ergriff Mina Horowitz die Hand eines zufällig noch anwesenden fremden Kindes und gab es als ihr eigenes aus. Auch Frau Birnbaum und Frau Buchband konnte Beitz befreien. Rosenbergs Nichte Lorka Altbach befand sich allerdings schon auf dem Lkw unterwegs zum Schlachthof. Beitz forderte Wüpper auf, dem Lastwagen zu folgen. Kurz vor der Erschießungsstätte konnte er den Transport stoppen und Lorka Altbach von der Ladefläche herunterholen. Beitz kannte die Frau, die früher mal in seinem Büro geputzt hatte, nur flüchtig; gegenüber Wüpper aber behauptete er überzeugend, sie sei Sekretärin bei ihm, ihr Ausweis sei nur im Moment nicht greifbar. Lorka Altbachs Schwester und deren Kindern konnte Beitz allerdings nicht mehr helfen, sie waren schon zuvor mit einem anderen Lkw am Schlachthof angekommen.

Noch dreimal wurde Mina Horowitz von Beitz gerettet. Ihr Mann erzählte später, er habe nie jemand schneller Auto fahren sehen als Beitz, wenn er um Hilfe angegangen worden sei. Einmal, bekundete Mina Horowitz, sei Beitz nur wenige Minuten, bevor sie exekutiert werden sollte, auf der Bildfläche erschienen und habe sie den SS-Schergen entrissen.

Weil er dem Transport zum Schlachthof gefolgt war, wurde Beitz Augenzeuge eines Massakers. Schupo-Chef Wüpper hatte den Luftschutzhilfsdienst angewiesen, ein Massengrab auszuheben. Die Juden mussten sich nackt ausziehen und vor der Grube aufstellen, wo sie von Polizisten hinterrücks erschossen wurden. Einige der Schützen, die Sonderrationen Schnaps zugeteilt bekommen hatten, stritten sich hinterher, wer denn nun mehr Juden erschossen habe. Einer meldete sich sogar drei Tage krank, weil er sich, so ein Augenzeuge, »vom vielen Schießen die Hand verrenkt hatte«.

Kreidebleich kehrte Beitz in sein Büro zurück. Er setzte sich zu Hilde Berger in deren Kabäuschen. »Er sah aschfahl aus und war offensichtlich tief erschüttert«, berichtete Hilde Berger später, die sich genau an seine Worte erinnern konnte: »Wenn der Krieg beendet ist und die Welt hierüber erfahren wird, wer wird dann für alles dies bezahlen?«

Im Juli 1943 hielt die Sicherheitspolizei eines Tages den Beitz-Mitarbeiter Ehrlich, offenbar aufgrund einer Denunziation aus dem Büro Radecke, auf der Straße an, weil er nicht die für Juden vorgeschriebene Armbinde trug. Die Polizisten befahlen Ehrlich, die Hose herunterzulassen, und stellten fest, dass er beschnitten war. Ehrlich sollte vor ein Erschießungskommando geführt werden. Beitz intervenierte sofort schriftlich beim Judenreferenten der Sicherheitspolizei, Josef Gabriel: »Der bei uns beschäftigte Jude Emil Peter Ehrlich legt nachstehend aufgeführte Dokumente vor, mit denen er den Nachweis führen will, dass er nicht als Jude zu betrachten ist.« Obwohl eine Taufurkunde den Nazis normalerweise nicht als »Ariernachweis« galt, kam Ehrlich mit dem Leben davon.

Kurz darauf wurde Beitz vom Lemberger SS- und Polizeiführer Thier aufgefordert, eine Liste seiner 1226 jüdischen Arbeiter einzureichen. Beitz ahnte Schlimmes. In Absprache mit seiner Lemberger Direktion informierte er Thier in einem langen Brief über den »Judeneinsatz« in Boryslaw: »Durch die an uns neuerlich ergangenen erhöhten Produktionsauflagen sind wir gezwungen, das Letzte aus dem Betriebe herauszuholen, und es sind umfangreiche Bauvorhaben in Boryslaw begonnen worden, z. B. Zentralwerkstatt, Flüssiggas-Anlagen, Gasolinanlagen, Neubohrungen usw.« Dazu seien »umfangreiche Erdarbeiten« notwendig, »wofür wir teilweise arische Unternehmer mit jüdischen Arbeitskräften im Akkord beauftragt haben«. Die meisten Juden seien »als technische Facharbeiter eingesetzt«, aber auch in den Büros müssten »jüdische Fachkräfte« beschäftigt werden. So sei etwa in der Materialbuchhaltung »eine direkte Kontrolle durch die dünne deutsche Schicht nicht möglich«, auch wenn sich der Betrieb bemühe, »arische Kräfte dafür anzulernen«.

Scheinbar beiläufig machte Beitz sich gerade für jene Betriebsabteilungen stark, die wegen ihres relativ geringen Anteils an Facharbeitern als Erste von der Auflösung bedroht waren. Geschickt bediente sich Beitz des SS-Jargons, und indirekt drohte er sogar damit, bei Himmler Meldung zu machen: »Durch die Isolierung der Juden in einem Zwangsarbeitslager ist die Gefahr der Sabotage in unserem sehr empfindlichen Betriebe stark herabgemindert, wobei psychologische Momente ebenfalls eine ausschlaggebende Rolle spielen.« Selbst eine nur »teilweise Abziehung von Juden«, warnte Beitz, werde sich »durch die dadurch bedingte Unruhe außerordentlich störend für unseren Betrieb auswirken«, und »trotz unserer eifrigsten Bemühungen« sehe er keine Möglichkeit, »arischen Ersatz« dafür zu bekommen. In der Konsequenz sei man »dann gezwungen, Teile des Betriebs stillzulegen«, betonte Beitz, »worauf wir der Verantwortung wegen besonders hinweisen wollen«.

Zur selben Zeit, im Oktober 1943, war das Leben des jungen Zygmunt Spiegler zum dritten Mal in Gefahr, denn Thier hatte Order gegeben, in den Versorgungsbetrieben der Lager keine Juden mehr zu beschäftigen. Spiegler hatte dort aber eine Anstellung in der Werksküchenabteilung. Der Verlust dieser Arbeitsstelle, wusste Spiegler, »wäre für mich das Todesurteil gewesen, denn dann hätte ich gleichzeitig mein R-Abzeichen abgeben müssen und wäre bei der nächsten Lagerselektion verloren gewesen«. Das Ehepaar, das die Werksküchenabteilung leitete, wandte sich deshalb an Beitz und schilderte ihm die Lage. Kurzerhand versetzte Beitz den jungen Juden zum Schein in die »Häuserverwaltung und Bauabteilung« und unterschrieb eine entsprechende Eintragung in Spieglers Arbeitsausweis. Zygmunt Spiegler behielt auf diese Weise das lebensrettende R-Abzeichen und konnte sogar weiter in der Werksküchenabteilung arbeiten.

Die Kunde von Beitz' Rettungsaktionen verbreitete sich schon während des Krieges bis nach Übersee. Die amerikanische Vertretung des Allgemeinen jüdisch-polnischen Gewerkschaftsbundes berichtete im Oktober 1944 in ihrer in New York erscheinenden Zeitschrift *The Ghetto Speaks*: »Die für die Ölproduktion … verantwortliche Person, ein deutscher Zivilist, war geneigt, das Leben von … zweitausend jüdischen Gefangenen aus Rücksicht auf die Ölproduktion zu schonen. Er brauchte sie dringend. Aus demselben Grund waren die Lebensbedingungen der jüdischen Ölarbeiter im Lager Boryslaw erträglicher als anderswo.«

Angst habe er damals nicht empfunden, versichert Beitz, »sonst wäre ich unsicher geworden. Das ist, als ob man über einen hohen Grat am Abgrund geht und anfängt, schwindelig zu werden – dann stürzt man ab. Mut hat auch sehr viel mit Unwissenheit zu tun.« Beitz erklärt sein Verhalten mit seiner damaligen jugendlichen Unbekümmertheit: »Wäre ich älter gewesen, hätte ich vielleicht mehr über die Gefahr nachgedacht.«

Wie vielen Boryslawer Juden Beitz das Leben gerettet hat, lässt sich kaum ermitteln. Der Historiker Thomas Sandkühler schätzt deren Zahl auf »vermutlich nicht mehr als 100 – wenig und doch sehr viel«. Denn Beitz holte manche zwei- oder dreimal aus einem Transport, aber viele der kurzzeitig Überlebenden fielen dann doch späteren »Aktionen« zum Opfer.

In den meisten Fällen hatte Beitz keinerlei persönliche Beziehung zu den Geretteten. »Ich kannte die Leute immer nur als graue Masse, wenn mein Fahrer mich morgens durch die dreckigen Straßen zum Dienst fuhr. Ich kannte die Einzelnen nicht, nur die, die in meinem engeren Bereich gearbeitet haben.« Beitz verweist auf den jüdischen Schriftsteller Marek Halter, 1936 in Polen geboren, der geschrieben hat, dass ein »Gerechter« im Sinne des Talmud für die von ihm Geretteten noch nicht einmal Sympathie empfinden müsse: »Wenn man in einen Fluss springt, um einem Ertrinkenden zu helfen, hat man keine Zeit, die Stärken und Schwächen dieses Menschen zu prüfen. Man versucht, ihn heil ans Ufer zu ziehen.«

Beitz hat nie viel Aufhebens um seine Rettungsaktionen gemacht. Zur Verleihung des Leo-Baeck-Preises im Februar 2000 schrieb ihm *Spiegel*-Herausgeber Rudolf Augstein, der mit ihm befreundet war: »Wenn einer im Land diese Ehrung verdient hat, so bist Du es, so ist es Deine Frau Else.« Und, so fügte Augstein hinzu: »Ihr habt Euch dessen nie gerühmt. Das sei Euch unvergessen.«

»Manche wollten aus mir einen Helden machen. Aber das war ich nicht. Ich habe einfach als Mensch gehandelt.« Vor allem sei er nicht ideologisch motiviert gewesen: »Ich war kein Widerständler, ich war gänzlich unpolitisch. Von einer Widerstandsbewegung habe ich damals nie etwas gehört.«

»Ich habe in meinem Leben viel Glück gehabt«, sagt Berthold Beitz. Es sei doch ein Glück gewesen, dass das Schicksal ihn im Krieg nach Galizien verschlagen habe, schließlich sei dies der Beginn seiner Karriere gewesen.

»Wissen Sie«, sagte Beitz einmal zu Marek Halter, »wenn Sie den Eindruck erwecken, Ihrer selbst nicht sicher zu sein, kann Sie das Ihr Glück kosten … Aber ich glaube, wenn man weiß, was man will, wenn man es mit all seiner Kraft will, ja dann, dann schafft man es, dann gibt man dem Glück eine Chance.« Dem Glück eine Chance geben – welch »wunderbare Formulierung«, meinte Marek Halter.

Nach der Kapitulation der Wehrmacht bei Stalingrad Ende Januar 1943 hatte die sowjetische Gegenoffensive begonnen. Im Sommer 1943 war die Rote Armee bereits in die Nähe der polnischen Vorkriegsgrenze vorgedrungen. Als im Frühjahr 1944 die Sowjettruppen von Osten her immer näher an Galizien rückten und viele Ölfelder schon besetzt hatten, nutzte Beitz auch die Unabkömmlichkeitsbescheinigung des Oberkommandos des Heeres nichts mehr. Jetzt musste der Feldwebel der Reserve doch noch den Soldatenrock anziehen. Ehefrau Else war schon Ende 1943 zu den Schwiegereltern nach Greifswald übergesiedelt; ihre Eltern in Hamburg waren im Feuersturm angloamerikanischer Luftangriffe im Juli 1943 ausgebombt worden.

Bevor Beitz Anfang April 1944 zum Infanterieregiment Nr. 67 in Berlin-Spandau abkommandiert wurde, riet er den Juden in seinem Betrieb: »Kinder, haut ab!« Sie sollten in die Wälder flüchten und dort auf die Russen warten. Denn er wusste, dass die SS vor dem Eintreffen der sowjetischen Truppen das Zwangsarbeiterlager auflösen und die Insassen in weiter westwärts gelegene Lager umsiedeln würde.

Am 10. April 1944 wurden Lemberg und Drohobycz bombardiert. Vier Tage später trieb die SS 1022 Juden – 245 Frauen und 777 Männer – in den Zwangsarbeiterlagern Boryslaw und Drohobycz zusammen, verfrachtete sie auf Lastwagen der Karpathen-Öl zum Bahnhof und deportierte sie nach Plaszow, davon 533 aus Boryslaw. Unter ihnen waren auch Hilde Berger, Artur Birman, Maurycy Birnbaum, Markus Greber und Josef Hirsch.

Evelyn Döring harrte in Boryslaw aus, bis der Kanonendonner der vorrückenden Roten Armee in der Stadt zu hören war. Als Sowjetsoldaten am 7. August 1944 Boryslaw besetzten, fanden die das Lager Mraszcnica verlassen vor.

Unter den Häftlingen des Konzentrationslagers Plaszow bei Krakau rekrutierte Oskar Schindler die Arbeiter für seine Emaillefabrik. Beim ersten Zählappell der Neuankömmlinge aus Boryslaw und Drohobycz fragte ein SS-Mann, ob sich unter ihnen jemand befinde, der Stenografie und Schreibmaschine beherrsche. Hilde Berger, riefen sie, die war Sekretärin von Herrn Direktor Beitz. Als das Lager bald darauf nach Brünnlitz im Sudetenland verlegt wurde, tippte Hilde Berger für Schindler eine der später berühmt gewordenen Transportlisten, die rund 1100 Juden das Leben rettete. Ihr eigener Name stand, hinter der Häftlingsnummer 76207, gleich auf der ersten Liste an siebenter Stelle.

Als Beitz im Frühjahr 1944 zum Dienst mit der Waffe eingezogen wurde, machte er sich keine Illusionen, dass der Krieg verloren war. Er war »froh, die ganze Zeit den Rang eines Feldwebels behalten zu haben«, und »wollte nun auf keinen Fall mehr Offizier werden«. Ein Freund, der bei der zuständigen Wehrmachtsstelle arbeitete, half ihm »auf ebenso einfache wie wirkungsvolle Art und Weise«: Seine Unterlagen gerieten »irrtümlich« in die falsche Ablage und waren nicht mehr auffindbar. So war Beitz bei Kriegsende noch genauso Feldwebel wie bei Kriegsbeginn.

Kurz vor Weihnachten 1944 wurde Beitz in Richtung Posen abkommandiert. Die Kompanie bestand aus lauter 15- und 16-jährigen Jungen – das letzte Aufgebot des untergehenden Hitler-Reiches. Es handelte sich, wie Beitz sagte, »um eine jener zahlreichen sinnlosen Unternehmungen in der Endphase des Krieges«. In Tirschtiegel, einem kleinen Dorf an der damaligen deutsch-polnischen Grenze, hatte Beitz ein Erlebnis, das ihm im Gedächtnis haften blieb. Die Episode zeigte ihm nämlich »exemplarisch, … dass richtiges Handeln nicht im sturen Befolgen von Anordnungen bestehen kann, zumal wenn diese durch die dramatischen Umstände faktisch keinen Sinn mehr machen«.

Als Beitz mit seinen Kameraden an einem Schlachterladen vorbeikam, ging er hinein und bat für seine Leute um etwas Fleisch und Wurst. »Habt ihr Fleischmarken?«, fragte der Schlachter. »Natürlich nicht«, antwortete Beitz, »wir sind doch

Soldaten.« Dann, meinte der Metzger unerbittlich, könne er ihnen nichts verkaufen. Ohne Marken etwas herauszugeben verstoße gegen das Gesetz, und womöglich werde er dafür bestraft. Dass die Front in unmittelbarer Nähe verlief und die sowjetischen Truppen bestimmt keine Fleischmarken vorlegen würden, kümmerte den Mann überhaupt nicht. Der Schlachter blieb stur, die Kompanie musste hungrig in ihre Stellung einrücken.

In der Nacht kam es zu einem Gefecht mit Rotarmisten, bei dem einige von Beitz' Kameraden fielen. Als die Kompanie am nächsten Morgen, nun auf dem Rückzug, wieder durch Tirschtiegel marschierte, standen der Schlachter und seine Frau auf der Straße und waren dabei, ihren Wagen vollzupacken und mit ihren Habseligkeiten vor den Russen zu fliehen. Unter Tränen boten sie den Soldaten an, sie sollten sich nehmen, was sie wollten. Beitz ging mit ein paar Leuten in den Keller, und sie nahmen ein halbes Schwein mit und Körbe voller Wurst, um sich endlich mal wieder satt zu essen.

Es dauerte nicht lange, bis Sowjetsoldaten Beitz' Kompanie in einem Dorf umzingelten. Der Trupp bestand unterdessen neben den Jungen auch aus etlichen versprengten Männern um die 50, die sich angeschlossen hatten. Diese Älteren waren völlig mutlos und wollten sich lieber ergeben als einen Ausbruch wagen. Beitz hingegen sagte, in sowjetische Gefangenschaft gehe er keinesfalls, da komme man nicht mehr lebendig heraus. Nur mit Jacke und Hose bekleidet, den Mantel ließ er zurück, sprang Beitz zusammen mit einem Kameraden über einen hohen Zaun. Während die Russen mit Leuchtkugeln schossen, rannten die beiden Deutschen um ihr Leben. Sieben Tage und sieben Nächte waren Beitz und sein Gefährte unterwegs. Tagsüber versteckten sie sich in Heuhaufen auf den Feldern, nachts liefen sie entlang von Eisenbahngleisen immerzu nach Westen.

Irgendwann, so Beitz, hätten sich ihre Wege getrennt, allein sei er weitergelaufen. »Zu einer leichten Verwundung kamen jetzt auch noch Erfrierungen«, berichtete er, aber in einem verlassenen Gehöft habe er sich mit Winterkleidung versorgen können. Als Beitz an die Oder kam, waren die Brücken entweder von Deutschen auf dem Rückzug gesprengt oder schon von Sowjets besetzt. Aber der Fluss war zugefroren, sodass er ans andere Ufer robben konnte. In Guben wurde Beitz in ein Lazarett gebracht. Von dort gelangte er mit dem letzten Zug nach Berlin und dann nach Greifswald, wo der Verwundete weiter behandelt und gepflegt wurde. Endlich sah er auch Else, seine Frau, wieder.

Kaum genesen, wurde Beitz zu einem neuen Sturmregiment versetzt, das in der Nähe von Potsdam stationiert war. Die Einheit sollte bei der Verteidigung der Reichshauptstadt helfen, was aber angesichts der erdrückenden Übermacht der Roten Armee ein hoffnungsloses Unterfangen war. Ein einsichtiger bayerischer Regimentskommandeur verlud daher den Rest seiner Mannschaft in einen Zug nach Bayern.

Am Morgen des 15. April 1945 kam Beitz in der Nähe der fränkischen Stadt Forchheim noch einmal in eine bedrohliche Lage. Beitz stand mit sechs oder sieben Kameraden bei heiterem Frühlingswetter auf einer Brücke, der kleine Trupp war gerade von einem Nachteinsatz zurückgekehrt. Plötzlich fuhr ein Wagen vor, dem vier Männer entstiegen: ein Oberst, ein Oberleutnant, ein Unteroffizier und der Fahrer. Beitz ging auf sie zu und machte Meldung: »Feldwebel Beitz, zwölfte Kompanie, vom Feindeinsatz zurück!« Der Oberst, der auf seiner Brust das »Deutsche Kreuz« in Gold trug, erwiderte kalt: »Sie haben sich ohne Befehl vom Feind gelöst. Ich stelle Sie vors Kriegsgericht.« Standrechtliche Erschießung drohte, Beitz brachte kein Wort heraus. Aber ein Unteroffizier aus seiner Kompanie – »ein ehemaliger pommerscher Schmiedegeselle«, wie Beitz mit landsmannschaftlichem Stolz anmerkte – drückte die Sicherung seiner Maschinenpistole weg, stieß Beitz an und meinte gelassen: »Soll ich sie umlegen?« Dies verschlug wiederum dem Oberst die Sprache. Er machte kehrt, stieg mit seinen Begleitern ins Auto und fuhr weg. »Diese Geistesgegenwart des mehrfach ausgezeichneten Kompanieführers«, lobte Beitz, »hat uns vor der lebensgefährlichen Borniertheit des Obersten gerettet, der auch in dieser Situation nichts außer der Militärordnung gelten ließ.« Für Beitz war an diesem Tag der Krieg zu Ende: »Nun ist Schluss!«, sagte er zu seinen Leuten.

Mit dem pommerschen Unteroffizier wanderte Beitz weiter nach Thüringen, das die 3. US-Armee Anfang April erobert hatte. Die beiden Deutschen waren darauf bedacht, unterwegs nicht US-Soldaten in die Hände zu fallen. In einem Dorf konnten sie ihre Uniformen gegen Zivilkleidung tauschen. Dann gingen sie getrennte Wege.

Unterwegs wurde Beitz doch noch von amerikanischen Soldaten aufgegriffen. »SS?«, fragten sie ihn gleich. Da Beitz gewiss zu Recht vermutete, dass die Wahrheit, während des Krieges in Polen gewesen zu sein, ihn in Schwierigkeiten gebracht hätte, griff er zu einer Finte. »Nein, Holländer«, erwiderte er, murmelte noch etwas in pommerschem Plattdeutsch, was der GI wohl für Niederländisch hielt, und zeigte ihm einen Ausweis der Royal Dutch Shell mit dem Muschelemblem und seinem Passfoto. Da durfte er weiterziehen.

Beitz erreichte schließlich Weimar, wo die Amerikaner ihr Hauptquartier aufgeschlagen hatten. Dort amtierte ein von der Besatzungsmacht eingesetzter Landrat namens Dreikorn, den Beitz von der Shell her kannte. Der Chef der Kreisverwaltung warnte ihn, die Amerikaner würden sich aus der Region bald wieder zurückziehen und sie den Sowjets überlassen, so sei es zwischen den Siegermächten vereinbart. Deshalb drängte Dreikorn darauf, dass Beitz die thüringische Residenzstadt möglichst schnell wieder verließ.

Der Landrat händigte ihm einen kleinen grünen Ausweis aus, der von einem amerikanischen Captain unterschrieben war. Darin stand: »To travel from Weimar to Hamburg and return: To attend the conference on gasoline and oil.« Mit dem provisorischen Personaldokument kam er ungehindert durch alle Militärkontrollen nach Hamburg. So stand Beitz im Juni 1945 in merkwürdiger Aufmachung auf dem Jungfernstieg: in kurzer Hose und einem karierten bayerischen Sepplhemd.

3. KAPITEL

DER AUFSTEIGER

»Schuld war kein Thema, wir wollten Geld verdienen«

Hamburg lag in Trümmern. 791 Bomber der Royal Air Force hatten in der Nacht zum 25. Juli 1943 mit der Operation »Gomorrha« begonnen. Drei Tage später hatten rund 700 britische Bomber einen Feuersturm entfacht, bei dem allein mehr als 18 000 Menschen umkamen. In insgesamt vier Nächten starben zwischen dem 24. Juli und dem 3. August annähernd 40 000 Zivilisten in der Hansestadt. Von den 556 000 Wohnungen, die es bei Kriegsanfang in Hamburg gegeben hatte, waren bei Kriegsende mehr als die Hälfte zerstört.

Ausgebombt waren auch August Hochheim und seine Frau, die Schwiegereltern von Berthold Beitz. Sie hatten eine notdürftige Unterkunft in einer Holzbaracke in der Osterbeksiedlung, Haus Nummer 92, im Stadtteil Bramfeld am nordöstlichen Stadtrand Hamburgs gefunden. Es war eines der in Serie produzierten »Ley-Häuser«, benannt nach Robert Ley, dem »Führer der Deutschen Arbeitsfront« und »Reichswohnungskommissar«. Als Reaktion auf die große Zahl der im Krieg zerstörten Wohnungen war durch »Führererlass« am 1. September 1943 das »Deutsche Wohnungshilfswerk« gegründet worden. Dessen Zweck war »die Aufstellung von einfachen Behelfsheimen in Siedlungsform in weitestgehender Selbst- und Gemeinschaftshilfe der Bevölkerung«.

Beitz, der im Juni 1945 in Hamburg angekommen war, teilte mit seinen Schwiegereltern die aus einem einzigen, etwa 20 Quadratmeter großen Raum bestehende Laube. Immerhin war er mit heiler Haut und gutem Gewissen aus dem Krieg heimgekehrt. Er hatte keine nahen Angehörigen verloren, und er konnte von sich sagen, dass er sich nicht schuldig gemacht hatte durch die Verbrechen, die in seiner nächsten Umgebung begangen worden waren. Er war moralisch anständig geblieben, hatte getan, was er tun konnte, auch wenn dies in seinen Augen »gewiss unzulänglich gewesen« war. Seine Frau und er hatten, wie er sagte, »in der Zeit des organisierten Mordens Menschen zu helfen versucht, die in den Augen eines verbrecherischen Regimes nicht als Menschen galten«. Er hatte, wie auch seine Frau, sein Leben aufs Spiel gesetzt, aber durchaus auch darauf geachtet, dass er bei seinen Vorgesetzten Ansehen gewann, Privilegien erhielt und dass er seine persönliche Lebensführung vergleichsweise luxuriös gestalten konnte.

Das Kriegsende bedeutete für Beitz »zugleich Niederlage und Befreiung«. Aber »der unmittelbare Druck des Erlebens und die Not des Alltags« ließen ihm damals noch »keinen Raum für distanzierende Reflexion«. Im Sommer 1945 verdingte sich Beitz als Landarbeiter auf einem Bauernhof bei Winsen an der Luhe, wenige Kilometer südlich der Elbe. Zwar versuchte er schon im Juli 1945, seinen Traum von Unabhängigkeit und Freiheit zu verwirklichen und sich als Unternehmer selbstständig zu machen: Er gründete in Bardowick bei Lüneburg eine Konservenfabrik, die Obst und Gemüse aus der Gegend verarbeiten sollte. Aber das Unternehmen scheiterte schon nach kurzer Zeit.

»Der Mut zum Zugreifen«, schrieb Beitz über diese Phase, »war nach dem Ende des Krieges ganz besonders notwendig. Hatte während des Krieges in aller Härte gegolten, das Leben nicht zu verlieren, so galt nach dem Krieg, dass dieses Leben gestaltet werden musste.«

Else Beitz war hochschwanger, als sie im Oktober 1945 mit der fünfjährigen Tochter Barbara aus Greifswald nach Hamburg kam und ebenfalls in die elterliche Notunterkunft einzog. Noch im selben Monat wurde die Tochter Susanne geboren. August Hochheim, der gelernter Tischler war, baute die Baracke mit handwerklichem Geschick zu einem halbwegs gemütlichen Familienheim aus.

Den Architekten Ferdinand Streb, den Beitz bald nach seinem Weggang aus Stralsund 1937 aus den Augen verloren hatte, verschlug es zufällig auch nach Hamburg. Streb gehörte im Oktober 1945 zu den Wiederbegründern des Bundes Deutscher Architekten (BDA) in der Hansestadt. Seit April 1946 berieten die vom BDA ausgewählten »unbelasteten« Architekten, darunter Streb, mit der britischen Militärregierung über das Projekt einer in Deutschland neuartigen Hochhaus-Wohnstadt. Auf einem durch die Bombardierung besonders verwüsteten Areal im ehemals jüdischen Viertel in Harvestehude sollte ein aus zwölf Gebäuden bestehendes Ensemble, die Grindelhochhäuser, errichtet werden: lang gestreckte, bis zu 15 Etagen hohe Bauwerke. Zusammen mit seinem Büropartner Hans Loop erhielt Streb den Zuschlag für Block 2, das Bezirksamt Eimsbüttel und eine vorgelagerte Tankstelle. Was Streb bei Le Corbusier gelernt hatte, vor allem dessen Philosophie der »Wohnmaschinen«, konnte er nun beim Wiederaufbau einer zerstörten deutschen Großstadt verwirklichen.

Eines Tages, man schrieb wohl schon das Jahr 1946, liefen sich »Pat und Patachon«, der lange Beitz und der kleine Streb, überraschend wieder in die Arme. Auch Evelyn Döring traf Beitz zufällig am Jungfernstieg. Dank ihrer schottischen Mutter besaß sie die deutsche und die britische Staatsbürgerschaft. Dadurch hatte sie eine Anstellung als Schreibkraft und Übersetzerin bei der britischen Besatzungsbehörde gefunden, die ihr Quartier im Hotel »Esplanade« am Stephansplatz nahe dem Dammtorbahnhof aufgeschlagen hatte. Ihr Chef, Major Jones, suchte jemand, der das Aufsichtsamt für das Versicherungswesen in der britischen Zone aufbauen sollte. Mit allen Bewerbern, die sich vorstellten, war der Major unzufrieden. Schließlich fragte er seine Sekretärin, ob sie nicht jemanden wisse, der gut organisieren könne. Ja, sie kenne einen, schwärmte sie ihrem Chef vor, der sei geradezu genial im Improvisieren. Sie solle einen Kontakt zu dem Mann herstellen, sagte der Offizier. Evelyn Döring rief sofort im Kaufmannsladen der Osterbeksiedlung an, wo sich das einzige Telefon in der Nachbarschaft der Hochheims befand, und kündigte ihr Kommen für denselben Abend an.

Zwar fehlte Beitz jegliches Fachwissen: Von Versicherungen verstand der gelernte Bankkaufmann nichts, wie er offen zugab. Nicht einmal den Unterschied zwischen gesetzlicher und privater Assekuranz habe er gekannt, scherzte er. Aber selbstbewusst und in einem tadellos sitzenden Anzug erschien er zwei Tage später zum Vorstellungsgespräch in mäßigem Englisch bei Major Jones. Er füllte am 10. August 1946 einen Fragebogen der britischen Militärregierung aus, in dem er in dürren Daten und Stichworten Auskunft über seine Ausbildung und seinen bisherigen beruflichen Werdegang gab. Über seine Zeit in Galizien notierte er nur: »16.11.39–1.7.41 Krosno, 15.7.41–15.4.44 Boryslaw.« Ferdinand Streb bestätigte die Angaben »als Zeuge«, obwohl er nichts davon aus eigenem Erleben wissen konnte. Fünf Tage später trat Beitz seinen Dienst als Leiter der Abteilung Personal und Organisation an. Er erhielt, wie er gefordert hatte, einen extravaganten Dienstwagen: ein feuerrotes Cabriolet DKW Meisterklasse. Evelyn Döring arbeitete wieder als Sekretärin für ihn, bis sie ein Jahr später nach England ging und dann nach Australien auswanderte.

Beitz, der branchenfremde Neuling, brauchte versierte Versicherungsfachleute als Mitarbeiter. Er holte sie buchstäblich von der Straße. Denn die meisten von ihnen waren in der Nazi-Partei gewesen und deshalb von den Alliierten entlassen und zum Trümmerräumen und Steineklopfen verpflichtet worden. Das Führungspersonal des »Dritten Reiches« sollte aus leitenden Funktionen entfernt werden und »einfache Arbeit« verrichten. Im öffentlichen Dienst lag die Entlassungsquote bei über 42 Prozent.

Der Judenretter von Boryslaw hatte keine Skrupel, auch tiefbraune Experten zu engagieren, wenn es seiner Karriere nützte. Er sah das pragmatisch: Mit Hafenarbeitern und Straßenkehrern könne man ein solches Amt nicht aufbauen, erklärte er Max Hockenholz, dem Vorsitzenden des »Fachausschusses Nr. 23 zur Ausschaltung von Nationalsozialisten«. Hockenholz, Jahrgang 1891, von Beruf Krankenkassenangestellter, SPD-Mitglied seit 1908, war im Hamburger Konzentrationslager Fuhlsbüttel inhaftiert gewesen. Beitz flog nach Berlin und erkundigte sich beim ehemaligen Reichsaufsichtsamt für das Versicherungswesen am Wilmersdorfer Ludwigkirchplatz, wo die früheren Spitzenbeamten zu finden seien. Die suchte er dann auf und überredete sie, nach Hamburg zu kommen, da würden sie in »Kategorie 5«, »entlastet«, eingestuft. Denn schon wer nur als Nazi-»Mitläufer« zur »Kategorie 4« gerechnet wurde, kam für eine verantwortliche Tätigkeit kaum infrage; die in »Kategorie 3« hatten praktisch keine Chance auf eine Anstellung im öffentlichen Dienst. Doch auf Beitz' Drängen wurden sie von Hockenholz alle entnazifiziert. Unter den Reingewaschenen befand sich auch der ehemalige SS-Mann Wilhelm Hartmann, den Beitz später zur Iduna-Germania-Versicherung mitnahm und der dort sein Nachfolger als Generaldirektor wurde. Seine Schützlinge ermutigte Beitz: »Ihr macht die Arbeit, ich passe auf, dass euch nichts passiert.«

Im Oktober 1946 fand im Zonenaufsichtsamt, das zwei Etagen im Haus der Albingia-Versicherung am Alsterdamm 39 (heute Ballindamm) belegt hatte, die erste große Beiratssitzung statt. Bis dahin war in dem von Bomben zerstörten Gebäude erst ein großer Raum wiederhergestellt worden, in dem sich die Mitarbeiter und Beiräte versammeln konnten. Ansonsten musste noch improvisiert werden: Im Treppenhaus fehlte das Geländer, manche Büroräume hatten noch nicht einmal Fensterglas, und die Bediensteten mussten, weil es keine Stühle gab, auf Obstkisten sitzen.

Während die Experten sich um das Fachliche kümmerten, ließ Beitz seine Organisationskünste spielen. Er besorgte auf dem Schwarzmarkt Zement, schaffte für die Renovierung der Büros Handwerker heran und trieb richtige Schreibtische auf. Dienstliche Entscheidungen traf er nicht nach Aktenstudium, sondern stets nach mündlichem Vortrag seiner Mitarbeiter. Briefe mussten ihm die Fachleute aufsetzen, Beitz selbst fügte, wie er sagte, nur »Farbe und Würze« hinzu.

Auch die beengte Notunterkunft in der Baracke der Schwiegereltern konnte Beitz nun gegen eine geräumige Wohnung tauschen. Mit seiner vierköpfigen Familie zog er in die Holthusenstraße 27 im Stadtteil Volksdorf. Nur hatte das Ehepaar keine Möbel, denn die befanden sich noch in Greifswald, in der nunmehr sowjetisch besetzten Zone.

Unter seiner Büroadresse schrieb Beitz am 10. Mai 1947 an den Greifswalder Bürgermeister und bat »um die Genehmigung, mein in Greifswald, Salinenstr. 49, lagerndes Umzugsgut nach Hamburg befördern lassen zu können«. Das Inventar bestand laut Beitz-Brief aus »1 Schlafzimmer komplet [sic!], 1 Wohnzimmer, 1 Kinderzimmer« sowie »div. Kisten mit Geschirr, Betten, Haushaltsgeräten«. Eine Woche später schrieb der Bürgermeister einen Vermerk (»Die Möbel werden von Flüchtlingen nicht genutzt und befinden sich im Gewahrsam der Eltern«) und erteilte zwei Tage darauf die Genehmigung, das Hab und Gut nach Hamburg zu schaffen.

Seine Eltern, Erna und Erdmann Beitz, hatten sich bislang nicht dazu durchringen können, ihre vorpommersche Heimat zu verlassen. Als die Rotarmisten im April 1945 in Greifswald einmarschierten, übergab ihnen der Reichsbankobersekretär Beitz den Schlüssel zum Tresor seines Kreditinstituts. Das bewahrte ihn aber nicht davor, in das Internierungslager Fünfeichen bei Neubrandenburg verschleppt und dort ein halbes Jahr festgehalten zu werden. Derweil quartierte sich in der Dienstwohnung im Greifswalder Reichsbankgebäude der kommunistische Jugendfunktionär Manfred Ewald ein, der bald Kreissekretär der Freien Deutschen Jugend und später Präsident des Nationalen Olympischen Komitees der DDR werden sollte.

Durch seine neue Stellung im Zonenaufsichtsamt kam Berthold Beitz auch in Kontakt mit Karl Klasen. Klasen, der in den 1960er-Jahren, als Nachfolger von Hermann Josef Abs, Sprecher der Deutschen Bank und in den 1970er-Jahren Bundesbankpräsident werden sollte, verschaffte Vater Beitz eine Anstellung bei der Hamburger Landeszentralbank und eine Dienstwohnung, worauf Erdmann und Erna Beitz von der Ostsee an die Elbe übersiedelten.

Was Berthold Beitz im Zweiten Weltkrieg gemacht hatte, wussten nur wenige Eingeweihte. Er selbst sprach nicht darüber – wie die meisten Deutschen, viele von ihnen freilich aus anderen Motiven: Sie verdrängten, dass sie, die große Mehrheit des Volkes, Hitler zur Macht verholfen, ihm zugejubelt, die siegreichen Blitzkriege gefeiert und die Augen vor den Judenverfolgungen verschlossen hatten.

Beitz schwieg wie die meisten, die im Krieg Mut bewiesen hatten – eine Erfahrung, die die New Yorker Psychotherapeutin und Filmmacherin Eva Fogelmann immer wieder bei ihren Befragungen von Judenrettern gemacht hatte: »Die strikte Geheimhaltung ihrer Aktivitäten während des Krieges war ihnen zur Gewohnheit geworden. Und diejenigen, die berichten wollten, hatten die Erfahrung machen müssen, dass die Welt nicht immer begierig war, ihren Erzählungen zuzuhören. Nach der

Befreiung dachten die Menschen nur daran, die Schrecken zu vergessen und ihr Leben neu aufzubauen.«

Auch wenn Evelyn Döring sich bei Major Jones für das untadelige Verhalten ihres Chefs verbürgte, wünschte die britische Militärbehörde auch von Beitz einen Nachweis über seine Tätigkeit im früheren Generalgouvernement. Einer wie Beitz, der dort eine leitende Position innegehabt hatte, sah sich Zweifeln ausgesetzt.

Schon 1947 hatten sich jedoch einige Überlebende aus Boryslaw bei Beitz gemeldet, nachdem sie seine Anschrift herausgefunden hatten. In teils holprigem Deutsch, aber mit anrührenden Worten, versicherten sie Beitz ihre Dankbarkeit. Der Bäcker Leon Morski etwa, der nun in Szczecin, dem früheren Stettin, als Direktor der städtischen Brotfabrik lebte, berichtete Beitz, er habe »mehrmals mit meinen Landsleuten über Sie gesprochen, aber niemand, im Sinne des Wortes Niemand, hat Grund gehabt, [sich] über Ihr persönliches Vorgehen zu beklagen. Es ist eben eine Lebenskunst, immer nur Gutes zu schaffen, eines anderen Unglück zu verstehen, ... speziell in einer Zeit, wo wir Menschen uns eher als Wölfe gegenübertreten.«

Der Ingenieur Henryk Engelbert schrieb aus Krakau: »Wir haben und werden es nie vergessen, dass Sie aus eigener Initiative meine Tochter aus dem plombierten Waggon – dessen Ziel uns damals schon bekannt war – herausgeholt haben, aus demselben Zug, der meine Frau und meinen damals 15-jährigen Sohn in den schrecklichen Tod führte.«

Aus Walbrzych, dem vormals schlesischen Waldenburg, wohin eine größere Zahl Boryslawer Juden umgesiedelt worden war, berichtete Jan Jaworski: »Wir haben in unseren Gedanken, wie haben Sie Brot umsonst für polnisches Waisenhaus gegeben. Keinen Beschäftigten, durch seine Schuld oder Verbrechen, in die Hände der Herren von Gestapo ausgeliefert. Oder diese unglücklichen Bluttage, wo Sie aus Henkershänden unschuldige Frauen entrissen haben. Wie hatten Sie sich damals die Haare aus dem Kopf gerissen, durch das was hatten Sie gesehen auf Metzelplatz hinter dem Schlachthaus.«

Ebenfalls aus Walbrzych tat der Ingenieur Markus Kleiner kund, dass er jetzt »ein Radio-Geschäft« mit acht Angestellten betreibe. Er bot Beitz an: »Sollten Sie vielleicht zu Ihrer Rechtfertigung eine schriftliche Bescheinigung haben, dass Sie während Ihres Aufenthalts in Boryslaw keinen Polen ins Kazet brachten, sondern sich im Gegenteil sich für sie noch einsetzten und alles Mögliche taten, um ihnen zu helfen, sind alle bereit, Ihnen das schriftlich zu geben, Sie möchten nur angeben, in welcher Form das gemacht werden soll.«

Markus Kleiner vermittelte dann auch eine »Bescheinigung« vom 20. März 1947, die 28 Überlebende aus Boryslaw unterzeichnet hatten, die nun in Walbrzych ansässig waren. Darin bezeugten sie, dass sich Beitz »uns gegenüber, als Leuten sowohl polnischer als auch jüdischer Volkszugehörigkeit, in seiner Stellung als Direktor des Unternehmens menschlich zeigte und uns seinerzeit trotz des wütenden Hitler-Terrors nachsichtig und anständig behandelte«.

Auch später noch erhielt Beitz Dankesbriefe und schriftliche Zeugnisse. So bot ihm Emil Piotr Ehrlich, nunmehr Direktor eines Staatlichen Instituts für Betriebswirtschaft in Gliwice (Gleiwitz) und Professor für Volkswirtschaft in Katowice (Kattowitz), im August 1947 an: »Sollten Sie ein Zeugnis brauchen über Ihr makelloses und ehrenhaftes Benehmen gegenüber der polnischen Bevölkerung, so werde ich das mit Freuden vor einem Notar bekunden und Ihnen übersenden.« Und der ehemalige Buchhalter Josef Hirsch, der nun in Salzburg bei einer amerikanischen Behörde arbeitete, schickte einen Monat später eine vom dortigen Bezirksgericht beglaubigte »Eidesstattliche Erklärung«: »Ich sehe in Herrn Berthold Beitz den Retter meines sowie auch meiner Frau und meines Kindes Lebens. Ich werde ihm seine edle Handlungsweise nie vergessen.«

Durch die Dokumente war Beitz' humanitäres Engagement belegt. Im Februar 1948 erhielt Beitz einen von Max Hockenholz unterschriebenen Ausweis des »Staatskommissars der Hansestadt Hamburg für die Entnazifizierung«, in dem bestätigt wurde, dass Beitz »politisch unbelastet« sei. In einem Begleitschreiben stellte Hockenholz fest, dass Beitz »von den Bestimmungen des Gesetzes zur Bereinigung der Verwaltung und Wirtschaft von nationalsozialistischen Einflüssen nicht betroffen« sei.

Als Beitz im September 1948 zum Ständigen Vertreter des Präsidenten des Aufsichtsamtes berufen wurde, sollte er ins Beamtenverhältnis übernommen werden. Die Ernennungsurkunde zum Ministerialrat war schon ausgefertigt. Doch Beamter wollte Beitz nicht werden. Vielmehr suchte er einen Absprung in die Wirtschaft. Die Großindustrie, deren Kreditwünsche gegenüber den Versicherungen die Aufsichtsbehörde zu begutachten hatte, reizte ihn. Schon Mitte 1948 erhielt Beitz Offerten von Daimler-Benz und der Iduna-Germania Versicherungsgesellschaft, Vorstandsmitglied zu werden. Beitz entschied sich für die Assekuranz, deren Verwaltungsspitze teils in Berlin, teils in Hamburg saß. Der dynamische junge Mann sollte nach den Vorstellungen des Aufsichtsrats die beiden Teile zusammenführen. Beitz, ausgestattet mit Titel und Funktion eines Generaldirektors, trat die Stelle am 1. Juni 1949 an.

In der Mitarbeiterzeitung *Weg und Ziel* wandte sich Beitz im September 1949 erstmals an die Belegschaft und präsentierte sich als Mann der Tat: »Erwarten Sie von mir keine programmatische Verkündigung. Ich liebe es nicht zu reden, wenn die mir gestellte Aufgabe ein Handeln fordert. Ein Schwall gewählter Worte an Stelle zäher, zielbewusster Arbeit, gleich an welcher Stelle, ist mir genauso unsympathisch, wie es Ihnen sein wird.«

Standesgemäß mietete Beitz eine Wohnung in einer Rotklinker-Jugendstilvilla in feinster Lage nahe der Alster, Blumenstraße 40. Sein erstes Büro bezog er neben »Streit's Hotel« am Jungfernstieg 40 im vierten Stock. Über ihm, im Dachgeschoss, hatte einige Monate zuvor Ferdinand Streb sein neues Architekturbüro etabliert.

Ein launiger Bericht, den Beitz selbst einige Jahre später als Rückblick verfasste, beschrieb die Situation in dem Haus. Die einzelnen Etagen trügen zwar »noch die unverkennbaren Spuren des Krieges«, aber man gehe »an den Wiederaufbau dessen, was ein Krieg zerstörte«. Und »ungeachtet aller zeitbedingten Schwierigkeiten« werde in Hamburg »eisern gearbeitet«. Dafür, lobte sich Beitz selbst, sorge schon »der noch nicht 36-jährige Mann …, der in den Jahren vorher als Organisationsleiter in der damals schlagkräftigsten Aufsichtsbehörde … erfolgreich gewirkt und sich damit für weiteres empfohlen« habe. »Sein erhobener Zeigefinger und sein strahlendes Lächeln gelten nicht der Hamburger Bockwurst, die ja noch kurz vorher Mangelware und nur auf Fleischmarken zu haben war, sondern einer Idee … Zurzeit arbeitet die Direktion West in verschiedene örtliche Gruppen aufgespalten … So geht das nicht weiter, es muss gebaut werden.«

Beitz trieb die Errichtung eines neuen Verwaltungsgebäudes an der Außenalster voran, um die verstreuten Büros der Versicherung, vier in Hamburg und eines in Wedel, unter ein Dach zu bringen. Als Architekten verpflichtete er natürlich seinen Freund Ferdinand Streb. In der Planungsphase gab es kritische Stimmen gegen das moderne Bürohaus aus Glas, Stahl und Beton – alteingesessene Hanseaten fürchteten, das Alsterpanorama an der Ecke Alsterufer/Alte Rabenstraße nehme Schaden. Viele Hamburger fanden es zudem reichlich unverfroren, ein modernes gewerbliches Gebäude in ein Viertel zu setzen, das bis dahin »klassizistischen, tudorgotischen und pseudobarocken Villen« vorbehalten war, wie der Kunsthistoriker Carl Ernst Köhne schrieb. Aber Beitz setzte sich durch, wobei es, nach eigenem Eingeständnis, »sogar eines gelinden Druckes gegenüber den Stadtvätern der auch heute noch als besonders konservativ bekannten Hansestadt Hamburg bedurft« hatte.

Beitz verfügte über gute Drähte ins Rathaus. Gerhard Neuenkirch, der ehemalige Personalchef der Royal Dutch Shell, der ihn nach Polen geschickt hatte, wurde 1949 Vorsitzender der SPD-Fraktion in der Bürgerschaft, dem Landesparlament, dann Arbeits- und schließlich Sozialsenator. Mit dem Wirtschaftssenator Professor Karl Schiller hatte er von Berufs wegen zu tun, ebenso mit dessen Abteilungsleiter für Wirtschaftspolitik, einem Diplomvolkswirt namens Helmut Schmidt.

Die über den architektonischen Frevel erregten Gemüter beruhigten sich bald. Architekturzeitschriften würdigten das mit Cottaer Sandstein und Kirchheimer Muschelkalk hell verkleidete Gebäude. Dieser Bau, sagte Hamburgs Erster Bürgermeister Max Brauer bei der Einweihung der neuen Iduna-Zentrale am 22. Mai 1951, sei »so außerordentlich gelungen, dass man nach Gleichem im deutschen Land wie im Ausland suchen muss«.

Beitz' Arbeitszimmer im ersten Stock, mit Nussbaumholz vertäfelt, diente zugleich als Sitzungssaal. Diese Doppelnutzung wie auch die nur durch Glasscheiben getrennten Büros hatte der Bauherr gewünscht. Beitz wollte so die Transparenz des Unternehmens zum Ausdruck bringen. Er lehnte unnötigen Schnickschnack ab, sparte aber nicht an wertvollen Materialien. »Beitz schafft für seine Mitarbeiter mit die schönsten Arbeitsplätze in Hamburg«, lobte das *Hamburger Abendblatt* und zitierte den Generaldirektor, der zu den Glasfronten des Hauses anmerkte: »Bei uns darf jeder gern hineinsehen.«

Unter den Festgästen bei der Eröffnung des neuen Verwaltungsgebäudes tummelten sich prominente Freunde des Generaldirektors, der längst zu Hamburgs Hautevolee zählte. Der ehemalige Boxweltmeister Max Schmeling war da, Wirtschaftssenator Schiller, auch der österreichische Maler Oskar Kokoschka, der als Schöpfer von »entarteter Kunst« im »Dritten Reich«

verfemt und im Londoner Exil britischer Staatsangehöriger geworden war. Für das Buffet sorgte Fritz Haerlin, der wegen seiner früheren SS-Mitgliedschaft enteignete Besitzer des von den Briten konfiszierten Nobelhotels »Vier Jahreszeiten«; dort hatte jetzt die Militärregierung ihre Zentrale eingerichtet.

Haerlin hatte, sozusagen als Ausweichquartier, das »Weinrestaurant Halali« im »Hamburger Hof« an den Großen Bleichen gepachtet. Es stand im Ruf, neben »Schümanns Austernkeller« Hamburgs bestes Speiselokal zu sein, auf jeden Fall war es das teuerste. Es verströmte einen – angesichts der ringsum noch herrschenden Not – dekadenten Luxus: Ein über den Krieg geretteter alter Gobelin schmückte das mit dunklem Holz ausgekleidete Restaurant, man saß auf samtbezogenen Stühlen, aß mit Silberbesteck und trank aus edlen Kristallgläsern. Beitz, dessen bisheriges Büro gleich um die Ecke lag, war mittags dort Stammgast und traf sich abends regelmäßig mit Geschäftspartnern in der »Herrenbar« des »Halali«.

Noch wusste die Öffentlichkeit nichts von Beitz' Judenrettungen während des Zweiten Weltkriegs. Sie wäre sonst womöglich sehr erstaunt gewesen über die Unbekümmertheit, mit der Beitz enge persönliche Beziehungen zu alten Nazis pflegte. Seine Selbstgewissheit, zu den wenigen Guten gehört zu haben, hielt er offenbar für einen ausreichenden Schutzschild gegen mögliche Vorwürfe, mit Leuten auf vertrautem Fuß zu stehen, die dem NS-System willig gedient hatten. »Wir waren jung, Schuld war kein Thema«, sagte Beitz rückblickend, »wir wollten endlich Geld verdienen.«

So gründete Beitz am 22. September 1949 zusammen mit dem einstigen Freikorpsführer Gerhard Roßbach die »Gesellschaft der Freunde von Bayreuth e.V.«, eine Spendervereinigung, die durch ihre Zuwendungen 1951 die ersten Wagner-Festspiele nach dem Krieg ermöglichte. Roßbach, ein Pommer wie Beitz, 1893 geboren, hatte sich am gescheiterten »Kapp-Putsch«

rechtsradikaler ehemaliger Reichswehrangehöriger 1920 beteiligt; als scharfer Gegner der demokratisch-parlamentarischen Weimarer Republik war er bereits 1922 der NSDAP beigetreten und in den missglückten Münchner Hitler-Putsch 1923 verwickelt. Er pflegte enge Kontakte zum SA-Führer Ernst Röhm. Nach dessen Ermordung 1934, die Hitler angeordnet hatte, wurden bei einer Durchsuchung von Roßbachs Wohnung zahlreiche homoerotische Fotos gefunden. Vor die Alternative gestellt, sich zu erschießen oder sich amtlich für tot erklären zu lassen, entschied sich Roßbach nach eigenen Angaben, unter falschem Namen eine Anstellung bei der Iduna-Germania anzunehmen. Nach dem Krieg betrieb er in Hamburg eine Generalagentur für Versicherungen und Werbegeschenke.

Da Roßbachs freimütige »Erinnerungen und Bekenntnisse«, wie seine Memoiren im Untertitel hießen, 1950 erschienen waren, hätte Beitz wissen können, mit wem er sich da einließ. Roßbach wurde geschäftsführendes Vorstandsmitglied der »Gesellschaft der Freunde von Bayreuth«, Beitz deren Vizepräsident. Präsident war der hannoversche Keksfabrikant Werner Bahlsen, als wichtige Geldgeber taten sich neben Beitz etwa Volkswagen-Generaldirektor Heinz Nordhoff oder Heinrich Kost, der Chef der Deutschen Kohlenbergbauleitung, hervor.

Im »Dritten Reich« war Bayreuths Grüner Hügel zum braunen Gral geworden. Zwar versuchten die Enkel des Komponisten, Wieland und Wolfgang Wagner, Söhne der Hitler-Verehrerin Winifred Wagner, bei der Wiedereröffnung der Spielstätte den Nazigeist zu verscheuchen. Ins Programmheft setzten die Brüder einen Aufruf: »Im Interesse einer reibungslosen Durchführung der Festspiele bitten wir, von Gesprächen und Debatten politischer Art auf dem Festspielhügel freundlichst absehen zu wollen. ›Hier gilt's der Kunst‹.« Dieser Appell, stellte der Wagner-Experte Klaus Umbach fest, sei »der ebenso naive wie radikale wie untaugliche Versuch« gewesen, »dem Wallfahrtsort das

Comeback der alten Kameraden möglichst zu ersparen und das ideologische Palaver außen vor zu lassen«.

Wagner-Opern entsprachen durchaus nicht Beitz' Musikgeschmack. Ernste Musik war ihm zwar nicht gerade »ein Gräuel«, wie der *Spiegel* in einer Titelgeschichte über ihn schrieb. Aber er bevorzugte den swingenden, rhythmischen Jazz, war ein begeisterter Boogietänzer und setzte sich gelegentlich selbst ans Schlagzeug. Sein Favorit war Erroll Garner, der farbige amerikanische Jazzpianist. Das Engagement für die Wagner-Festspiele folgte allein Nützlichkeitserwägungen. »Wenn Sie Kontakte zur Industrie suchen«, wurde Beitz damals zitiert, »müssen Sie in Bayreuth mitmachen. Da haben Sie die ganze Bande beieinander.«

Beitz, das bewies er immer wieder, hatte keinerlei Berührungsängste vor alten Nazis, wenn die Kontakte ihm Vorteile brachten und weitere nützliche Bekanntschaften erschlossen. Der Hotelier Haerlin war für das Hamburger Netzwerk der neuen Aufsteiger eine zentrale Figur. Seit 1934 war er mit Werner Lorenz, dem Chef des SS-Oberabschnitts Nordwest in Altona, eng befreundet gewesen. Eine der beiden Lorenz-Töchter, Rosemarie, eine Pferdenärrin, durfte den bei vielen Wettkämpfen erfolgreichen Dressurreiter Haerlin »Onkel Fritz« nennen. Sie hatte einen sehr vermögenden Hamburger Erben, Horst-Herbert Alsen, geheiratet. 1948 lernte sie den Verleger Axel Springer kennen, wurde dessen Geliebte und 1953 seine dritte Ehefrau. Als Dressurreiterin nahm sie 1960 an den Olympischen Spielen in Rom teil und belegte den siebten Platz in der Einzelwertung.

Axel Springer, ein Jahr älter als Beitz, war wie dieser unbescholten durch die Nazizeit gekommen. Als sich der Sohn eines Verlegers aus Altona nach dem Krieg um eine Lizenz für eine Zeitung oder Zeitschrift bemühte, fragte ihn der zuständige englische Major, schon genervt von den Widerstandsbeteuerungen anderer Bewerber: »Und von wem wurden Sie verfolgt, Herr Springer?« Der antwortete lapidar: »Ooch, eigentlich nur von den Mädchen.«

Wie Beitz störte sich auch Springer nicht an der NS-Vergangenheit einiger enger Mitarbeiter. Wer als »entnazifiziert« galt, durfte sich in der neuen Demokratie bewähren. Konrad Adenauer sprach im Oktober 1952 im Bundestag aus, was die Mehrheit der Deutschen damals empfand: »Ich meine, wir sollten jetzt mit der Naziriecherei Schluss machen.« Der Kanzler, damals in Personalunion auch Außenminister, stellte sich damit vor die Bediensteten des Auswärtigen Amtes, von denen zwei Drittel der höheren Beamten früher Parteigenossen gewesen waren. Man brauche doch Leute, die »etwas von der Sache verstehen«, meinte Adenauer. Hans Globke, den Mitverfasser eines Kommentars zu den Nürnberger Rassengesetzen von 1935, berief er ein Jahr später zu seinem Staatssekretär im Kanzleramt.

Im Juli 1948 hatte Springer die »Zulassung Nr. 1 des Senats der Hansestadt Hamburg« für eine Tageszeitung, das *Hamburger Abendblatt*, bekommen, das von Oktober an zunächst dreimal wöchentlich erschien. Zuvor schon hatte Springer mit Lizenzen der britischen Militärregierung die Rundfunkzeitschrift *Hör zu*, die Modezeitschrift *Constanze* und die Illustrierte *Kristall* gegründet. 1950 wurde der Grundstein für ein eigenes Verlagsgebäude gelegt. Obwohl ein von Springer beauftragter Architekt bereits einen Entwurf gefertigt hatte, setzte Beitz seinen Freund Streb als Planungspartner durch – schließlich sicherte Beitz die Finanzierung, indem er Springer ein Hypothekendarlehen der Iduna-Germania über 12 Millionen Mark gewährte. Zum Dank schenkte Springer seinem Freund Beitz eine wertvolle Armbanduhr von Audemar Piguet.

Springer und Beitz, zwei Galionsfiguren des bundesrepublikanischen Wirtschaftswunders, feierten rauschende Partys bei Fritz Haerlin, aber auch in anderen noblen Etablissements der Hansestadt. Zur illustren Gesellschaft der Pfeffersäcke und Pressefürsten, in deren Kreis sich der pommersche Emporkömmling rasch heimisch fühlte, zählten etwa der Kaufmann und Bankier Alwin Münchmeyer, der Kleiderreinigungsunternehmer Robert Dependorf, *Stern*-Chefredakteur Henri Nannen und, seit der *Spiegel* im Herbst 1952 von Hannover an die Elbe umgezogen war, dessen Herausgeber Rudolf Augstein. Sie liebten es, wie Beitz sagte, »auf den Putz zu hauen«, und geradezu kindisch versuchten sie einander mit dem jeweils neuesten und noch größeren Automobil zu übertrumpfen. Beitz beschrieb das überschäumende Lebensgefühl: »Wir waren damals die Könige von Hamburg.«

Mit seinen Männerfreunden verbrachte Beitz seine Freizeit gerne auch auf Sylt. Die Insel erinnerte ihn an die Ausflüge in seiner Jugend nach Hiddensee. Meist allein, ohne Frau und Töchter, machte er Urlaub in einer gemieteten Reetdachkate in Kampen, wo er seine Promi-Nachbarn an Grillabenden bewirtete. Oft spazierte er auch einsam mit seinen Badesachen an den Strand, lud die Rettungsschwimmer zum Eisbeinessen ein oder feierte mit den Männern von der Freiwilligen Feuerwehr.

Durch Axel Springer machte Beitz Bekanntschaft mit dem ehemaligen Boxweltmeister Max Schmeling. Der Verleger hatte als junger Journalist 1938/39 mehrfach über das Sportidol für die *Hamburger Neueste Zeitung* Artikel geschrieben und den Champion auch einmal besucht; seit 1945 gehörte Schmeling zu Springers engsten Freunden. Auch Beitz bezeichnete Schmeling bis zu dessen Tod im Jahr 2005 als seinen Freund.

Schmeling, 1905 in der vorpommerschen Uckermark geboren, aber in Hamburg aufgewachsen, war durch seinen Weltmeisterschaftssieg 1930 gegen Jack Sharkey und seinen sensationellen K.-o.-Erfolg gegen den »braunen Bomber« Joe Louis 1936 zum Volkshelden geworden. Aber er hatte seine Popularität auch in den Dienst des Naziregimes gestellt, hatte sich gern von Adolf Hitler und Propagandaminister Joseph Goebbels hofieren lassen. Nach dem Sieg über den farbigen Amerikaner Joe Louis hatte Goebbels als einer der ersten Gratulanten ein Telegramm an Schmeling geschickt: »Ich weiß, du hast für Deutschland gekämpft, es war ein deutscher Sieg.« Einen Tag nach seiner Rückkehr war Schmeling bei Hitler eingeladen.

Schmeling hatte sich auch einspannen lassen, um einen Boykott der Olympischen Spiele 1936 durch das Nationale Olympische Komitee (NOK) der USA abzuwenden. Mit einer Botschaft Hitlers war Schmeling nach New York gereist, um dem amerikanischen NOK-Präsidenten Avery Brundage zu versprechen, dass weder schwarze noch jüdische Sportler in Deutschland in irgendeiner Form diskriminiert würden. Brundage selbst hätte davon gar nicht überzeugt werden müssen, denn der NOK-Chef sympathisierte mit der NS-Ideologie und lehnte einen Boykott ohnehin ab; aber durch Schmelings Engagement wurde eine Resolution, die eine Teilnahme der US-Sportler verhindert hätte, mit knapper Mehrheit gestoppt. Später bezeichnete Schmeling seine Mission als »grenzenlose Naivität«.

Die Nazis duldeten, dass Schmeling an seinem jüdischen Manager Joe Jacobs festhielt, der die Verhandlungen über die Boxkämpfe in den USA führte. Darüber, dass er zwei jüdische Jungen, die Söhne seines Schneiders, während der Reichspogromnacht 1938 einige Tage in seiner Suite im Berliner Hotel »Excelsior« versteckt hatte, bis der Familie die Flucht gelang, sprach Schmeling nie – erst in den 1980er-Jahren machte es einer der beiden Geretteten in Las Vegas publik.

Mittellos war Schmeling 1945 nach Hamburg gekommen, nachdem sein Landgut im hinterpommerschen Ponickel an Polen verloren war. Und so hatte der alternde Exweltmeister, weil er in finanziellen Nöten war, nochmals ein Comeback versucht: 1948 stand er zum letzten Mal im Ring – und verlor.

In den folgenden Jahren betrieb Schmeling in Hollenstedt in der Nordheide mehrere seltsame Geschäftsideen: Er produzierte mit einer Hühnerfarm Eierlikör, obwohl er selbst keinen Alkohol trank, baute Tabak an, obwohl er nicht rauchte, und züchtete Nerze. Damit kam er mehr schlecht als recht über die Runden. Reichlich Geld verdiente Schmeling erst ab 1957, als ihm der Coca-Cola-Boss Jim Farley, ein früherer US-Boxfunktionär und Schmeling-Fan, die Lizenz zur Herstellung der braunen Limonade für das Gebiet Hamburg-Ost erteilte und Schmeling Geschäftsführer der Abfüll- und Vertriebsfirma wurde.

Gleich nach dem Krieg, im Juni 1945, hatte Axel Springer zusammen mit Schmeling beim britischen Presseoffizier eine Zeitungslizenz für das *Hamburger Abendblatt* beantragt, doch die Briten verweigerten dem ehemaligen Boxer als weltbekanntem Botschafter der Nazis eine Beteiligung.

Als Springer seinen Freund Schmeling mit Beitz bekannt machte, tummelte sich in der Entourage des berühmten Sportlers auch Herbert Obscherningkat. Der einstige Pressereferent des Reichssportführers Hans von Tschammer und Osten zählte sich zum Freundeskreis des Boxidols, auch wenn er nach Schmelings Niederlage im Wiederholungskampf gegen Joe Louis 1938 schnöde auf Distanz gegangen war: »Gewiss ist Schmeling ein Deutscher«, ließ sich Obscherningkat damals vernehmen, »das sollte aber kein Grund sein, sich selbst als ›geschlagen‹ zu betrachten, weil man vielleicht zuvor es sich im Unterbewusstsein vorstellte, dass Schmeling = Deutschland zu setzen sei.« Jetzt betätigte sich Obscherningkat als Produzent von Dokumentar- und Industriefilmen; von Beitz bekam er Aufträge, mehrere Reklamestreifen für die Iduna-Germania zu drehen – später, bis in die 1980er-Jahre, stellte Obscherningkats Porta-Film auch Imagefilme für Krupp her.

Durch Obscherningkat wiederum lernte Beitz dessen Schwiegervater Karl Süßbauer kennen, den Vorstandsvorsitzenden der Vereinigten Lebensversicherungsanstalt, mithin einer Konkurrenz der Iduna-Germania. Doch Süßbauer, Jahrgang 1885, wollte sich zur Ruhe setzen und schlug Beitz einen Zusammenschluss der beiden Unternehmen vor. Durch die Verschmelzung, die im Sommer 1952 eingeleitet und am 7. Dezember 1953 vollzogen wurde, als Beitz bereits ausgeschieden war, rückte die fusionierte Firma auf den dritten Rang unter den deutschen Lebensversicherungsunternehmen vor.

Zeitgleich zur Errichtung der neuen Versicherungszentrale an der Hamburger Alster machte sich Beitz an den Wiederaufbau der früheren Hauptverwaltung in Berlin-Kreuzberg, Charlottenstraße 13, Ecke Kochstraße. Obwohl bereits ein anderer Architekt seit 1947 Pläne entworfen hatte, setzte Beitz 1951 erneut seinen Freund Streb als Partner durch, der schließlich dem Bau seinen Stempel aufdrückte. Der West-Berliner Senator für Marshallplan und Kreditwesen, Paul Hertz, war anfangs skeptisch: »Was, dieser kleine junge Mann« – damit meinte er Streb – »soll das größte Bauvorhaben in Berlin durchziehen?« Aber dann wuchs der weiße Versicherungspalast rasch aus der Ruinenlandschaft.

In der Berliner Dependance richtete sich Beitz ein bescheidenes Büro von 18 Quadratmetern im Erdgeschoss ein, denn er war sowieso meist in Hamburg. Ein Teil der Immobilie wurde an Modefirmen vermietet. Da West-Berlin wieder ein europäisches Modezentrum werden sollte, würdigten die Lokalblätter vor allem den Aspekt, dass Beitz ein »neues Konfektionszentrum wiederaufgebaut« habe. Beitz sei »der einzige Versicherungsgewaltige aus dem Bundesgebiet, der Millionen zur Anlage nach Berlin gab«.

Den Schwerpunkt setzte Beitz jedoch in Hamburg. »Mit dem Geld der Iduna«, wie Beitz einräumte, aber auch durch seinen persönlichen Einsatz spielte der Versicherungsgeneraldirektor eine wichtige Rolle beim Wiederaufbau der Hansestadt. Viele Nachkriegsbauwerke gehen auf sein Konto.

Zum Beispiel der Alsterpavillon. Das traditionsreiche Kaffeehaus an der Binnenalster war seit jeher eine Hamburger Attraktion wie Hagenbecks Tierpark, der Hafen oder die Reeperbahn. Der erste Pavillon war 1799 errichtet worden. Im Zweiten Weltkrieg war er von Bomben zerstört worden, nun sollte er nach dem Jubiläum 1949 wieder aufgebaut werden. Die Stadt schrieb einen Wettbewerb aus, an dem sich 120 Architekten beteiligten. Doch keiner von ihnen kam zum Zuge, sondern ausgerechnet Ferdinand Streb, der an dem Wettbewerb gar nicht teilgenommen hatte. Beitz hatte mal wieder die Fäden gezogen.

Während sich die Baubehörde, die Architekten und die Pächter des Pavillons fast zwei Jahre lang über die Höhe des Gebäudes stritten, trat Fritz Haerlin als persönlich haftender Gesellschafter in die Alsterpavillon-Gesellschaft ein. Beitz machte Haerlin mit Streb bekannt, der sogleich einen Vorentwurf fertigte. Umgehend gab die Baubehörde ihr Plazet. Die einheimischen Architekten, die weder die Hintergründe noch die persönlichen Verflechtungen kannten, waren erbost, dass ein zugereister Bayer das Renommierobjekt bauen durfte. Da der Pavillon zur Eröffnung der Internationalen Gartenbauausstellung im Frühjahr 1953 fertiggestellt sein sollte und die Baugenehmigung erst kurz vor Weihnachten 1952 einging, war Eile geboten. In nur vier Monaten wurde der Pavillon hochgezogen, bei laufendem Betrieb in dem nach dem Krieg errichteten Provisorium.

Für die 1950er-Jahre war der technische Aufwand ungewöhnlich. Fernheizung, versenkbare Fenster und Infrarotstrahler auf der Terrasse zur Alster waren Errungenschaften der neuen Zeit. Der futuristisch wirkende Clou aber war ein 180 Quadratmeter großes Schiebedach, das auf Knopfdruck über den Gästen im Freien ausgefahren werden konnte. Zur Eröffnung der Bundesgartenschau am 30. April 1953 nahm Bundespräsident Theodor Heuss hier einen Mittagsimbiss ein und schwärmte: »Dies ist die schönste Gaststätte, die ich kenne.«

Viele Gebäude in Hamburg stammten von Strebs Reißbrett. Der Beitz-Freund entwarf Wohnblocks an der Kieler Straße, ein neuartiges Servicehaus für Singles an der Heimhuder Straße, das Haus des Sports an der Schäferkampsallee, die Seeterrassen im Gartenschaugelände Planten un Blomen.

Bis wieder ein Auftrag von Beitz kam: Die im Sommer 1952 beschlossene Fusion der Iduna-Germania und der Vereinigten Lebensversicherungsanstalt erforderte, kaum dass der neue Verwaltungsbau am Alsterufer bezogen war, eine räumliche Erweiterung. Deshalb sollte Streb zwei zusätzliche Bürohäuser in unmittelbarer Nachbarschaft planen.

Dabei wollte Beitz auch Kunst am Bau fördern. Auf dem Rasen vor dem Neubau am Harvestehuder Weg sollte eine ansprechende Skulptur postiert werden. Den Schöpfer des Werks hatte Beitz auch schon gefunden.

Auf Sylt hatte Beitz die Bekanntschaft des Bildhauers Jean Sprenger gemacht. Der aus einer Essener Industriellenfamilie stammende Künstler, Jahrgang 1912, wohnte in Kampen ganz in der Nähe des kleinen Häuschens, das Beitz für seine regelmäßigen Urlaube auf der Nordseeinsel mietete. In dem Prominentenlokal »Kupferkanne«, das sich in einem halb in die Erde eingelassenen ehemaligen Flakbunker am Ortsrand von Kampen etabliert hatte, waren sich Beitz und Sprenger zum ersten Mal begegnet.

Beitz beauftragte Sprenger, eine Bronzeplastik zu schaffen: ein nacktes Mädchen, überlebensgroß, die nordische Göttin Iduna darstellend, Sinnbild ewiger Jugend. Beitz hatte am Sylter Strand auch das Vorbild entdeckt, das dem Künstler Modell stehen sollte: die Schwester von Sprengers Freundin.

Sprengers Atelier befand sich in Essen in einer Wohnung, die Berthold von Bohlen und Halbach gehörte, einem jüngeren Bruder des Industriellen Alfried Krupp von Bohlen und Halbach. Als das Gipsmodell der 2,70 Meter großen Iduna-Figur fertig war, lud Sprenger seinen Auftraggeber zu einer Besichtigung ein. Beitz begutachtete die halbfertige Statue und bemängelte nur, dass »die Beine ein bisschen dick geraten« seien.

Plötzlich ging die Tür auf, und ein hagerer Mann, schmal und blass, kam herein. Höflich stellte er sich vor: »Alfried von Bohlen« – er sagte nicht »Krupp«. Er fragte, ob er Beitz zu einem gemeinsamen Abendessen einladen dürfe. Beitz argwöhnte, dass ihn der Eigentümer des Krupp-Konzerns um ein Darlehen der Iduna angehen wollte, wie so viele andere Unternehmer, die sich von den Versicherungen Geld liehen. Doch von einem Kredit war keine Rede, als die beiden Männer an jenem Abend im Sommer 1952 im Krupp-eigenen Restaurant »Essener Hof« speisten und sich angeregt unterhielten. Beitz fühlte sich erleichtert, dass Krupp mit der Einladung keine Absichten zu verfolgen schien.

Über den Krupp-Konzern wusste Beitz bisher nur, dass die einstige »Waffenschmiede des Reiches« im Krieg zu einem großen Teil zerstört und Alfried Krupp, der Alleineigentümer seit 1943, von einem Kriegsverbrecher-Tribunal in Nürnberg 1948 zu einer zwölfjährigen Haftstrafe und zum Entzug seines Vermögens verurteilt worden war. Im Februar 1951 war Krupp durch einen Gnadenakt des amerikanischen Hohen Kommissars John McCloy vorzeitig aus dem Gefängnis in Landsberg am Lech entlassen worden.

Mehrmals besuchte Alfried Krupp in den folgenden Monaten Beitz in Hamburg. Er kam in dessen Büro und schaute von dort versonnen auf die Außenalster, sie speisten gemeinsam in vornehmen hanseatischen Restaurants – und dann fuhr Alfried Krupp immer wieder weg, ohne dass Beitz erfuhr, was der Konzernchef aus Essen von ihm wollte.

Am 25. September 1952 verabredeten sie sich wieder einmal in Hamburg. Krupp lud Beitz zum Abendessen ins Restaurant des Hotels »Vier Jahreszeiten« ein. Beitz war fünf Minuten vor der vereinbarten Zeit da und ging hinunter an die Bar, wo Alfried Krupp bereits saß und auf ihn wartete. »Donnerwetter, Sie sind aber pünktlich«, sagte der Konzernherr anerkennend. Diese deutsche Sekundärtugend schätzte er.

So jedenfalls hat Beitz den Beginn seiner wunderbaren Liaison mit dem Milliardär immer wieder erzählt. Und er hat umsichtig dafür gesorgt, dass die Geschichte genau so von unzähligen Autoren stets weiter kolportiert wurde.

Auch Vera Baroness Hossenfeldt, Alfried Krupps zweite Ehefrau, eine Deutsch-Amerikanerin, die er im Mai 1952 geheiratet hatte, nahm an dem Dinner teil, ebenso Jean Sprenger. Nach dem Mahl, es ging schon auf Mitternacht zu, räusperte sich Alfried Krupp und fragte Beitz: »Kann ich Sie mal kurz sprechen?«

Die beiden Männer verließen das Restaurant und gingen bei strömendem Regen an der Binnenalster auf und ab. »Ich möchte gern, dass Sie mit mir Krupp wieder aufbauen«, sagte der Konzernchef zu dem völlig verdutzten Beitz. Er habe doch, lockte Krupp, einmal geäußert, dass ein Montankonzern eine ganz interessante Sache sei. Der Umworbene zierte sich zunächst: Er sei Generaldirektor zweier Gesellschaften, habe eine Wohnung in Hamburgs vornehmster Gegend und verdiene prächtig – 180 000 Mark im Jahr, was damals ein Spitzensalär war. »Ich habe ja nicht am Straßenrand gesessen und auf einen Posten gewartet«, sagte Beitz später.

Aber Alfried Krupp ließ nicht locker: »Sie bekommen Generalvollmacht vom Eigentümer, Sie können handeln wie ein Unternehmer.« Das war das Stichwort – diesem Angebot konnte Beitz nicht widerstehen: Er würde nicht mehr ein angestellter Manager sein, kein abhängiger Statthalter wie sein Großvater Karl Stuth, sondern er würde die Firma dirigieren als ein unabhängiger, freier Mann. Nun zögerte Beitz nicht länger: Per Handschlag wurde der Vertrag besiegelt.

Als die beiden Männer nach einer guten Viertelstunde völlig durchnässt das Restaurant wieder betraten, war gerade der neue Tag angebrochen – Beitz' 39. Geburtstag. Die Band spielte einen Tusch und intonierte ein Ständchen: »The Man I Love« von George Gershwin, eine Lieblingsmelodie des Jubilars.

Seine Zusage musste Beitz allerdings unter einen Vorbehalt stellen. Er komme zu Krupp, sagte er, »wenn mein Aufsichtsrat mich gehen lässt«. Der beharrte jedoch auf der Erfüllung des Vertrags, den Beitz mit der Iduna-Germania abgeschlossen hatte. Deshalb musste Beitz Krupp einstweilen vertrösten: Er könne erst im November 1953 in Essen antreten.

So gewann Beitz auch Zeit, sich erst einmal kundig zu machen über sein neues Arbeitsfeld. Er rief seinen Freund Axel Springer an und ließ sich von ihm aus dem Zeitungsarchiv des Verlags ein Krupp-Dossier zusammenstellen, das er aufmerksam studierte. Aufmunternd schrieb Springer dazu: »Mach's gut, Berthold, und Hals- und Beinbruch alle Wege.«

4. KAPITEL

DER STATTHALTER

»Wenn Herr Krupp es nicht sagt, dann sage ich es«

Seltsamer Zufall? Schicksalhafte Fügung? Just um dieselbe Zeit, als sich Alfried Krupp und Berthold Beitz in Jean Sprengers Atelier zum ersten Mal begegneten, musste der Konzerneigner am 22. Juli 1952 ein Dokument unterzeichnen, in dem er sich persönlich verpflichtete, fortan auf jegliche Beteiligung an Montanunternehmen zu verzichten. In dem auf Englisch verfassten »Krupp Statement« versicherte der Firmeninhaber, »dass er mit dem Erlös aus dem ihm auferlegten Verkauf von Wertpapieren kein Eigentum oder irgendwelche Anteilsrechte an Unternehmungen erwerben wird, die unmittelbar oder mittelbar in der Stahl und Eisen erzeugenden Industrie in Deutschland oder im Kohlenbergbau in Deutschland tätig sind«. Außerdem versprach er, »weder unmittelbar noch mittelbar eine kontrollierende Beteiligung an einem solchen Unternehmen in Deutschland zu erwerben oder in einem solchen Unternehmen eine kontrollierende Stellung innezuhaben«.

Die Unterschrift war Krupp nach monatelangen Verhandlungen mit der »Combined Steel Group«, einer Dienststelle der Alliierten Hohen Kommission, abgerungen worden. Andernfalls, so hatten ihm seine Anwälte klargemacht, könne es ihn »praktisch den Verlust des gesamten Firmenvermögens kosten«. Die Betriebe würden enteignet und zum Schleuderpreis verscherbelt.

Die alte Hauptverwaltung der Krupp-Werke in Essen, 1931

Beitz als
Titelstory im *Spiegel*,
27. Mai 1959

Alfried Krupp (links) mit Beitz in einer Krupp-Werkshalle, 1956

Beitz bei einem Rundgang durch die Krupp-Werke, 1957

Bertha Krupp von Bohlen und Halbach nimmt die Glückwünsche von NRW-Kultusminister Paul Luchtenberg (links) zu ihrem 70. Geburtstag entgegen, rechts hinter ihr Sohn Alfried Krupp und ihr Enkel Arndt von Bohlen und Halbach, 1956

Der thailändische Ministerpräsident Songkhram mit seiner Familie 1955 zu Besuch in Essen; v.l.n.r.: die Ehefrau von Songkhram, Bertha Krupp von Bohlen und Halbach, ihr Sohn Berthold von Bohlen und Halbach und der Sohn des thailändischen Ministerpräsidenten, der sich über sein Geschenk – eine elektrische Eisenbahn – freut

Die Auslandsvertreter von Krupp anlässlich einer Tagung vor der Villa Hügel, April 1961. Vorne: Arndt von Bohlen und Halbach (links), Alfried Krupp (Mitte), Berthold Beitz (rechts)

Alfried Krupp von Bohlen und Halbach (vorne) mit den Direktoren der Krupp GmbH in der Villa Hügel 1956; rechts hinter ihm sein Generalbevollmächtigter Berthold Beitz. Dahinter v. l.n.r.: Friedrich Janssen, Hermann Vaillant, Johannes Schröder, Johann Freiherr von Bellersheim, Hermann Hobrecker, Paul Hansen, Hans Herrmann, Hans Kallen

Beitz an seinem Schreibtisch, 1972

thold Beitz mit seiner Frau und den drei Töchtern, 1961, v.l.n.r. Barbara, Susanne, Bettina

Berthold Beitz (3.v.r.) bei der Ankunft auf dem Flughafen Wnukowo in Moskau.
Er spricht zu dem Korrespondenten von Radio Moskau (mit Hut).

Bundeswirtschaftsminister Ludwig Erhard mit Berthold
Beitz anlässlich des 150-jährigen Firmenjubiläums von
Krupp, April 1961

Beitz im Gespräch mit Golo Mann im Park der Villa Hügel, 1977

Beitz' Urkunde Yad Vashem
vom 1. Januar 1976

Leonid Breschnew (l.), Bundeskanzler Willy Brandt mit Beitz anlässlich eines Besuchs des sowjetischen Staats- und Parteichefs in Bonn 1973

Der chinesische Ministerpräsident Zhon Enlai begrüßt Beitz in China, 1973

Krupp sah keine Alternative. Wenn er die Erklärung ablehne, schrieb er seinem Rechtsanwalt Otto Kranzbühler, der ihn schon im Nürnberger Prozess verteidigt hatte, würde wohl »anstelle der, nach meiner Meinung zu weit gehenden, Entflechtung eine völlige Zerschlagung der Firma vorgenommen«. Krupp erkannte, »dass eine vollkommene Zerschlagung« jedoch »nie wieder rückgängig gemacht werden kann und damit die Existenz der Firma Krupp ein Ende gefunden hätte«.

Der britische Vertreter in der Hohen Kommission nannte es ein »Gentleman's Agreement«, eine Vereinbarung unter Ehrenmännern, Krupp sprach im privaten Kreis von einer »Art von Erpressung«.

Alfried Krupp entschied sich für eine Doppelstrategie. Er unterzeichnete die geforderte Verzichtserklärung – und war gleichzeitig fest entschlossen, sie nicht einzuhalten. Seine Juristen hatten ihm erklärt, die Unterschrift sei rechtlich nicht bindend: Ein unter Androhung des Vermögensverlustes erzwungener Vertrag verstoße gegen die guten Sitten und sei deshalb nichtig; zum andern verletze die auferlegte Verpflichtung, nie wieder Stahl zu produzieren, die im Grundgesetz garantierte Berufsfreiheit und die Gleichheit der Bürger vor dem Gesetz, sie sei daher verfassungswidrig.

Krupp selbst mochte sein Wort trotzdem nicht brechen, auch wenn es ihm abgepresst worden war. Aber ein anderer, der nicht persönlich an das Versprechen gebunden wäre und deshalb freier handeln könnte als er, sollte versuchen, das Diktat durch geschickte Winkelzüge zu unterlaufen. Berthold Beitz schien ihm dafür der geeignete Mann zu sein. Krupp köderte ihn mit Konditionen und Kompetenzen, wie sie in der mehr als 140-jährigen Geschichte des Unternehmens neben dem jeweiligen Inhaber noch nie jemand innehatte.

Am 4. März 1953 wurde der »Plan für die Entflechtung, Abtrennung und Verteilung der Vermögenswerte der Firma Fried.

Krupp, Essen« in Kraft gesetzt, das »Krupp Statement« wurde ihm als »Anlage I« beigefügt. Alfried Krupp war nicht persönlich anwesend, sondern verbrachte einen Skiurlaub im schweizerischen Arosa, als das Dokument im ehemaligen Ballsaal des Landguts der Kölner Bankiersfamilie Deichmann in der Mehlemer Aue am südlichen Stadtrand Bonns unterzeichnet wurde; dort hatte die Alliierte Hohe Kommission ihren Sitz. Die Urkunde bestand aus einem Stapel einzelner Schriftstücke, insgesamt 103 Seiten stark. Das sogenannte Mehlemer Abkommen war ohne Beispiel im internationalen Vertragsrecht: Drei Staaten – die USA, Großbritannien und Frankreich – schlossen mit einer Einzelperson, Alfried Krupp, einen Kontrakt.

Der Entflechtungsplan enthielt die Verpflichtung Krupps, sämtliche Kohlenzechen und das im Krieg weitgehend verschont gebliebene Hüttenwerk Rheinhausen binnen fünf Jahren zu verkaufen. Nur die verarbeitenden Betriebe, einige Beteiligungen und Handelsgesellschaften sollten in seinem Eigentum und in seiner Verfügungsgewalt bleiben. Außerdem sollten die vier noch lebenden Geschwister Alfried Krupps, der Sohn seines 1940 gefallenen Bruders Claus sowie sein eigener Sohn, Arndt von Bohlen und Halbach, jeweils elf Millionen Mark in bar oder in Form von Unternehmensbeteiligungen erhalten.

Die verordnete »Entflechtung« halbierte das Krupp-Imperium. 43 000 Menschen waren bei den Firmen beschäftigt, die Alfried Krupp verkaufen sollte, 45 000 bei denen, die er behalten durfte. Die ihm verbleibende Rumpffirma bestand aus einem kunterbunten Konglomerat von Unternehmen, die sich im Laufe der Krupp-Geschichte rund um die Keimzelle des Konzerns, die Gussstahlfabrik, sowie die Bergwerke gebildet hatten: die auf Hartmetalle spezialisierte Widia-Fabrik (der Name war das Kürzel für »wie Diamant«), die Lokomotivfabrik, der Essener Maschinenbau, der Stahlbau Essen und Rheinhausen (nicht zu verwechseln mit dem Hüttenwerk), Elektrowerkstätten, die

Konsumanstalt (in der Werksangehörige günstig Waren des täglichen Bedarfs einkaufen konnten), der Lastwagenhersteller »Südwerke« in Essen und die Krupp Kohlechemie in Wanne-Eickel, außerdem einige Beteiligungsgesellschaften, darunter der Mehrheitsanteil an der Schiffswerft AG Weser in Bremen.

Was Krupp blieb, war ein Torso. »Durch den Verlust von Kohle und Stahl sind dem Konzern die Beine abgehackt«, befand der *Spiegel*. Das »Mehlemer Abkommen« schien der Schlussakt in dem Krupp-Drama zu sein, das sich seit Kriegsende abgespielt hatte.

Wie kein anderes Unternehmen galt Krupp im Ausland als Symbol des deutschen Militarismus. Der Stahlkonzern hatte dem Kaiser und den Nazis als »Waffenschmiede des Reiches« gedient, die Eigentümer des Familienbetriebs waren schon im 19. Jahrhundert als »Kanonenkönige« gefeiert worden – und sie pflegten den Mythos gern, schließlich war er gut fürs Geschäft.

Doch was einst Ruhm begründete, erwies sich im letzten Kriegsjahr als Fluch. Die Krupp-Stadt Essen wurde bevorzugtes Ziel alliierter Luftangriffe. Die Rüstungsproduktion sollte ausgeschaltet, die zu einem großen Teil bei Krupp beschäftigte Bevölkerung zermürbt werden. Am Schluss hatten angloamerikanische Bomber nicht nur ein Drittel der Fabrikanlagen in Schutt und Asche gelegt, sondern auch die Innenstadt nahezu total zerstört.

Früher war man in Essen stolz auf die Krupps, jetzt ging man auf Distanz. Das Volk reimte: »Der Teufel soll sie holen, die Krupp und die von Bohlen.« Die Denkmäler der Familie Krupp wurden gestürzt oder mussten von Krupp-Arbeitern in Sicherheit gebracht werden. Nicht nur Hitler und Göring wurden aus der Liste der Ehrenbürger gestrichen, sondern auch Gustav und Bertha Krupp, Alfrieds Eltern.

Am 11. April 1945, amerikanische Truppen hatten Essen soeben besetzt, wurde Alfried Krupp von Bohlen und Halbach, da-

131

mals 37 und seit zwei Jahren alleiniger Inhaber des Konzerns, von GIs im Familiensitz, der Villa Hügel, festgenommen und auf einem offenen Jeep abtransportiert; später wurde er in ein Internierungslager bei Recklinghausen geschafft.

Die Produktion lief zunächst in einigen Krupp-Betrieben weiter. Im September entließ die britische Besatzungsmacht 600 in gehobenen Positionen tätige Angestellte, verhaftete die führenden Mitarbeiter und schloss die Gussstahlfabrik. Am 16. November 1945 wurde die Firma Krupp aufgrund der speziell gegen sie erlassenen »Allgemeinen Anordnung Nr. 3« der Militärregierung beschlagnahmt und das Firmenvermögen der Aufsicht und »treuhänderischen Verwaltung« des britischen Oberst Douglas Fowles unterstellt.

Auf Deutsch, »damit Sie mich besser verstehen können«, verkündete Fowles den in den Hauptversammlungsraum der Firma einbestellten Prokuristen und Abteilungsleitern – die Direktoren saßen, bis auf einen, im Gefängnis –, was die Sieger vorhatten. Fowles deutete durch ein Fenster im »Turmhaus« der Krupp-Hauptverwaltung auf die Mauerreste zerbombter Fabriken. »Da draußen«, schnarrte der Oberst, »wird nie wieder ein Schornstein rauchen.« Und mit einer verächtlichen Handbewegung fuhr er fort: »Wo einmal das Gussstahlwerk stand, werden Gras und Kraut wachsen, meine Herren. Die britische Militärregierung hat beschlossen, mit Krupp für alle Zeit Schluss zu machen.«

Nachdem die Alliierten in Nürnberg einen Internationalen Militärgerichtshof eingerichtet hatten, drängte der amerikanische Hauptankläger Robert H. Jackson darauf, gleich im ersten, im November 1945 beginnenden Verfahren der »unheiligen Dreieinigkeit von Partei, Militär und Industrie« den Prozess zu machen. Stellvertretend für die deutsche Schwerindustrie, die für die Politik der Nazis und deren Krieg mitverantwortlich gemacht wurde, sollte ein Krupp vor Gericht gestellt werden. »Seit über 130 Jahren«, betonte Jackson, »bildet diese Familie den

Brennpunkt, ist Symbol und Nutznießer der unheilvollen Kräfte, die den Frieden Europas bedrohten.«

Die Alliierten setzten allerdings zwei verschiedene Krupps auf ihre Listen. Während die USA den jungen Firmenchef Alfried im Visier hatten, benannten die Briten dessen 75-jährigen Vater Gustav, der nach mehreren Gehirnblutungen in seinem Jagdschloss Blühnbach im Salzburger Land dahindämmerte und nicht mehr verhandlungsfähig war. Der Irrtum klärte sich erst so spät auf, dass Krupp junior nicht mehr vor das Tribunal geladen werden konnte.

Das Versehen sollte sich für Alfried Krupp als Glücksfall erweisen. Ein Verfahren im Hauptprozess hätte nach Ansicht von Telford Taylor, dem Stellvertreter und späteren Nachfolger Jacksons, für den Konzernchef »vermutlich mit einem Todesurteil oder einer langjährigen Haftstrafe« geendet.

Zwar wurden nach der Aburteilung der politischen NS-Prominenz in Nürnberg weitere Prozesse abgehalten – in einem wurde Alfried Krupp am 31. Juli 1948 vor allem wegen der Ausbeutung von zuletzt rund 100 000 Zwangsarbeitern zu zwölf Jahren Haft und zur Einziehung seines gesamten Vermögens verurteilt. Aber die Folgeprozesse wie der gegen Krupp wurden, da sich die einstigen Verbündeten im beginnenden Kalten Krieg zerstritten hatten, jeweils nur noch von einer Besatzungsmacht geführt.

Krupp kam, zusammen mit elf leitenden Mitarbeitern, vor den III. Amerikanischen Militärgerichtshof. Deshalb konnte der amerikanische Hohe Kommissar John McCloy schon im Januar 1951 im Alleingang Krupp begnadigen und vorzeitig aus der Haft in Landsberg am Lech entlassen – bei einer Verurteilung durch den Internationalen Militärgerichtshof hätten alle vier Siegermächte zustimmen müssen, was nach Taylors Einschätzung im Fall Krupp unwahrscheinlich gewesen wäre. Auch sein beschlagnahmtes Milliardenvermögen bekam Krupp wieder.

Außer für Krupp und sein Führungspersonal milderte der Hohe Kommissar bei 68 weiteren in Landsberg einsitzenden Kriegsverbrechern die Haftstrafen ab. Die Entscheidung über die Begnadigungen erfolgte nur wenige Monate, nachdem die Vereinigten Staaten die Wiederbewaffnung Westdeutschlands vorgeschlagen hatten. Seit Ende Juni 1950 Truppen des kommunistischen Nordkorea den prowestlichen Süden des Landes angegriffen hatten, war der Kalte Krieg auch in Europa eskaliert. Dies förderte Überlegungen in den USA, den westdeutschen Teilstaat in die Verteidigung des Westens einzubinden und dafür Wünschen der Bonner Regierung entgegenzukommen. Kritiker sahen darin, wie der amerikanische Historiker Thomas Alan Schwartz schrieb, »ein zynisch kalkuliertes Produkt politischer Zweckrationalität«. Und er zitierte den Wissenschaftler Fritz Ter Meer, einen als Kriegsverbrecher verurteilten ehemaligen Mitarbeiter der I.G. Farbenindustrie, der »diese Auffassung am besten auf den Punkt gebracht« habe: »Jetzt, wo die Amerikaner Korea am Hals haben, sind sie sehr viel freundlicher geworden.«

Im Nürnberger Prozess hatte Ankläger Taylor von der »verruchten Lebenskraft« der Krupp'schen Tradition gesprochen, die »genau in die moralische Atmosphäre des ›Dritten Reiches‹ passte«. Dabei war das Verhältnis der Familie Krupp zu Adolf Hitler und dessen Partei anfangs durchaus distanziert gewesen. Sie begegnete, wie der Wirtschaftshistoriker Werner Abelshauser feststellte, »dem plebejischen Furor der Hitler-Bewegung und ihrem steilen Aufstieg auf die Bühne der nationalen Politik mit einer Mischung aus Verachtung, Skepsis und resignativer Fügung in das kleinere Übel«.

Allerdings hatte auch Gustav Krupp mit zwei Dutzend anderen Großindustriellen am 20. Februar 1933 an einem Empfang Adolf Hitlers im Amtssitz Hermann Görings teilgenommen, der zur dieser Zeit Reichsminister ohne Geschäftsbereich und kommissarischer preußischer Innenminister war. Hitler versprach den Wirtschaftsbossen, der parlamentarischen Demokratie den Garaus zu machen, den Marxismus zu »erledigen«, die Gewerkschaften zu »zerschlagen« und Deutschland in raschem Tempo wieder aufzurüsten. Das gefiel den Kapitalisten.

Göring enthüllte dann den eigentlichen Grund des Treffens: Die Industriellen sollten spenden. Die deutsche Wirtschaft müsse großes Interesse an der Bekämpfung der Linken haben und sei daher doch sicher bereit, einen angemessenen finanziellen Beitrag zu leisten. Solche Opfer, warb Göring, würden »umso leichter zu tragen« sein, »wenn man sich vor Augen hält«, dass die bevorstehenden Reichstagswahlen am 5. März »bestimmt die letzten sein werden, mindestens in den nächsten zehn Jahren, wahrscheinlich aber in den nächsten hundert Jahren«. Gustav Krupp, der Vorsitzende des Reichsverbands der Deutschen Industrie, sprang auf und drückte in bewegten Worten den Naziführern den »Dank für diese klare Darstellung« aus. Hjalmar Schacht, einer von Hitlers führenden Wegbereitern, vormals und bald darauf wieder Reichsbankpräsident, schlug vor, einen Wahlfonds von drei Millionen Mark für die NSDAP und ihre deutschnationalen Koalitionsparteien einzurichten, der in den nächsten drei Wochen tatsächlich gefüllt wurde. »Krupp und Konsorten«, resümiert der britische Wirtschaftshistoriker Adam Tooze, »waren willige Partner bei der Vernichtung des politischen Pluralismus in Deutschland.«

Krupp profitierte von der nationalsozialistischen Autarkie- und Rüstungspolitik. Schon 1933 begann der Konzern trotz des Verbots im Versailler Vertrag damit, Unterseeboote und Zerstörer für die Marine zu bauen, und produzierte später »Tiger«-Panzer, Panzerabwehrkanonen und Flugabwehrgeschütze. Bis Anfang 1936 machte die Herstellung von Rüstungsgütern bereits 20 Prozent des Absatzes von Krupp aus. Alfried Krupp betonte hinterher, das Militärgeschäft habe in Friedenszeiten nie mehr als 26 Prozent der Gesamterzeugung des Unternehmens ausgemacht. Im Krieg, räumte er immerhin ein, habe man in Essen natürlich »nicht gerade Nachttöpfe« geschmiedet.

Alfried Krupps Persönlichkeit war auch geprägt durch seine Familiengeschichte, vor allem durch seinen übermächtigen Vater. Der badische Legationsrat Gustav von Bohlen und Halbach, seinerzeit Attaché an der preußischen Botschaft beim Heiligen Stuhl in Rom, hatte 1906 Bertha Krupp, Deutschlands reichste Erbin, geehelicht. Trauzeuge war Kaiser Wilhelm II., ein enger Freund von Berthas Vater Friedrich Alfred Krupp. Der Monarch gestattete dem Gemahl, seinem Adelsnamen den bürgerlichen Namen Krupp voranzustellen. Aus der Ehe gingen acht Kinder hervor, der Erstgeborene 1907 war Alfried. Taufpate des Stammhalters war die kaiserliche Majestät.

Vater Gustav, von der Familie »Taffy« genannt, erzog seinen Kronprinzen ausschließlich nach der Maxime, dass Alfried einmal in fünfter Generation das Erbe der Essener Dynastie übernehmen werde, die Friedrich Krupp, ursprünglich ein Kolonialwarenhändler, 1811 begründet hatte. So wuchs Alfried nach strengem Reglement in der Villa Hügel auf, die sein Urgroßvater Alfred, der älteste Sohn des Firmengründers, in den 1870er-Jahren im Süden der Ruhrmetropole über dem Baldeneysee hatte erbauen lassen. Das Haus sollte dem »Comfort der kleinen Häuslichkeit« genügen, aber auch »für eine ausnahmsweise große Gesellschaft mit Ersten Ansprüchen« geeignet sein.

Das Anwesen mit 8100 Quadratmetern Wohn- und Nutzfläche, im städtischen Katasteramt als »Einfamilienhaus mit 220 Zimmern« registriert, war alles andere als eine heimelige Wohnstatt. Der Palast der Stahlaristokraten, der, wie der *Spiegel* einmal schrieb, von Weitem aussieht »wie ein Stilgemisch von englischem Landhaus, venezianischer Villa und wilhelminischem Bahnhof«, strahlte Eiseskälte aus – nicht nur, weil die von »Taffy« selbst konstruierte Klimaanlage angeblich nie richtig funktionierte; böse Zungen behaupteten, Gustav Krupp habe aus Geiz verboten, die Räume auf mehr als 18 Grad zu erwärmen.

1936 trat Alfried, nach Abschluss seines Ingenieurstudiums und eines Volontariats bei der Dresdner Bank in Berlin, als stellvertretendes Vorstandsmitglied in die damalige Fried. Krupp Aktiengesellschaft ein, die im »Dritten Reich« erneut zum Symbol der Stärke geworden war: Die Pimpfe der Hitlerjugend schworen, so zu sein, wie der »Führer« sie sich wünschte – »zäh wie Leder, flink wie die Windhunde, hart wie Kruppstahl«. Vater Gustav hielt seinen Sohn allerdings noch nicht für würdig, eine führende Position in der Firma einzunehmen.

Der dominante Vater bestimmte auch über das Privatleben seines Sohnes. Als Alfried seine geschiedene Freundin Annelise Lampert geb. Bahr, die Tochter eines Hamburger Importkaufmanns, heiraten wollte, war »Taffy« strikt dagegen und höhnte über das »Bar-Mädchen«. In einer trotzigen Aufwallung gegen die ständige Bevormundung heiratete Alfried gleichwohl 1937. Doch der Vater zwang den Sohn, der immerhin schon Anfang 30 war, in die Knie. Er drohte, Alfried zu enterben, und folgsam ließ sich dieser 1941 scheiden. Der 1938 geborene Sohn Arndt verbrachte seine Kindheit bei der Mutter.

Im März 1943 übernahm Alfried Krupp den Vorsitz des Direktoriums und damit die Leitung der Firma. Auf Wunsch von Gustav Krupp unterzeichnete Hitler persönlich im November 1943 eine »Lex Krupp« genannte Ausnahme vom geltenden Erbrecht: Alfried wurde zum Alleinerben bestimmt. Zugleich wurde er Alleininhaber der in ein Einzelunternehmen umgewandelten Fried. Krupp AG und erhielt das Recht, sich ebenfalls Krupp von Bohlen und Halbach zu nennen.

Da Alfried Krupp nur noch vergleichsweise kurze Zeit an der Spitze des von Vater Gustav in die Kriegsproduktion geführten Konzerns gestanden hatte, konnte es scheinen, als sei der Sohn im Nürnberger Kriegsverbrecherprozess in Sippenhaft genommen worden. Die Medien verbreiteten den Eindruck eines Opfergangs, der *Spiegel* schrieb, »Sohn Alfried aß nach 1945 für seinen kranken Vater sechs Jahre aus dem Blechnapf«. Auch Beitz beteiligte sich später an der Legendenbildung, Alfried Krupp sei »für seinen Vater ins Gefängnis gegangen«.

Tatsächlich hatte die Ausbeutung von Zwangsarbeitern, derentwegen Alfried Krupp verurteilt wurde, unter seiner Ägide die größten Ausmaße angenommen. Die Argumentation der Verteidigung, die Firmenleitung habe Zehntausende von »Ostarbeitern«, KZ-Häftlingen und Kriegsgefangenen nur deshalb angefordert, um die von der NS-Führung festgesetzten Produktionsquoten erfüllen zu können, hatte das Gericht als Schutzbehauptung zurückgewiesen. »Die Ausbeutung der KZ-Häftlinge gehörte zur Krupp'schen Politik und war eine weitverbreitete Praxis«, hatte es in der Anklageschrift geheißen, der das Gericht in diesem Punkt (»Sklavenarbeit«) in allen entscheidenden Punkten gefolgt war.

Aber davon wollte die bundesrepublikanische Öffentlichkeit in den Jahren des stürmischen Wiederaufbaus nicht mehr viel wissen. Die meisten Westdeutschen waren bestrebt, einen Schlussstrich unter die Vergangenheit zu ziehen. Deshalb bürgerte sich für die von den Alliierten bestraften NS-Täter der Begriff »Kriegsverurteilte« ein. Bundeskanzler Konrad Adenauer (CDU) griff die verbreitete Stimmung auf und setzte sich am 3. November 1950 persönlich beim amerikanischen Hochkommissar McCloy für die Begnadigung Alfried Krupps ein.

Als der prominente »Kriegsverurteilte« Krupp am Morgen des 2. Februar 1951 durch das Landsberger Gefängnistor in die Freiheit trat, begrüßte ihn nicht nur Bruder Berthold mit einem Strauß aus Narzissen und Tulpen, sondern auch ein Team der »Wochenschau«, das euphorisch über die Haftentlassung berichtete. Bevor die Brüder in Landsbergs feinstes Hotel fuhren, wo ihnen der Wirt ein Champagnerfrühstück zur Pressekonferenz servierte, äußerte sich Alfried Krupp zurückhaltend auf die Frage eines Reporters, ob die Firma wieder Waffen bauen wolle: »Ich habe nicht den Wunsch und nicht die Absicht«, sagte er, »aber ich glaube, dieses Problem wird von der deutschen Regierung gelöst werden und nicht von meinen persönlichen Neigungen. Ich hoffe, es wird für Krupp nie wieder notwendig sein, zum Waffengeschäft zurückzukehren.«

Von diesem Tag an verhandelten Krupps Rechtsanwälte mit den Wirtschaftsexperten der Hohen Kommission, was aus der Firma werden sollte. Krupp selbst suchte unterdessen einen Mann, der ihm das Fortbestehen der Firma sichern sollte. Warum seine Wahl auf Beitz fiel, bleibt unklar, trotz vieler Deutungsversuche. Wollte er einen Branchenfremden, der leichter lenkbar sein würde? Doch Beitz hatte in Hamburg bewiesen, dass er auch ohne Fachkenntnisse erfolgreich eine Firma leiten konnte. Wollte der ehemalige Waffenproduzent ein pazifistisches Aushängeschild? Dagegen spricht, dass Krupp in dieser Zeit angeblich nichts von Beitz' Judenrettung erfahren hat; darüber hätten sie vor seiner Berufung nicht gesprochen, sagte Beitz. Warum holte er nicht ein Mitglied der Familie an seine Seite? Offenbar war das Verhältnis zu seinen Geschwistern bereits schwer gestört.

Beitz' Ernennung zum Generalbevollmächtigten begründete Krupp später etwas wolkig damit, dass er einen Mann gewollt habe, der unbelastet von den Traditionen, Bindungen und Verstrickungen der Vergangenheit und unbefangen von den Denk- und Verhaltensschemata der Ruhrbarone und ihrer altgedienten Mitarbeiter einen neuen Weg in die Zukunft beschreiten könne.

In der Tat stach Beitz ab von den »Schlotbaronen«, die auch nach 1945 die Politik der Stahlunternehmen an Rhein und Ruhr bestimmten, etwa Hermann Reusch (Gutehoffnungshütte), Hans-Günther Sohl (Thyssen) oder Hermann Winkhaus (Mannesmann). Sie stammten alle aus dem gehobenen Bürgertum, hatten eine akademische Ausbildung zum Bergassessor absolviert und gehörten damit einer besonders traditionsbewussten Elite der Schwerindustrie an.

Doch Beitz sollte gar keinen neuen Weg in die Zukunft weisen, sondern nur die alte Ordnung nach Krupps Vorstellungen wiederherstellen. Ihm war die Rolle des listigen Tricksers zugedacht, das »Mehlemer Abkommen« zu konterkarieren, damit Krupp selbst scheinbar vertragstreu bleiben konnte. So verstand Beitz seinen Auftrag: als Alter Ego des Firmeninhabers zu handeln. Und so verkündete er es auch: »Wenn Alfried Krupp es nicht sagt, weil er zu seiner Unterschrift steht, dann sage ich es: Die Verkaufsauflagen müssen fallen, denn die Krupp-Betriebe gehören genauso zusammen wie ein Bauernhof, auf dem es gute und schlechte Felder gibt.«

Aber was für eine bizarre Verbindung: auf der einen Seite einer von Hitlers Paradeunternehmern, auf der anderen ein Mann, der sich dem Holocaust entgegengestellt hatte. Mit seinem Einsatz für Juden ging Beitz freilich nie hausieren, obwohl ihm Eitelkeit nicht fremd war. Öffentliche Andeutungen, dass er sich zumindest nichts hatte zuschulden kommen lassen, gab es erst Mitte der 1950er-Jahre. Die Londoner *Financial Times* berichtete am 19. Januar 1955 über Beitz: »Offensichtlich hatte er kein schlechtes Ansehen, da die Polen nie eine alliierte Verfolgung beantragten.« Noch im November 1955 berichtete der *Spiegel* in einer Titelgeschichte über den Krupp-Konzern nur nebenbei über die frühere Tätigkeit des Generalbevollmächtigten: »Mit 27 Jahren wurde er einer der Leiter der polnischen Ölfelder bei Boryslaw« – kein Wort über sein damaliges mutiges Verhalten.

Dabei hatte dies nur vier Tage vor Erscheinen des *Spiegel*-Artikels die *Süddeutsche Zeitung* enthüllt, wenn auch sehr beiläufig in einem ganzseitigen Porträt Alfried Krupps. Auf eine kurze Darstellung, welche Funktion Beitz in Boryslaw hatte, folgte der lapidare Satz: »Gewissermaßen außerdienstlich beschäftigte er sich mit der Rettung von Juden vor dem KZ, weswegen die Russen und Polen nach dem Kriege niemals seine Auslieferung verlangten.« Beitz selbst äußerte sich nicht zu seiner Vergangenheit. »Judenhelfer« war ein Schimpfwort in der jungen Bundesrepublik. Bei einer Meinungsumfrage im Jahr 1951, welche Bevölkerungsgruppe in besonderem Ausmaß Opfer des NS-Regimes geworden sei, rangierten Juden – nach Kriegerwitwen, Invaliden, Bombengeschädigten und Vertriebenen – an letzter Stelle.

Auch Beitz erlebte, wie um ihn herum alte Nazis, opportunistische Mitläufer ebenso wie fanatische Schreibtischtäter, ungebrochen ihre Karrieren fortsetzten. Die Juristen amnestierten sich quasi selbst, kein einziger wurde zur Rechenschaft gezogen. Der notorische Antisemit Ludwig Losacker beispielsweise, den Beitz aus Krosno und Drohobycz kannte und der einer der Hauptverantwortlichen für den Judenmord in Galizien war, wurde bereits 1948 Referent, später Geschäftsführer im Arbeitgeberverband der Chemischen Industrie in Hessen; 1960 avancierte er zum Direktor des Deutschen Industrieinstituts in Köln; Losacker organisierte den »Freundeskreis ehemaliger Beamter des Generalgouvernements« und trat in fast allen Prozessen gegen ehemalige NS-Funktionäre im besetzten Polen als Entlastungszeuge auf.

Als Beitz zu Krupp kam, war das Unternehmen von Zerstörung und Demontage, von Ächtung und Verkaufsauflage schwer gezeichnet. Er fand einen Konzern vor, der um zwei Jahre hinter der Entwicklung anderer Firmengruppen der westdeutschen Schwerindustrie zurückgeblieben war. Es ging dort zu »wie in einer Fußballmannschaft ohne Kapitän«, stellte Beitz rückblickend fest; Krupp hatte seine Firma am 12. März 1953, eine Woche nach Unterzeichnung des »Mehlemer Abkommens« erstmals wieder betreten. Bei seinem Amtsantritt gelobte Beitz dem Eigentümer Alfried Krupp und dessen Mutter Bertha – Vater Gustav war 1950 gestorben –, er werde sich mit aller Kraft dafür einsetzen, das Krupp-Imperium, jedenfalls in Westdeutschland, im alten Glanz und in allen seinen Teilen wiedervereinigt neu erstehen zu lassen.

Doch erst einmal musste Beitz Widerstände im Innern des Konzerns überwinden. Die Direktoren und Abteilungsleiter, die das Unternehmen während Alfried Krupps erzwungener Abwesenheit – der »kaiserlosen Zeit«, wie Beitz zu sagen pflegte – geführt hatten, mochten sich nicht dem revierfremden Neuling unterordnen.

Am 3. November 1953, einem Dienstag, bat Alfried Krupp die Führungsriege in sein Arbeitszimmer, in dem sich Beitz bereits aufhielt. In seiner spröden Art stellte Krupp dem halben Dutzend soignierter Herren den neuen Generalbevollmächtigten vor. Seine Zuhörer hatten sich allerdings längst kundig gemacht, was das für ein Wunderknabe war, den sich Alfried Krupp da ins Haus geholt hatte. Finanzchef Johannes Schröder hatte eigens von einem befreundeten Manager in Hamburg ein Dinner arrangieren lassen, zu dem auch Beitz eingeladen worden war, damit sich die Essensgäste ein Bild von ihm machen konnten.

Schröder war es auch, der sich gleich offen gegen Beitz auflehnte und ihm als Erster seine Geringschätzung demonstrierte. Der damals 48-Jährige war seit 1938 bei Krupp, im September 1945 hatte ihn die »Vorläufige Geschäftsleitung« zum Chef des Finanzdezernats bestellt. Wenige Tage nach Beitz' Dienstantritt verkündete Schröder in einem Zeitungsinterview, in den ihm unterstehenden Firmen sei für die Finanzen weiterhin er allein zuständig, Beitz habe da nicht dreinzureden. Der bat den Konzernchef, die Sache zu klären. Alfried Krupp bekräftigte vor versammeltem Direktorium, dass »Generalvollmacht« wörtlich zu nehmen sei und sich Beitz' Befugnisse auf alle geschäftlichen Angelegenheiten, auch auf die Finanzen, erstreckten.

In Friedrich Janssen, einem altgedienten Kruppianer, fand Beitz wenigstens einen loyalen Unterstützer. Der damals 66-Jährige war seit 1918 im Unternehmen und seit 1943 Mitglied des Direktoriums. Im April 1953 war er von Alfried Krupp ebenfalls zum Generalbevollmächtigten bestellt worden, aber nur für eine Übergangszeit von zwei Jahren, um Beitz beratend zur Seite zu stehen.

Janssen war, wie er sagte, »mit Alfried in Nürnberg und im Kasten« gewesen. Gemeinsam hatten der Konzernerbe und sein ehemaliger Finanzchef auf der Anklagebank gesessen, gemeinsam waren sie in Landsberg in Haft. Alfried Krupp, der vor seinem Ingenieurstudium in der Lehrwerkstatt der väterlichen Fabrik Schmied, Dreher und Schlosser gelernt hatte, fertigte in der Gefängnisschlosserei Werkzeuge und Leuchter für die Hauskapelle, Janssen musste Unterhosen flicken.

Fußballfan Janssen ermutigte Beitz: »Also, ich bin Szepan, Sie sind Kuzorra, verstanden? Ich gebe die Vorlagen, und Sie schießen die Tore.« Der Schalker Mittelfeldspieler Fritz Szepan und sein Schwager Ernst Kuzorra hatten die gegnerischen Mannschaften vor allem in den 1930er-Jahren immer wieder mit ihrem legendär gewordenen Kombinationsspiel, dem »Schalker Kreisel«, irritiert.

Im Unternehmen griff Beitz von Anfang an energisch durch. Betulichem Schlendrian, der sich eingeschlichen hatte, sagte er den Kampf an. Als erste Amtshandlung gab Beitz Anweisung, die Geschwindigkeit der ruckelnden Paternosteraufzüge in der Hauptverwaltung deutlich zu erhöhen, das gemächliche Tempo sei nicht mehr zeitgemäß.

Der flotte Beitz-Jargon im Hamburger Slang – »Ihr kocht hier auch man bloß mit Wasser« – kam bei den altgedienten Direktoren nicht gut an. Sie waren zuversichtlich, den schneidigen Aufsteiger ebenso rasch wieder loszuwerden, wie er gekommen war. Aber Beitz war zum Durchhalten entschlossen. »Natürlich ist mir immer klar gewesen: Wenn ich einmal als geschlagener Krieger aus dem Revier flüchten würde, wäre meine ganze Karriere im Eimer.«

Seinen Einstand bei Krupp inszenierte Beitz durch ein weithin aufsehenerregendes Ereignis. Die Villa Hügel hatte ja schon vieles erlebt, der Kaiser und der »Führer« waren zu Gast gewesen und hatten Staatsbesucher hierhergeführt. Nun aber, im Dezember 1953, zeigten acht Pariser Starmannequins vor 800 geladenen Gästen in einer Modenschau 175 Modelle aus der Herbst- und Winterkollektion des Modeschöpfers Christian Dior. Der französische Hochkommissar André François-Poncet, dessen Sohn Henri Deutschland-Repräsentant des Starcouturiers war, hatte die Modenschau angeregt und nahm mit seiner Frau auch daran teil.

Alfried Krupp, »scheu und zurückhaltend wie immer, wirkte etwas fehl am Platze«, so schilderte dessen Nichte Diana Maria Friz die Szene. Mutter Bertha hingegen »blickte unbefangen und entspannt wie nie zuvor über die zahlreiche Festgemeinde«. Und Berthold Beitz, offensichtlich zufrieden mit sich selbst, »versprühte Charme und Herzlichkeit. Der Krupp'sche New Look feierte seinen Triumph.«

Vor der Modenschau hatte Alfrieds Bruder Berthold von Mai bis September 1953 die erste Kunstausstellung in der Villa Hügel organisiert und damit eine neue Tradition begründet; seither ist der einstige Palast der Stahlmagnaten vor allem ein Ort der Kultur.

Für Alfried Krupp, der nach seiner Entlassung aus der Haft in Landsberg den früheren Familiensitz mied und ein modernes helles Wohnhaus im Hügel-Park bezogen hatte, verbanden sich mit der Villa Hügel unangenehme Erinnerungen. Am liebsten hätte er sie für eine symbolische Mark an die Stadt Essen verkauft, aber die wollte den düsteren Kasten nicht einmal geschenkt haben. Später gab es Pläne des Landes Nordrhein-Westfalen, in der Villa ein Spielkasino einzurichten. »Das habe ich dann verhindert«, rühmte sich Beitz und fügte scherzhaft hinzu: »Eigentlich hätte sie sich dafür geeignet. Sie bot alles, was man für ein Kasino braucht: ein großes Haus mit Bäumen drum herum, um sich daran aufzuhängen, und einen See in der Nähe, um sich darin zu ertränken.«

Für seinen Generalbevollmächtigten ließ Krupp auf einem bewaldeten Hang mit Blick auf die Villa Hügel und den Baldeneysee, inmitten eines 28000 Quadratmeter großen Grundstücks, eine repräsentative Dienstvilla bauen, für die er Beitz ein mietfreies Wohnrecht auf Lebenszeit einräumte. Auch sämtliche Nebenkosten, etwa für Strom, Heizung und Gartenpflege, übernahm die Firma. Die zweigeschossige, in das abfallende Gelände eingepasste Villa am Weg zur Platte 37, die Beitz 1955 bezog, entstand nach einem Plan seines alten Freundes Ferdinand Streb. Beitz wollte »etwas Modernes, schick, nicht so traditionell«, und so entwarf der Architekt ein aus zwei Flügeln, Wohn- und Schlaftrakt, bestehendes Haus mit einem etwa 90 Quadratmeter großen Wohnraum, einem riesigen, auf Knopfdruck versenkbaren Panoramafenster und einer großzügig geschwungenen Wendeltreppe im Eingangsbereich. Neben dem – später zugeschütteten – Swimmingpool ließ Beitz eine kleinere Ausgabe von Jean Sprengers Iduna-Plastik aufstellen. Zuvor, 1954, hatte Streb, quasi als Probearbeit, für die Eltern von Berthold Beitz ein Satteldachhaus in Bad Pyrmont errichtet, nachdem Vater Erdmann in den Ruhestand getreten war.

Krupps Firmenleitung residierte auf dem alten Industriegelände mitten in der Stadt, in einem schmucklosen Bürohaus aus dem Jahr 1938, das Kruppianer das »AK« nannten. »AK« stand für »Artillerie-Konstruktion«, denn hier hatte Krupp vor 1945 seine Waffen entwickeln lassen. Das Gebäude war durch einen Steg mit dem früheren Sitz der Hauptverwaltung, dem »Turmhaus«, auf der gegenüberliegenden Straßenseite verbunden. In der dritten Etage befanden sich am Ende eines tristen Flurs die Büros des Eigentümers und seines Statthalters: Rechts ging es zu Krupp, links zu Beitz.

Über Krupps Art, mit ihm als seinem Generalbevollmächtigten umzugehen, berichtete Beitz der Journalistin Nina Grunenberg: »Wenn er was wollte von mir, dann war er selbst am Apparat. Er hat sich nie durch das Sekretariat verbinden lassen. Oder seine Sekretärin sagte zu meiner Sekretärin: Wenn Herr Beitz Herrn von Bohlen noch sprechen will, er ist noch eine Stunde da. Das war die höflichste Form, um zu sagen, ich möchte mal zu ihm kommen.«

Bislang waren die zahlreichen Krupp-Werke von einer aufgeblähten Bürokratie umständlich regiert worden. Das höchste, zeitweilig bis zu zwölf Mitglieder zählende Gremium war das Direktorium. Jeder Direktor führte eine Reihe von Einzelwerken, die bei Krupp Betriebsabteilungen hießen, und wirtschaftete in ihnen wie ein selbstständiger Herzog. Die Angestellten hießen sinnigerweise Krupp-Beamte und waren im Krupp'schen Beamtenverein organisiert. Viele saßen in zweiter oder dritter Generation am gleichen Arbeitsplatz.

»Das große Problem« sah Alfried Krupp darin, »dass in den ersten Nachkriegsjahren, teils durch den Einfluss der Alliierten, teils aber auch durch deutsche Einwirkung«, alle Krupp-Fabriken »etwas auf eigene Faust gearbeitet hatten«. Jede handelte unkoordiniert für sich, es gab kein Zusammengehörigkeitsgefühl. »Also war das Erste, was unbedingt zu tun war, alle die einzelnen Fabriken und Gesellschaften wieder unter einen Hut zu bringen – und eine neue zentrale Verwaltung aufzubauen«, sagte Krupp.

Beitz ging daran, den Wildwuchs zu beschneiden. Dabei stieß er auf ein altes Schriftstück aus dem Jahr 1872: das »Generalregulativ«, das Alfrieds Urgroßvater aufgesetzt hatte. Beitz fügte, wie er sagte, »nur ein paar Sätze hinzu und gab es wieder in neuer Form als Leitlinie für die neue Organisation heraus«. Über den Coup freute er sich besonders: »Man sagt mir nach, ich hätte keinen Sinn für die Tradition, aber in Wirklichkeit bin

146

ich der Krupp'schen Tradition sehr viel genauer gefolgt als einige andere, die schon 30 Jahre oder noch länger in der Firma sind.«

Das Direktorium stutzte Beitz auf vier Mitglieder zusammen. Für Maschinenbau und Verarbeitung war vom 1. Juni 1954 an Hans Hermann zuständig, für Metallurgie Hans Kallen, für Finanzen Johannes Schröder, für Beschäftigung und Absatz Hermann Vaillant. Damit hatte jeder im Quartett klar abgegrenzte Zuständigkeiten für den gesamten Konzern. Beitz leitete die jeweils montags stattfindenden Sitzungen des Direktoriums, an denen Alfried Krupp in der Regel nur einmal im Jahr teilnahm, wenn die Bilanz besprochen wurde. Ansonsten begnügte er sich damit, die von Beitz abgezeichneten Ergebnisprotokolle zu lesen. Diese Praxis zeigte den Direktoren, dass der Generalbevollmächtigte wirklich völlige Handlungsfreiheit genoss.

Ohnehin war Alfried Krupp viel auf Reisen. In Afrika, Asien, Australien und Südamerika knüpfte und pflegte er Geschäftskontakte; er besichtigte Baustellen, wo der Krupp-Konzern tätig war, und besuchte Wirtschaftsmessen – nur die USA verwehrten ihm wegen seiner Nazivergangenheit die Einreise. Krupp unternahm aber auch ausgedehnte touristische Ausflüge in die ganze Welt; dabei frönte er seiner Fotoleidenschaft, aus der auch etliche Bildbände entstanden.

Mit den Direktoren, die ihm gegenüber argwöhnisch blieben, arrangierte sich Beitz; mit zweien von ihnen – Hans Hermann und Johannes Schröder – zerbrach der Burgfrieden allerdings nach einigen Jahren. Schlüsselpositionen besetzte Beitz mit Leuten seines Vertrauens. »Das sind meine Boys«, sagte er über diese Mitarbeiter, »sie gehorchen nur mir und lassen sich von keinem dreinreden.«

Den ersten Neueinsteiger bei Krupp engagierte Beitz, noch bevor er dort selbst seinen Dienst angetreten hatte. Im Sommer 1953 besuchte er als scheidender Iduna-Germania-Generaldirektor unter anderem schwedische Versicherungen. Dabei traf er in Stockholm den deutschen Gesandten Kurt Sieveking aus Hamburg. Der Diplomat und CDU-Politiker, der noch im selben Jahr an der Spitze einer Vierer-Koalition in seiner Heimatstadt den Sozialdemokraten Max Brauer als Ersten Bürgermeister ablöste, stellte Beitz einen jungen Mitarbeiter vor: den 29-jährigen Ekhard von Maltzahn, der aus Rostock stammte und Träger eines in Mecklenburg und Pommern verbreiteten Namens war. Landsleute protegierte Beitz immer gern. Der junge Freiherr hatte obendrein einen familiären Draht zu Alfried Krupp: Maltzahns Schwiegervater Ludwig Grauert war nach dem Krieg zusammen mit Alfried Krupp im Lager Recklinghausen interniert gewesen. Grauert hatte schon vor Hitlers »Machtergreifung« als Geschäftsführendes Vorstandsmitglied der Arbeitgeberverbände Deutscher Eisen- und Stahlindustrieller, Gruppe Nordwest, die NSDAP insgeheim mit 100 000 Reichsmark aus der Verbandskasse unterstützt und war von 1933 bis 1936 – anfangs unter Hermann Göring – Staatssekretär im preußischen Innenministerium und später SS-Brigadeführer.

Im März 1954 fing Maltzahn in Essen als Janssens Assistent an. Beitz brachte seinen eigenen Assistenten Günther Winkelmann, einen Pommern des Jahrgangs 1919, von der Iduna-Germania mit, ebenso seine Chefsekretärin Irma Heitmann, die ihm schon im britischen Zonenamt für das Versicherungswesen zur Seite gestanden hatte. Als Janssen 1955 in den Ruhestand ging, wurde Maltzahn Assistent von Beitz.

Später avancierte Maltzahn zum stellvertretenden Leiter der Exportabteilung. Dort war Johannes von Bellersheim sein Chef, Sohn jenes Demminer Ulanen-Rittmeisters, bei dem einst Beitz' Vater gedient hatte. Während einer Sitzung sprach Beitz den Baron einmal unvermittelt an: »Übrigens, Herr von Bellersheim, ich kenne eine Frau, die uns beide mal lieb im Arm gehalten hat.« Irritiert blickte Bellersheim auf. Da grinste Beitz: »Ja, ja,

Baron, Erna Stuth, die in Ihrem Haushalt in Demmin Ihr Kindermädchen war, ist meine Mutter.« Mit der Anekdote brachte Beitz den Exportchef in Verlegenheit, konnte aber seinen eigenen gesellschaftlichen Aufstieg herauskehren.

Eine weitere verheißungsvolle Nachwuchskraft, die Beitz im September 1954 ins Haus holte, war der 34-jährige Wirtschaftsprüfer Günter Vogelsang. Der hatte von sich reden gemacht, weil er dem Hamburger Stahlhändler Willy H. Schlieker sieben Millionen Mark zu viel bezahlter Steuer vom Fiskus zurückgeholt hatte. Beitz berief Vogelsang zum Leiter der Krupp'schen Revisionsabteilung. Als Einzelfirma mit einem Alleininhaber brauchte Krupp keinen Aufsichtsrat, keine Wirtschaftsprüfung, keine Hauptversammlung. Dafür, dass die Bilanzen trotzdem stimmten und der rund 100 000 Mitarbeiter zählende Konzern nicht, wie Vogelsang über Schliekers Unternehmen gelästert hatte, »Pi mal Daumen« geführt würde, sorgte die Revisionsabteilung.

Als dritter Neuzugang kam Kurt Schoop. Der gebürtige Hamburger, Jahrgang 1921, war zuvor Werbechef der Handelskette Edeka. Er kannte Beitz von früher, denn der Generaldirektor der Iduna-Germania-Versicherung saß im Aufsichtsrat des »Edeka-Finanzierungsdienstes«, der Darlehen und Versicherungen für Edeka-Kaufleute vermittelte. Beitz warb den Marketingfachmann bei den »Krämern«, wie er herablassend sagte, ab und stellte ihn dem Public-Relations-Experten Carl Hundhausen zur Seite, der kaufmännischer Direktor der Widia-Werke war und den er zusätzlich mit der Leitung der »Stabsabteilung Volkswirtschaft/Presse/Werbung« betraute.

Hundhausen, Jahrgang 1893, konnte schon altersmäßig nicht Beitz' »Boys« zugerechnet werden. Der Sohn eines Kolonialwarenhändlers hatte eine umwegreiche Karriere gemacht. Nach einer Schusterlehre hatte er vor dem Ersten Weltkrieg unter anderem in der Krupp'schen Schuhmacherei gearbeitet; dann hatte er das Abitur nachgeholt, Betriebswirtschaft studiert und seit 1922 als Korrespondent in der Krupp'schen Bankabteilung gearbeitet; er war Diplom-Kaufmann und promovierter Betriebswirt. Von 1927 bis 1931 hatte er eine Banktätigkeit in den USA ausgeübt und war als Verkaufsdirektor der Firma Hillers in Solingen, bekannt für ihre Pfefferminzdrops, nach Deutschland zurückgekehrt. 1933 war er in die NSDAP eingetreten, 1941 hatte er sich mit einer Arbeit über »Planung der industriellen Absatzwirtschaft« habilitiert, 1944 war er kaufmännischer Direktor in Krupps Widia-Fabrik geworden.

Hundhausen biederte sich Beitz sogleich an. Als Erstes rückte er seinen neuen Chef ins rechte Licht. Hundhausen wies die Düsseldorfer Redaktion der *Westdeutschen Allgemeinen Zeitung* auf die ungewöhnliche Bilanz hin, mit der sich Beitz von der Iduna-Germania in Hamburg verabschiedet hatte. Der »Bericht 1948/53«, der als fiktiver Rückblick aus dem Jahr 2054 die Zeit nach der Währungsreform Revue passieren ließ, weiche »in seiner Konzeption und in seinem Aufriss von den bisherigen Methoden« namentlich der konservativen Versicherungsbranche völlig ab, rühmte Hundhausen: »Die ausgetretenen Pfade werden verlassen, und es werden entsprechend dem Baustil des Hauses, das auf der Titelseite wiedergegeben ist, Ausdrucksformen gesucht, die neuartig sind.« Hundhausen schwärmte: »Viele psychologische, und ich möchte sogar sagen massenpsychologische, Fragen tun sich auf, wenn man den tierischen Ernst der Publizität unserer Versicherungsgesellschaften vergleicht mit dem sprudelnden Leben, das aus diesen Blättern spricht und das offenbar in dieser Gesellschaft herrscht.«

Die neue Iduna-Germania-Führung war indes gar nicht erbaut von der vor Eigenlob triefenden Broschüre, die Beitz selbst breit streute. Der Vorstand der Versicherung distanzierte sich in einem Rundschreiben an alle ihm bekannt gewordenen Empfänger der Druckschrift: »Da die bebilderte Broschüre, genannt Bericht 1948-1953, die Herr Berthold Beitz, Essen, auch Ihnen zugeschickt hat, weder einen Verfasser noch einen Herausgeber angibt, muss der Eindruck entstehen, als ob sie von unserer Anstalt herausgegeben worden wäre. Das ist nicht der Fall. Sie ist eine Privatschrift des Herrn Beitz, die er auf seine Kosten drucken ließ.«

Die Versicherer warfen Beitz nun auch Fehlentscheidungen und überhöhte Spesenabrechnungen vor. Aus den Aufsichtsräten der Vereinigten Lebensversicherung und der Iduna-Germania, denen Beitz nach seinem Ausscheiden aus dem Vorstand noch einige Monate angehörte, wurde er im Sommer 1954 beziehungsweise im Januar 1955 hinausgedrängt.

Während Beitz in Hamburg verbrannte Erde hinterließ, wollte er in Essen, zum höheren Ruhm des Hauses Krupp, an eine alte Tradition anknüpfen. Vor dem Krieg hatten Kaiser, Reichspräsidenten und »Führer« ihre Staatsgäste gern auch in die Ruhrmetropole geleitet, um ihnen die Waffenschmiede des Reiches zu präsentieren. Im September 1937 hatten Adolf Hitler und der italienische »Duce« Benito Mussolini in der Gussstahlfabrik unter anderem die Rüstungsproduktion besichtigt. Nun sollten hohe ausländische Besucher ihre Deutschlandreisen wieder mit einem Abstecher nach Essen verbinden, wünschte Beitz. Dabei sollte den Gästen Krupp als friedliebendes und weltoffenes Unternehmen vorgeführt werden. Die Bundesregierung hatte, trotz der historischen Hypotheken, die auf Krupp lasteten, keine grundsätzlichen Bedenken, Beitz' Wunsch zu erfüllen.

So wehte im Oktober 1954 über dem Hauptportal der Villa Hügel ein rotes Fahnentuch mit Stern und Halbmond, als der türkische Ministerpräsident Adnan Menderes im Rahmen seiner Bonn-Visite auch Geschäftliches mit der Firma Krupp verhandelte und erst mal einige Millionen Dollar überfälliger Schulden zurückzahlen ließ.

Der populistische Politiker Menderes, der zu Hause mit erheblichen wirtschaftlichen Problemen zu kämpfen hatte, war allerdings kein Mann, der Krupps Renommee aufpolieren konnte. Weitaus glanzvoller war der Staatsgast, der sich als Nächster in der Bundesrepublik angesagt hatte. Aber gerade dem wollte das Bonner Protokoll einen Besuch bei Krupp nicht zumuten.

Der äthiopische Kaiser Haile Selassie, der im November 1954 als erster Monarch nach dem Zweiten Weltkrieg die westdeutsche Republik beehren wollte, hatte während der Besetzung seines Landes durch das faschistische Mussolini-Regime 1936 bis 1941 in Großbritannien im Exil gelebt. Wenn dieser weltweit geachtete Monarch zu Krupp käme, sagte sich Beitz, würde dies eine »Wende in der öffentlichen Meinung« herbeiführen. Deshalb beauftragte er seinen Werbefachmann Kurt Schoop, beim Auswärtigen Amt in Bonn vorstellig zu werden, um den »Löwen von Juda« auch nach Essen zu lotsen.

Bei Protokollchef Hans-Heinrich Herwarth von Bittenfeld, der im »Dritten Reich« insgeheim amerikanische und britische Diplomaten über Hitlers Kriegspläne informiert hatte, stieß Schoop jedoch auf entschiedene Ablehnung: »Der Antifaschist Haile Selassie kann doch nicht zum Kriegsverbrecher und Kanonenkönig Krupp geführt werden!« Aber Schoop blieb hartnäckig im Raum stehen, bis ihn Herwarth entnervt ins Nebenzimmer zu seiner Stellvertreterin Erica Pappritz schickte. Die Vortragende Legationsrätin Erster Klasse, die schon vor und in der NS-Zeit im Protokoll des Auswärtigen Amtes gearbeitet hatte, war in den 1950er-Jahren berühmt als Mitautorin eines Leitfadens für gutes Benehmen (*Das Buch der Etikette*). Sie ließ sich schließlich von Schoop erweichen. »Nur dank ihrer Hilfe«, sagte Schoop, »konnte ich für Krupp den ersten Empfang für den ersten Staatsbesucher der Bundesrepublik nach dem Kriege organisieren.«

Beitz wies Schoop an, die rund 200 in Deutschland lebenden äthiopischen Studenten nach Essen einzuladen und in einem

Krupp'schen Lehrlingswohnheim einzuquartieren. Haile Selassie, der zierliche Kaiser mit dem Apostelbart, sprach dann in dem mit Tapisserien und Kristalllüstern geschmückten Gartensaal der Villa Hügel zu seinen jungen Landsleuten. Die Begegnung verschaffte Krupp ebenso Publicity wie die Showeinlagen, die Beitz für den gekrönten Gast arrangieren ließ – von der Lichterkette, die Kumpel mit ihren Grubenlampen bildeten, bis zu den Klängen einer Bergmannskapelle, eines in Lederhosen gewandeten Chores und Trompetern in Jägeruniform.

Haile Selassie, ein schwerreicher Feudalherrscher, war tief beeindruckt von der prunkvollen Selbstdarstellung des Hauses Krupp: »Das ist ein echter Palast«, soll er gesagt haben, »wirklich großartig! Und die Krupps sind Könige!«

Den Regierenden in Bonn war trotzdem nicht wohl bei dem Gedanken, wie der Besuch des Kaisers bei den ehemaligen Waffenschmieden im Ausland aufgenommen werden könnte. Kurt Betz, der Filmreferent im Bundespresseamt, gab deshalb dem Chef der Deutschen Wochenschau GmbH, Heinz Wiers, Order, keine Szenen mit Krupp zu zeigen, denn »die Empfänge auf der Villa Hügel könnten zu Missdeutungen führen. Dasselbe gilt für Einstellungen, die das Krupp-Denkmal in Essen zeigen.«

Die Zensurmaßnahme tat der Euphorie bei Krupp über die Kaiservisite keinen Abbruch. »Das war die Wiederauferstehung des seit Kriegsende verfemten Hauses und der Ruhrwirtschaft«, jubelte Schoop.

Beitz beförderte Schoop zum offiziellen Protokollchef des Konzerns. Viele hohe Gäste kamen fortan in die Villa Hügel: gekrönte Häupter wie Königin Friederike und König Paul von Griechenland oder König Bhumipol und Königin Sirikit von Thailand, Staatschefs wie Indonesiens Präsident Sukarno, demokratische Politiker und diktatorische Potentaten. Beitz hofierte sie alle. Nur ausnahmsweise gab es noch Vorbehalte, wie etwa im Vorfeld des Besuchs des italienischen Präsidenten Giovanni

Gronchi 1956, dem der westdeutsche Rom-Botschafter Clemens von Brentano di Tremezzo »einige wirklich sehenswerte Großbetriebe« zeigen wollte, aber »nicht gerade Krupp«.

Die Staatsbesuche auf dem Hügel ließen die düsteren Erinnerungen, die mit dem Namen Krupp verbunden waren, allmählich verblassen. Parallel zu der Charmeoffensive gegenüber ausländischen Gästen sah Carl Hundhausen, Krupps Kommunikationschef, seine Hauptaufgabe darin, für die »Umkehrung des kriegsbedingt ramponierten, negativen ›Kanonenkönig‹- oder Kriegsverbrecher-Bildes in ein ausschließlich positives Image« zu sorgen, wie seine Biografin Eva-Maria Lehming schrieb. Damit fiel Hundhausen eine Schlüsselrolle in Beitz' Kampagne gegen die alliierten Entflechtungsauflagen zu.

In einer Notiz für Beitz erläuterte Hundhausen seine Strategie: »Ich habe immer wieder darauf hingewiesen, dass eine solche Vorbereitung der öffentlichen Meinung sich nicht wie bisher darin erschöpfen darf, dass wir gelegentliche Zeitungsartikel in der Presse über prominente Besucher unserer Firma oder über irgendeine Veranstaltung in der Villa Hügel lesen. Ferner genügt es nicht, dass nur gelegentliche Einzelbesprechungen mit Schriftleitern, Verlegern und Politikern geführt werden oder dass in dieser oder jener Zeitschrift eine umfassendere Darstellung erscheint. Wir müssen uns unter allen Umständen der bezahlten Publicity bedienen, bei der wir die Aussage über unsere Firma selbst formulieren und die ganz klar in unserem Sinne liegt. Es versteht sich von selbst, dass wir durch eine solche Aktion auch in engeren Kontakt zu den Schriftleitungen dieser Organe kommen.«

Mit lancierten Publikationen Stimmung zu machen war das Prinzip, nach dem Beitz fortan verfuhr: Wohlverhalten von Autoren und Medien wurde honoriert, Missliebiges möglichst verhindert. Anzeigenaufträge machte man von einer für Krupp positiven Berichterstattung abhängig. Selbst große amerikanische

Zeitschriften wie *Newsweek* oder *Fortune* ließen sich darauf ein und druckten wohlwollende Reportagen über Krupps »wunderbares Comeback«. Mit dem Verleger und Beitz-Freund Axel Springer vereinbarte Hundhausen, dass alle redaktionellen Artikel über Krupp vor ihrer Veröffentlichung der Verlagsleitung vorgelegt werden mussten; im Gegenzug wollte Krupps PR-Abteilung ihre Anzeigenaufträge direkt an den Springer-Konzern vergeben.

Um die öffentliche Meinung über Krupp günstig zu stimmen, förderte Hundhausens Presseabteilung die Veröffentlichung Krupp-freundlicher Publikationen. Dabei spannte sie Publizisten wie Bernhard Woischnik oder Gert von Klass ein. Der Schul- und Sachbuchautor Woischnik sorgte vor allem für die von Hundhausen geforderte »Bereinigung der Schulbücher, Nachschlagewerke und Lexika von überholten Auffassungen und falschen Informationen«. Der Öffentlichkeit sollte »eingehämmert« werden, dass die Rüstungsproduktion bei Krupp immer nur einen vergleichsweise geringen Anteil an der Gesamtproduktion ausgemacht habe. Der Konzern stehe vielmehr für technischen und zivilisatorischen Fortschritt, vorbildliche Sozialleistungen, Mäzenatentum und internationale Zusammenarbeit.

Das Buch *Alfried Krupp – Meister des Stahls* von Bernhard Woischnik wurde von der Firma selbst in einer Auflage von 245 000 Exemplaren gedruckt und kostenlos an 18 000 Schulen verteilt. Das Manuskript des Bestsellers *Die drei Ringe* von Gert von Klass hatte Hundhausen vor der Veröffentlichung vorgelegen, wobei er die nach seiner Ansicht zu häufige Verwendung des Begriffs »Kanonenkönig« beanstandete. Willfährig wurde das geändert. Die geschminkte Wahrheit diente vorrangig einem Ziel: die endgültige Spaltung des Konzerns zu verhindern.

Rechtlich bestand die Firma schon seit dem »Mehlemer Abkommen« aus zwei Teilen: aus dem Familienunternehmen Fried. Krupp, dessen Alleininhaber Alfried Krupp war, und aus der Hüttenwerk Rheinhausen AG, deren Aktien zwar ebenfalls zu hundert Prozent Alfried Krupp gehörten, in der aber drei von den Alliierten eingesetzte Verfügungstreuhänder alle Inhaberrechte ausübten. Das Triumvirat wurde geleitet von dem parteilosen ehemaligen Reichskanzler (1925/26) und Reichsbankpräsidenten (1930–1933) Hans Luther, der als früherer Oberbürgermeister von Essen (1918–1922) mit der Schwerindustrie an der Ruhr bestens vertraut war.

In dieser zweiten Firma waren die Stahlproduktion und die Kohleförderung des Konzerns zusammengefasst, die nach dem Willen der Siegermächte bis März 1958 verkauft werden sollten. Doch es fand sich kein zahlungskräftiger Interessent. Allein das Hüttenwerk Rheinhausen hatte einen Verkehrswert von annähernd einer Milliarde Mark. Von Vorteil für Krupp war außerdem, dass der Entflechtungsplan nur die Veräußerung an einen deutschen Käufer vorsah. Abgesehen vom Kapitalmangel war es für die national gesinnten Ruhrbarone, so sehr sie Beitz verachteten, Ehrensache, den Alliierten bei der Zerstückelung eines deutschen Konzerns nicht die Hände zu reichen.

Die einzige ernsthafte Anfrage kam – im Juli 1954 – von einer US-Firma, die 51 Prozent des Grundkapitals der Rheinhausen-Gruppe erwerben wollte. Sie bot jedoch nur 15 Millionen Dollar, was ein völlig indiskutabler Preis war.

Die US-Regierung hätte einen solchen Deal trotz mancher Einwände begrüßt, wie Robert D. Murphy, stellvertretender Unterstaatssekretär im Außenministerium, in einem Gespräch mit den einheimischen Firmenvertretern bekundete. Eine Übernahme lag auf der Linie, die John McCloy schon im Mai 1951 dem Krupp-Konzern vorgezeichnet hatte. Damals hatten Krupp-Manager den amerikanischen Hochkommissar um Hinweise gebeten, wie er sich die zukünftigen Aktivitäten des Unternehmens vorstelle. McCloy schlug vor: »Ändern Sie den Namen Krupp; nehmen Sie Verbindung zur NATO und zur ECA [»Economic

Cooperation Administration«, eine amerikanische Agentur im Rahmen des Marshallplans] auf; verbessern Sie Ihre Öffentlichkeitsarbeit; die Entflechtung ist unvermeidlich; denken Sie an die Zukunft und nicht an die Vergangenheit.«

Murphy, zu diesem Zeitpunkt US-Botschafter in Brüssel, war zuvor politischer Berater der amerikanischen Militärregierung in Deutschland gewesen. Deshalb konnte es nicht überraschen, dass er den Erwerb des Mehrheitsanteils am Hüttenwerk Rheinhausen durch die US-Firma unterstützte.

Ein Verkauf kam für Krupp jedoch nicht infrage, schon gar nicht an die Amerikaner. Aber von den Ratschlägen, die McCloy gegeben hatte, waren einige bedenkenswert. Schließlich war Krupp – trotz aller Schwüre, nie wieder Waffen produzieren zu wollen – daran interessiert, am aufblühenden Geschäft mit Rüstungsgütern mitzuverdienen.

Vor allem McCloys Empfehlung, Sympathiewerbung zu betreiben, beherzigte Beitz. Um seinem Ziel, der Aufhebung des Entflechtungsplans, näherzukommen, wollte er das Krupp-Image auch durch eine Art Wohltätigkeitsprojekt aufpolieren.

Edwin Hartrich, Jahrgang 1913, Journalist aus Chicago und Krupp-Lobbyist in den Vereinigten Staaten, nahm an dem Gedankenaustausch teil, bei dem Anfang 1955 die Idee geboren wurde, mit dem Anstrich des Edelmuts die fatalen Reminiszenzen an die »Kanonenkönige« zu übertünchen. Hartrich nahm für sich sogar in Anspruch, der eigentliche Erfinder des Programms zu sein, das Beitz später propagierte. Der Öffentlichkeit sollte laut Hartrich vermittelt werden, »dass Krupp nunmehr Zeit und Kraft aufwendet für die industrielle Entwicklung der rückständigen Regionen der Erde, sodass deren Völker bessere Lebensbedingungen bekommen und in die Lage versetzt werden, sich selbst zu versorgen«. In Anlehnung an das »Vier-Punkte-Programm«, das der amerikanische Präsident Harry S. Truman in seiner Antrittsrede am 20. Januar 1949 zu Beginn seiner zweiten Amtszeit vorgestellt hatte, nannte Beitz das Vorhaben das »Punkt-Viereinhalb-Programm«. Denn es sollte als eine direkte Fortschreibung von Punkt vier des Truman-Programms erscheinen; dieser sah vor, »unterentwickelte« Länder – hier fiel erstmals dieser Begriff – durch Gewährung wissenschaftlicher, technischer und industrieller Unterstützung zu fördern.

Im März 1955 kündigte die Firma Krupp in einer Pressekonferenz ihr eigenes Entwicklungshilfeprogramm an. Im Kern ging es darum, große Industrialisierungsprojekte nicht durch Spenden an die notleidenden Länder zu finanzieren, sondern als privatwirtschaftliche Handelsgeschäfte abzuwickeln, bei denen die beteiligten Firmen großzügige staatliche Kredite zu niedrigen Zinssätzen sowie moralische und psychologische Unterstützung erhalten sollten.

Dass das »Punkt-Viereinhalb-Programm« Teil eines großangelegten Sympathiefeldzugs für die Firma Krupp war, offenbarten weitere PR-Aktivitäten, die nahezu zeitgleich entfaltet wurden. Im Mai 1955 empfingen Alfried Krupp und Berthold Beitz in der Villa Hügel 31 Handelsattachés, denen sie die verschiedenen Geschäftsfelder des Konzerns vorstellten. Am spektakulärsten war das Projekt eines schlüsselfertig zu übergebenden Stahlwerks nahe dem kleinen indischen Ort Rourkela: An dem bis dahin größten jemals an deutsche Firmen vergebenen Auslandsauftrag, der zugleich das bis dahin umfangreichste deutsche Entwicklungshilfeprojekt darstellte, war Krupp maßgeblich beteiligt.

Am 26. November 1955, einem Samstag, lud Alfried Krupp 95 Diplomaten der in Bonn akkreditierten ausländischen Missionen in die Villa Hügel ein. Tagsüber gab es eine Besichtigungstour durch das Hüttenwerk Rheinhausen. Neben allerlei Erinnerungsgeschenken wie Likörservices und Feuerzeugen aus Kruppstahl bekamen die Gäste mehrsprachige Broschüren mit, in denen der anklagende Satz zu lesen war: »Aufgrund alliierter

Anordnungen sind zur Zeit folgende Unternehmungen aus der Firma Krupp ausgegliedert« – die dann im Einzelnen aufgezählt wurden.

Gut drei Wochen zuvor war Krupp-Lobbyist Hartrich im Washingtoner Außenministerium vorstellig geworden, um für das »Punkt-Viereinhalb-Programm« zu werben. Gegenüber seinem Gesprächspartner Daniel F. Margolies, zuständig für Angelegenheiten der deutschen Wirtschaft, ließ Hartrich jedoch keinen Zweifel am eigentlichen Zweck seines Besuchs und des ganzen Projekts. Margolies überschrieb seine Gesprächsnotiz denn auch unverblümt: »Pläne von Herrn Krupp zur Aufhebung des Entzugs seiner Rechte zur Stahlherstellung« – von wegen Entwicklungshilfe.

Hartrich hielt Margolies vor, dass das US-Außenministerium erst kürzlich Alfried Krupp bedrängt habe, Rüstungsgüter herzustellen; konkret ging es um die mögliche Produktion eines neuen Kampfjets, der von der Northrop Aviation Company und der Bremer Weser AG, an der Krupp beteiligt war, entwickelt werden sollte. Wenn Krupp hier zur Zusammenarbeit aufgefordert werde, argumentierte Hartrich, dann dürfe er wohl auch die Frage stellen, warum er an der Stahlherstellung gehindert werde. Margolies antwortete ausweichend, dass eine mögliche Revision des »Mehlemer Abkommens« zwischen den drei Westmächten und der Bundesregierung ausgehandelt werden müsse, und komplimentierte Hartrich hinaus. Beitz versuchte Anfang Dezember 1955 selbst, in Washington nachzuhaken, aber sein Besuch verlief noch enttäuschender. Die amerikanische Regierung war nicht bereit, die Causa Krupp noch einmal aufzurollen.

Alfried Krupp und seine Mitstreiter ließen jedoch nicht locker. Im Februar 1956 versuchte der Rechtsanwalt Struve Hensel, ein anderer erfahrener US-Lobbyist in Krupps Diensten, die amerikanische Regierung zum Einlenken zu bewegen – wieder vergebens. Als Hensel gar drohte, Krupp könne Teile seines Eigentums »zu niedrigem Preis an die Russen« verkaufen, erwiderte einer seiner Gesprächspartner bissig, »dass eine solche Willensbekundung die Chancen für eine wohlwollende Behandlung des Falles Krupp nicht verbessern würde«.

Nun konnte nur noch eine Intervention auf höherer Ebene helfen. Deshalb machte sich Beitz persönlich auf den Weg nach Washington, um dem stellvertretenden Unterstaatssekretär Murphy das »Punkt-Viereinhalb-Programm« zu erläutern. Aber außer einigen deutschen Zeitungen aus dem Springer Verlag, deren Redaktionen von Krupps Pressestelle mit Informationen gefüttert worden waren, nahm von Beitz' Besuch am 8. März 1956 niemand Notiz.

Die US-Botschaft in Bonn kommentierte die Aktivitäten fast mitleidig: Die »Krupp-Kampagne zum Erhalt des Eigentums« sei wohl nur »Teil des grundlegenden Versuchs«, die Ehre des Namens Krupp wiederherzustellen und in diesem Zusammenhang »das Punkt-Viereinhalb-Programm wie auch Alfred [sic!] Krupps starken persönlichen Wunsch nach einem US-Visum zu fördern«. Das wurmte Alfried Krupp in der Tat besonders: dass ihm wegen seiner früheren NSDAP-Mitgliedschaft die Einreise in die USA verweigert wurde.

Obwohl die US-Regierung kein Interesse an dem obskuren »Punkt-Viereinhalb-Programm« zeigte, setzte Beitz seine Bemühungen unbeirrt fort, die Welt von den hehren Absichten des Krupp-Konzerns zu überzeugen. Ein Forum bot ihm eine von *Time*-Herausgeber Henry Luce im Oktober 1957 veranstaltete Tagung in San Francisco, die als »Internationale Industrie-Entwicklungskonferenz« firmierte und an der 551 Bankiers, Regierungsbeamte und Wirtschaftsführer aus 62 Staaten teilnahmen.

Beitz bereitete seinen Auftritt und das Referat sorgfältig vor, indem er sich am Abend zuvor Text und Aussprache mit Hilfe eines *Time*-Redakteurs genauestens einprägte. Beitz erinnerte in seiner Rede daran, dass der Tagungsort an der amerikanischen

Westküste »noch vor hundert Jahren praktisch eine Wildnis« gewesen sei. »Finanzielle und industrielle Hilfe aus Europa« habe geholfen, die »Gebiete jenseits des Mississippi« zu erschließen; Krupp zum Beispiel habe Gleise und Räder für die transkontinentale Eisenbahn geliefert, mit der die Küsten des Atlantik und des Pazifik verbunden worden seien. Diesen »Pioniergeist« gelte es neu zu beleben und sich daran zu »erinnern, dass der Fortschritt seinen stärksten Impuls von der Partnerschaft zwischen freien Nationen und unabhängigen Geschäftsleuten bekommt«.

Alles Pathos half nichts, das »Punkt-Viereinhalb-Programm« verschwand in der Versenkung. Zu offenkundig war das vorrangige Interesse des Krupp-Konzerns, unter dem Deckmantel altruistischer Entwicklungshilfe die eigene internationale Reputation wiederherzustellen. Die Konferenz in San Francisco endete obendrein mit einem Eklat: Edwin Hartrich gab am Schwarzen Brett in der Versammlungslobby bekannt, dass er seinen Krupp-Beratervertrag wegen unüberwindbarer Differenzen mit Beitz mit sofortiger Wirkung gekündigt habe.

Trotzdem schaffte es Beitz ein Dreivierteljahr später in die Fernsehsendung des legendären Moderators Edward Murrow, der 1954 wesentlich zum Sturz des fanatischen Kommunistenjägers Joseph McCarthy beigetragen hatte. Die seit 1951 an jedem Dienstagabend von CBS ausgestrahlte Sendung beendete Murrow stets mit den Worten »Good Night, and Good Luck« (so auch der Titel des von George Clooney 2005 gedrehten Films über die Kontroverse zwischen dem Starjournalisten und dem berüchtigten Senator). Am 7. Juli 1958, zufällig in Murrows letzter Sendung, bevor die Reihe abgesetzt wurde, war Beitz zu Gast.

»Mit einem berückenden Clark-Gable-Lächeln«, wie der *Spiegel* bewundernd schrieb, absolvierte Beitz seinen Auftritt im amerikanischen Fernsehen. In der Sendung, die an diesem Tag der deutschen Schwerindustrie gewidmet war (»Watch on the

Ruhr«), führte Reporter Dick Hottelet ein Interview mit Beitz in englischer Sprache – nur einmal, als ihm nicht gleich die richtige Vokabel einfiel, wich Beitz kurz ins Deutsche aus. »Der Name Krupp ist weithin verbunden mit der Produktion von Waffen«, sagte der Journalist und fragte Beitz: »Werden Sie wieder Waffen herstellen?« Der Krupp-Generalbevollmächtigte antwortete ohne Umschweife: »Nein, das werden wir nicht mehr. Damit haben wir viel zu schlechte Erfahrungen gemacht. Ich denke, sogar unsere Arbeiter würden keine Waffen herstellen wollen und würden es ablehnen, irgendetwas mit der Wiederbewaffnung in Deutschland zu tun zu haben. Die deutschen Industriellen, glaube ich, können nicht innerhalb von zehn Jahren vergessen, was gewesen ist, und Waffen zu produzieren führt immer zu einem schlechten Ende.«

Wenige Jahre später galt dies nicht mehr. Beitz unterschied seit Beginn der 1960er-Jahre feinsinnig zwischen der Produktion von Waffen und allgemeiner Rüstung, denn er mochte den Konzern nicht von den Gewinnmöglichkeiten der Wiederaufrüstung ausschließen. Ab 1961 montierte die Firma Weser AG in Bremen, an der Krupp finanziell beteiligt war, erste Starfighter für die Bundeswehr. Drei Jahre später gestattete Alfried Krupp, dass seine Werft Atlas-Werke in Bremen Klein-U-Boote für die Bundesmarine baute. Nach der semantischen Haarspalterei des Hauses Krupp galten weder Starfighter noch U-Boote als Waffen, sondern lediglich als »Waffenträger«. Zum geflügelten Wort wurde später die Definition des Krupp-Managers Günter Vogelsang: »Eine Waffe ist, was bumm-bumm macht.«

Beitz' Kalkül, durch die Vision eines sogenannten Entwicklungshilfeprogramms die US-Regierung zum Einlenken bei der Entflechtungsauflage zu bewegen, war zwar nicht aufgegangen. Aber letztendlich konnte er doch alle Zwangsverkäufe erfolgreich abwehren – bis auf einen.

Als die Bundesregierung 1954 die »Pariser Verträge« aushandelte, standen nationale Interessen über den Belangen des Krupp-Konzerns. Denn durch diese Regelungen erhielt die Bundesrepublik ihre Souveränität, das bis dahin geltende Besatzungsstatut wurde aufgehoben; gleichzeitig wurde sie Mitglied der westlichen Verteidigungsbündnisse NATO und Westeuropäische Union. In dem Vertragspaket, das am 23. Oktober 1954 in Paris unterzeichnet wurde, verpflichtete sich die Bundesregierung ausdrücklich, die Auflagen des »Mehlemer Abkommens« zu erfüllen. Sie war deshalb bestrebt, gegenüber den Alliierten ihre Vertragstreue unter Beweis zu stellen.

Unter diesen Umständen gelang es den Treuhändern, im Oktober 1954 die unter Verkaufsauflage stehende Zeche Emscher-Lippe Bergbau AG an die bundeseigene Bergwerksgesellschaft Hibernia AG in Herne zu veräußern. Beitz, der die Transaktion nicht verhindern konnte, schwor trotzig: »Das bleibt der einzige Verkauf. Wir werden keinen Ziegelstein mehr verkaufen.«

Er sollte recht behalten. Die Aktienmehrheit an der Zeche »Bergbau AG Constantin der Große« in Bochum verkaufte Krupp zwar im Dezember 1956 an den »Bochumer Verein für Gussstahlfabrikation«, einen der schärfsten Konkurrenten für Krupps Stahlfabriken. Aber was vordergründig aussah, als würde Krupp vor den alliierten Vorschriften einknicken, war in Wahrheit ein raffinierter Schachzug. Denn Krupps Aktienpaket wurde beim Bochumer Verein, den der revierfremde Beitz einst bei seiner ersten Visite an der Ruhr naiv für einen Fußballclub gehalten hatte, nur geparkt. Alfried Krupp machte einen heimlichen Deal mit einem alten Freund, dem schwedischen Industriellen Axel Leonard Wenner-Gren. Der Multimillionär, der ein weltumspannendes Firmenimperium besaß und enge Bande zum »Dritten Reich« unterhalten hatte, war bereits seit 1954 mit rund 42 Prozent am Bochumer Verein beteiligt. Nun erklärte sich Wenner-Gren bereit, die Gesellschaft Constantin vorübergehend in sein Portfolio aufzunehmen. Weitere 27 Prozent von Constantin kaufte die Krupp-Holding Hütten- und Bergwerke Rheinhausen AG, die ihrerseits unter Verkaufsauflage stand.

Offenbar wurde niemand misstrauisch, obschon eine geschäftliche Verbindung Krupps mit Wenner-Gren bekannt war. 1951 hatte der Schwede eine Forschungsgesellschaft gegründet, die eine Einschienenbahn entwickelte; für die nach Axel Leonard Wenner-Grens Initialen benannte »Alweg-Bahn« hatte Krupp in Köln eine Teststrecke gebaut.

Krupp erwarb ein Vorkaufsrecht auf 76 Prozent des Bochumer Vereins. Nach dem Vertrag über die Europäische Gemeinschaft für Kohle und Stahl, kurz »Montanunion« genannt, mussten einschneidende Veränderungen der Besitzverhältnisse in dieser Branche der Hohen Behörde in Luxemburg gemeldet werden, was Krupp im Herbst 1957 tat. Noch ehe über den Antrag entschieden war, installierte Beitz bereits seinen Vertrauten Hundhausen im Februar 1958 als Generaldirektor des Unternehmens. Damit verstieß er sowohl gegen das »Mehlemer Abkommen« als auch gegen die eigenen Organisationsprinzipien, wonach die Leiter der Stabsabteilungen »nicht zugleich Leiter von Konzernunternehmungen« sein durften. Außerdem machte Beitz seinen Zögling Vogelsang zum Finanzvorstand des Bochumer Vereins. Im Januar 1959 genehmigte die Hohe Behörde den Erwerb durch Krupp.

Durch die Eingliederung des einstigen Konkurrenten in die Holdinggesellschaft Hütten- und Bergwerke Rheinhausen AG wurde Krupp nicht nur der größte deutsche Stahlproduzent – also das Gegenteil dessen, was die Siegermächte eigentlich bezweckt hatten. Auf dem Umweg über den Bochumer Verein kam auch die Zeche »Constantin der Große« wieder unter das Dach des Krupp-Konzerns. Vor allem aber war der Rheinhausen-Komplex durch die Vergrößerung noch schwerer verkäuflich geworden. Denn nach dem Entflechtungsplan sollten nur die Aktien der Holding zum Verkauf angeboten werden, nicht die der darin enthaltenen Einzelunternehmen.

Im März 1958 war die Fünf-Jahres-Frist für den Verkauf der Krupp'schen Kohlezechen und Stahlhütten eigentlich verstrichen. Sie war dann um ein Jahr verlängert worden, aber auch der neue Stichtag rückte näher, ohne dass ein Käufer in Sicht oder über eine von Krupp beantragte Fristverlängerung um ein weiteres Jahr entschieden war. Nach einer von Beitz heftig kritisierten Klausel im Entflechtungsplan wäre es möglich gewesen, dass die Treuhänder bei Ablauf der Frist auch ohne Alfried Krupps Einwilligung versuchen könnten, die Aktien notfalls mit Verlust loszuschlagen.

In einer Kabinettssitzung Ende Januar 1959 machte Wirtschaftsminister Ludwig Erhard auf die akute Gefahr aufmerksam, dass die Treuhänder die Anteile gegen den Willen des Eigentümers verkaufen könnten. Beitz drohte, er würde die Treuhänder dann in Regress nehmen. »Meine Herren«, erklärte er seinen Gegenspielern, »Sie sagen immer, Sie trügen so schwer an der Verantwortung. Da gibt es doch ein sehr einfaches Mittel – legen Sie Ihre Ämter nieder, dann löst sich alles in Wohlgefallen auf.« Beitz wusste, dass der Treuhändervertrag ihnen einen starken Anreiz bot: Sie sollten gemeinsam ein halbes Prozent des Kaufpreises als Provision bekommen. Bei einem Schätzwert von knapp einer Milliarde Mark allein für das Hüttenwerk Rheinhausen, wäre jeder der drei Treuhänder auf einen Schlag zum Millionär geworden.

Natürlich durchschaute das Ausland Beitz' Hinhaltetaktik. So erkannte die *New York Herald Tribune*: »Die Absicht scheint zu sein, die Frist entweder Jahr für Jahr zu verlängern, bis die ganze Angelegenheit schließlich vergessen ist, oder die Verkaufsauflage durch gegenseitiges Abkommen bei passender Gelegenheit aufzuheben.«

Zeitweilig schien Beitz allerdings durchaus kompromissbereit zu sein. Als Bundeskanzler Adenauer 1955 bei der Ratifizierung der

»Pariser Verträge« wieder einmal bekräftigte, dass die Bundesregierung die Einhaltung der Verkaufsauflage garantiere, unterbreitete Beitz dem Konzernchef angeblich eine Idee, die ökonomisch vernünftig war: Krupp, so schlug Beitz nach eigenem Bekunden vor, solle seine Stahl- und Kohleaktien an den Bund verkaufen, und dieser solle ihm dafür im Tausch Aktien des Volkswagenwerks übertragen. Angesichts steigender Kurswerte der Automobilpapiere und Krisensymptomen in der Stahlbranche war das ein kluger Gedanke. Doch Alfried Krupp, berichtet Beitz, habe entgeistert abgewehrt: »Herr Beitz, Sie sind noch nicht lange genug bei Krupp. Ich bin durch die Firmentradition dem Stahl verpflichtet.«

Manches spricht dafür, dass die Episode, die Beitz Jahrzehnte später erzählt hat, auch nur eine von ihm gestrickte Legende ist. Der Historiker Lothar Gall fand jedenfalls »dafür in der Zeit selber keine entsprechenden Zeugnisse und Quellenbelege«.

Vermutlich wollte Beitz damit nachträglich dokumentieren, dass er mit seinem sinnvollen Vorschlag bei dem traditionsverhafteten Konzerneigner leider abgeblitzt sei. Denn im Nachhinein wurde klar, dass die Firma Krupp gerade durch das Festhalten an Verlustbringern bald darauf in Turbulenzen geriet. Der Journalist Leo Brawand, der in den 1950er-Jahren die wohlwollenden *Spiegel*-Titelgeschichten über Krupp und Beitz geschrieben hatte und ein exzellenter Kenner der Essener Verhältnisse war, kreidete dem Generalbevollmächtigten später an, dass dieser blindlings den Vorgaben des Firmenchefs gefolgt sei. In einem offenen Brief im *Manager Magazin*, dessen Chefredakteur er dann war, schrieb Brawand: »Wenn es stimmt, dass Sie die zur Konsolidierung des Unternehmens nötigen Rationalisierungs- und Schließungsmaßnahmen rechtzeitig selbst erkannten, ›Alfried‹ jedoch, wie Sie mir mehrfach erklärten, ›auf die Tradition des Hauses Krupp‹ gepocht habe – hätten Sie dann nicht sagen müssen, Sie würden die Konzernleitung niederlegen, falls nicht das betriebswirtschaftlich Notwendige getan werde?«

Doch Beitz erfüllte den Willen seines Herrn auch wider bessere Einsicht. Die Lokomotivfabrik in Essen beispielsweise fuhr jedes Jahr zwei bis drei Millionen Mark Verlust ein. Wenn es nach Beitz gegangen wäre, hätte man den unrentablen Betrieb längst geschlossen. Alfried Krupp jedoch versuchte, das Programm der Lokfabrik auf Textil- und andere Maschinen umzustellen, »weil es schon bei meinen Vorfahren immer Tradition war, unsere Arbeiter in Lohn und Brot zu halten.«

Beitz verteidigte öffentlich diese Entscheidung: »Krupp fühlte sich in der fünften Generation den Arbeitern verpflichtet, deren Großväter schon bei Krupp arbeiteten und die nach dem Kriege, als alles zerstört war und Herr von Bohlen im Gefängnis saß, treu zur Firma hielten. Kruppianer können nicht einfach verkauft werden.«

Friedrich Flick, der große Antipode Krupps, handelte nicht so sentimental. Wie Krupp hatte er ein Entflechtungsabkommen unterschreiben müssen. Aber anders als Krupp verkaufte Flick seine Steinkohlenbergwerke, legte den Erlös mit großem Gewinn in Aktien an und stieg innerhalb von zehn Jahren wieder zum reichsten Deutschen auf. Diese Position hatte er schon im »Dritten Reich« innegehabt.

Beitz identifizierte sich mit Alfried Krupp, und der wusste, dass er sich auf Beitz verlassen konnte. Rudolf Augstein berichtete einmal von einer seltsamen Begegnung, die er in den 1950er-Jahren auf Sylt mit Krupp hatte. Der Konzernchef saß mit einem Zettel in der Hand an einer Nebenstraße in Kampen. »Was machen Sie denn da, Herr Krupp?«, wollte der Spiegel-Herausgeber wissen. »Ich zähle die Autos, die hier vorbeikommen. Es sind schon 27 Borgward vorbeigefahren.« Augstein fragte, ob der Industriekapitän denn Zeit dazu habe. Darauf antwortete Krupp: »Die Zeit, die habe ich schon, aber das ist nicht so wichtig. Ich weiß, dass da einer ist, der dafür sorgt, dass die wirklich wichtigen Sachen gemacht werden.«

Trotz der emotionalen Nähe blieben Alfried Krupp und Berthold Beitz stets formell per Sie. Niemals herrschte Kumpanei zwischen ihnen. Ihr Verhältnis beruhte auf gegenseitigem Respekt. Das Äußerste an Vertraulichkeit, wozu sich Krupp gegenüber seinem Generalbevollmächtigten hinreißen ließ, war, dass er Beitz, wenn beide gleichzeitig Urlaub auf Sylt machten, mit einer Art Kosenamen bedachte und ihn »Bautz« nannte.

5. KAPITEL

DER PATE DES NITRIBITT-FREIERS

»Ein paar tausend Mark,
um den Namen Krupp herauszuhalten«

Bertha Krupp mochte den zupackenden Beitz – so hätte sie sich wohl ihren ältesten, elegischen Sohn gewünscht. Auch ihre jüngere Schwester Barbara, die mit Tilo Freiherr von Wilmowsky verheiratet war, fand den jungen Mann, der für ihren Neffen die schwierigen Arbeiten erledigte, sehr sympathisch. Alfrieds »feine, fast allzu vornehme Zurückhaltung«, schrieb Wilmowsky in seinen 1961 veröffentlichten Lebenserinnerungen, sei durch »die sprudelnde Vitalität und den schöpferischen Elan von Berthold Beitz wirksam ergänzt« worden.

In der älteren Generation der Krupp-Familie war Beitz mit Wohlwollen aufgenommen worden. Tilo von Wilmowsky, Verwaltungsjurist und einst Rittergutsbesitzer in Sachsen, war bis 1943 stellvertretender Aufsichtsratsvorsitzender des Krupp-Konzerns und Gustav Krupp ein wichtiger Ratgeber gewesen. Er war Politiker der Deutschnationalen Volkspartei und seit 1937 Mitglied der NSDAP, aber, wie auch seine Frau, nach dem Attentat auf Hitler am 20. Juli 1944 unter dem Verdacht verhaftet worden, Kontakt zu einzelnen Verschwörern gehabt zu haben. Er verfasste eine Kampfschrift gegen den Nürnberger Kriegsverbrecherprozess, die 1950 kurz vor der Freilassung Alfried Krupps veröffentlicht wurde.

Bertha Krupps Sympathie hatte Beitz bei der Dior-Moden-schau im Dezember 1953 gewonnen. Sie hatte, gegen Alfrieds Skepsis, ihre Zustimmung zu der ungewöhnlichen Veranstaltung in der Villa Hügel gegeben, und sie hatte es genossen, bei der Präsentation im Mittelpunkt zu stehen. »Das war der Tag«, zitiert der Buchautor William Manchester Beitz, »an dem ich erkannte, dass sie die *große* Bertha war und nicht die *dicke* Bertha. Ihre Größe wurde durch ihren Sinn für Humor unterstrichen. Sie amüsierte sich so sehr darüber, dass die Reporter sie sehen wollten und nicht die hübschen Vorführdamen.« Zu ihrem Amüsement trug gewiss auch bei, dass sie ihre ungeliebte Schwiegertochter Vera, die während der Präsentation unbeachtet in einer Ecke stand, an die Wand spielen konnte.

Alfrieds erste Frau Annelise war von Bertha Krupp nicht akzeptiert worden, weil sie geschieden gewesen war. Die neue Frau Krupp aber war schon dreimal geschieden, die Ehe mit Alfried war ihre vierte – die moralinsaure Bertha hatte für Vera nur Hochmut und Verachtung übrig.

Dass auch zwischen Beitz und Vera Krupp ein frostiges Verhältnis bestand, erfüllte Bertha Krupp mit Genugtuung. Über den Generalbevollmächtigten ihres Ehemannes hatte Vera Krupp einmal geäußert, sie habe dessen Gesicht schon am ersten Tag verabscheut.

Es gab einen handfesten Grund, warum Vera Krupp auf Beitz nicht gut zu sprechen war. Beitz wohnte, bis seine Dienstvilla 1955 bezugsfertig war, im Krupp-Hotel »Essener Hof«, in dessen Restaurant er einen Stammplatz hatte. Eines Tages kamen fünf Amerikaner in den Speisesaal, die sich laut vernehmlich über ihren Plan unterhielten, in New York eine Gesellschaft zu gründen, über die alle Exporte des Krupp-Konzerns abgewickelt werden sollten. Da Alfried Krupp kein Einreisevisum für die USA erhielt, sollte Ehefrau Vera Präsidentin dieser Exportgesellschaft werden. Nur im Firmennamen »Veral«, abgeleitet aus

Vera und Alfried, sollte ein versteckter Hinweis auf den Konzernchef erscheinen – ansonsten aber hätte er kaum Einfluss gehabt. Als anderntags einer der Amerikaner Alfried Krupp das Projekt vorstellte, intervenierte Beitz. Er berichtete dem Firmeninhaber, dass er ungewollt Ohrenzeuge des Gesprächs am Nebentisch geworden sei, und riet dringend von dem Vorhaben ab. Alfried Krupp folgte der Warnung seines Generalbevollmächtigten – und Vera Krupp war sauer auf Beitz.

Das war 1954. Zwei Jahre später floh Vera Krupp aus der Ehe und aus Deutschland und reichte in Las Vegas die Scheidungsklage ein – die sie damit begründete, dass Alfried seine ehelichen Pflichten versäume und ihr, der mittlerweile 47-Jährigen, ein Kind verweigere. Sie forderte eine sofortige Abfindung von mehr als 20 Millionen Mark und jährliche Alimente von einer Million Mark. Doch dann kam heraus, dass sie mit dem verheirateten Direktor einer amerikanischen Baufirma, die ihr einer ihrer Exmänner geschenkt hatte, auf Liebesreisen gegangen war. Der Ehebruch machte die Scheidung für Krupp erheblich billiger: Er soll Vera eine Ranch in Nevada für vier Millionen Mark gekauft haben.

Bertha Krupp hatte obsiegt und konnte wieder ungehindert als Königsmutter an Alfrieds Seite bei Empfängen in der Villa Hügel repräsentieren.

Drei von Berthas Söhnen waren als Offiziere in den Krieg gezogen. Claus, Jahrgang 1910, war 1940 als Oberleutnant der Luftwaffe bei einem Testflug in der Eifel abgestürzt und ums Leben gekommen. Eckbert, der Jüngste, 1922 geboren, war im April 1945 in Italien gefallen. Und kurz darauf war Harald, Jahrgang 1916, in Bukarest von sowjetischen Truppen gefangen genommen worden. Er war zunächst in ein Entlassungslager nach Frankfurt an der Oder verlegt worden, aber dort hatte ihn ein Kamerad als Mitglied der Familie Krupp denunziert, woraufhin er nach Moskau verschleppt und 1950 zu 25 Jahren Arbeitslager in Sibirien verurteilt worden war.

Fünf Jahre später gehörte Harald von Bohlen und Halbach zu jenen 9626 Kriegsgefangenen, die nach Konrad Adenauers Moskau-Reise im September 1955 als Letzte in die Heimat zurückkehren durften. Bertha Krupp erfuhr am 11. Oktober 1955, dass Harald im Aufnahmelager Friedland eingetroffen war. Seine Schwester Waldtraut holte ihn dort ab. Sie fand einen mageren, bärtigen Mann vor, der glücklich, aber auch verwirrt in die ihm fremde Wirtschaftswunderwelt blickte. In Essen bereitete ihm die Familie einen herzlichen Empfang.

Finanzielle Sorgen, erfuhr er, musste er sich nicht machen. Denn Alfried Krupp hatte, als Ausgleich dafür, dass er wieder alleiniger Eigentümer des Konzerns geworden war, unter anderem jedem seiner noch lebenden Geschwister elf Millionen Mark bezahlt. Zudem nahm Berthold von Bohlen und Halbach, der zwei Firmen, die Wasag-Chemie AG in Essen und die Jurid Werke GmbH in Glinde bei Hamburg, erworben hatte, seinen Bruder Harald als gleichberechtigten Partner auf.

Bertha Krupps 70. Geburtstag am 29. März 1956 wurde als großes Familienfest auf dem Hügel gefeiert, das erste seit Kriegsende – und das letzte fröhliche: Fortan versammelten sich die Nachkommen der Krupps nur noch zu Begräbnisfeiern in der alten Familienvilla. Schon eineinhalb Jahre später, am 21. September 1957, starb Bertha Krupp nach einem plötzlichen Herzinfarkt, nur der Arzt und ihr Hausmädchen waren bei ihr. Ihre Söhne Alfried und Harald waren verreist, Berthold hatte selbst eben einen Herzanfall überstanden. Auch Berthold Beitz kam wenige Minuten zu spät, der Arzt hatte Bertha Krupp gerade die Hände über der Brust gefaltet.

Beitz wusste, dass er ihrer Fürsprache viel zu verdanken hatte. Und er erinnerte sich, wie sie sich auch um seine Frau stets rührend gekümmert hatte. Als Else Beitz einmal im Krupp-Krankenhaus operiert wurde und ihr Mann auf Geschäftsreise war, wachte Bertha Krupp an ihrem Bett.

Es mag daher auch Sentimentalität – und nicht nur Firmeninteresse – im Spiel gewesen sein, dass Berthold Beitz, ein ausgewiesener Familienmensch, alle Register zog, um Harald von Bohlen und Halbach aus einem Skandal herauszuhalten, der kurz nach Berthas Tod die junge Republik erschütterte.

Am 1. November 1957 wurde in Frankfurt am Main die stadtbekannte 24-jährige Prostituierte Rosemarie Nitribitt ermordet in ihrem Apartment in der Stiftstraße 36 aufgefunden. Die von den Medien verdruckst als »Lebedame« bezeichnete Edelnutte, die sich im örtlichen Adressbuch mal als »Mannequin« (1956), mal als »Serviererin« (1957) ausgab, war für damalige Verhältnisse verblüffend ungeniert ihrem Gewerbe nachgegangen. In ihrem schwarzen Mercedes 190 SL Cabrio mit roten Ledersitzen und Weißwandreifen war sie zwischen Eschenheimer Turm, Börse und Hauptbahnhof herumgekurvt, um Kunden anzuflirten. Auch vor feinen Frankfurter Hotels, wo sie offiziell Hausverbot hatte, suchte sie Kontakte – und die Portiers gaben ihre Telefonnummer bereitwillig weiter.

Der berüchtigte Kuppeleiparagraf verbot Vermietern, ja selbst Eltern seinerzeit noch bei Strafe, unverheiratete Paare in einem Zimmer schlafen zu lassen. Eine Prostituierte, die in aller Öffentlichkeit ihre Freier suchte, war da eine beispiellose Provokation.

Maria Rosalie Auguste Nitribitt wurde 1933 in Düsseldorf geboren. Ihren Vater, einen Arbeiter aus Düsseldorf, hat sie wahrscheinlich nie gesehen. Mit fünf Jahren kam sie in ein Kinderheim, ein Jahr später in die Obhut einer Pflegefamilie. Mit elf wurde sie vergewaltigt, mit 13 hatte sie bezahlten Sex mit französischen Soldaten, mit 14 ließ sie eine Abtreibung vornehmen, kurz darauf verfügte das Amtsgericht Mayen vorläufige Fürsorgeerziehung. Sie riss wiederholt aus, wurde in immer strengere Erziehungs- und Verwahranstalten gesteckt, tauchte aber immer öfter in Frankfurt auf. Ein fester Freund, den sie heiraten wollte, flüchtete in die französische Fremdenlegion, als sie schwanger wurde – oder ihn mit einer vorgetäuschten Schwangerschaft erpresste. Sie fand reiche Gönner wie jenen türkischen Unternehmer, der ihr das Geld für einen schwarzen Opel Kapitän schenkte, damals eine Limousine, in der sich gerne Manager chauffieren ließen. Der 40 Jahre ältere Liebhaber erlag im März 1955 bei einem gemeinsamen Urlaub in San Remo im Hotelzimmer einem Herzschlag. Er hatte Rosemarie Nitribitt nichts vererbt, doch auch in der Folgezeit verdiente die Prostituierte offenbar so gut, dass sie im Mai 1956 das Mercedes-Cabriolet bar bezahlen konnte. Sie hatte sich auf ihre Weise im Wirtschaftswunderland nach oben gearbeitet.

Nun war sie tot, erwürgt, und die junge Bundesrepublik der prüden und bigotten Adenauer-Ära hatte ihren ersten Sittenskandal. Die heuchlerische Doppelmoral, das öffentliche Wechselspiel von lüsternem Voyeurismus und spießiger Verklemmtheit, machte den Frankfurter Dirnenmord zum spektakulärsten Kapitalverbrechen der 1950er-Jahre.

Zu ihrem Klienten- und Bekanntenkreis zählten, wie die Polizei schnell herausfand, einige Herren aus den feinsten Kreisen der westdeutschen Gesellschaft: der Unternehmer Harald Quandt etwa oder die Industriellensöhne Ernst Wilhelm und Gunter Sachs; auch ein Fürst und ein Bonner Minister, wurde damals geraunt, sollen zu ihrem Kundenstamm gehört haben.

Schon zwei Tage nach dem Auffinden der Leiche führte eine Spur auch zu Harald von Bohlen und Halbach. Die Frankfurter Kripo hatte in einem Brief, der in der Wohnung der Toten gefunden worden war, einen Hinweis auf einen Freund mit Vornamen Harald entdeckt. Dieser sei »am 20.7.1957 im Schlosshotel Wilhelmshöhe Kassel aufenthältlich gewesen«, wie die Beamten in einem Amtshilfeersuchen ihren Kollegen in Kassel zwecks Feststellung der Identität mitteilten. Die antworteten tags darauf, dass Harald von Bohlen und Halbach an jenem Tag »an einer im Schlosshotel stattgefundenen Hochzeit« teilgenommen und ohne weibliche Begleitung übernachtet habe.

Noch am selben Tag, einem Sonntag, wurde der Spross der Krupp-Dynastie diskret im menschenleeren Polizeipräsidium vernommen. Er gab an, »in der zweiten Märzhälfte« 1957 »auf der Straße in der Gegend des ›Frankfurter Hofes‹ die Rosemarie Nitribitt« kennengelernt zu haben. Sie habe ihn »von ihrem Wagen aus angesprochen«, dann hätten sie an diesem Abend »unweit des Opernhauses« eine Pension aufgesucht, wo er beide unter falschem Namen und als Ehepaar angemeldet habe. »Nach etwa einstündigem Aufenthalt«, während dessen es zum Geschlechtsverkehr gekommen sei, hätten sie die Pension wieder verlassen. Er habe ihr nach seiner Erinnerung 200 Mark gegeben, »einen höheren Betrag bestimmt nicht«. Bis Ende Oktober sei er etwa ein Dutzend Mal bei Rosemarie Nitribitt, die sich »Rebecca« nannte, in deren Wohnung gewesen und habe ihr »fast jedes Mal Geschenke mitgebracht«, mal ein Schmuckköfferchen, mal Perlenohrringe, goldene Armbänder oder ein Feuerzeug.

Die Hure Nitribitt sehnte sich nach einem bürgerlichen Luxusleben. Einer Freundin hatte sie einmal anvertraut, ihr Traum sei es, »einen Diplomaten oder einen prominenten Mann zu heiraten und dann als dessen Ehefrau einen großen Salon führen zu können«. Gegenüber einer Berufskollegin malte Rosemarie Nitribitt am Telefon aus, wen sie sich an ihrer Seite vorstellen könnte, etwa den mit der Woolworth-Erbin Barbara Hutton verheirateten früheren Tennisstar Gottfried von Cramm oder auch Berthold Beitz: »Der sieht so gut aus, der Junge«, schwärmte sie, sei »wahnsinnig intelligent« und »verdient, was er will«, fahre »nach Amerika und dann dahin und dahin« – »mit dem ginge ich«, sagte sie, »aber wenn ich mit dem schlafen ginge, der müsste mir ein Kind aufhängen«. Zu all dem kam es aber nie.

Nun also hatte sie Harald von Bohlen und Halbach an der Angel. Der war zwar offensichtlich sehr verliebt in sie, schrieb schwärmerische Briefe an »mein geliebtes Rehchen« und »mein Fohlen«. Aber ihm war klar, dass eine ernsthafte Beziehung für ein Mitglied der Krupp-Familie nicht infrage kam: »Wenn sie in Gesprächen auf Ehe anspielte«, sagte er der Polizei, »habe ich dieses Thema abgewendet mit Bemerkungen wie, dass man dann auf den Mond fahren müsste« – ein Beleg dafür, wie irreal es dem Galan erschien, hatte doch die Sowjetunion gerade erst, am 5. Oktober 1957, den ersten Sputnik auf eine Erdumlaufbahn geschickt.

Die Frankfurter Polizei ließ Kollegen der Essener Mordkommission Harald von Bohlens Alibi überprüfen. Nach einer Befragung zweier Hausangestellter kam der Kriminalhauptkommissar Hartung zu dem Schluss, es sei »kaum glaubhaft«, dass von Bohlen »in den kritischen Nächten« zwischen dem 28. Oktober und dem 1. November – der genaue Todeszeitpunkt war wegen grotesker Fehler der ermittelnden Beamten bei der Spurensicherung und der Zeugenvernehmung nicht feststellbar – »von Essen nach Frankfurt und zurück gefahren ist, ohne dass seine Abwesenheit von den beiden Frauen bemerkt worden wäre«.

Die Mordkommission ließ es dabei bewenden und behelligte auch die anderen Vertreter der Geldaristokratie, mit denen das Freudenmädchen Umgang gepflegt hatte, nicht über Gebühr. Gunter Sachs, später als Playboy berühmt, damals ein 24-jähriger Student, der die Blondine auf einer Party bei dem Milliardär Quandt in Bad Homburg kennengelernt hatte, belustigte sich Jahrzehnte danach in einem *Bunte*-Interview über das Verhör: »Nach zehn Minuten Routinefragen zur Person und meinem Alibi interessierten sich die Herren mehr für die Direkteinspritzung meines 300 SL Flügeltürers.« Nicht minder behutsam behandelte die Polizei den älteren Sachs-Bruder »Ernstl«, obschon die Nitribitt einer Bekannten angeblich erzählt hatte, »dass sie sehr verliebt in ihn gewesen sei und ihn auch schon in Schweinfurt besucht habe«. Eifersucht oder Erpressung, so wurde öffentlich spekuliert, hätten Auslöser des Dramas gewesen sein können. Die Kripo hatte sich jedoch frühzeitig auf Raub als Mordmotiv festgelegt – und das kam bei den reichen Kunden ja nicht in Betracht.

Die Ermittler fixierten sich auf den Handelsvertreter Heinz Pohlmann, einen verschuldeten Hochstapler, der im Schwulenmilieu verkehrte und kurz nach dem Mord Schulden in Höhe von 18 000 Mark tilgte. Pohlmann, eine Art Hausfreund der Nitribitt, hatte kein Alibi für die von der Polizei angenommene, freilich zweifelhafte Tatzeit, gab auf Fragen nach dem plötzlichen Geldsegen widersprüchliche Antworten und verstrickte sich immer wieder in Lügen. Die Staatsanwaltschaft klagte Pohlmann an, Nitribitt ermordet und beraubt zu haben, doch das Landgericht Frankfurt sprach ihn im Juli 1960 mangels Beweisen frei.

Eine Filmsatire über den Fall Nitribitt (»Das Mädchen Rosemarie«) begründete bereits 1958 den Mythos der »Nutte der Nation«. Drehbuchautor Erich Kuby, ein leidenschaftlicher Kämpfer gegen die Restauration in der Adenauer-Republik, schilderte darin einen Korruptionssumpf in der sich neu formierenden Klassengesellschaft, nach eigenem Bekunden auch inspiriert von einer Verlautbarung der Polizei, »dass sie auf die soziale Position des erstaunlich weitverzweigten Freundeskreises Rücksicht zu nehmen bereit ist«. Als das von Rolf Thiele inszenierte Kinowerk mit Nadja Tiller in der Hauptrolle zur Biennale nach Venedig eingeladen wurde, fürchtete das Bonner Auswärtige Amt, der Streifen könne dem Ansehen der Bundesrepublik im Ausland schaden, und wies die deutsche Botschaft in Rom an, bei der Festspielleitung auf eine Absetzung des Films zu drängen – vergebens.

Der tolpatschige Zensurversuch machte die Sache nur noch schlimmer, denn das satirische Kolportagedrama überzeichnete die angebliche Verstrickung der Nitribitt in die Militär- und Industriespionage erkennbar. Der Film wurde ein Kassenschlager und mit mehreren Preisen ausgezeichnet. Erst im Nachhinein zeigte sich, dass das Fantasieprodukt der Realität näher war, als sich Autor Kuby 1958 hatte ausmalen können.

Im Januar 1959 startete die Illustrierte *Quick* eine Fortsetzungsreihe, worin der gerade aus der Untersuchungshaft entlassene Beschuldigte Pohlmann über »persönliche Erlebnisse und Erfahrungen mit Rosemarie« schwadronierte. Die Illustrierte verband die schlüpfrigen Schilderungen mit einer eigenen Fahndungsaktion nach Rosemarie Nitribitts Mörder, wofür sie 50 000 Mark Belohnung aussetzte und einen pensionierten Düsseldorfer Kriminalrat beauftragte, die eingehenden Zuschriften »nach kriminalistischen Grundsätzen [zu] begutachten«.

Nach acht Folgen wurde die Serie jedoch abrupt abgebrochen – mit der Begründung, »in dieser ernsthaften Angelegenheit« hätten sich »so viele wichtige Gesichtspunkte ergeben, dass weitere Mitteilungen darüber unverantwortlich wären«: »Nunmehr hat die Großjagd nach dem Mörder ein Stadium erreicht, in dem die Wissbegierde der Öffentlichkeit hinter dem Interesse der Strafverfolgung zurücktreten muss.« Die seltsam gewundene Argumentation löste sogleich Gerüchte aus, der bis dahin so redselige Pohlmann sei bestochen worden und deshalb schlagartig verstummt.

Für das Ondit gab es einen handfesten Beleg. Drei *Quick*-Mitarbeiter übergaben der Staatsanwaltschaft am 2. März 1959 in Kopie den Entwurf einer Vereinbarung zwischen Pohlmann und einem »Kaufmann Joachim Hansen« aus Hamburg; das Papier hatte die Illustrierte von Pohlmann erhalten. Dieser sollte sich demnach verpflichten, »darauf hinzuwirken, dass die Veröffentlichungen in der *Quick* … eingestellt werden«, und einen Vertrag mit einer Filmproduktionsgesellschaft »zur Auflösung zu bringen«. Im Gegenzug sollte Pohlmann von »Herrn Hansen« in drei Tranchen insgesamt 250 000 Mark erhalten. Die Staatsanwaltschaft folgerte messerscharf, dass »ein Interesse an einer derartigen Vereinbarung wohl nur das Haus Krupp in Essen« haben könne.

Die Bestätigung lieferte Harald von Bohlen und Halbach am 13. März 1959, als er bei der Frankfurter Ermittlungsbehörde aussagte, dass Krupps Generalbevollmächtigter Beitz über einen Hamburger Anwalt »an Pohlmann ... herangetreten« sei, »um durch Zahlung einer Geldsumme zu erreichen, dass Pohlmann die Namen Krupp und von Bohlen und Halbach weder im Film noch in der Presse nenne«. Harald von Bohlen und Halbach »betonte, er habe diese Maßnahme weder veranlasst noch angeregt«. Vielmehr sei es »das Anliegen von Herrn Beitz gewesen, im Interesse von Familie und Firma Krupp zu verhindern, dass die Namen Krupp und Bohlen-Halbach in Verbindung mit Pohlmann und Nitribitt in Presse und Film genannt würden«.

Auf Bitten seines Vernehmers, des Gerichtsassessors Bauer, gab Harald von Bohlen und Halbach die Abläufe auch schriftlich in einem Brief an Oberstaatsanwalt Heinz Wolf noch einmal detailliert wieder. Danach hatte Ekhard von Maltzahn, zu jener Zeit Leiter der Exportabteilung von Krupp und mit Harald »persönlich befreundet«, diesen um den 15. Januar 1959 in dessen Büro bei der Wasag-Chemie AG in Essen aufgesucht und ihm unerfreuliche Neuigkeiten überbracht: Die Redaktion der Illustrierten *Revue* habe bei Krupp-Pressesprecher Jürgen Burandt angerufen, um ihn zu informieren, dass die Konkurrenten von der *Quick* in ihrer laufenden Nitribitt-Serie vermutlich den Namen Bohlen und Halbach nennen würden. Von dieser Nachricht aufgeschreckt, suchte noch am selben Abend Harald von Bohlen und Halbach den Generalbevollmächtigten Beitz in dessen Wohnung auf.

Wie Beitz in einer späteren Vernehmung bestätigte, kam von ihm »im Interesse der Familie Krupp« der Vorschlag, »durch unsere Pressestelle den Versuch zu machen, die Veröffentlichung des Namens zu verhindern«. Pressesprecher Burandt empfahl, so Beitz, »Herrn Hansen, der mir nicht bekannt war und der schon einmal in einer Presseangelegenheit tätig gewesen sein sollte, einzuschalten«.

Während Harald von Bohlen darauf hinwies, dass sein Bruder Alfried in den Plan eingeweiht worden sei, erwähnte Beitz in seiner Aussage den Konzernchef überhaupt nicht, sondern stellte sich als den alleinigen Initiator der Geheimhaltungsaktion dar. Der ominöse Herr Hansen und der Hamburger Rechtsanwalt Herbert Ernst Müller, berichtete Beitz, hätten am 20. Januar in seiner Wohnung »Überlegungen« vorgetragen, »wie man diese Presseveröffentlichungen verhindern könnte«. Der Anwalt habe vorgeschlagen, »an die Zeitungen im Auftrag eines nicht zu nennenden Mandanten zu schreiben, um sie ... auf die rechtlichen Folgen einer Veröffentlichung aufmerksam zu machen«. Beitz erklärte, er habe keinen Auftrag erteilt, »mit Pohlmann Verhandlungen aufzunehmen«.

Dies erscheint jedoch als eine nachträglich aufgestellte Behauptung. Denn Harald von Bohlen hatte in seinem Schreiben an Oberstaatsanwalt Wolf versichert, dass Beitz über die Verhandlungen Hansens und Müllers mit Pohlmann stets im Bilde gewesen sei. »Etwa am 10.2.«, berichtete Harald von Bohlen, »suchte mich Bu. [Burandt] in meinem Büro auf und berichtete mir im Auftrage von Herrn Beitz, dass Ha. und Mue. [Hansen und Müller] einen Punkt erreicht hätten, an dem entschieden werden müsste, wie man sich weiterhin verhalten wolle. Dieser Punkt war etwa: Abschluss eines Vertrages mit Pohlmann auf Übereignung des gesamten ›geistigen‹ Materials, soweit dieses Veröffentlichungen beträfe. Po. [Pohlmann] habe eine Million [Mark] gefordert, jetzt sei man schon auf 250 000 herunter, man hoffe, bis auf 70-80 000 gelangen zu können.« Hansen, erläuterte Harald von Bohlen, habe sich gegenüber Pohlmann als »Interessent für die Publikations- und Filmrechte« ausgegeben.

Pohlmann habe indes, wie Burandt in dem Gespräch mit Harald von Bohlen berichtete, Wind davon bekommen, dass Hansen und Müller »für die Krupps arbeiteten«. Harald von Bohlen drängte, »aufgrund dieser fürwahr beängstigenden Komplizierung des Falles und um weitere Gefährdungen zu vermeiden«, die Aktion rasch abzublasen, zumal auch Beitz den Eindruck vermittelt habe, »dass Ha. und Mue. sich u. a. auf diese Weise auf lange Sicht ein sicheres Einkommen sichern wollten«. Zwar beharrten Hansen und Müller in einem persönlichen Gespräch darauf, »dass ein Abschluss des vorgesehenen Vertrages nach Menschenermessen eine Publikation von Namen in der Presse oder im Film verhindern könne«, auch wenn »eine Garantie hierfür ... unmöglich« sei. Aber Harald von Bohlen mochte sich nicht länger auf die windige Taktik einlassen. »Nach meiner Rücksprache mit Beitz« werde er Hansen und Müller »über unsere Entscheidung« informieren – ein weiterer Hinweis darauf, dass Beitz den Gang der Verhandlungen maßgeblich bestimmte.

Durch Pressesprecher Burandt ließen Beitz und Harald von Bohlen und Halbach dem Hamburger Anwalt und dessen Mandanten mitteilen, »dass sie sich, ohne neuen Schaden zu verursachen, allmählich und so schnell wie möglich von Po. lösen sollten und dass eine Vereinbarung mit Po. nicht zu treffen sei«. Pohlmann, der nun seine Felle davonschwimmen sah, wandte sich daraufhin am 7. April mit einem erpresserischen Brief an Beitz.

Davon ausgehend, »dass der Abschluss des Vertrages zu 95 % sicher sei«, habe er »auf verschiedene Abschlüsse verzichtet«. Nun stehe er »vor einem Nichts«, während ihm »Auslandspresse und Film« Angebote machten, »mit wenig schönen Dingen Geld zu verdienen«: »Diese Leute wollen jetzt von mir Namen und mehr erfahren, um so mit einem Skandal ihre Geschäfte zu machen.« Man habe ihm ein Drehbuch für einen Film vorgelegt, schrieb der schmierige Ganove an Beitz, doch »mit Ihrer Unterstützung« könne er »vieles ändern«. Er wünsche sich »nichts mehr als Ruhe, und hierbei könnten Sie mir im Interesse Ihres Hauses helfen«.

Beitz antwortete nicht, sondern ließ das Erpresserschreiben an die Staatsanwaltschaft schicken. Später behauptete Pohlmann, er habe 50 000 Mark »Schweigegeld« erhalten, forderte aber von Rechtsanwalt Müller 200 000 Mark »Schadensersatz«.

Als Albert Kalk, damals Kriminaldirektor in Frankfurt, davon hörte, »dass Pohlmann Geld bekam, nicht von Harald von Bohlen und Halbach, sondern von der Firma Krupp«, rief er sogleich »den zuständigen Mann« an, offenkundig Krupp-Pressesprecher Burandt. Der habe zu ihm gesagt: »Wissen Sie, wir geben so viel Geld aus, damit unser Name bekannt wird, im positiven Sinne, da können wir doch die für uns paar tausend Mark auch ausgeben, damit verhindert wird, dass er im negativen Sinn bekannt wird.«

Oberstaatsanwalt Heinz Wolf, der sich so ausführlich über den geplanten Deal zwischen Krupp und Pohlmann informieren ließ, war übrigens für die Krupps kein Unbekannter, wie die Autorin Helga Dierichs 40 Jahre später herausfand: Wolf war einer der Verteidiger Alfried Krupps im Nürnberger Prozess gewesen. Helga Dierichs versuchte auch Beitz zu befragen, doch der mochte, so die Journalistin, »an diese unappetitliche Geschichte nicht mehr erinnert werden«.

6. KAPITEL

DER ALMOSENVERTEILER

»Dies wird in unserem Hause mit Bitterkeit empfunden«

Mordechai S. war im selben Jahr geboren wie Alfried Krupp. Er stammte aus einer polnischen Kleinstadt und wurde 1941 mit seiner Frau und seinen drei Kindern gefangen genommen und nach Auschwitz transportiert. Seine Familie wurde sofort ermordet, ihm wurde eine Nummer auf den linken Arm tätowiert, die ihn als Arbeitssklaven auswies. Im September 1943 wurde Mordechai S. von Abgesandten der Firma Krupp ausgewählt und mit anderen Häftlingen auf einem Lastwagen in ein Lager bei Fünfteichen in Schlesien gebracht. Die Gefangenen mussten in einer Munitionsfabrik des Konzerns bei Markstädt arbeiten, etwa vier Kilometer vom Lager entfernt. Jeden Morgen um 4 Uhr hatten die Häftlinge zum Appell anzutreten, der eine Stunde dauerte, dann marschierten sie zu der Fabrik, wo sie von Meistern der Firma Krupp überwacht und unter Androhung von Gewalt bis zur totalen Erschöpfung schuften mussten. An einer Drehbank verlor Mordechai S. einen Daumen und einen Zeigefinger.

Schicksale wie das von Mordechai S. waren Berthold Beitz nicht fremd. Die jüdischen Zwangsarbeiter bei der Karpathen-Öl AG in Boryslaw waren allerdings vergleichsweise human behandelt worden, nicht nur weil Beitz sich für sie einsetzte: Sie erhielten einen wenn auch kargen Lohn und halbwegs ordentliche Mahlzeiten. In der Regel aber wurden Zwangsarbeiter in der deutschen Industrie brutal ausgebeutet, bekamen unzureichendes Essen und vegetierten unter miserablen hygienischen Verhältnissen. Für einen Facharbeiter bezahlten Krupp und die anderen Nutznießer der Sklavenarbeit sechs Reichsmark pro Kopf und Arbeitstag an die SS, für Hilfsarbeiter und Frauen vier Mark. »Klar ist«, bilanzierte der britische Wirtschaftshistoriker Adam Tooze, »dass das Kosten-Nutzen-Verhältnis zwischen den Gebühren, die für die ›Vermietung‹ von KZ-Insassen an die SS zu zahlen waren, und der durchschnittlichen Produktivität eines Häftlings für den industriellen ›Arbeitgeber‹ ausgesprochen günstig ausfiel.«

Von den etwa 278 000 Arbeitskräften, die 1944 in den 81 Krupp-Werken arbeiteten, waren rund 100 000 ausländische Zwangsarbeiter – Kriegsgefangene, deportierte Zivilisten aus den besetzten Ländern und KZ-Häftlinge. Sie mussten das zum Kriegsdienst einberufene Stammpersonal ersetzen. Rund 70 000 von ihnen überlebten die Schindereien nicht. Die »verbrauchten« Arbeitskräfte wurden in die Konzentrationslager zur Vernichtung »rücküberstellt«.

Beitz, noch nicht einmal ein Vierteljahr an der Spitze des Krupp-Konzerns, wurde mit seinen Kriegserlebnissen konfrontiert, als Mordechai S. im Januar 1954 beim Landgericht Essen eine Klage gegen Krupp auf Schadensersatz einreichte. Anfangs forderte er 40 000 Mark, aber da Krupp darauf bestand, dass der mittellose Mordechai S. den vom Streitwert abhängigen Gerichtskostenvorschuss bar hinterlegen müsse, reduzierte er seine Forderung auf 2000 Mark.

Hoffnungen auf eine Entschädigung machte sich Mordechai S. angesichts eines im Juni 1953 ergangenen Urteils des Landgerichts Frankfurt am Main in einem ähnlichen Fall. Der ehemalige Zwangsarbeiter Norbert Wollheim, der als KZ-Häftling für die I.G. Farbenindustrie AG im Buna-Werk in Auschwitz-Monowitz als Schweißer schuften musste, hatte von der in Liquidation befindlichen Chemie-Firma erfolgreich 10 000 Mark Schadenersatz und Schmerzensgeld eingeklagt. Die dritte Zivilkammer des Landgerichts Frankfurt am Main wertete die Tatsache der Sklavenarbeit als gesundheitsverletzenden Eingriff in das Leben des Klägers. Gegen das Urteil legte die I.G. Farben Berufung ein, während des zweitinstanzlichen Prozesses vor dem Oberlandesgericht Frankfurt am Main wurden Vergleichsverhandlungen geführt.

Die deutsche Wirtschaft, allen voran der Bundesverband der Deutschen Industrie (BDI), sah in dem angestrebten Vergleich »ein gefährliches Präjudiz für die gesamte übrige Wirtschaft«, wie BDI-Hauptgeschäftsführer Gustav Stein dem Chef des Kanzleramts und einstigen Kommentator der NS-Rassengesetze, Hans Globke, 1956 warnend schrieb. »Statt des Wollheim-Prozesses würde dann anschließend natürlich in einem weiteren Musterprozess gegen eine andere Firma – an erster Stelle kommt hier wohl Krupp in Frage – vorgegangen werden.«

Dass Kläger wie Mordechai S. Nachahmer finden könnten, war auch die größte Sorge der Firma Krupp. Im Juli 1954 musste sich das Krupp-Direktorium ohnehin mit einem Antrag »einer früher für die Firma tätig gewesenen jüdischen KZ-Insassin (Frau Grünebaum)« befassen, »ihr wegen Erkrankung eine soziale Hilfe zu gewähren«. Das Direktorium vertagte eine Entscheidung, erst solle Chefjustitiar Hermann Maschke »zu der Frage gehört werden, ob die Firma sich im Hinblick auf andere Fälle nicht durch eine solche Zahlung präjudiziere«.

Die westdeutsche Industrie verschanzte sich hinter einer Bestimmung des im Februar 1953 geschlossenen »Londoner Schuldenabkommens«. Darin war festgelegt, dass Klagen gegen »Agenturen« des Deutschen Reiches – als solche wurden auch die Unternehmen betrachtet, die Zwangsarbeiter beschäftigt hatten – bis zur endgültigen Regelung der Reparationsfrage nicht erhoben werden könnten. Die Firmen, so wurde argumentiert, hätten sich gegen die Vereinnahmung durch die NS-Diktatur nicht wehren können. Deshalb müssten Forderungen auf Schadensersatz bei der Rechtsnachfolgerin des Deutschen Reiches, also der Bundesrepublik, direkt geltend gemacht werden. Als sich jedoch im Frühjahr 1954 die Organisationen der jüdischen Naziopfer, allen voran die »Conference on Jewish Material Claims against Germany«, kurz Claims Conference, des Wollheim-Falles annahmen, sah die I.G. Farben gewaltige Forderungen und Prozesskosten auf sich zukommen. Wenn die rund 3400 überlebenden ehemaligen Zwangsarbeiter der I.G. Farben, gestützt auf das Wollheim-Urteil, ähnliche Summen erstritten, würde dies einen höheren zweistelligen Millionenbetrag kosten. Deshalb schloss die I.G. Farben im Februar 1957 einen Vergleich mit der Claims Conference und stellte pauschal 30 Millionen Mark für ehemalige Zwangsarbeiter zur Verfügung – unter der Bedingung, dass keine weiteren Entschädigungsansprüche an die I.G. Farben gestellt würden.

Bis dahin hatte sich Krupp überhaupt nicht gerührt. Nicht einmal an einem gemeinsamen Fonds der Firmen, die KZ-Häftlinge beschäftigt hatten und den der BDI im November 1957 anregte, wollte man sich beteiligen.

Alfried Krupp gab sich halsstarrig, weil er sich im Recht glaubte. Vor dem Nürnberger Tribunal hatte er behauptet, von den Misshandlungen der Zwangsarbeiter in den Krupp-Werken nichts gewusst zu haben. Dabei waren Schikanen, Folterungen und Quälereien an der Tagesordnung gewesen. Schon im April 1942 hatte ihn Tilo von Wilmowsky, der Ehemann seiner Tante Barbara und Mitglied des Krupp-Aufsichtsrats, in einem Brief auf die Lage russischer Fremdarbeiter aufmerksam gemacht: Man könne »sie (die wohlgenährt ankamen!)« doch nicht »hier hinter Stacheldraht ... setzen« und »langsam verhungern ... lassen«.

Krupp folgte lieber der Argumentation seines Verteidigers Otto Kranzbühler, dass das Zwangsarbeitsprogramm der Nazis nicht ungesetzlich gewesen sei. Der Anwalt hatte in Nürnberg die aberwitzige These vertreten, die Haager Konvention, von der sich das Kriegsrecht und das Verbot der Zwangsarbeit ableiten, sei – so zitierte ihn der ehemalige US-Chefankläger Telford Taylor – das »Produkt einer liberalen, bourgeoisen Ideologie, die überholt« sei; der »totale Krieg«, den Kranzbühler als angelsächsisches Konzept beschrieb, habe Deutschland von jeder Verpflichtung befreit, an den Haager Regeln festzuhalten.

Einsicht oder Reue gar zeigte Alfried Krupp auch später nicht. 1953 sagte er dem britischen *Sunday Express*: »Es war entsetzlich, aber wir wurden wie andere deutsche Unternehmen auch dazu gezwungen, Sklavenarbeit zu akzeptieren. Unter solchen Bedingungen geschehen schlimme Dinge.«

Doch die öffentliche Meinung, zumal im Ausland, wendete sich gegen ihn. Im Sommer 1957 hatte das US-Magazin *Time* eine Titelgeschichte über Alfried Krupp und sein wieder erstarktes Firmenimperium gedruckt, dessen Wert auf eine Milliarde Dollar taxiert wurde, was damals etwa vier Milliarden Mark entsprach. Damit, so begann der *Time*-Artikel, sei Krupp »der reichste Mann in Europa – und vielleicht auf der Welt«. Unter den jüdischen Organisationen löste der Artikel Verbitterung aus, weil der Krösus Krupp dem armen Mordechai S. nicht einmal 2000 Mark aus seinem Riesenvermögen als Wiedergutmachung zugestehen wollte. Deshalb beschloss die Claims Conference, nunmehr an mehreren Fronten aktiv zu werden, um den Forderungen Nachdruck zu verleihen.

Der Jurist Benjamin B. Ferencz, ein amerikanischer Staatsbürger ungarisch-jüdischer Herkunft, der 1947/48 im Prozess gegen die Einsatzgruppen des Sicherheitsdienstes der SS Chefankläger vor dem Nürnberger Militärgericht gewesen war, bereitete für die Claims Conference eine Sammelklage ehemaliger Zwangsarbeiter gegen Krupp vor. Ferencz hatte das »Luxemburger Abkommen« im September 1952 mit ausgehandelt, demzufolge die Bundesrepublik dem Staat Israel innerhalb von zehn Jahren Waren im Wert von drei Milliarden Mark liefern und der Claims Conference im selben Zeitraum 450 Millionen Mark zahlen sollte. Auch den Wollheim-Vergleich mit der I.G. Farben im Februar 1957 hatte Ferencz maßgeblich betrieben. Deshalb sah er gute Chancen, auch Krupp zu einer Entschädigungszahlung zu zwingen.

Während Ferencz noch Material für seine Klage sammelte, versuchte es der Industrielle Jacob Blaustein, Vizepräsident der Claims Conference, mit Diplomatie. Blaustein, der mit Ölgeschäften zu stattlichem Reichtum gekommen war und großen Einfluss im Weißen Haus hatte, war mit John McCloy, dem früheren Hochkommissar und jetzigen Vorstandsvorsitzenden der Chase National Bank, nicht nur geschäftlich, sondern auch freundschaftlich verbunden. Von Blaustein stammte die Idee, dass McCloy auf Krupp sanften Druck ausüben könnte, damit dieser bußfertig werde. Blaustein rief McCloy an, und der versprach zu helfen, sofern er könne.

McCloy zögerte allerdings, direkt an Krupp zu appellieren. Er fürchtete, dass seine Einmischung als Versuch gesehen würde, nachträglich eine Gegenleistung für die Begnadigung Krupps einfordern zu wollen. Schließlich schrieb er Krupp im Juni 1958 einen Brief. Darin stellte er unter Hinweis auf den Wollheim-Vergleich mit der I.G. Farben die Frage, »ob ein ähnlicher Schritt nicht auch von dem Krupp-Konzern getan werden sollte oder ob es überhaupt schon jemals in Betracht gezogen worden ist, dass ein solcher Schritt getan werden müsste«. Mit gewundenen Formulierungen versicherte McCloy, er habe keine »sachverständige« Meinung zu der Rechts- und Haftungsfrage und »kein anderes Interesse in dieser Sache … als nur das, Deutschland zu helfen und dass dabei die deutsche Industrie ihren guten Namen in der Welt dadurch behalten möge, dass sie alles tut, was billig und gerecht erscheint, um die Auswüchse des Naziregimes wiedergutzumachen«.

Einige Wochen später, Anfang September 1958, traf Beitz während einer Amerikareise in New York auch McCloy und bat ihn um einen detaillierteren Vorschlag. Jacob Blaustein schickte McCloy umgehend den Entwurf eines Abkommens, der dem Vertrag mit der I.G. Farben weitgehend entsprach. McCloy berichtete der Claims Conference, dass Krupp an dem Plan interessiert sei; der deutsche Industrielle wolle es aber in der Öffentlichkeit so darstellen, dass er aus eigenem Antrieb und nicht unter äußerem Druck zahle. Die Claims Conference war bereit, vorerst abzuwarten, um Krupp die Chance einzuräumen, »aus eigenen Stücken« Freigebigkeit zu beweisen.

Doch Monat um Monat verging, ohne dass Krupp Entgegenkommen zeigte. Ferencz beauftragte Ernst Katzenstein, seinen mittelbaren Nachfolger als Deutschland-Direktor der Claims Conference, am 5. Januar 1959, Beitz um ein Gespräch in Essen zu bitten. Beitz erwiderte ausweichend, die Bundesregierung verhandle gerade mit verschiedenen Staaten über Kompensationsabkommen, vereinbarte dann aber doch einen Termin mit Katzenstein. Beitz brachte Chefjustitiar Maschke mit, einen Exnazi, der ebenfalls zu Alfried Krupps Verteidigern in Nürnberg gehört hatte. Maschke argumentierte, Krupp seien die Zwangsarbeiter aufgenötigt worden, es habe sich nur um einen kurzen Zeitraum und um sehr wenige Leute gehandelt, die überdies gut behandelt worden seien. Die Einlassungen Maschkes standen in eklatantem Widerspruch zu den Beweisunterlagen aus dem Nürnberger Prozess, die Ferencz vor allem in amerikanischen Archiven aufgestöbert hatte. Beitz, berichtete Ferencz, sei des »Geplänkels und Debattierens« bald überdrüssig gewesen und habe wissen lassen, »dass er wichtigere Dinge zu tun habe«: Er flog in einer Privatmaschine Krupps nach Moskau, um mit den Sowjets über Geschäfte zu reden.

Maschke bat Katzenstein am nächsten Tag, ihm eine genaue Zahl der potenziellen jüdischen Antragsteller zu nennen, ihre

Adressen und Herkunft und wann sie in welchem Krupp-Betrieb gearbeitet hätten. Vorläufige Schätzungen anhand der Nürnberger Prozessunterlagen ergaben, dass von den jüdischen Häftlingen, die für Krupp gearbeitet hatten, noch etwa 2000 lebten. Falls jeder von ihnen 5000 Mark erhalten sollte, beliefe sich die Forderung gegen Krupp auf insgesamt 10 Millionen Mark.

Statt eines Angebots erhielt Katzenstein im Juni 1959 einen Brief von Beitz. Die Firma Krupp sei »nach sorgfältiger Überprüfung aller Gesichtspunkte ... zu der Auffassung gelangt, dass eine positive Stellungnahme zu dem Vorschlag der Conference auch rechtlich präjudizielle Bedeutung für andere Unternehmen haben« könne; dies glaube man »jedenfalls solange nicht verantworten zu können, als die Rechtsfrage, ob die Unternehmen haftbar gemacht werden können, noch nicht endgültig geklärt« sei. Insbesondere wolle man in ein »laufendes Revisionsverfahren vor dem Bundesgerichtshof, in das eine andere Firma« – gemeint war Rheinmetall – »verstrickt ist, auch nicht mittelbar eingreifen«.

Beitz schützte also eine angebliche Solidarität mit anderen deutschen Firmen vor, um weitere Verhandlungen abzulehnen. Ferencz fand Beitz' Argumentation »nicht überzeugend«: Eine humanitäre Geste Krupps ohne Anerkennung einer Rechtspflicht hätte durchaus nicht präjudizierend gewirkt. Bis zu einer endgültigen Entscheidung des Bundesgerichtshofs konnten aber Jahre vergehen. Selbst wenn dieser die Forderungen der ehemaligen Zwangsarbeiter anerkennen würde, käme die Entscheidung für die meisten Petenten zu spät, um einen neuen Prozess anzustrengen.

Krupp schien zynisch auf eine biologische Lösung der Zwangsarbeiterfrage zu setzen. Deshalb signalisierte die Claims Conference, dass sie – neben den Vermittlungsbemühungen, die unterdessen in ihrem Auftrag auch der Hamburger Bankier Eric Warburg aufgrund persönlicher Beziehungen zu Krupp und

Beitz unternahm – in Deutschland und den Vereinigten Staaten juristische Schritte einleiten würde. Zugleich plante die Claims Conference einen publizistischen Feldzug, um »nicht nur Krupps Ruf einen Stoß zu versetzen, sondern auch seinen geschäftlichen Expansionsmöglichkeiten in der ganzen Welt«. Deshalb wollte die Claims Conference durch öffentlichen Druck die US-Regierung dazu bringen, die Erfüllung der Verkaufsauflage zu erzwingen.

Ferencz bat Warburg am 31. August 1959, Beitz und Krupp zu warnen: Wenn die Claims Conference zu einem solchen Schritt genötigt sei, werde Krupp wohl »mehr verlieren als die lächerliche Summe«, um die es bei der Entschädigung ehemaliger Zwangsarbeiter gehe. Warburg erhielt auch Kopien aller Dokumente, die Alfried Krupp belasteten, darunter das Dokument NIK-11234, das die Warnung eines Krupp-Direktors an seine Kollegen enthielt, sie alle könnten nach dem Krieg strafrechtlich zur Verantwortung gezogen werden für die Ausnutzung von KZ-Insassen. Es hatte im Hause Krupp also durchaus Unrechtsbewusstsein gegeben.

Warburg reiste nach Essen und zeigte Beitz einige der belastenden Papiere. Er drängte Beitz, schnell zu handeln, ehe die Claims Conference die Klage bei Gericht einreichen würde. Beitz schien sich dem Argument Warburgs nicht zu verschließen, dass es gewichtigere Aspekte gebe als rein rechtliche. Er deutete an, dass er bereit sei, nach Amerika zu fliegen und die Sache schnell abzuwickeln, aber er brauche die Einwilligung seines Chefs. Krupp wisse, wie viel er McCloy verdanke, aber er sei sehr verärgert über den Druck, der auf ihn ausgeübt werde, und er wolle nicht den Eindruck erwecken, als fügte er sich Drohungen.

Im November 1959 flog Beitz mit Zustimmung Krupps in die USA, um eine Vereinbarung über die jüdischen Ansprüche abzuschließen. Im Gegenzug verlangte Krupp die Zusicherung der jüdischen Organisationen, dass sie keine Prozesse gegen ihn anstrengen würden. In New York erklärte Beitz der Claims Conference, dass Krupp bereit sei, 5 bis 6 Millionen Mark aufzubringen, um jedem Anspruchsberechtigten 5000 Mark zu geben, und dass Krupp bis zu einer Obergrenze von 10 Millionen Mark und eventuell noch etwas mehr zahlen würde.

Beitz betonte, dass er es eilig habe, um noch ein Flugzeug nach Deutschland zu erreichen. Unter Zeitdruck wurde deshalb ein Memorandum verfasst, dem beide Seiten zustimmten. Den endgültigen Text sollten Katzenstein und Krupps Anwälte gemeinsam formulieren.

Sechs Stunden verhandelten die Parteien am 2. Dezember 1959 in Essen, dann wurde der Vertragstext paraphiert. Darin stand, dass Krupp, ohne eine gesetzliche Verpflichtung anzuerkennen und »ohne die Position anderer deutscher Firmen zu präjudizieren«, Geld zur Verfügung stelle, »um die Leiden zu erleichtern«, die jüdischen KZ-Insassen »als Folge der nationalsozialistischen Politik« zugefügt worden seien, als sie in Krupp-Betrieben beschäftigt waren. 6 Millionen Mark sollten an jüdische Bittsteller gehen, die gegenüber der Claims Conference glaubhaft nachweisen konnten, dass sie als KZ-Insassen für Krupp gearbeitet hatten. Falls 6 Millionen Mark nicht ausreichten, um jedem anerkannten Petenten 5000 Mark zu gewähren, wollte Krupp bis zu 4 Millionen Mark dazulegen. Sollten jedoch 10 Millionen Mark immer noch nicht ausreichen, müsste der Betrag für jeden Einzelnen verringert werden.

Anders als die I.G. Farben, die 3 der 30 Millionen Mark aus der Vergleichssumme für nicht jüdische ehemalige Zwangsarbeiter reserviert hatte, weigerte sich Krupp, solchen Bittstellern eine Entschädigung zu zahlen. Die Rechtsabteilung teilte dem Zentralkomitee der »Nazi Victims Refugees in the Free World« in London mit, »in Anbetracht der erheblichen finanziellen Belastung betreffs der jüdischen KZ-Häftlinge« sehe man sich »bedauerlicherweise nicht in der Lage …, weitere Gelder zu erübrigen«.

Am 23. Dezember 1959 gab der Essener Konzern in der Hauspostille *Krupp-Mitteilungen* den Inhalt des Abkommens mit der Claims Conference bekannt. Alleininhaber Krupp, hieß es in der Firmenzeitschrift, habe sich »zu diesem Abkommen entschlossen, um persönlich dazu beizutragen, die durch den Krieg geschlagenen Wunden vernarben zu lassen«.

Was für eine Dreistigkeit: Der Täter bot den Opfern Versöhnung an. Für die Almosen, die ihm nach langwierigen Verhandlungen abgerungen wurden, ließ er sich auch noch feiern. Und sein Majordomus Berthold Beitz, der einst der Vernichtungsmaschinerie der Nazis in Boryslaw mutig entgegengetreten war, verweigerte sich dem schäbigen Schauspiel nicht.

Beitz rühmte sich gar noch, als Pionier der Wiedergutmachung und als großzügiger Wohltäter gewirkt zu haben. »Auf freiwilliger Basis«, behauptete Beitz später, habe Krupp 10 Millionen Mark bezahlt. »Unter Berücksichtigung der Inflation und einer langfristigen Verzinsung«, rechnete Beitz 40 Jahre nach dem Krupp mühsam abgetrotzten Abkommen vor, »entspräche das heute einem Betrag von 140 Millionen Mark.«

Das war reichlich übertrieben: Seriöse Berechnungen gehen davon aus, dass 10 Millionen Mark im Jahr 1959 vier Jahrzehnte später einer Kaufkraft von rund 35 Millionen Mark entsprochen hätten. Außerdem berücksichtigten die gezahlten Entschädigungen nicht, was den von Krupp ausgebeuteten Arbeitssklaven tatsächlich an entgangenem Lohn zugestanden hätte. Nach einer Berechnung des Wirtschaftswissenschaftlers Thomas Kuczynski hätte die deutsche Industrie, die in den 1950er- bis 1980er-Jahren insgesamt knapp 80 Millionen Mark an »Wiedergutmachung« leistete, den NS-Zwangsarbeitern unter Berücksichtigung der Lohn- und Kaufkraftentwicklung bis zum Jahr 2000 allein Löhne in Höhe von 228 Milliarden Mark nachzahlen müssen.

Für deutsche Firmen, konstatierte Kuczynski, sei es günstiger gewesen, »>den‹ Juden ein paar Mark in die Hand zu drücken und in Ruhe ihre internationalen Geschäfte betreiben zu können, als weiter mit deren Forderungen belästigt und belastet zu werden«. Es könne »keine Rede davon sein, dass vor 1989 irgendeines der bundesdeutschen Unternehmen freiwillig oder gar als ›Geste der Versöhnung‹ gezahlt habe«, vielmehr hätten sie »allein aus ökonomischen Gründen gezahlt«.

7000 ehemalige KZ-Insassen bewarben sich um ihren Anteil am Krupp-Fonds. Die Zahl der Anträge war also wesentlich höher, als man vorher angenommen hatte. Jeder anerkannte Bewerber erhielt einen Abschlag von 3000 Mark und die vage Andeutung, dass noch etwas dazukäme, sobald die Gesamtzahl der berechtigten Ansprüche feststehe. Weil sich abzeichnete, dass die 10 Millionen Mark im Krupp-Fonds nicht ausreichten, um auch nur die Abschlagszahlung von 3000 Mark pro Antragsteller beizubehalten, mussten die Zahlungen vorübergehend eingestellt werden. Das Prüfungskomitee wurde angewiesen, so restriktiv wie möglich zu verfahren.

Die Claims Conference kam dadurch gegenüber den ehemaligen Zwangsarbeitern in eine missliche Lage. Sollte sie zugeben, dass sie schlecht verhandelt hatte? Nahum Goldmann, Präsident der Claims Conference und zugleich Vorsitzender des Jüdischen Weltkongresses, des Dachverbands aller jüdischen Organisationen außerhalb Israels, wollte Krupp um einen Nachschlag bitten und verabredete deshalb eine Zusammenkunft mit Beitz in Bonn. Beitz, so schilderte es Goldmann gegenüber Katzenstein nach dem Treffen, schien bereit, eine zusätzliche Zahlung zu erwägen, wollte aber erst Rücksprache mit seiner Rechtsabteilung halten.

Dann aber rührte sich Beitz nicht mehr. Erst auf ein Erinnerungsschreiben Katzensteins reagierte er am 9. Mai 1963 brüsk: »Ich möchte darauf aufmerksam machen, dass in meinem Gespräch mit Herrn Dr. Goldmann von diesem klar bestätigt wurde, dass auch nach seiner Auffassung unser Entschädigungsabkommen die Geltendmachung weiterer Ansprüche ausschließt. Ein Gespräch über diese Frage halte ich daher nicht für erforderlich.«

Goldmann verstand nicht, warum Beitz einen Rückzieher machte, und schrieb ihm am 12. Juni 1963: »Lieber Herr Beitz, ich fürchte, dass Sie unser Gespräch in Bonn ein wenig missverstanden haben.« Doch Beitz antwortete am 26. Juni 1963 »kaltschnäuzig« (Ferencz), Krupps Zahlung sei wegen der Ungewissheit über die Zahl der Forderungen von 6 auf 10 Millionen Mark erhöht worden, und damit sei der Vertrag erfüllt. »Trotz allem Verständnis für die schwere Lage der ehemaligen KZ-Häftlinge, das wir durch unsere freiwillige, lediglich aus moralischen Gründen geleistete Entschädigung zum Ausdruck brachten, sehen wir uns nicht in der Lage, weitere Beträge zur Verfügung zu stellen. Ich halte daher auch ein Gespräch über diese Angelegenheit für nicht angebracht.«

Da Gespräche offenbar nicht fruchteten, wollte man es mit einer schärferen Gangart versuchen. Das immer noch unter Verkaufsauflage stehende Hüttenwerk Rheinhausen blieb Krupps verwundbare Stelle. Die Claims Conference meinte, dass Krupp die KZ-Überlebenden kaum mit der Begründung zurückweisen könne, »Vertrag ist Vertrag«, wenn er selbst zur gleichen Zeit darauf hinarbeitete, das »Mehlemer Abkommen« mit den Alliierten auszuhebeln.

Rabbi Joachim Prinz, der Vorsitzende des jüdischen Kongresses in Amerika, schrieb am 29. Oktober 1963 an US-Außenminister Dean Rusk: »Wir bitten die Vereinigten Staaten nachdrücklich darum, die sofortige Erfüllung des Veräußerungsbefehls durchzusetzen.« Zehn Jahre lang hatte Beitz in Krupps Auftrag die alliierte Verkaufsauflage erfolgreich verschleppt, allmählich kümmerte sich kaum noch jemand um die immer noch offene Frage – und nun wurde die Sache wieder öffentlich. Beitz reagierte sofort und bat Goldmann um ein erneutes Treffen. Bei dieser Begegnung schlug Goldmann vor, den Fonds um 5 Millionen Mark aufzustocken.

Der Wert des Konzerns, der ja Alfried Krupp allein gehörte, wurde zur Zeit der Entschädigungsverhandlungen auf 4 bis 5 Milliarden Mark geschätzt. Was hätte sich Krupp vergeben, wenn er die Zahlungen an die überlebenden jüdischen Zwangsarbeiter um 5 Millionen Mark erhöht hätte?

Aber die Krupp-Anwälte verlangten erst einmal Einsicht in die Unterlagen der Kompensationstreuhandgesellschaft, über die die Zahlungen abgewickelt wurden. Und schließlich kam von Beitz doch eine Absage: Krupp sehe sich grundsätzlich nicht in der Lage, den ausgehandelten Betrag anzuheben.

Die Aufstellung der Treuhandgesellschaft zeigte, dass 3090 Antragsteller aus 33 Ländern eine Gesamtsumme von 10 050 900 Mark erhalten hatten – der 10 Millionen übersteigende Betrag waren Zinsen, die die Treuhandgesellschaft erwirtschaftet hatte. Fast 4000 Antragsteller gingen leer aus. Der Höchstbetrag, der ehemaligen Krupp-Zwangsarbeitern überwiesen wurde, waren 3300 Mark – nur zwei Drittel der Quote, die einstigen Arbeitssklaven der I.G. Farben, die länger als sechs Monate im Buna-Werk gearbeitet hatten, nach dem Vergleich zugesprochen worden war, und nicht mehr als »Brosamen vom Herrentisch« (so der Titel eines Buches des Wirtschaftswissenschaftlers Thomas Kuczynski). Nahum Goldmann machte Beitz höflich auf die Diskrepanz aufmerksam: »Es sollte nicht außer Acht gelassen werden, dass unser Bemühen auf eine Bewirkung von Zahlungen gerichtet ist, welche von den armen Antragstellern als angemessen empfunden werden und nicht ihre Bitterkeit noch verschärfen.« Krupp möge die Sache doch noch einmal überdenken.

Es war wohl das Wort »Bitterkeit« in Goldmanns Brief, das Beitz in Rage versetzte. Denn nun drehte er den Spieß um: Wenn jemand zu Recht Bitterkeit empfinden könne, dann sei dies Alfried Krupp, behauptete Beitz allen Ernstes in seiner Erwiderung. Denn Krupp sei in Nürnberg unter anderem dafür verurteilt worden, dass rund 400 ungarisch-jüdische Zwangsarbeiterinnen, die kurz vor Kriegsende von Essen ins KZ Buchenwald überstellt werden sollten, mutmaßlich den Tod gefunden hätten – und nun stellte sich heraus, dass sie lebten und Ansprüche stellten. »Ihrem Bericht über den bisherigen Verlauf des Anmeldeverfahrens«, schrieb Beitz, »haben wir u. a. entnommen, dass sich unter den Anspruchstellern annähernd 400 Ungarinnen befinden, von denen im Nürnberger Urteil ausgeführt ist, dass sie durch Krupp der Vernichtung preisgegeben worden seien. Diese Unrichtigkeit hat zusammen mit anderen Verzerrungen sicherlich mit zu der hohen Freiheitsstrafe, zu der Herr von Bohlen verurteilt wurde und die er zum erheblichen Teil abgebüßt hat, beigetragen. Hierfür gibt es keine Wiedergutmachung, auch nicht einmal eine moralische in der Weltöffentlichkeit. Sie werden verstehen, dass diese Erkenntnis in unserem Hause mit Bitterkeit empfunden wird.«

Die Argumentation, die sich Beitz als Stimme seines Herrn zu eigen machte, erscheint perfide. Gerade das Schicksal dieser Jüdinnen hätte den einstigen Judenretter Beitz nachdenklich machen müssen.

Wegen des Arbeitskräftemangels hatte sich die Firma Krupp 1944 verstärkt um die Zuweisung von KZ-Häftlingen bemüht. Eine schriftliche Anforderung an den Kommandanten des KZ Buchenwald war im Juni 1944 positiv beschieden worden. Statt 2000 kräftigen Männern, wie gewünscht, teilte das SS-Wirtschaftsverwaltungshauptamt jedoch ungarische Jüdinnen zu. Ein Beauftragter der Krupp-Unternehmensführung begab sich nach Gelsenkirchen-Horst, wo in einem Zeltlager, das dem KZ Buchenwald unterstand, weibliche jüdische Häftlinge untergebracht waren. 520 von ihnen, Mädchen und Frauen zwischen 12 und 25 Jahren, suchte eine Krupp-Delegation aus. Die

Zwangsarbeiterinnen kamen ins Außenlager Essen-Humboldt-straße.

Mit Reitpeitschen wurden sie zur Arbeit angetrieben, einige totgeschlagen. Als amerikanische Truppen im Februar 1945 in Richtung Essen vorrückten, entschied das Krupp-Direktorium, die Jüdinnen, damit sie nicht entdeckt würden, zurück nach Buchenwald zu schicken. Dort reichten jedoch, was Krupp nicht wissen konnte, kurz vor Kriegsende die Tötungskapazitäten nicht aus, weshalb die jungen Frauen ins KZ Bergen-Belsen weitergeleitet wurden und größtenteils überlebten.

Beitz hatte sich entschieden, den Willen Alfried Krupps zu exekutieren. Der Konzernchef aber blieb bis zu seinem Lebensende uneinsichtig. Bezeichnend dafür war ein Interview, das er der Londoner Zeitung *Daily Mail* im Januar 1959 gab. Auf die Frage, ob er »irgendein Gefühl der Schuld« habe, entgegnete Krupp: »Was für eine Schuld? Für das, was sich unter Hitler ereignet hat? Nein. Es ist jedoch bedauerlich, dass das deutsche Volk selbst zuließ, von Hitler so betrogen zu werden.«

Das kleine Regionalblatt *Der Ruhrbote* kommentierte das Interview im Februar 1959 und erinnerte unter der Überschrift »Das schlechte Gedächtnis des Herrn Krupp« an die Rolle der Waffenproduzenten im Nazireich. Alfried und sein Vater Gustav hätten im November 1940 dem Reichsmarschall Hermann Göring ein prunkvolles Schwert überreicht, das »die Mitwirkung der Krupp-Werke bei der Durchführung des Vierjahresplanes und der Wiederwehrhaftmachung des deutschen Volkes versinnbildlichen« sollte. Der Verfasser des Artikels, der Essener Historiker Ernst Schmidt, kritisierte, die Krupps und andere Großindustrielle hätten von Hitler hohe Pfründe kassiert, während viele Menschen, darunter auch Krupp-Arbeiter, im Kampf gegen das Hitler-Regime ihr Leben lassen mussten.

Die Mülheimer Druckerei Thierbach, wo der *Ruhrbote* hergestellt wurde, kündigte den Druckauftrag »aus technischen Gründen«. Richard Thierbach, der Besitzer der Druckerei, gestand Ernst Schmidt Jahre später, Krupp habe Druck auf ihn ausgeübt. Wenn er den *Ruhrboten* weiterhin drucke, würden ihm Krupp-Aufträge entzogen. Ob denn der Artikel inhaltlich falsch sei, wollte Thierbach wissen. Das stehe nicht zur Debatte, wurde ihm gesagt; entscheidend sei die Tatsache, dass er eine Zeitschrift drucke, in der ein solcher Artikel erscheine.

7. KAPITEL

DER VERGANGENHEITSBEWÄLTIGER

»Man kann einem Menschen nicht ins Herz sehen«

Berthold Beitz kam 1957, wie er selbst berichtete, »durch die Bekanntschaft des Malers Mathias Padua, der am Tegernsee lebte«, in den »Jägerwinkel«, eine Kurklinik in Bad Wiessee. Von da an war er »in jedem Jahr mindestens drei Wochen« in dem vornehmen Hotel-Sanatorium, einerseits um sich zu erholen, »andererseits um die ungewöhnliche Atmosphäre und heitere Geselligkeit dieses Refugiums voll genießen zu können«. In den frühen 1960er-Jahren, schwärmte Beitz, wurde der »Jägerwinkel« »zu einem bunten und interessanten Treffpunkt für Individualisten mit einer besonderen Lebensart. Hier kamen Menschen zusammen, die sich sonst möglicherweise nie getroffen hätten. Die Gesellschaft war durchaus illuster und vielseitig. Adel und Wirtschaft waren ebenso vertreten wie Politik, Kultur und Showgeschäft, und alle fühlten sich wohl.«

Es war fürwahr eine schillernde Mischung, die sich in dem oberbayerischen Kurort regelmäßig ein Stelldichein gab. Peter Alexander und Heinz Rühmann, Zarah Leander und Helmut Zacharias, Ilse Werner und Max Grundig, Exkaiserin Zita von Österreich und diverse Prinzessinnen – sie alle zählten zu den Stammgästen. Die Anziehungskraft des Etablissements ging von Trudel Hardieck aus, der »Jägerwinkel«-Chefin, die, wie Beitz hingerissen erzählte, »von Patienten, Gästen und Mitarbeitern liebevoll ›Muttern‹ genannt wurde«, »eine Frau mit Charisma …, voll Energie und Phantasie«.

Dass sich im »Jägerwinkel« vorzugsweise ehemalige Ufa-Stars und Publikumslieblinge der NS-Zeit tummelten, hing wohl auch mit der Biografie der Besitzerin zusammen. Trudel Hardieck, geboren 1905 in Nagold im Schwarzwald, hatte seit 1932 in Berlin gelebt und war in zweiter Ehe mit dem SS-Hauptsturmführer Kurt Ruppmann verheiratet gewesen, der zeitweise zum persönlichen Stab des Reichsführers SS Heinrich Himmler gehörte und 1941 im Kriegseinsatz ums Leben kam. Ein Jahr später heiratete sie den SS-Obersturmbannführer Willi Hardieck, der im Dezember 1944 bei der Ardennen-Offensive fiel, mit der das NS-Regime einen letzten verzweifelten Versuch unternahm, noch einmal die militärische Initiative zu ergreifen. Hardieck war Kommandeur der »Kampfgruppe X« in dem geheimen Kommandounternehmen »Operation Greif«, das von dem SS-Obersturmbannführer Otto Skorzeny befehligt wurde.

1942 machte Trudel Hardieck die Bekanntschaft des Komponisten Franz Grothe. Ihn hatte Propagandaminister Joseph Goebbels damals gerade mit der Gründung eines Orchesters beauftragt, das eine attraktive musikalische Alternative zum verfemten amerikanischen Jazz bieten sollte. Nach einem Bombenangriff auf die Hauptstadt wurde Grothe in Hardiecks Haus am Berliner Schlachtensee zwangseinquartiert. Daraus entstand eine bis zu Grothes Tod 1982 enge Freundschaft mit Trudel Hardieck.

Nach dem Krieg kaufte sie ein Grundstück in Bad Wiessee und ließ darauf ein Haus bauen; als Franz Grothe 1949 an den Tegernsee kam, wurde er ihr erster Mieter. Durch Um- und Ausbau ihres »Zwergenhäuschens« entstand 1950 der »Jägerwinkel«, den sie an einen Naturheilarzt verpachtete, während sie für Grothe gleich nebenan ein eigenes Haus errichten ließ. Der Schlagertexter Bruno Balz, der für Zarah Leander (»Kann denn Liebe Sünde sein?«) und Heinz Rühmann (»Ich brech’ die Her-

zen der stolzesten Frau'n«) gereimt hatte, zog kurz darauf ebenfalls nach Bad Wiessee. Obwohl Balz wegen seiner Homosexualität Verfolgungen durch das NS-Regime ausgesetzt war, hatte
er, wohl aus Überlebenswillen, Kopf-hoch-Lieder geschrieben
wie »Davon geht die Welt nicht unter« oder »Ich weiß, es wird
einmal ein Wunder gescheh'n«. Die Naziheroine Zarah Leander
kam zum ersten Mal an den Tegernsee, um ihren Textdichter
Balz zu besuchen. Dann verbrachte sie im Jägerwinkel ihren ersten Kuraufenthalt und hielt sich schließlich stets mehrere Monate im Jahr dort auf. Trudel Hardieck und Zarah Leander wurden
enge Freundinnen.

Im Gefolge von Grothe und Balz kamen viele Stars aus Film und
Fernsehen in den »Jägerwinkel«. Die meisten hatten im »Dritten
Reich« Karriere gemacht und waren auch jetzt wieder obenauf:
zum Beispiel der Tonsetzer Lotar Olias, einst NSDAP-Kulturwart
in Berlin, der unter anderem den »SA-Totenmarsch« komponiert
hatte und in den 1950er-Jahren mit Schlagern vor allem für Freddy
Quinn (»Junge, komm bald wieder«) populär wurde; oder der
Schauspieler Willy Birgel, der wegen seiner Mitwirkung in dem
Film »… reitet für Deutschland« und anderen Auftritten in NS-
Propagandafilmen nach dem Krieg von den Alliierten zeitweilig
mit einem Aufführungs- und Spielverbot belegt und nun ein Star in
den zeittypischen Heimatfilmen geworden war.

Anders als all die Opportunisten und Mitläufer, die bei Trudel
Hardieck verkehrten, war Paul Mathias Padua, der Berthold
Beitz in den »Jägerwinkel« einführte, ein ausgewiesener Banner-
träger des »Dritten Reichs« gewesen und galt als einer von Adolf
Hitlers Lieblingsmalern. Von den höchsten Stellen der NS-Kul-
turbürokratie protegiert, konnte Padua noch im Januar 1945
eine »arisierte«, einem jüdischen Eigentümer gestohlene Villa
im Salzkammergut für 45 000 Reichsmark günstig erwerben.

Der Nazipropagandist Padua verherrlichte den Krieg, solange
dieser für Hitler siegreich verlief (etwa mit dem Wandbild »Der

10. Mai 1940« zum Beginn des Frankreich-Feldzugs), oder er verharmloste den Krieg, als er schon erkennbar verloren war (so auf dem Gemälde »Urlauber« von 1944, das einen Scharführer der Gebirgs-Waffen-SS auf einer Ofenbank sitzend abbildet); dem Militärhistoriker Wolfgang Schmidt vermittelte das Bild den Eindruck, »Krieg habe etwas mit Wildschützenromantik zu tun oder sei ein Kinderabenteuer«.

Solche Motive standen in krassem Kontrast zu den schrecklichen Erlebnissen, die Beitz mit dem Krieg verband. Die Blut-und-Boden-Pinselei Paduas müsste für ihn auch ästhetisch eine Zumutung gewesen sein. Denn Beitz fühlte sich stets den Expressionisten verbunden: Karl Schmidt-Rottluff, mit dem er auch persönlich befreundet war, Oskar Kokoschka, Otto Mueller oder Emil Nolde – allesamt Schöpfer von Werken, die bei den Nazis als »entartete Kunst« verfemt waren.

Padua hatte seine Karriere nach 1945 ungebrochen fortgesetzt, jetzt vor allem als Prominentenporträtist. Den Dirigenten Herbert von Karajan hatte er ebenso in Öl verewigt wie den zyprischen Erzbischof Makarios oder den Nobelpreisträger Otto Hahn. Beitz' Sympathie erwarb sich Padua vor allem deshalb, weil er Bertha Krupp, die Patriarchin, gemalt hatte, und auch Alfried ließ sich 1965 von dem Künstler porträtieren.

Das Brustbild Alfried Krupps von Paduas Hand hängt sogar in der großen Halle der Villa Hügel, als letztes in der langen Ahnengalerie. Neben den großformatigen Gemälden seiner Vorfahren ist es das kleinste. Es sei »ein scheußliches Bild«, mäkelte Alfrieds Schwägerin Dörte von Bohlen und Halbach, die Ehefrau seines Bruders Harald. Auf dunklem Hintergrund zeigt es einen Mann, dessen Kopf nach vorn gebeugt ist und der fast geisterhafte Züge trägt. Gegen Kritik der Angehörigen verteidigte Padua sein Werk: Er blicke eben hinter die Fassade, und die habe Alfried Krupp als kranken Mann gezeigt, lange vor seinem Tod.

Mit Beitz' Bekanntschaft prahlte Padua gern. Als eine Münchner Galerie im September 1965 drei Dutzend seiner gefälligen bunten Bilder ausstellte, erzählte er bei der Vernissage wichtigtuerisch:»Der Beitz hat mir grad aus Moskau telegrafiert, er wär' auch so gern gekommen.« Dass er Beitz bisher nicht porträtiert habe, erklärte Padua mit dessen noch zu jugendlichem Aussehen:»Du musst erst noch Falten kriegen, hab' ich zu ihm g'sagt.« Padua,»eine urwüchsig anmutende Mischung aus Primadonna und Erbhofbauer«, wie ihn der *Spiegel*-Reporter Peter Brügge kennzeichnete, wurde ein vertrauter Jagdgenosse von Krupp und Beitz, von Friedrich Flick und Max Grundig.

Der Fürther Elektronikunternehmer Grundig war schon jahrelang bei Trudel Hardieck Stammgast, als Beitz erstmals im »Jägerwinkel« logierte. Die beiden Männer hatten eine ähnliche Erfolgsbiografie. Der Franke Grundig, geboren 1908, war in noch einfacheren Verhältnissen aufgewachsen als der Pommer Beitz: Sein Vater, Lagerverwalter bei den Nürnberger Hercules-Fahrradwerken, starb, als Max zwölf Jahre alt war; die Mutter brachte ihre fünf Kinder als Fabrikarbeiterin durch. Mit 22 Jahren machte sich Max Grundig als Radiohändler selbstständig, bald stellte er Transformatoren her und erreichte damit 1938 die erste Umsatzmillion. Im Krieg fertigte Grundig, der nicht Mitglied der NSDAP war, unter anderem Steuerteile für die Raketen V 1 und V 2, wobei er auch 150 ukrainische Zwangsarbeiterinnen einsetzte; die behandelte er jedoch so gut, dass sich die Frauen nach der Befreiung durch die Amerikaner für ihren Chef einsetzten.

Als nach dem Krieg die Produktion von Radiogeräten in Deutschland noch verboten war, verkaufte Grundig»Heinzelmann«-Bausätze, die als Spielzeug galten, mit denen man aber Rundfunkgeräte selbst zusammenbasteln konnte. Nach der Währungsreform 1948 stieg Grundig innerhalb weniger Jahre zur größten Radiogerätefabrik Europas auf. 1952 begann die

Produktion von Fernsehgeräten, 1955 brachte Grundig erstmals ein Tonbandgerät unter 500 Mark auf den Markt, ein Jahr später den ersten Fernsehempfänger für weniger als 1000 Mark. Der Selfmademan, der es vom Installateurlehrling zum Milliardär gebracht hatte und im Hubschrauber am »Jägerwinkel« einschwebte, imponierte Beitz. In Urlaubsstimmung konnte Grundig jovial sein, als Firmenchef war er wohl ein rechtes Ekel, cholerisch und selbstherrlich. Legendär ist sein enormer Verschleiß an Spitzenmanagern, einmal feuerte er an einem Tag elf Vorstände. Auch Anzeichen dieses herrischen Hochmuts konnte man bei Beitz bald erkennen. Grundig wurde einer seiner engsten Freunde.

Unter den Stammgästen des »Jägerwinkels« in den 1950er-Jahren war Max Grundig einer der wenigen ohne braune Flecken. Dass der Judenretter Beitz offenbar keine Hemmungen hatte, sich in der Gesellschaft ehemaliger NS-Karrieristen wohlzufühlen, wirkt aus heutiger Sicht irritierend. Allerdings war 1945 jeder fünfte erwachsene Deutsche einer von 8,5 Millionen »Parteigenossen« gewesen, und in den oberen Etagen der Gesellschaft war der Anteil noch etwas größer – da konnte es nicht ausbleiben, dass man gerade in den feinen Kreisen der Wirtschaft in der frühen Nachkriegszeit gewissermaßen unter sich war. Die breite Mehrheit der Westdeutschen war ohnehin geneigt, den Mantel des Vergessens über die verbrecherische Naziherrschaft zu breiten. Der Holocaust, der Völkermord an den Juden, wurde erst Anfang der 1960er-Jahre durch den Frankfurter Auschwitz-Prozess zu einem breit diskutierten Thema.

Deshalb mag es an der nachsichtigen Betrachtungsweise jener Zeit gelegen haben, dass manche Personalentscheidung im Krupp-Konzern keine öffentliche Empörung auslöste. Immerhin erregte es einiges Aufsehen, als Beitz 1956 einen ehemaligen Wehrmachtsoffizier, der für die neue Bundeswehr als untragbar galt, geradezu demonstrativ in den Dienst des Essener Unternehmens stellte.

Ein Personalgutachterausschuss, der über die Wiederverwendung höherer Weltkriegsoffiziere befand, hatte die Reaktivierung des Obersten a. D. Kurt Fett im Dezember 1955 abgelehnt. Das negative Votum überraschte die Öffentlichkeit, da Fett bereits seit mehreren Jahren zu den engsten Mitarbeitern von Verteidigungsminister Theodor Blank gehörte. Was genau Fett vorgeworfen wurde, kam nie heraus, weil sich die Gutachter, auch im Interesse der Betroffenen, bei ihren Beurteilungen hinter strikten Geheimhaltungsvorschriften verschanzten und die Akten später vernichtet wurden. Wolf Graf Baudissin, der damals als Unterabteilungsleiter im Verteidigungsministerium für den Neuaufbau der Streitkräfte das Konzept der »Inneren Führung« mit dem Leitbild des »Staatsbürgers in Uniform« entwickelte und später hohe Positionen in der NATO innehatte, notierte im Dezember 1955 in seinem Tagebuch, dass ihm »eine sehr ungünstige Beurteilung über Fett« übermittelt worden sei; sie stamme »augenscheinlich aus dem Hause bzw. aus sehr gut orientierter Quelle«.

Gerüchteweise hieß es, Fetts Rolle im Zusammenhang mit dem Attentat vom 20. Juli 1944 sei dubios gewesen – hinterher war er auf die Stelle des hingerichteten Mitverschwörers Generalmajor Hellmuth Stieff befördert worden. Außerdem war Fett Erster Generalstabsoffizier der »Gruppe Eberhardt« gewesen, die mit anderen Einheiten am 1. September 1939 die später hingerichteten Angestellten der polnischen Post in Danzig überwältigt hatte; Günter Grass hat diesen polnischen Patrioten in seinem Roman *Die Blechtrommel* ein literarisches Denkmal gesetzt.

Beitz scherte sich nicht um Fetts Vergangenheit. Er berief den Obersten a. D., der im Ruf eines genialen Militärorganisators stand, zum Verkaufsdirektor des damals einzigen Krupp-Auslandswerks in São Paulo. Dort scheint Fett allerdings nicht reüssiert zu haben, denn er wurde bald auf die Stelle eines Geschäftsführers der Krupp-Wohnungsbaugesellschaft in Essen abgeschoben.

Fett mochte noch als minderschwerer Fall durchgehen, aber Otto Skorzeny war ein anderes Kaliber. Es gehörte schon eine gehörige Portion Chuzpe dazu, den ehemaligen SS-Obersturmbannführer für Auslandsgeschäfte bei Krupp einzusetzen. Skorzeny war vor allem für seine Teilnahme an der handstreichartigen Befreiung des von seinen italienischen Landsleuten auf dem Gran Sasso sistierten Diktators Benito Mussolini im September 1943 berühmt geworden, obwohl er dabei nach neueren Forschungen vermutlich eine »nur geringfügige Rolle gespielt« hatte; an der Niederschlagung des Staatsstreichs am 20. Juli 1944 war er mit einer SS-Abteilung im Bendlerblock beteiligt; und Hitler persönlich hatte ihn schließlich mit der »Operation Greif« in den Ardennen beauftragt, bei der Skorzenys Einheit mit erbeuteten amerikanischen Uniformen und Panzern hinter den feindlichen Linien durch Sabotageakte Panik und Chaos erzeugen sollte. Nach dem Krieg soll Skorzeny zunächst in Kairo ehemalige Nationalsozialisten für den ägyptischen Geheimdienst rekrutiert haben. 1948/49 ließ er sich in Madrid nieder, wo er unter dem Schutz des Diktators Francisco Franco stand; von dort aus pflegte er auch Beziehungen zu südamerikanischen Regierungen, in deren Ländern viele NS-Täter Unterschlupf gefunden hatten.

Im November 1954 wurden Skorzeny und der Beitz-Vertraute Ekhard von Maltzahn vom argentinischen Staatspräsidenten Juan Perón als »Vertreter der Firma Krupp« empfangen. Obwohl ein Foto von dem Treffen auch im *Spiegel* abgedruckt war, blieb das für die Geschäftsbeziehung zu dem Altnazi offenbar folgenlos. Erst als 1960 ein Redakteur der *Neuen Zürcher Zeitung* beim Sichten von Aufnahmen, die bei einer Tagung Alfried Krupps mit seinen argentinischen Verkäufern entstanden waren, in dem Pulk die hünenhafte Gestalt Skorzenys entdeckte, wurde die Zusammenarbeit eingestellt.

Bei all den irritierenden Beziehungen, die Beitz zu ehemaligen Nazis pflegte, lässt sich für eine noch am ehesten Verständnis aufbringen. Karl-Heinz Bendt, seinem Bekannten aus gemeinsamen Greifswalder Tagen, der ihn in Breslau nach der Denunziation wegen Judenfreundlichkeit hatte laufen lassen, verschaffte Beitz nach dem Krieg eine Anstellung bei Krupp in Brasilien. »Ohne ihn«, konnte Beitz wohl mit Recht sagen, »würde ich nicht mehr leben.« Einen frivolen Spaß erlaubte sich Beitz allerdings, als er 1983 bei der Feier seines 70. Geburtstags den neben ihm stehenden Jugendfreund seinen Gästen als »SS-Obersturmbannführer« vorstellte.

Schwer nachvollziehbar war für viele, die Beitz aus Boryslaw kannten, wie er sich für Friedrich Hildebrand, den einstigen Kommandanten des Zwangsarbeiterlagers, einsetzte. Gegen Hildebrand wurde bereits 1950 in Bremen wegen des Verdachts mehrfachen Mordes ermittelt.

Der SS-Untersturmführer (später Obersturmführer) Hildebrand war, ehe er nach Boryslaw kam, seit Sommer 1942 beim SS- und Polizeiführer Friedrich Katzmann Inspekteur für die jüdischen Zwangsarbeiterlager im Distrikt Galizien gewesen. Er hatte in dieser Funktion die »Ausscheidungsmaßnahmen« von Betrieben überwacht, Lager aufgelöst und die Häftlinge von einem aserbaidschanischen Mordkommando des Sicherheitsdienstes erschießen lassen. Als es praktisch keine Lager mehr gab, die überwacht oder aufgelöst werden konnten, übernahm Hildebrand das Kommando über die Zwangsarbeiterlager Drohobycz und Boryslaw, offiziell seit 1. Juli 1943, faktisch aber schon seit Februar jenes Jahres. Beitz und andere leitende Angestellte der Karpathen-Öl-Gesellschaft konnten sich Hildebrand gefügig machen. Er ging auf Wünsche der Firma ein und überschritt auch schon mal seine Kompetenzen, um die Erschießung jüdischer Zwangsarbeiter durch Gestapo-Kollegen zu verhindern. Beitz betrachtete Hildebrand als einen nützlichen Dummkopf, unterschätzte aber offensichtlich das kriminelle Potenzial dieses SS-Mannes, weil er über Hildebrands frühere Tätigkeiten nichts wusste.

Allerdings blieb Beitz ein Vorfall nicht verborgen, der sich wenige Tage nach Hildebrands offiziellem Dienstantritt abspielte. Am 10. Juli 1943 ließ Hildebrand die Arbeiter der Kistenfabrik Taphorn im Zwangsarbeiterlager Boryslaw als »nicht kriegswichtig« erschießen. Einer der Todeskandidaten, der 22-jährige Markus Greber, war mit Beitz' Bäckermeister Morski bekannt und konnte diesen alarmieren. Morski rief Beitz zu Hilfe, der Greber als Bauarbeiter einstellte und so vor der Erschießung bewahrte.

Am 28. November 1950 wurde Berthold Beitz erstmals von der Kriminalpolizei als Zeuge vernommen, wozu ihn die Beamten in seinem Büro am Hamburger Jungfernstieg aufsuchten. Beitz betonte, dass er in Boryslaw stets Distanz zu Hildebrand gehalten habe: Er sei mit ihm »persönlich kaum zusammengekommen« und habe »auch keinerlei privaten Verkehr mit ihm« unterhalten. Herablassend charakterisierte Beitz den ehemaligen SS-Obersturmführer, im Rang vergleichbar einem Oberleutnant der Wehrmacht: »Ich war der Meinung, dass Hildebrand lediglich den Dienstgrad eines SS-Oberscharführers innehatte, da ich ihn nach seinem geistigen Milieu nicht höher einschätzen konnte.«

Vehement trug Beitz Argumente zu Hildebrands Entlastung vor. »Mir ist nie bekannt geworden, dass sich die Verhältnisse für die Juden seit dem Zeitpunkt des Erscheinens des Hildebrand in den Lägern in irgendeiner Form verschlechtert hätten.« Auch habe er mit Hildebrands Hilfe das Verbot, Juden in der Verwaltung zu beschäftigen, durchbrechen können. Dazu erzählte Beitz die Episode mit seiner jüdischen Sekretärin Hilde Berger: Der SS-Mann habe beide Augen zugedrückt und ihre Weiterbeschäftigung geduldet. Und der Lagerkommandant, berichtete Beitz, habe sich sogar für die »Verbesserung der Verpflegung oder Bekleidung« der jüdischen Arbeiter eingesetzt.

Einige Tage später wurde auch Hildebrand, der in Untersuchungshaft saß, vernommen. Dabei versuchte er, sich als Menschenfreund darzustellen. Zumindest habe er »den Eindruck gewonnen, dass die Juden, die mir unterstanden, doch verhältnismäßig, ihrer Lage entsprechend, zufrieden waren«. So sei er nicht dagegen eingeschritten, dass sich die Juden »auf illegalem Wege Zusatznahrungsmittel verschafften«, und er habe »auch für Bekleidung der Juden gesorgt«. Damit, sagte Hildebrand, wolle er »dokumentieren, dass ich [gegenüber] den in den dortigen Lagern untergebrachten Juden doch ein recht menschliches Verhalten an den Tag gelegt« habe. Er habe »auch stets das Empfinden gehabt, dass die Juden mir gegenüber recht wohlgesonnen waren«. Nach seinem Eindruck habe er gegenüber den Juden »eine mehr väterliche Stellung eingenommen«.

Eine Schwurgerichtskammer des Landgerichts Bremen verurteilte Hildebrand am 6. Mai 1953 unter anderem wegen Beihilfe zum Mord in vier Fällen und wegen Totschlags in einem Fall zu acht Jahren Zuchthaus. Nachdem er etwa fünf Jahre verbüßt hatte, wurde er begnadigt. Doch bald wurden weitere Tötungsaktionen bekannt, an denen Hildebrand mutmaßlich beteiligt war, und es wurde 1964 ein neues Ermittlungsverfahren gegen ihn eröffnet. Wieder wurde Beitz als Zeuge gehört, diesmal – am 10. Juni 1964 – in der Krupp-Zentrale in Essen. Beitz sagte aus, er sei »niemals bei einer Exekution oder anderweitigen Erschießung eines Insassen der damaligen Lager Boryslaw und Drohobycz zugegen gewesen«. Diese Einlassung widerspricht freilich zumindest den Berichten über die Ereignisse am 17. Februar 1943, als Beitz – nach der Bekundung Hilde Bergers – unter dem Eindruck von Massenerschießungen beim Schlachthof von Boryslaw – »tief erschüttert« ins Büro zurückgekehrt war und gesagt hatte: »Wenn der Krieg beendet ist und die Welt hierüber erfahren wird, wer wird dann für alles dies bezahlen?«

Hilde Berger hatte Beitz aus den Augen verloren. Zuletzt hatte sie ihm am 23. Dezember 1947 aus Stockholm einen Brief geschrieben, nachdem Beitz die Adresse seiner ehemaligen Sekretärin ausfindig gemacht und ihr von seinem Überleben im Krieg berichtet hatte.

Sie schilderte Beitz, wie sie vom KZ Plaszow bei Krakau »in eine Rüstungsfabrik in der Tschechoslowakei« kam, ohne den Namen Oskar Schindlers oder die von ihr getippte Liste der ausgewählten Häftlinge zu erwähnen. Nach der Befreiung sei es ihr in Prag gelungen, Verbindung zu Freunden, politischen Emigranten, in Schweden aufzunehmen, die sie von früher aus Berlin gekannt habe. Diese hätten ihr ein Visum nach Schweden besorgt. Im ersten Jahr sei sie, als »Reaktion auf alle furchtbaren Erlebnisse«, fast ständig krank gewesen; jetzt arbeite sie in einem amerikanischen Komitee zur Unterstützung von Opfern des Nationalsozialismus.

Einen weiteren Briefwechsel gab es nicht. Aber die Bremer Staatsanwaltschaft ermittelte im Juni 1964 Hilde Bergers aktuelle Adresse. Sie wurde dann 1966 als Zeugin zum zweiten Prozess gegen Hildebrand geladen. Die Anklage warf dem ehemaligen Lagerkommandanten vor, in den Jahren 1942 bis 1944 in Galizien an sechs Tötungsaktionen gegen Juden mitgewirkt und 15 eigenhändig ermordet zu haben. Seit dem ersten Frankfurter Auschwitz-Prozess 1963 bis 1965, dem bis dahin größten Strafverfahren wegen Beteiligung am nationalsozialistischen Völkermord, erforschte die westdeutsche Justiz akribischer als zuvor die Schuld der NS-Täter. So wurden auch im Hildebrand-Prozess nicht weniger als 360 Zeugen aus aller Welt aufgeboten.

Am 19. August 1966 begegneten sich Beitz und Hilde Berger, die nach ihrer Heirat mit Leo Trotzkis ehemaligem Mitarbeiter Alex Olsen nun dessen Familiennamen trug und in New York lebte, zum ersten Mal nach dem Krieg in einem Saal des Bremer Landgerichts wieder. Hilde Olsen hatte nach ihrer Zeugenvernehmung neben der Pressetribüne Platz genommen, als Beitz den Raum betrat. Er nickte dem Richter kurz zu: »Sie erlauben doch bitte.« Dann ging er auf die Frau in dem weiß-rot gestreiften Kleid zu, die von ihrem Sitz freudig aufgesprungen war, und gab ihr lächelnd die Hand:»Na, Hilde, wie geht's denn?«

Die Aussagen, die Beitz dann vor Gericht machte, erschreckten Hilde Olsen. Denn ihr früherer Chef tat alles, um den einstigen SS-Schergen zu entlasten –»ich weiß bis heute nicht, warum«, erzählte sie später dem Berliner Schriftsteller Steffen Mensching, der ihre reale Lebensgeschichte in einen Roman verwob,»ich hab es nicht verstanden«.

Beitz hob hervor, dass ihn Hildebrand oftmals bei seinen Hilfs- und Rettungsaktionen unterstützt habe. Der Angeklagte habe, wenn er, Beitz, ihn um einen Gefallen gebeten habe,»oft nicht nur ein Auge, sondern beide Augen zugedrückt«. Ohne Hildebrand, sagte Beitz, hätte er doch»nichts ausrichten können«. Mit dessen Hilfe habe er beispielsweise 300 bis 400 jüdische Mitarbeiter in der Karpathen-Öl-Verwaltung beschäftigen können, und auch Hilde Berger habe ihr Überleben nicht zuletzt diesem SS-Mann zu verdanken.

Beitz billigte Hildebrand sogar hehre Motive zu. Auf die Frage des Vorsitzenden Richters, ob Hildebrand seine Rückendeckung für Beitz aus einer gewissen Menschlichkeit heraus gewährt oder ob er dabei ausschließlich die Rüstung im Auge gehabt habe, antwortete Beitz:»Man kann einem Menschen nicht ins Herz sehen. Aber ich denke, dass er es aus eigenem Antrieb getan hat, weil er das Elend des Lagers kannte.«

Einmal schrammte Beitz in seinem Bemühen, Hildebrand zu helfen, sogar knapp an einer Falschaussage vorbei.»Haben Sie gesehen oder von Dritten gehört, dass Hildebrand selbst Juden erschoss oder Aktionen gegen Juden geleitet hat?«, fragte ihn der Vorsitzende Richter. Beitz formulierte seine Antwort feinsinnig:»Ich habe nie gesehen, dass Hildebrand Juden erschoss, und es ist auch nie jemand zu mir gekommen, der mir berichtet hat, dass Hildebrand jemand erschossen hat.« Die Arbeiter der Kistenfabrik hatte Hildebrand ja nicht persönlich ermordet, sondern erschießen lassen, wie Beitz von Morski und Greber erfuhr. Doch Beitz setzte sich für den ehemaligen SS-Mann vergebens ein: Hildebrand wurde zu lebenslanger Haftstrafe verurteilt. Als Hildebrand 1974 vorzeitig aus dem Gefängnis freikam, schrieb er Beitz einen Brief: Er habe sich in Detmold niedergelassen, »um dort meine letzten Jahre in Ruhe und Frieden zu verbringen«. Er wolle jedoch »nicht versäumen, Ihnen meinen aufrichtigsten Dank für Ihre Einstellung beim Gericht auszusprechen«. Beitz antwortete: »Es war selbstverständlich, dass ich damals in Bremen nur das ausgesagt habe, was ich wusste und dachte.«

Hilde Olsen aber war entsetzt darüber, wie Beitz den einstigen Lagerkommandanten gedeckt hatte. Zwar nahm sie Beitz' Einladung zum Essen nach dem Gerichtstermin an, »zu mir war er immer anständig«. Aber dann riss der Kontakt ab. »Wenn ich in New York bin, hat er gesagt, besuch' ich dich, versprochen. So was sagt man so, weißte«, erzählte sie später dem Autor Mensching. Auch als Hilde Olsen im Juni 1996, eingeladen als Mitglied des legendären New Yorker Emigranten-Stammtischs um Leo Glückselig, in eine Fernsehtalkshow mit Alfred Biolek nach Köln kam, gab es keine Begegnung mehr mit Beitz.

In der Sendung vermied es Hilde Olsen, den Namen Beitz in den Mund zu nehmen. Sie sprach nur davon, dass sie »im Büro der Karpathen-Erdölgesellschaft als Stenografin und Korrespondentin« beschäftigt gewesen sei, »und das war für mich das Glück, dass ich da verschont wurde«. Mit dieser abstrakten Formulierung legte sie die größtmögliche Distanz zwischen sich und Beitz. Dessen entlastendes Zeugnis für Hildebrand nahm sie ihm übel, denn der SS-Scherge hätte aus ihrer Sicht die Todesstrafe verdient gehabt, »weil er so viele auf dem Gewissen hat«.

Beitz' Aussage zugunsten Hildebrands führte dazu, dass das bereits eingeleitete Verfahren zur Auszeichnung des Judenretters als »Gerechter unter den Völkern« ins Stocken geriet. Erst sieben Jahre später, am 3. Oktober 1973, wurde ihm die Ehrung in der Gedenkstätte Yad Vashem zuerkannt. »So umstritten Beitz' Nachkriegsaussagen auch sein mögen, sie machen jedoch nicht ungeschehen, was er während des Holocaust tat«, resümiert das *Lexikon der Gerechten unter den Völkern.*

8. KAPITEL

DER HOBBYDIPLOMAT

»Man sprach von uns als den ersten Schwalben«

Emil Piotr Ehrlich, der einstige polnische Partisan, den Beitz 1943 in Boryslaw vor einem Erschießungskommando der SS gerettet hatte, war nach dem Krieg aus Lemberg vertrieben worden. Das östliche Galizien wurde wieder Teil der ukrainischen Sowjetrepublik. Ehrlich wurde, wie alle dort lebenden Polen, zwangsweise ins ehemals deutsche Schlesien umgesiedelt. In Gliwice, dem früheren Gleiwitz, baute er im Auftrag des polnischen Industrie- und Handelsministeriums das Staatliche Institut für Betriebswirtschaft auf und wurde dessen Direktor. Zugleich lehrte er in Katowice. Doch seit 1951 verlor er nach und nach die Lehraufträge. Seine alten Wirtschaftstheorien passten nicht mehr in die neue sozialistische Zeit, in der alle Großbetriebe verstaatlicht wurden. Aber Ehrlich fand eine neue Aufgabe in geheimdienstlichen Missionen für das Warschauer Außenministerium. Mit einem Dauervisum konnte er unbegrenzt ins westliche Ausland reisen.

Scheinbar überraschend kam Ehrlich, ein rundlicher Mann mit raspelkurzen Haaren und dicken Brillengläsern, am 26. November 1957 in die Krupp-Hauptverwaltung nach Essen. Kurzfristig wurde eine Unterredung anberaumt, über die Joachim Wrede, der Leiter der Abteilung Osthandel, einen Vermerk fertigte. Der polnische Besucher, notierte Wrede, lehre Betriebswirtschaft an der Universität Kattowitz – offenbar benutzte Ehrlich seine nicht mehr ausgeübte Tätigkeit als Tarnung.

Welches Schicksal Beitz und Ehrlich verband, schien außer diesen beiden niemand in der kleinen Runde zu wissen. Ebenso wenig war offenbar bekannt, dass Ehrlich schon fast eineinhalb Jahre zuvor, am 4. Juni 1956, brieflich Kontakt zu seinem Lebensretter aufgenommen hatte – zum ersten Mal, seit er Beitz im August 1947 einen Persilschein angeboten hatte, falls er einen brauche. Ehrlich hatte berichtet, dass er nun, neben seiner Professur, »auch in der Wirtschaft unseres Landes tätig« sei. Ehrlich schilderte die Lage rosig: »Bei uns bessert sich alles von Tag zu Tag.« Und es war wohl ein Wink mit dem Zaunpfahl, dass er dem Krupp-Generalbevollmächtigten vorschwärmte: »Unser Land ist jetzt ein erstklassiges Absatzgebiet für Maschinen und andere Güter der Schwerindustrie.« Für den »Ost-West-Handel« und für die »wirtschaftliche Zusammenarbeit zwischen unseren beiden Ländern« bestünden »jetzt große Möglichkeiten«. Beitz lud Ehrlich nach Deutschland ein.

Den Brief schrieb Ehrlich wenige Tage bevor in Polen ein Arbeiteraufstand ausbrach. Er begann in Posen am 28. Juni 1956, »Gründe und Verlauf des Aufruhrs«, schrieb der polnische Historiker Wlodzimierz Borodziej, erinnerten »sehr an den 17. Juni 1953 in der DDR«: Die Werktätigen protestierten gegen eine Erhöhung der Arbeitsnormen, der Staat und die staatlich gelenkten Gewerkschaften konnten die wachsende Wut der Streikenden nicht bändigen, Tausende gingen innerhalb weniger Stunden auf die Straßen. Mehr als 10 000 Soldaten mit über 400 Panzern und Panzerkampfwagen rangen die Aufständischen nieder. Es gab 73 Tote, Hunderte wurden verletzt, weitere Hunderte verhaftet.

Zum letzten Mal gewannen die Stalinisten in der Polnischen Vereinigten Arbeiterpartei (PVAP) die Oberhand. Seit der Geheimrede des sowjetischen KP-Chefs Nikita Chruschtschow auf dem XX. Parteitag der KPdSU am 25. Februar 1956, in der er mit dem 1953 gestorbenen Diktator Stalin und dessen System abgerechnet hatte, fand auch bei den polnischen Kommunisten eine Neuorientierung statt. Der frühere Parteichef Wladyslaw Gomulka, der 1948 bei stalinistischen Säuberungen als Generalsekretär abgelöst, ein Jahr später aus dem Zentralkomitee ausgestoßen und 1951 bis Dezember 1954 ins Gefängnis geworfen worden war, wurde zum Inbegriff eines patriotischen Kommunisten. Immer lauter wurde in Polen seine Rückkehr gefordert, bis er am 21. Oktober 1956 einstimmig zum Ersten Sekretär der PVAP gewählt wurde.

Ehrlich überbrachte Beitz eine Einladung nach Polen. Damit, sagte er, wolle die Führung in Warschau dem Deutschen »in aller Form ihre Anerkennung und ihren Dank aussprechen für sein Verhalten der polnischen Bevölkerung gegenüber und für die vielen Beweise der Hilfe für seine damaligen polnischen Mitarbeiter in den oft sehr schwierigen Situationen, die der Krieg besonders über diese Gebiete gebracht hat«.

Es mag schon sein, dass die Warschauer Regierung zwölf Jahre nach Kriegsende einem Deutschen, der sich im besetzten Polen anständig verhalten hatte, ihre Reverenz erweisen wollte. Aber der Zeitpunkt der Einladung war sicher kein Zufall.

Knapp zwei Monate zuvor, am 2. Oktober 1957, hatte der polnische Außenminister Adam Rapacki seinen Plan einer atomwaffenfreien Zone in Mitteleuropa, der das Ziel einer Wiedervereinigung Deutschlands einschloss, erstmals der Weltöffentlichkeit vorgestellt. In ausgezeichnetem Französisch hatte Rapacki vor der Vollversammlung der Vereinten Nationen in New York eine Rede gehalten. Er hatte vorgeschlagen, die beiden deutschen Staaten sollten einem Verbot der Produktion und Lagerung von Kernwaffen auf ihren Territorien zustimmen, dem sich Polen anschließen würde; später bekundete auch die Tschechoslowakei ihre Beitrittsabsicht.

Auf den ersten Blick schien es nicht mehr als einer der üblichen propagandistischen Luftballons zu sein, die kommunistische Politiker aus dem Ostblock immer mal wieder aufsteigen ließen. Ebenso reflexhaft wehrte der Westen, allen voran die Bundesregierung, den Vorstoß ab, ohne ihn überhaupt ernsthaft zu prüfen.

Dissens bestand, wie immer, über die Reihenfolge der Entspannungsschritte. Während Bonn ohne klares Bekenntnis zu einer Wiedervereinigung Deutschlands gar nicht erst verhandeln wollte, verlangte Rapacki zunächst die Anerkennung der bestehenden Realitäten in Mitteleuropa. Die Wiedervereinigung Deutschlands, sagte er in New York, könne nur in einer Atmosphäre erreicht werden, die durch ein Nachlassen der internationalen Spannungen sowie eine »Annäherung und Verständigung der beiden deutschen Staaten« gekennzeichnet sei; die Oder-Neiße-Linie als polnische Westgrenze sei »endgültig, unverletzlich und nicht irgendwelchen Verhandlungen unterworfen«.

Die Bundesregierung ließ bei ihrer schroffen Ablehnung außer Acht, dass der Rapacki-Plan, obwohl mit der Sowjetunion abgestimmt, im Kreml nicht gerade auf Begeisterung stieß. Denn Gomulka versuchte, sich aus der Vormundschaft Moskaus wenigstens ein bisschen zu befreien. Er misstraute dem sowjetischen KP-Chef Chruschtschow. Der Gedanke an Rapallo, jenen 1922 in dem ligurischen Küstenort zwischen der Sowjetunion und dem Deutschen Reich geschlossenen Vertrag über besondere Beziehungen, war in Polen noch lebendig, und ganz frisch war die Erinnerung an den Hitler-Stalin-Pakt von 1939, als die beiden Diktatoren Polen unter sich aufgeteilt hatten. Der polnische Parteiführer wollte sein Land deshalb zu einem neutralisierten Vorfeld des sozialistischen Lagers machen – ein Ziel, das auch Rapacki mit seinem Plan verfolgte.

Die polnische Führung suchte nun westdeutsche Gesprächspartner, von denen sie sich versprach, dass diese, anders als die

Bundesregierung, ihre Avancen nicht von vornherein zurückweisen würden. So erhielt nach Beitz auch der sozialdemokratische Bundestagsvizepräsident Carlo Schmid, der sich als Präsidiumsmitglied des Deutschen Roten Kreuzes für bilaterale Gespräche über humanitäre Anliegen eingesetzt hatte, im Dezember 1957 eine Einladung der Universität Warschau zu einem als »privat« deklarierten Besuch Polens.

Ehe Carlo Schmid im März 1958 als erster namhafter westdeutscher Politiker nach Polen reiste, wo er wegen einer Erkrankung Rapackis aber nur von dessen Stellvertreter empfangen werden konnte, konferierte Berthold Beitz am 12. Februar 1958 in Warschau zwei Stunden lang mit dem polnischen Außenminister. Obwohl der Industrielle kein politisches Mandat hatte, wurde er von seinen Gastgebern wie ein Staatsmann hofiert. Die Gespräche fanden in der Residenz des Außenministers und im Gästehaus der Regierung statt, wo Beitz während seines Aufenthalts auch wohnte und wo ihm zu Ehren ein festliches Abendessen gegeben wurde. »In einem offenen und herzlichen Ton« seien alle Unterhaltungen geführt worden, sagte Beitz.

Natürlich nutzte Beitz seinen Besuch auch, um geschäftliche Beziehungen anzubahnen. Bei Außenhandelsminister Witold Trampczynski erkundete er das polnische Interesse an Zementfabriken und bot im Gegenzug an, Schweine und Zucker im Wert von 4 bis 5 Millionen Mark pro Jahr abzunehmen. Im Gespräch war auch der Bau einer Autofabrik in Polen, wo der Mercedes 180 Diesel in Lizenz produziert werden sollte. Aber daraus wurde ebenso wenig etwas wie aus dem mit Rapacki besprochenen Studienaustausch ihrer beider Töchter.

Die Bundesregierung nahm die Warschau-Reise des Krupp-Generalbevollmächtigten verärgert zur Kenntnis, kommentierte sie aber nicht. Noch glaubte Konrad Adenauer, den Alleingang des Außenseiters Beitz einfach totschweigen zu können. Noch wähnte der Kanzler die gesamte westdeutsche Industrie in unverbrüchlicher Treue hinter sich, wie sie ihm Fritz Berg, der Präsident des Bundesverbands der Deutschen Industrie (BDI), bei der ersten ordentlichen Mitgliederversammlung 1950 in schwülstigen Worten geschworen hatte. »Die gesamte westdeutsche Industrie fühlt sich der westlichen Welt engstens verbunden und ihr verpflichtet«, hatte das ehemalige NSDAP-Mitglied Berg versichert und sich zu Sätzen verstiegen, die fatal an den Wortschatz des »Dritten Reiches« erinnerten: »Aus der abendländischen Kultur und ihren überkommenen Gesetzen«, rief Berg aus, leite die westdeutsche Industrie »die beschwingenden Kräfte allen Widerstandes gegen die asiatische Überflutung her«.

Während Carlo Schmid am 9. März 1958 in der Warschauer Universität eine einfühlsame, mit Beifall bedachte Rede hielt, ließ sich Konrad Adenauer einen Tag später in Köln zum Ehrenritter des Deutschen Ordens schlagen. Das Foto des Bundeskanzlers, der das weiße Ornat mit schwarzem Kreuz trug, schürte in Polen neue Wut auf die Bonner »Revanchisten«, erinnerte doch Adenauers Aufzug die nationalbewussten Polen an die mittelalterlichen Eroberungskreuzzüge des Ordens.

Beitz hatte Adenauer mit seiner Warschau-Reise nicht zum ersten Mal provoziert. Die Ressentiments des Kanzlers reichten vielmehr zurück bis ins Jahr 1954. Damals hatte Beitz, kaum in Krupp-Diensten, mit der Sowjetunion die ersten Geschäftsbeziehungen nach dem Krieg angeknüpft.

Bis zum deutschen Überfall auf die Sowjetunion 1941 hatte die deutsche Großindustrie traditionell enge Verbindungen zu den Staaten Mittelost- und Osteuropas unterhalten. Obwohl Krupp im Ostblock und in Moskau als Inbegriff des Bösen galt, war die sprichwörtliche Qualität der Krupp-Produkte nicht vergessen. Beitz sah dort zukunftsträchtige Märkte. Deshalb war die neue Firmenleitung von Anfang an entschlossen, die alten Geschäftsbeziehungen auch mit Sowjetrussland wieder aufleben zu lassen. Zunächst blieb es aber Wunschdenken.

Auf ein Schreiben des Krupp-Direktoriums an »Maschinoimport« vom 21. April 1954, in dem die »Wiederaufnahme der Geschäftsbeziehungen« vorgeschlagen wurde, kam aus Moskau die ernüchternde Antwort, dass man sich mit Krupp in Verbindung setzen würde, falls es Bedarf gebe. Auch die sowjetische Importgesellschaft für industrielle Rohstoffe, »Promsyrioimport«, wies die Offerten aus Essen erst einmal kühl zurück.

Der Hamburger Kaufmann Günter Deiss, der von Beitz-Freund Max Schmeling persönlich empfohlen wurde, erschien Anfang Juni 1954 bei der Krupp-Geschäftsleitung und stellte sich als Vermittler im »Howaldt-Geschäft« vor, bei dem es um die geplante Lieferung von Fischdampfern der bundeseigenen Kieler Howaldtswerke an die Sowjetunion ging. Er verfüge über gute Beziehungen zu sowjetischen Dienststellen und bemühe sich schon seit Längerem um eine Einladung für Krupp nach Moskau; man habe ihm nämlich zu verstehen gegeben, dass die zuständigen Stellen sehr an Kontakten interessiert seien. Die Sowjets seien aufgrund von Schwierigkeiten mit britischen Firmen für Angebote aus der Bundesrepublik besonders aufgeschlossen. Krupp könne auch in Osteuropa zu einem gefährlichen Konkurrenten für die Engländer werden. Beitz gab sein Einverständnis zu dem Vorhaben von Deiss, wobei ihm, wie Ekhard von Maltzahn, damals stellvertretender Leiter der Exportabteilung, in einem Aktenvermerk notierte, »gewisse Zusagen bezüglich der Bearbeitung unserer Russlandgeschäfte gemacht« wurden, also eine Provision in Aussicht gestellt wurde.

Krupp-Direktor Wilhelm Engelking besuchte im Sommer 1954 zweimal die sowjetische Handelsvertretung. Die Sowjets erklärten sich bereit, auch ohne Einschaltung eines Vermittlers Aufträge an Krupp auf Kompensationsbasis zu vergeben, das hieß: mangels Devisen in Naturalien zu bezahlen. Besonders interessiert zeigten sie sich am Kauf von Schiffen; als Gegenleistung boten sie an, Chrom- und Manganerze zu liefern. Außerdem ergaben sich bei der Leipziger Herbstmesse Gelegenheiten zu informellen Gesprächen mit sowjetischen Außenhandelsvertretern. Die Dienste von Deiss wurden mithin gar nicht mehr gebraucht. Nach längeren Auseinandersetzungen um seine Ansprüche wurde er recht großzügig abgefunden.

Anfang 1955 begann Krupp mit dem »forcierten Wiederaufbau des Geschäftes« mit der Sowjetunion, das sich bald auf die Errichtung von Chemieanlagen konzentrierte. Dies war der Sektor, in dem Beitz die größten Wachstumschancen des Konzerns außerhalb des traditionellen Montanbereichs sah. 1957 erhielt Krupp einen ersten spektakulären Auftrag mit einem Volumen von 50 Millionen Mark. Die Firma lieferte in den folgenden drei Jahren eine aus drei Werken bestehende Großanlage zur Produktion vollsynthetischer Fasern. Die Anlage war, ungewöhnlich zu jener Zeit, sogar ein deutsch-deutsches Gemeinschaftsprojekt: Daran beteiligt war auch ein Leipziger Konstruktions- und Ingenieurbüro, und eine Versuchsanlage wurde zunächst im brandenburgischen Premnitz montiert.

Damals betonte Beitz, Krupp wolle sich aus allen Dingen heraushalten, »die auch nur entfernt einen politischen Anstrich haben können«. Er habe deshalb bei einem Gespräch mit dem Leiter der Handelsabteilung der sowjetischen Botschaft in Bonn, Krestow, dessen Aufforderung, beim Bundeskanzler brieflich den Abschluss eines deutsch-sowjetischen Handelsvertrags zu erbitten, abgelehnt. Die bisherigen Erfahrungen von Krupp, aufgrund mehrerer Reisen nach Moskau in den letzten Monaten, seien nicht ermutigend. Man glaube, dass die Russen nur wenige Erzeugnisse, insbesondere Lokomotiven, von Krupp beziehen wollten, um sie dann nachzubauen. Ihrerseits könnten sie wenig bis gar nichts liefern. Wirklich interessiert seien die Russen nur daran, »bei uns in die Schule zu gehen und das Know-how zu lernen«.

Zu dem im Dezember 1952 gegründeten »Ost-Ausschuss der deutschen Wirtschaft«, der als »amtliches Hilfsorgan« geschäftliche Beziehungen zu sozialistischen Staatshandelsländern aufbauen sollte, hielt Krupp Distanz. Der von den Spitzenverbänden der Wirtschaft getragene Ausschuss, eine scheinbar »private Initiative« (Wirtschaftsminister Ludwig Erhard), sollte der Bundesregierung aus der diplomatischen Klemme helfen, Fragen der völkerrechtlichen Anerkennung zu vermeiden. Als der Vorsitzende des Ost-Ausschusses, Hans Reuter, Chef der Deutschen Maschinenbau AG (Demag) in Duisburg, 1954 Alfried Krupp für eine Mitgliedschaft im Hauptausschuss gewinnen wollte, gab der ihm einen Korb. Krupp empfahl stattdessen seinen Generalbevollmächtigten Friedrich Janssen, der im Konzern als alter Russland-Experte galt. Reuter fühlte sich von Krupp brüskiert und blockierte die Entsendung von Krupp-Vertretern in die Gremien des Ost-Ausschusses. Unterdessen entwickelte Beitz seine eigene Ost-Diplomatie, »womit er«, wie der Historiker Karsten Rudolph konstatierte, »gewissermaßen dem Credo des Hauses folgte, am besten alles selber zu machen«.

Beitz knüpfte lieber zwischenmenschliche Kontakte. Mit dem sowjetischen Botschafter Andrej Smirnow, der seit 1956 in Bonn amtierte, verband ihn von Anfang an ein herzliches Verhältnis. Der Abgesandte des Kreml, der fließend deutsch sprach, hatte eine erfrischend offene Art, die Beitz gefiel. Ohne Rücksicht auf *political correctness* malte Smirnow beispielsweise aus, was hätte sein können, wenn Hitler seinen Pakt mit Stalin nicht gebrochen hätte: »Sie könnten heute noch in Königsberg und Breslau sitzen – wenn Sie wollten, auch in Wien. Aber Sie haben Ihr Reich verspielt.«

Beitz lud Smirnow oft zur gemeinsamen Jagd ins Kesselinger Tal in der Eifel ein, wo der passionierte Waidmann eine Jagdhütte besaß – sie lag gerade noch innerhalb des 40-Kilometer-Radius um die Bundeshauptstadt Bonn, in dem sich sowjetische Diplomaten während des Kalten Krieges frei bewegen durften. Aus den gemeinsamen Sonntagsausflügen, bei denen heftig geballert und gebechert wurde, entwickelte sich eine fast freundschaftliche Beziehung. Als Else Beitz im April 1958 in einem Essener Krankenhaus ihre dritte Tochter Bettina zur Welt brachte, erschien Botschaftergattin Smirnowa als eine der ersten Gratulantinnen und brachte Blumen und Geschenke mit.

Auch aus Moskau blies der politische Wind nicht mehr gar so eisig. Im März 1958 verlor der Altstalinist Nikolai Bulganin sein Amt als Ministerpräsident, Nikita Chruschtschow – seit dem Tod Stalins 1953 Parteichef – übernahm zusätzlich diese Funktion. Als Überlebenskünstler erwies sich Vizepremier Anastas Mikojan: Der listenreiche Armenier hatte schon zum engeren Kreis um Lenin gehört, unter Stalin einflussreiche Posten bekleidet und nun auch die jüngste Säuberung der Kommunistischen Partei schadlos überstanden. Ende April besuchte Mikojan, langjähriger Außenhandelsexperte des Kreml, die Bundesrepublik. Auf der Hannover-Messe machte er die Bekanntschaft mit Beitz und lud ihn spontan nach Moskau ein. Wirtschaftsminister Erhard stand verdutzt daneben.

Bereits einen Monat später, am 27. Mai, brach Beitz zusammen mit Krupp-Direktor Hans Kallen und Osthandelschef Wrede zu seiner ersten Visite in die Sowjetunion auf. In Moskau bezog Beitz Zimmer 401 des traditionsreichen Hotels »National« unweit des Roten Platzes. Schon der Revolutionär Lenin war in der Nobelherberge abgestiegen und hatte 1918 einige Tage im Zimmer 107 gewohnt, ehe er gegenüber in den Kreml einzog. Die Gastgeber zeigten Beitz alles, was er gern sehen wollte: eine Moskauer Autofabrik, in der neben Lastwagen und Omnibussen auch Fahrräder und Kühlschränke produziert wurden, ein gigantisches Stahlwerk in Saporoschje, ein Kraftwerk am Dnjepr. Mit dem Schnellzug »Roter Blitz« fuhren die deutschen Gäste nach Leningrad, dem alten St. Petersburg, wo sie in einer der taghellen »Weißen Nächte« eine Schiffsfahrt auf der Newa unternahmen sowie anderntags ein Maschinenwerk besichtigten und eine Ballettaufführung miterlebten. Zurück in Moskau, schauten sich die Besucher in der Universität um und fuhren eine Stunde lang mit der Metro durch den Untergrund der sowjetischen Hauptstadt.

Mikojan und andere hochrangige Sowjetpolitiker erinnerten Beitz und seine Begleiter daran, dass die Firma Krupp schon in den Anfängen des jungen Sowjetstaats geschäftliche Beziehungen zu den Kommunisten gepflegt hatte. Die Essener verkauften Stahlerzeugnisse aller Art in den Osten, Lokomotiven ebenso wie komplette Industrieanlagen. Lenin hatte den Krupp-Leuten sogar zugetraut, mit Hilfe ihrer Technik und ihres Kapitals die russische Steppe in eine Kornkammer amerikanischen Ausmaßes verwandeln zu können. Unmittelbar nach dem Vertrag von Rapallo bat der deutsche Außenminister Walther Rathenau den Konzernchef Gustav Krupp, ein 25 000 Hektar großes Gebiet in der Ukraine zwischen Rostow und Astrachan am Manytsch-Fluss zu bewirtschaften. »Die Steppe muss eine Brotfabrik werden, und dieser Krupp muss uns dazu verhelfen«, hatte Lenin gesagt. Doch das Projekt schlug fehl, die regelmäßigen Frühjahrsstürme wirbelten über den neu angelegten Äckern kilometerweite Staubwolken auf. Bald dämmerte Krupp, dass es ein vergebliches Unterfangen war, hier Ackerbau betreiben zu wollen, und die Deutschen mussten die Musterfarm wieder räumen. Der Funktionär, der die Liquidation unterschrieb, hieß Anastas Mikojan.

Die Geschichte dieser deutsch-sowjetischen Kooperation hatte Tilo von Wilmowsky, Gustav Krupps Schwager, der das Desaster selbst miterlebt hatte, für Joachim Wrede vor der Abreise nach Moskau aufgeschrieben. Krupps Osthandelschef konnte daher, als Mikojan in Erinnerungen schwelgte, mitreden – und das auch noch auf Russisch. Erstaunt erkundigte sich Mikojan, woher Wrede seine Sprachkenntnisse habe. Beitz klärte den Vizepremier auf seine flapsige Art auf: »Er hat sie bei Ihnen auf

Staatskosten erworben.« Wrede war einer jener Kriegsgefangenen gewesen, die mehr als zehn Jahre in sowjetischen Lagern eingesperrt waren, bis Adenauer 1955 ihre Freilassung erwirkte. Der Firma Krupp kam der freundliche Empfang in Moskau für Beitz und seine beiden Begleiter gerade zu diesem Zeitpunkt besonders gelegen. Denn am 3. März 1958 war offiziell die Fünf-Jahres-Frist abgelaufen, innerhalb derer Krupp die von den Westalliierten aufgezwungene Anordnung hätte befolgen müssen, seine Kohlenzechen und Hüttenwerke zu veräußern. In Washington, London und Paris war wegen der Verschleppungstaktik eine Anti-Krupp-Kampagne im Gange. Die Moskau-Visite konnte da als Wink verstanden werden, dass Krupp vom Wohlwollen des Westens nicht abhängig sei.

Gut gelaunt kehrte Beitz aus Moskau zurück. Da es noch keine direkte Flugverbindung zwischen der Bundesrepublik und der Sowjetunion gab, musste das Krupp-Trio in Kopenhagen von einem Aeroflot-Jet in eine SAS-Propellermaschine umsteigen. Gleich nach der Landung in Düsseldorf unterstrich Beitz gegenüber Journalisten den Nutzwert der Reise: »Man sprach von uns als den ersten Schwalben«, sagte er, fügte aber einschränkend hinzu: »… obwohl eine Schwalbe noch keinen Sommer macht.«

Wie berechtigt der Nachsatz war, zeigte sich schon wenige Tage später. Adenauer war gar nicht erfreut über das Beitz-Solo in Moskau. Schon Ende April, nach Gesprächen des Kanzlers mit Mikojan über den Rapacki-Plan, hatte Adenauer seinen »Eindruck« geschildert, dass der sowjetische Vizepremier wie auch Botschafter Smirnow »über viele Vorgänge in der Bundesrepublik falsch unterrichtet seien«. Er habe, hielt Adenauer in seinen schriftlichen Aufzeichnungen dieses Gesprächs fest, die beiden Herren gebeten, »sich doch nicht durch irgendwelche Leute, die sich an sie herandrängten, unterrichten zu lassen, dafür sei die ganze Sache zu ernst«.

Zwar wird Beitz in diesem Zusammenhang nicht namentlich erwähnt. Aber da dem Kanzler der freundschaftliche Umgang des Krupp-Generalbevollmächtigten mit Smirnow und das Tête-à-Tête mit Mikojan missfielen, konnte der Vorwurf nur auf Beitz gemünzt sein.

Kritik an Krupp-Geschäften mit Moskau wollte Beitz lässig übergehen. Man könne, sagte er einem Redakteur der Tageszeitung *Die Welt*, die Nase rümpfen und auf dem Standpunkt stehen, dass man mit dem Osten keine Geschäfte machen könne, weil einem das System nicht passe, das dort nun mal herrsche. Dann wäre es aber, zog Beitz einen Vergleich, ja auch nur konsequent, wenn man einem katholischen Bäcker recht gäbe, der sich weigert, seine Brötchen auch an evangelische Kunden zu verkaufen.

Diese »unorthodoxe Haltung« (*Die Welt*) war für die Bonner Regierenden schiere Ketzerei. Adenauer ließ seinem Ärger über Beitz bei nächster Gelegenheit freien Lauf. Bei einem Empfang, den er am 12. Juni 1958 für die Teilnehmer eines politischen Seminars der »Staatsbürgerlichen Vereinigung« (SV) – einer Spenderorganisation zur finanziellen Unterstützung vor allem von CDU und FDP – im Kanzleramt gab, machte Adenauer abfällige Bemerkungen über Beitz' Reise nach Moskau, weil sie nicht vorab mit dem Kanzleramt oder dem Außenministerium abgestimmt gewesen sei. Ein anwesender junger Krupp-Manager, Christian Külbs, wollte sogar gehört haben, dass Adenauer »Zweifel an der nationalen Zuverlässigkeit« von Beitz äußerte.

Alfried Krupp beschwerte sich darüber in einem Brief an Adenauer. In seinem Antwortschreiben bestritt der alte Fuchs listig, eine solche Formulierung in Bezug auf die Firma Krupp gebraucht zu haben – dass sie laut Külbs auf Beitz persönlich gemünzt war, überging der Kanzler geflissentlich.

Der misstrauische Adenauer wollte den jungen Störenfried, der eigenmächtig Ostkontakte pflegte, in die Schranken weisen.

Beitz wiederum kolportierte das Adenauer-Verdikt immer wieder gern, konnte er sich damit doch als Widersacher des Kanzlers hervortun.

Beitz hatte aus Sicht des Kanzlers ohnehin schon die nächste Sünde begangen. Drei Tage nach seiner Rückkehr aus Moskau war er zur Internationalen Posener Messe gefahren. Auch die Annäherung an Polen beobachtete Adenauer mit Argusaugen. Gleich am ersten Messetag besuchten Parteichef Gomulka, Ministerpräsident Józef Cyrankiewicz und Außenhandelsminister Trampczynski den Krupp-Stand, an dem sie von Beitz begrüßt wurden. Gomulka sprach sich dafür aus, den Handel zwischen beiden Ländern zu erweitern, er könne sich gut und gern »verzehnfachen«.

Zwischen Beitz und Gomulka, so stellte sich im Gespräch heraus, gab es aus früherer Zeit sogar eine mittelbare persönliche Verbindung. Der KP-Chef, Sohn eines galizischen Erdölarbeiters, war 1905 in der Nähe von Krosno geboren worden – jener Stadt, in die Beitz im Frühjahr 1940 versetzt worden war. In den späten 1920er-Jahren war der gelernte Schlosser Gewerkschaftsführer der Chemiearbeiter in den Raffinerien von Boryslaw gewesen. Als die Deutschen Polen überfielen, blieb Gomulka als Partisan im Land und stieg in der Illegalität zum Parteichef auf. Und noch ein privater Berührungspunkt kam ans Licht: Gomulkas Schwester hatte in Krosno als Schneiderin für Else Beitz gearbeitet.

Zwei Jahre später, im Sommer 1960, fuhr Beitz abermals zur Posener Messe. »Wann kommen Sie mal zu uns?«, fragte Premier Cyrankiewicz scheinbar beiläufig am Krupp-Stand. Irritiert antwortete Beitz: »Ich bin doch hier.« Cyrankiewicz fühlte sich missverstanden, er meine »außerhalb der Messe, dann haben wir viel Zeit, miteinander zu sprechen«. Darauf sagte Beitz: »Dann müssten Sie mich einmal einladen.« Prompt kam die Einladung, vermittelt durch die bereits damals bestehende polnische Handelsmission in Frankfurt am Main. Beitz, gewitzt durch Adenauers Kritik an seiner ersten Moskau-Reise, machte dem Bundeskanzler davon Meldung. Adenauer beschied Beitz: »Fahren Sie und berichten Sie mir.«

Trotz der Skepsis, die der Kanzler dem Krupp-Mann entgegenbrachte, schien er dessen Talent heimlich auch bewundert zu haben. »Beitz«, soll Adenauer gelegentlich gesagt haben, »betreibt delikate Dinge besser als die Berufsdiplomaten.«

Beitz reiste mit einem der drei firmeneigenen Flugzeuge, die Krupp damals gehörten. »Fliegen Sie keinesfalls über DDR-Territorium, kommen Sie bitte über die Ostsee«, hatten die Polen dem Krupp-Generalbevollmächtigten empfohlen. Im Militärbündnis des Ostblocks war nicht vorgesehen, dass eine westdeutsche Privatmaschine ohne Weiteres in den Luftraum der Warschauer-Pakt-Staaten einfliegen könnte. Am 6. Dezember 1960 landete der himmelblaue zweimotorige »Learstar« mit dem Ehepaar Beitz in der polnischen Hauptstadt.

So pompös war dort noch kein westdeutscher Besucher nach dem Krieg empfangen worden. Zwei SIS-Limousinen aus sowjetischer Produktion fuhren vor, der Sekretär des Ministerpräsidenten trat mit einem riesigen Nelkenstrauß an die Gangway. Beitz wohnte mit seiner Frau in einem Gästehaus der Regierung, und das Reiseprogramm, das man ihm präsentierte, wäre – bis hin zur Fahrt im Salonwagen der Regierung mit Begleitung durch einen Arzt – eines Regierungschefs oder Staatsoberhaupts würdig gewesen. Beitz ließ jedoch einige Punkte im Programm streichen: den Besuch in Krosno, ebenso die Salonwagenfahrt nach Olsztyn, dem früheren Allenstein im Ermland, und die Jagd am Lansker See im einstigen Ostpreußen. Es wäre wohl zu Hause nicht gut aufgenommen worden, wenn er ausgerechnet in dem ehemals deutschen Gebiet seinem Hobby gefrönt hätte. Der Protestant Beitz ließ den Autokonvoi stattdessen von Krakau zur Schwarzen Madonna nach Tschenstochau, dem Nationalheiligtum der katholischen Polen, fahren, besichtigte dort auch die Bierut-Stahlhütte und führte anschließend im Jagdhaus von Braszków Kamingespräche mit dem Vizechef der polnischen Plankommission.

Höhepunkt der Visite war ein festliches Abendessen auf Schloss Natolin nahe Warschau am 7. Dezember 1960. Ministerpräsident Cyrankiewicz würdigte in seiner Tischrede Beitz als einen »Sonderbotschafter, wie man ihn sich nicht besser wünschen kann« und als »Freund Polens«, der sich »seit 20 Jahren bewährt« habe. Cyrankiewicz, der, 1911 als Fabrikantensohn in der Nähe von Krakau geboren, die Konzentrationslager Auschwitz und Mauthausen überlebt hatte, sprach deutsch, seine Worte klangen warm und herzlich. Ein Tischnachbar stieß Beitz an: »So hat er selten zu einem Deutschen gesprochen.«

Cyrankiewicz warf die Frage auf, ob es nicht möglich sei, normale zwischenstaatliche Beziehungen zwischen Bonn und Warschau herzustellen. Man könne ja erst einmal mit konsularischen Vertretungen beginnen. Darüber war Beitz erstaunt, denn Polen hatte bislang immer den Austausch regulärer Botschaften gefordert. Überraschend war auch, dass der Ministerpräsident erklärte, man könne bei den Verhandlungen zunächst die strittige Frage der Oder-Neiße-Linie ausklammern – die Anerkennung des Nachkriegsverlaufs der polnischen Westgrenze war bisher immer als Vorbedingung genannt worden.

Beitz unterbreitete den Vorschlag, Polen solle westdeutsche Industriegüter vorzugsweise von solchen Firmen einführen, die ihre Fertigungsbetriebe in West-Berlin hatten, beispielsweise Borsig, AEG oder Siemens. Die Polen wollten die Waren in Naturalien bezahlen: Jede Nacht, so die polnische Offerte, könnten Lastwagenkolonnen über Frankfurt an der Oder durch die DDR nach West-Berlin rollen, beladen mit Milch, Butter, Fleisch und Gemüse. Was aber, wandte Beitz ein, wenn die DDR die polnische Lebensmittelkarawane eines Tages aufhalten oder gar nicht passieren ließe? »Das ist, bitte, unsere Sache«, erwiderten die Polen, »wir werden dafür sorgen, dass so etwas niemals geschehen kann.«

Für Beitz war dieses Gespräch, wie er viele Jahre später notierte, »auch eine Genugtuung, weil es bewies, dass wir auf dem richtigen Weg waren«. Adenauer lud Beitz ein, ihm über seine Polen-Reise zu berichten. Am 19. Dezember 1960 empfing ihn der Kanzler im Palais Schaumburg zu einem 45 Minuten dauernden Gespräch unter vier Augen. Das vertrauliche Palaver entkrampfte auch das bisher kühle persönliche Verhältnis zwischen dem CDU-Politiker und dem Hobbydiplomaten. Adenauer beauftragte den Krupp-Chef, weiter in Warschau zu sondieren.

Aber die Bedenkenträger in der Union und in der Regierung blockten jeden Gedanken an formalisierte Beziehungen mit Warschau ab. So warnte Albert Hilger van Scherpenberg, Staatssekretär im Auswärtigen Amt, den Kanzler am 28. Dezember 1960 dringend davor, auch nur konsularische Vertretungen einzurichten, weil dies die Gefahr »der Anerkennung der DDR durch dritte Staaten mit sich bringe« – nach der seit 1955 geltenden »Hallstein-Doktrin« wäre der Abbruch der Beziehungen Bonns zu diesen Ländern dann die zwingende Folge gewesen. Adenauer war in diesem Punkt nicht so pingelig; es widersprach seinem Pragmatismus, den Alleinvertretungsanspruch der Bundesrepublik um jeden Preis zu verteidigen. Die Hallstein-Doktrin, sagte der Kanzler zu Scherpenberg, sei doch »auf die Dauer sowieso nicht zu halten« und habe »insbesondere bezüglich der konsularischen Beziehungen bereits eine starke Durchlöcherung erfahren«, sodass man »kaum davon sprechen könne, dass wir durch die Aufnahme konsularischer Beziehungen mit Polen den derzeitigen Stand der Anerkennungsfrage gefährden würden«. Adenauer trieb allenfalls die Sorge um, er könnte ein Dreivierteljahr vor der nächsten Bundestagswahl die überwiegend der

Union nahestehenden Vertriebenenverbände verprellen und damit Wähler verlieren.

Scherpenberg, Schwiegersohn des NS-Reichsbankpräsidenten Hjalmar Schacht, teilte Beitz auch selbst seine Besorgnisse mit, als der Polen-Reisende dem AA-Staatssekretär am 2. Januar 1961 berichtete. »Jede Aufnahme von Beziehungen«, so Scherpenberg, könne »unangenehme Präzedenzen für ein gleiches Verfahren dritter Staaten in ihrem Verhältnis zur SBZ bedeuten«. Außerdem verwies er »auf die noch offene Haltung der Vertriebenenverbände gegenüber der Aufnahme solcher Beziehungen«. Doch Beitz glaubte, Vorkehrungen für eine Öffentlichkeitsarbeit in seinem Sinne getroffen zu haben. Er habe, ließ er Scherpenberg wissen, in Gesprächen mit dem Vorsitzenden des Bundes der Vertriebenen (BdV), Hans Krüger, und BdV-Generalsekretär Herbert Schwarzer bereits erreicht, dass die Vertriebenenverbände über seine Polenreise keine Erklärungen herausgeben würden, die nicht seine vorherige Zustimmung hätten.

In der Tat erschien wenige Tage später im *Deutschen Ostdienst*, einem Publikationsorgan des BdV, ein ausführlicher Bericht über Beitz' Warschau-Besuch. Alles komme darauf an, ließ er sich zitieren, »die Ausgangsposition für eine deutsch-polnische Verständigung trotz der Animositäten auf beiden Seiten durch vielfältige Kontakte und psychologisch wirksame Gesten zu verbessern«.

Solche Überlegungen würden auch von führenden amerikanischen Politikern angestellt, berichtete der Vertriebenen-Informationsdienst, der mit einem gewissen Stolz darauf hinwies, dass der pommersche Landsmann Beitz bei seinen Visiten in den USA wiederholt mit einem jungen Senator aus Massachusetts namens John F. Kennedy gesprochen habe, der soeben zum 35. Präsidenten der Vereinigten Staaten gewählt worden war.

Während Außenminister Heinrich von Brentano und seine Spitzenbeamten keinen Millimeter von der Hallstein-Doktrin abweichen wollten, versuchte Adenauer weiter auszuloten, ob ein Arrangement mit Warschau möglich sei. Am 10. Januar 1961 sagte der Kanzler vor der Unionsfraktion: »Ich glaube, dass es möglich sein würde, mit Polen näher zusammenzukommen. Ich würde dies für gut halten.«

Als die Äußerung öffentlich bekannt wurde, löste sie Unruhe auch unter westdeutschen Diplomaten aus; bislang waren ja Kontakte zu Moskaus Satellitenstaaten strikt tabu. Karl Carstens, der zweite Staatssekretär im Auswärtigen Amt (und spätere Bundespräsident), sah sich deshalb veranlasst, am 14. Januar 1961 in einem Fernschreiben an mehrere Botschaften im Ausland zu »Spekulationen und irreführenden Interpretationen« Stellung zu nehmen. Dabei war er bemüht, Beitz' Reise zur reinen Privatangelegenheit herunterzuspielen: »Herr Beitz«, schrieb Carstens, sachlich nicht ganz korrekt, »war während des Krieges in der Zivilverwaltung Polen tätig und hat sich dort durch sein Auftreten und seinen mäßigenden Einfluss auf andere deutsche Dienststellen viele Freunde verschafft.« Nach dem Krieg habe er sich »verschiedentlich im Auftrage seiner Firma« in Polen aufgehalten und dabei auch den polnischen Ministerpräsidenten getroffen, der ihn »kürzlich zur Jagd« eingeladen habe. »Bei dieser Gelegenheit« habe Cyrankiewicz erklärt, »dass den Polen nach wie vor an der Aufnahme von Beziehungen zur Bundesrepublik gelegen sei«. »Von diplomatischen Beziehungen«, betonte Carstens, sei »dabei nicht die Rede gewesen«.

Der Bonner Schlingerkurs löste in Warschau Irritationen und einen Rückfall in alte Positionen aus. Gomulka erklärte am 21. Januar vor dem Plenum des Zentralkomitees der PVAP, »dass einer Annäherung der beiden deutschen Staaten nicht nur vermutlich, sondern bestimmt die offene Anerkennung der Oder und Neiße als endgültige deutsch-polnische Grenze durch Herrn Adenauer und seine Regierung dienlich sein würde«.Davon, dass die Polen die Grenzfrage bereitwillig ausklammern würden, wie Beitz den Eindruck vermittelte, konnte also nicht mehr die Rede sein.

Die Reise nach Warschau, die Beitz am 22. Januar 1961 antrat, stand denn auch unter keinem guten Stern. Natürlich hatte man die abwiegelnden Bonner Erklärungen auch in Polen gehört. Und während Beitz in Warschau weilte, behauptete Regierungssprecher Felix von Eckardt, der in die Absprache des Krupp-Chefs mit Adenauer nicht eingeweiht war, dass der Industrielle »keinen politischen Auftrag« der Bundesregierung habe.

Das gut zweistündige Gespräch, das Beitz am 23. Januar mit Cyrankiewicz führte, verlief denn auch völlig anders als das letzte, das gerade sechs Wochen zurücklag. »Einleitend, etwa eine Stunde lang, war deutlich der Wandel von einer früher deutlich erkennbaren Bereitschaft zu einer sehr festen Versteifung zu erkennen«, protokollierte der mitgereiste Krupp-Kommunikationschef Carl Hundhausen, Adenauers scheinbares Entgegenkommen deutete der polnische Premier als »politisches Manöver« und »Alibi«, um den westlichen Verbündeten, namentlich den USA, zu gefallen. Denn der frisch gewählte Präsident Kennedy glaubte, eine »wachsende Spaltung im kommunistischen Lager« erkennen zu können, und beabsichtigte, diese Tendenz »zu fördern«, indem Polen mehr und mehr aus dem Block herausgelöst werden sollte. Zudem hatte Kennedy eine familiäre Verbindung zu Polen: Die Schwester seiner Frau Jacqueline war mit dem in London lebenden polnischen Fürsten Stanislaus Radziwill verheiratet.

Beitz erklärte, enttäuscht vom Verlauf des Gesprächs, dass er seine »politische Mission als beendet« ansehe. Versöhnlich erwiderte der Premier, dass Beitz »jederzeit als sein persönlicher Gast in Polen willkommen« sei.

Verärgert eilte Beitz am Tag nach seiner Rückkehr zum Kanzler und verlangte eine öffentliche Ehrenerklärung. Unter semantischem Beistand von Staatssekretär Carstens wurde ein sibyllinisches Kommuniqué für die Presse verfasst. »Herr Berthold Beitz«, hieß es da, »hat mit Billigung des Bundeskanzlers und des Auswärtigen Amtes zwei Reisen nach Warschau unternommen. Nach Rückkehr von diesen Reisen hat er dem Bundeskanzler berichtet. Es ist vorgesehen, dass nunmehr weitere Besprechungen zwischen amtlichen Stellen stattfinden.« Der *Spiegel* resümierte, damit sei »eine sechs Wochen währende Episode ... zu Ende«: Adenauer habe gegenüber dem neuen amerikanischen Präsidenten Kennedy »seine politische Beweglichkeit nachgewiesen«; und Beitz sei bescheinigt worden, »in Warschau mehr als nur ein unverantwortlicher Privatmann gewesen zu sein, der seinem außenpolitischen Hobby nachgegangen« sei.

Der *Spiegel*-Artikel, der Beitz' umtriebige Ostpolitik nachzeichnete, löste einen Disput zwischen *Spiegel*-Herausgeber Rudolf Augstein und dem *Zeit*-Verleger Gerd Bucerius aus, der zu diesem Zeitpunkt einen 25-Prozent-Anteil an Augsteins Magazin hielt. Bucerius nahm Anstoß an Häme und herabsetzenden Adjektiven des klassischen *Spiegel*-Jargons. In einem Brief an Augstein vom 9. Februar 1961 monierte er, dass das Nachrichtenmagazin mit Beitz – und auch mit Axel Springer – schlecht umgegangen sei. Unter anderem missfiel dem *Zeit*-Verleger, wie der »Industriekarrierist Beitz« im *Spiegel* charakterisiert worden war: »Nach seiner – hohen – Meinung von sich selbst kleidet ihn die Attitüde des Rastlosen.« Bucerius nahm Beitz gegen die boshafte Bemerkung in Schutz; er habe ihn nie selbstgefällig gesehen: »Der Glanz der Formulierung rechtfertigt nicht die Wunde, die dem Mitmenschen zugefügt wird.« Augstein erwiderte, wenn Bucerius den Krupp-Bevollmächtigten nicht für selbstgefällig halte, kenne er ihn offenbar nicht genug.

Für das offizielle deutsch-polnische Verhältnis hatte Beitz fürs Erste nichts erreichen können – erst am 7. März 1963 unterzeichneten Regierungsdelegationen der Volksrepublik Polen und der Bundesrepublik Deutschland ein auf drei Jahre befristetes Handelsabkommen und vereinbarten, in Warschau und Köln Handelsvertretungen einzurichten. Dennoch hatte der Umstand, dass Beitz als Emissär des Kanzlers gereist war, einen nützlichen Nebeneffekt für die Firma Krupp. »Herr Adenauer hat sich bei mir bedankt«, schrieb Beitz am 13. Februar 1961 an Alfried Krupp. Der Kanzler habe »auch dem Kabinett zum Ausdruck gebracht, dass er mit meiner Arbeit sehr zufrieden gewesen wäre«. Er, Beitz, habe daher »die berechtigte Hoffnung, dass die ganze Aktion unseren ›Aufhebungsbemühungen‹ sehr förderlich gewesen ist«.

Ein erstes konkretes Ergebnis hatte die Polen-Mission immerhin – für Krupp: Ministerpräsident Cyrankiewicz hatte, wie Beitz dem Kanzler triumphierend mitteilte, »das Nationalmuseum in Warschau angewiesen, eine größere Anzahl von Leihgaben für die in diesem Jahr auf [sic!] der Villa Hügel stattfindende Ausstellung ›5000 Jahre Kunst aus Ägypten‹ zur Verfügung zu stellen. Die Leihgaben … stammen aus den neuesten Ausgrabungen polnischer Archäologen in Ägypten.«

Gleichwohl war Beitz über das Verhalten der Bundesregierung noch lange Zeit verbittert. »Nein, ich fahre für Bonn nicht wieder nach Polen«, erklärte er noch gut ein Jahr später. »Ich denke nicht daran, Türen zu öffnen, die dann achtlos und dumm wieder zugeschmissen werden.« Die Bonner Polen-Politik sei »eine Kette von verpassten Chancen«.

Der Autor des *Zeit*-Artikels, Reinhart Holl, konnte sich offensichtlich auf detaillierte Informationen von Beitz stützen. Dennoch ruderte der Krupp-Generalbevollmächtigte gleich wieder ein Stück zurück, als von Regierungsseite Kritik daran geübt wurde, wie er sich glorifizieren ließ. Der Pressereferent der Firma Krupp, Sven Hasselblatt, rief bei der Pressestelle des Auswärtigen Amtes an und teilte mit, »dass Herr Beitz über den Artikel etwas unglücklich« sei. Abgesehen davon, dass er seine Rolle »zu sehr ›heroisiere‹«, enthalte er »Zitate, die in dieser Form nicht zutreffend« seien.

Harsch kritisierte der westdeutsche Botschafter in Dänemark, Hans Berger, den Hobbydiplomaten Beitz aufgrund des Artikels. Die Darstellung, Gomulka habe gegenüber Beitz erklärt, dass Bonn sich zu seinen Vorschlägen nicht geäußert habe, sei, so Berger, »selbstverständlich völlig unrichtig, da es die polnische Seite war, die kategorisch Verhandlungen über einen Handelsvertrag auf diplomatischer Ebene und über ein Kulturabkommen generell abgelehnt« habe. »Dieses Interview von Herrn Beitz scheint mir erneut zu beweisen, dass er für diplomatische Funktionen absolut untauglich ist. Augenscheinlich ist er nicht in der Lage, Sachverhalte klar zu erfassen. Denn offensichtlich stimmten seine Informationen über die polnische Bereitwilligkeit, mit der Bundesrepublik nähere Kontakte aufzunehmen, nicht.«

In Amerika wurden Beitz' ostpolitische Aktivitäten indes aufmerksam registriert. Der erst kurz zuvor ins Amt eingeführte Präsident Kennedy fragte Außenminister von Brentano bei dessen USA-Besuch im Februar 1961, »ob die Initiative zu den Gesprächen von Beitz vom Kanzler und dem Minister ausgegangen sei oder von diesem selbst«. Brentano musste kleinlaut einräumen, »dass es die Initiative von Beitz selbst gewesen« sei.

Im Juni 1961 weilte Beitz wieder auf der Posener Messe. Obwohl – oder vielleicht gerade weil – zwischen Bonn und Warschau eine Eiszeit angebrochen war, suchte Gomulka das Gespräch mit dem Industriellen. Etwa 20 Minuten unterhielt sich der Parteichef, begleitet von Ministerpräsident Cyrankiewicz und weiteren Regierungsmitgliedern, in einem geschlossenen Separee auf dem Krupp-Messestand. Ein Beamter aus dem Bonner Wirtschaftsministerium, Ministerialrat Edgar Schulz-Fincke, musste draußen vor der Tür bleiben; da, gemäß der Hallstein-Doktrin, den polnischen Behörden kein offizieller Vertreter Bonns avisiert worden war, ignorierten ihn die Polen.

Die neue US-Regierung unter Kennedy machte unterdessen den Status quo zur Grundlage ihrer Politik. Sie akzeptierte die Teilung der Welt und die Spaltung Deutschlands, weil beides offenbar nicht rückgängig zu machen war. Auch einflussreiche amerikanische Wirtschaftskreise unterstützten deshalb die ostpolitischen Ansätze, die Beitz nüchtern und ohne Scheuklappen verfolgte. Der ehemalige Hochkommissar John McCloy, ein ausgewiesener Freund der Bundesrepublik und 1961/62 Sonderbeauftragter Kennedys für Abrüstungsfragen, erklärte dem BDI-Präsidenten Fritz Berg und dessen Stellvertreter Hans-Günther Sohl bei einem Treffen 1961 in San Francisco unmissverständlich, dass es auch für die Deutschen an der Zeit sei, sich mit den Realitäten dieser Welt abzufinden. Dazu gehöre die Oder-Neiße-Linie als polnische Westgrenze, die staatliche Existenz der DDR und der Status West-Berlins als »Freie Stadt«.

Nach der Bundestagswahl am 17. September 1961 wurde der stockkonservative Außenminister Brentano durch den national-liberalen CDU-Politiker Gerhard Schröder abgelöst. Anders als die rheinisch-katholische Riege um Adenauer, die eher die deutsch-französische Freundschaft pflegte, setzte der Protestant und überzeugte »Atlantiker« Schröder vor allem auf das Bündnis mit den USA. Im Einklang mit Washington begann Schröder, vorsichtig Fühler zum Osten auszustrecken.

Der Jurist Schröder war in der frühen Nachkriegszeit Abteilungsleiter bei der Stahltreuhändervereinigung und Aufsichtsratsmitglied zweier Hüttenwerke gewesen und hatte in der ersten Legislaturperiode des Bundestags zwischen 1949 und 1953 an der Gesetzgebung für die Montan-Mitbestimmung maßgeblich mitgewirkt. Dieser Erfahrungshorizont des Außenministers bot Beitz Anknüpfungspunkte für manche Fachsimpelei.

Mit dem spröden Friesen freundete sich Beitz bald an. Seit Jahren verbrachten beide ihre Urlaube auf Sylt, wo sie sich nun oft gegenseitig besuchten und privat miteinander feierten. Ab

1963, als Ludwig Erhard Kanzler war, betrieb Schröder eine, wie er es nannte, »Politik der Beweglichkeit« gegenüber Osteuropa, die Beitz unterstützte.

Es begann mit einer Reise, die Beitz im Mai 1962 nach Ungarn unternahm. Der Anlass wurde gut getarnt. Das Puszta-Land war schon lange bevorzugtes Revier vieler westdeutscher Waidmänner – warum sollte nicht auch der passionierte Jäger Beitz dort auf die Pirsch gehen? Nebenbei aber führte er in Budapest im Auftrag Schröders streng geheime Gespräche mit dem stellvertretenden Ministerpräsidenten Jenö Fock und Vizeaußenhandelsminister Gyula Karadi. Nachdem Beitz die Türen geöffnet hatte, begannen im Spätsommer 1962 – immer noch diskret, weil es in der Union Widerstand gegen derlei Kontakte gab – amtliche Verhandlungen zwischen Istvan Beck, dem Leiter der Westabteilung im ungarischen Außenministerium, und dem Leiter der Ostabteilung des Bonner Außenamts, Ministerialdirektor Franz Krapf.

Da »die Errichtung diplomatischer Vertretungen zur Zeit noch nicht infrage kommt«, hielt Krapf am 15. Juni 1962 fest, »sollte auch bei der Errichtung von Handelsvertretungen der Anschein vermieden werden, als handele es sich in Wirklichkeit um eine getarnte diplomatische Mission«.

Wie verbissen Bonn noch immer am Alleinvertretungsanspruch festhielt, zeigt ein Brief Krapfs an Beitz vom 29. Januar 1963. Die Ungarn, klagte der Ministerialbeamte, wollten »in den Notenwechsel über die Errichtung von Handelsvertretungen einen Satz hineinhaben«, der für die Bundesregierung nicht akzeptabel sei. Dabei handelte es sich nur um die formelhafte Absichtserklärung, dass die Errichtung von Handelsvertretungen »von beiden Seiten als Beginn einer schrittweisen Verbesserung der Beziehungen zwischen den beiden Ländern bis zu deren endgültiger Normalisierung betrachtet« würden. Krapf argumentierte, darauf könne man sich nicht einlassen, »weil die Pankow-Leute dies sofort benutzen würden, um in dritten Ländern zu sagen, dass wir die Hallstein-Doktrin praktisch schon über Bord geworfen haben und dass es deswegen nichts mehr ausmache, wenn das betreffende dritte Land mit der SBZ auch gleich diplomatische Beziehungen aufnehmen würde«.

Außer zu Polen und Ungarn knüpfte Beitz auch Bande mit Rumänien und Bulgarien. Wieder spielte er, zumindest in den offiziellen Verlautbarungen, seine Rolle herunter. Er verspüre keine Neigung, sich »auf ein Gebiet zu begeben, das den Berufsdiplomaten überlassen bleiben sollte«, sagte er zu Rumäniens Vizepräsident Alexandru Barladeanu und Außenminister Corneliu Manescu. Allerdings nahm er für sich in Anspruch, dass es »den Kaufleuten gestattet sein muss, zu versuchen, eine Brücke zwischen den Völkern zu schlagen«.

Beitz verkehrte immer mit den Spitzenpolitikern. In Bulgarien empfing ihn Partei- und Regierungschef Todor Schiwkoff, in Rumänien der Ministerpräsident Ion Gheorghe Maurer. Die Regierenden in Bukarest buhlten derart um Beitz' Gunst, dass ihnen sogar ein diplomatischer Fauxpas unterlief: Während Außenhandelsminister Mihai Petri im Juli 1965 den westdeutschen Industriellen mit allem protokollarischen Gepränge am Flughafen abholte, musste der fast gleichzeitig eintreffende Bonner Außenamts-Staatssekretär Rolf Lahr selbst sehen, wie er mit einem Taxi zu seinem Hotel in der rumänischen Hauptstadt gelangte.

Seine Ostreisen verhalfen Beitz zu einer ihm gewiss nicht unwillkommenen Publicity. In den Medien war der umtriebige Krupp-Chef ständig präsent. Der Publizist Erich Kuby schrieb 1963 im *Stern*, Beitz rücke Schritt für Schritt ins Rampenlicht, »weil er sich mit erstaunlicher Geschicklichkeit und Sicherheit auf dem Gelände bewegt, auf dem man hierzulande normalerweise keine Lorbeeren, sondern Disteln erntet: jenseits des Eisernen Vorhangs«. Beitz hänge »nicht dem deutschen Köhlerglauben an, dass dahinter nur Verbrecher, Rosstäuscher und Schwachsinnige wohnen«. Er überzeuge sich lieber selbst, »was es da gibt«.

Neben Beitz betätigten sich zu jener Zeit nur der Kölner Stahlhändler Otto Wolff von Amerongen, zugleich Vorsitzender des Ost-Ausschusses der deutschen Wirtschaft, und der Phoenix-Rheinrohr-Manager Ernst Wolf Mommsen ähnlich engagiert im Osthandel. Keiner wirkte jedoch so als Strippenzieher für politische Beziehungen zu den Staaten des Ostblocks wie Berthold Beitz. Ohne seine Mitstreiter zu verschweigen, aber doch überzeugt von seiner Einzigartigkeit, unterstrich Beitz im Juni 1963 in einer Pressekonferenz vor den in Bonn akkreditierten Korrespondenten der Auslandspresse seine Vorreiterrolle: »Wenn auch die Politiker es ohne Enthusiasmus aufnehmen, dass die Vertreter der Industrie aus eigener Initiative in die Länder Osteuropas fahren, so unterliegt es doch keinem Zweifel, dass diese Vertreter der Industrie es eben sind, welche der Bonner Diplomatie die Wege ebnen zur Verbesserung der Beziehungen zu Osteuropa.«

Wenige Tage zuvor war Beitz aus Moskau zurückgekehrt, wo er, zur eigenen Überraschung, den Höhepunkt seiner Ostkontakte erlebt hatte: eine Audienz bei Kremlchef Chruschtschow.

Eingefädelt worden war die Begegnung ganz unspektakulär. Am Gründonnerstag 1963 hatte Beitz in London ein kurzfristig anberaumtes Treffen mit dem dort gerade anwesenden Leiter der sowjetischen Außenhandelsgesellschaft Techmaschimport, Vlas Klentsow. Westdeutsche Zeitungen berichteten, dass Beitz Verhandlungen über die Lieferung von Chemieanlagen aufgenommen habe.

Verborgen blieb der Öffentlichkeit, dass Klentsow Beitz ziemlich dringlich zu einem Besuch der Sowjetunion eingeladen hatte. Bereits vier Wochen später, am 13. Mai 1963, reiste Beitz in Begleitung von Krupp-Direktoriumsmitglied Hans Moll und Osthandelschef Wrede zu einer auf zehn Tage angelegten Visite nach Moskau. Die Gruppe logierte im Hotel Sowjetskaja, das offiziellen Besuchern der Sowjetregierung vorbehalten war. Das Besuchsprogramm war sehr vage gehalten, fest eingeplant war nur die Besichtigung zweier von Krupp gebauter Kunstfaserfabriken in Tula und Kursk. Allerdings war die politische Großwetterlage wieder einmal nicht besonders günstig: Bonn hatte, einer Empfehlung des NATO-Rates folgend, den Export von Großrohren für Pipelines in die Sowjetunion für dieses Jahr unterbunden.

Am Tag nach ihrer Ankunft in Moskau fanden sich die drei Kruppianer um 10 Uhr bei Klentsow ein, um Einzelheiten des Programms zu besprechen. Gegen 11 Uhr klingelte das Telefon. Klentsow nahm das Gespräch entgegen und verkündete Beitz strahlend:»Ministerpräsident Chruschtschow möchte Sie heute Mittag sprechen. Allein sprechen.«

Nach dem Mittagessen holte eine Luxuskarosse den Krupp-Generalbevollmächtigten vom Hotel Sowjetskaja ab. In schneller Fahrt ging es durch das Hauptportal des Kreml, im Gelben Palais eskortierte ein Offizier den deutschen Besucher zum Allerheiligsten. Punkt 15 Uhr öffnete sich die Tür zu Chruschtschows Arbeitszimmer. Der rote Zar, klein, rundlich und glatzköpfig, kam dem Kapitalisten, der ihn um einen Kopf überragte, drei Schritte entgegen und streckte ihm die Hand hin:»Ich freue mich, Sie kennenzulernen«, sagte Chruschtschow, »ich habe schon viel von Ihnen gehört.«

An einem langen, leeren Konferenztisch, auf dem nur klobige Kristallaschenbecher und ein Sortiment gespitzter Bleistifte in schweren Trinkgläsern platziert waren, saßen sich der mächtigste Mann des kommunistischen Imperiums und der westdeutsche Konzernlenker gegenüber, einziger Zeuge des Vier-Augen-Gesprächs war ein Dolmetscher.

Chruschtschow hielt erst einmal einen langen Monolog. Die Beziehungen zwischen der Sowjetunion und der Bundesrepublik

seien »schon seit Langem in einem Leerzustand«, klagte der
Kremlchef. Er analysierte die Lage nüchtern: Die Bundesregierung strebe die »Bildung eines einheitlichen kapitalistischen deutschen Staates« an, was genauso natürlich sei, wie »wir die Bildung
eines sozialistischen Deutschlands für eine gute Lösung halten«.
Von Adenauers Standpunkt aus sei die »Politik der Stärke« im
Bündnis mit den Westmächten logisch gewesen, nun aber habe sie
»ihren Sinn verloren«, weil die »Gefahr des Raketen-Kernwaf-
fenkrieges« gewachsen sei. Die führenden westdeutschen Politiker hätten »ihre Hoffnung darauf gesetzt, dass die DDR die inneren Schwierigkeiten nicht überwinden und zusammenbrechen
wird«. Die DDR habe schlechtere Startbedingungen gehabt als
die Bundesrepublik, erklärte Chruschtschow: Schwerindustrie
und Energiequellen konzentrierten sich in Westdeutschland und
hätten von den »amerikanischen Monopolen«, die »im Krieg
reich geworden« seien, mannigfache Förderung erfahren; dagegen mangele es der DDR an Rohstoffen und Maschinen, die sie
früher aus dem Westen Deutschlands bezogen habe. Nun aber
habe sich die Lage der DDR stabilisiert. Die Hoffnung des Westens »auf den inneren Verfall« sei gescheitert. »Die Zeit arbeitet
jetzt nicht für den Westen«, sagte Chruschtschow. Deshalb müsse
man die Pläne, die Wiedervereinigung aus einer »Position der
Stärke« erreichen zu wollen, »endgültig begraben«. Der 87-jähri-
ge Adenauer, der seinen Rücktritt als Kanzler für den Herbst des
Jahres angekündigt hatte, sei nicht mehr fähig, seine Politik zu
ändern. Chruschtschow zeigte sich aber zuversichtlich, dass Adenauers Nachfolger die nötigen Schlüsse ziehe – vielleicht noch
nicht der unmittelbare Erbe des Amtes, »aber ich glaube«, sagte
der Kremlchef, »dass in Deutschland ein solcher Kanzler schließlich kommen wird«. Es klang geradezu visionär, als sehe Chrusch-
schow Willy Brandts Ostpolitik voraus.

Über das Röhrenembargo urteilte Chruschtschow milde. Es
habe einen »heilsamen Schock« in der Sowjetunion ausgelöst:

Um vom Ausland unabhängig zu werden, habe man die eigenen Kapazitäten zur Röhrenproduktion erhöht. »Wir haben uns angestrengt und brauchen nun das Ausland nicht mehr.«

Beitz sprach in seiner Erwiderung die Situation von rund 9000 deutschstämmigen Bewohnern der Sowjetunion an, die in die Bundesrepublik übersiedeln wollten. Er hatte eine Liste mit den Namen Ausreisewilliger mitgebracht, die er seinen Moskauer Gesprächspartnern vorlegen wollte – jetzt bestand Gelegenheit, das Anliegen an höchster Stelle vorzutragen. Chruschtschow behauptete, es gebe zwar in der Sowjetunion »Leute deutscher Herkunft, sie leben und arbeiten bei uns«. Aber sie seien Sowjetbürger und fühlten sich als solche. Gleichwohl gestattete die sowjetische Regierung im Juli die Ausreise von 43 Russlanddeutschen, die auf Beitz' Liste gestanden hatten.

Nach fast zweieinhalb Stunden verabschiedete Chruschtschow seinen deutschen Gast. Für die Besichtigungsreise, die Beitz in den folgenden Tagen nach Sibirien unternahm, stellte der Kremlchef eine »Iljuschin 14« zur Verfügung, eine zweimotorige Propellermaschine, die seinerzeit von vielen Staatsoberhäuptern und Regierungschefs – etwa dem Schah von Persien, Jugoslawiens Tito oder Indiens Nehru – benutzt wurde.

Axel Springer neidete seinem Freund Beitz die Audienz im Kreml. Der Verleger war selbst einmal, Anfang 1958, nach langem Antichambrieren bei Chruschtschow vorgelassen worden, aber das Gespräch war eine bittere Enttäuschung gewesen. Springer hatte einen Plan zur deutschen Wiedervereinigung mitgebracht, doch der Kremlchef hatte davon nichts wissen wollen. Der DDR, belehrte ihn Chruschtschow, gehöre die Zukunft, ganz Deutschland werde kommunistisch. Zornig war Springer aus Moskau abgereist. Er habe »in die Fratze des Unrechts« gesehen, wütete er. Von diesem Tag an führte der Verleger einen publizistischen Kreuzzug gegen den Kommunismus. Seine Redaktionen bekamen Order, konsequent gegen die Machthaber im Osten zu agitieren.

Springers *Bild*-Zeitung forderte zehn Tage nach Chruschtschows Empfang für Beitz, Geschäfte mit dem Osten dürfe es nur geben, »wenn dadurch das Leben unserer Landsleute in der Zone erleichtert wird«: »Wir brauchen nicht mehr Rubel aus dem Osten. Wir brauchen mehr Freiheit im Osten.« Selbst in seiner Gratulation zu Beitz' 50. Geburtstag im September 1963 konnte sich Springer eine bissige Bemerkung nicht verkneifen. »Lieber Berthold«, schrieb der Verleger, »zu Deinem 50. Geburtstag wünsche ich Dir Gesundheit, etwas mehr Ruhe als in den letzten 20 Jahren, persönliches Glück der Zufriedenheit – auch, dass Du nicht Schaden nehmen mögest am Osthandel, dessen Ausmaß und Form ich Dir verüble.«

Höchste Anerkennung zollte hingegen der amerikanische Präsident dem ostpolitischen Engagement des Industriellen. John F. Kennedy registrierte, wie Beitz mit seiner unverkrampften Burschikosität selbst kommunistische Betonköpfe auflockern konnte. »Endlich ein Deutscher ohne Komplexe«, soll Kennedy über Beitz gesagt haben, als sie sich bei der Deutschlandvisite des US-Präsidenten im Juni 1963 trafen. Kennedy lud Beitz auch ins Weiße Haus ein, wo sie am 12. November ein halbstündiges Gespräch miteinander führten – zehn Tage vor den tödlichen Schüssen in Dallas.

Beitz, »der Amerikaner«, wie er wegen seiner modischen und sprachlichen Attitüden spöttisch genannt wurde, pendelte oft zwischen Alter und Neuer Welt. Ständig nahm er geschäftliche Termine zwischen New York und San Francisco wahr. Umso auffälliger war, dass er und seine Frau Else im Juli 1963 der Hochzeit ihrer ältesten Tochter Barbara fernblieben, als diese in Florida den amerikanischen Zeitschriftenverleger und Milliardär William Bernard Ziff heiratete. Mit den aus dieser – später geschiedenen – Ehe hervorgegangenen Söhnen, seinen Enkeln, die erfolgreiche Investmentbanker wurden, hat sich Beitz aber stets gern gezeigt.

Mit Emil Piotr Ehrlich, der Beitz' Ostkontakte eingefädelt hatte, traf der Krupp-Gewaltige nicht mehr zusammen, nicht einmal, als der Pole am 24. Oktober 1966 im Bremer Hildebrand-Prozess als Zeuge gehört wurde. Ehrlich bestätigte, was Beitz gut zwei Monate zuvor im selben Gerichtssaal bekundet hatte: dass der junge Karpathen-Öl-Direktor den SS-Lagerkommandanten als Werkzeug für seine Maßnahmen zur Judenrettung benutzt habe. »Der Mann ist erzdumm«, habe Beitz damals in Boryslaw zu ihm, Ehrlich, gesagt, »aber ich kann durch ihn allerlei erreichen«. So notierte es Krupp-Kommunikationschef Hundhausen, der Ehrlichs Zeugenauftritt für Beitz beobachtete.

Ehrlich betätigte sich später als Berater für Marketing und Werbung bei einer Lackfabrik und einem Kosmetikhersteller in Gliwice. Er starb überraschend am 19. November 1976 auf einer Reise in Wien.

9. KAPITEL

DER BEINAHE-BANKROTTEUR

»Das kann zu keinem guten Ende führen«

Während Beitz mit den Kommunisten Geschäfte machte, fürchtete sein Finanzdirektor Johannes Schröder, dass die Russen das Ruhrgebiet überfallen könnten. Nach dem Bau der Berliner Mauer im August 1961 wollte der Kassenwart größere Mengen des Krupp'schen Kapitals in die Schweiz schaffen. Damit sollte angeblich eine persönliche Reserve für Alfried Krupp angelegt werden – für den von Schröder für möglich gehaltenen Fall, dass die Sowjets in die Bundesrepublik einmarschieren sollten. Das war jedenfalls Schröders Version. Beitz erzählte die Geschichte anders. Danach erhielt er eines Tages einen Anruf von Eberhard Reinhardt, dem Chef der Schweizerischen Kreditanstalt. Der Bankier hatte 1959 den Vorsitz des »Gemischten Ausschusses« übernommen, der in der Nachfolge des Treuhandausschusses die »Entflechtung« des Krupp-Konzerns bewerkstelligen sollte. Reinhardt fragte Beitz, was es mit den 10 Millionen Mark auf sich habe, die Schröder, der auch die schweizerische Staatsbürgerschaft besaß, auf ein Nummernkonto überweisen wollte. Beitz wusste nichts davon, Alfried Krupp auch nicht. Der Verdacht lag nahe, dass Schröder in die eigene Tasche wirtschaften wollte, ließ sich aber aber nie nachweisen.

Beitz und Schröder konnten von Anfang an nicht miteinander. Jetzt aber hatte der Generalbevollmächtigte eine Handhabe, den

Unbequemen loszuwerden. Als der Plan eines heimlichen Kapitaltransfers in die Schweiz Ende Juni 1962 aufflog, feuerte Beitz den Finanzdirektor fristlos. Offiziell hieß es, der 57-Jährige gehe vorzeitig in den Ruhestand.

Schröder hatte Beitz seit geraumer Zeit genervt mit seinen andauernden Warnungen vor drohender Illiquidität der Firma. Krupps Kunden im Osten, devisenschwache Staatshandelsländer, kauften stets auf Pump ein; der westdeutsche Konzern musste die Herstellung der gelieferten Fabriken, Maschinen und Waren mit langfristigen Krediten vorfinanzieren. Trotzdem betrieb Beitz eine Expansion um jeden Preis: »Alle Arbeiten und Aufträge hereinholen, wie sie sich uns bieten«, lautete seine Devise.

Obwohl Krupp mit 4,2 Milliarden Mark Jahresumsatz Anfang der 1960er-Jahre nach dem Volkswagenwerk, nach Siemens und Daimler das viertgrößte Unternehmen der Bundesrepublik war, galt es handelsrechtlich als Einzelfirma wie ein Tante-Emma-Laden. Folglich wurden keine Geschäftsberichte publiziert, wirtschaftliche Erfolge oder auch möglicherweise Misserfolge blieben der Öffentlichkeit verborgen.

Niemand wusste besser als der gefeuerte Finanzchef, wie es um das Unternehmen stand. Seine Entlassung machte Schröder daher zur tickenden Zeitbombe. Und tatsächlich schlug der Zwangsrentner gekränkt zurück.

Nur wenige Wochen nach dem Rausschmiss veröffentlichte Schröder im *Handelsblatt* einen Artikel voller Anspielungen, die, auch wenn kein Name genannt wurde, leicht auf Krupp und Beitz bezogen werden konnten. Unter der Überschrift »Der finanzielle Herzinfarkt« befasste sich der Autor mit »Personalgesellschaften und Einzelfirmen«, über die »meistens ein Kopf« herrsche: »Er mag ein begabter Techniker sein; er mag ein wunderbarer Verkäufer sein. Er schafft wunderbare Betriebe und erzielt herrliche Umsätze« – in der Tat hatten sich Krupps Gesamtumsätze in den acht Jahren, seit Beitz an der Spitze stand, mehr als verdoppelt.

»Er duldet niemand neben sich«, schrieb Schröder, »und betrachtet die finanzielle Seite als ein notwendiges Übel, das ihn aber in Anbetracht seiner bemerkenswerten Erfolge nichts angeht, selbst wenn das Geld aus allen Ecken zusammengekratzt werden muss. Er verwechselt Geld mit Kapital und ist starr vor Staunen, wenn er eines Tages trotz all seiner blendenden Erfolge feststellen muss, dass er am Rande des Ruins steht.«

»Diesen Typ eines modernen Wirtschaftsführers«, fuhr Schröder fort, »vergleiche ich immer mit einem Mann, der einen hervorragenden Verstand und kräftige Muskeln hat, aber keine Rücksicht auf seinen Kreislauf nimmt. Während er noch gesund und strahlend aussieht, wird er plötzlich von einem Herzinfarkt betroffen und fällt krank oder tot um. Die Gefahr eines solchen Herzinfarktes«, so der Insider, »ist besonders bei den Firmen akut, die ihre Bilanzen nicht veröffentlichen. Sie unterstehen nicht der Kontrolle eines Arztes (oder, in diesem Fall, der Öffentlichkeit). Daher kann man sie nicht rechtzeitig warnen.«

Schröder zog sein Fazit: »Da die wirtschaftliche Entwicklung Deutschlands gegenwärtig den Höhepunkt überschritten hat, wird sicherlich noch an manche Firma die Frage herantreten, ob sie sich im Rahmen ihrer finanziellen Mittel gehalten hat oder ob sie auch Gefahr läuft, einen finanziellen Herzinfarkt zu erleiden … Man muss sich über eines im Klaren sein: Liquidität ist teuer, aber Illiquidität ist viel teurer, denn sie kostet die Existenz.«

Beitz reagierte gereizt. Er drohte damit, Schröders Pensions- und Abfindungsvertrag fristlos zu kündigen. Indirekt bestätigte er jedoch, dass Krupp Finanzprobleme hatte. In der Hauspostille, den monatlichen *Krupp-Mitteilungen*, rief er im September 1962 die Mitarbeiter zu erhöhter Sparsamkeit am Arbeitsplatz und Sorgfalt bei der Fertigung auf: »Auf uns kommt eine bedrohliche Entwicklung zu«, warnte Beitz, denn »so paradox es klingen mag – bei hohen Umsätzen nähern wir uns dem Punkt, an dem kaum noch wirtschaftlich ausreichende Erträge erzielt werden.« Dies liege daran, dass die Relation der Kosten zu den Preisen nicht mehr stimme. Zudem werde die Wochenarbeitszeit ständig kürzer, die Arbeitsintensität dagegen geringer. »Das kann zu keinem guten Ende führen.«

Als indes britische Zeitungen im November 1963 erstmals »Finanzwolken über dem Krupp-Imperium« sichteten (so der *Sunday Telegraph*), dementierte Beitz gegenüber der Londoner *Times* Liquiditätsprobleme. Die Zeitung zitierte ihn mit dem Satz, dass seine Firma »auch nicht annähernd die Grenze der kurzfristigen Anleihen bei den deutschen Banken erreicht« habe, »mit denen sie stets Geschäftsverbindungen hatte«.

Sogar der Sprecher der Bundesregierung, Karl-Günther von Hase, sah sich veranlasst, zu den Meldungen Stellung zu nehmen: »Man hat den Eindruck, dass das, was jenseits des Kanals berichtet wurde, eine Mischung von britischem Krupp-Trauma und vielleicht auch handfesten Interessen ist. Seitens der Bundesregierung besteht zu irgendwelchen Sorgen hinsichtlich der Firma Krupp keinerlei Anlass.«

Auch Hermann Josef Abs, der Vorstandsvorsitzende der Deutschen Bank, trat den Gerüchten entgegen. Die Behauptungen über angebliche Engpässe bei Krupp, beruhigte Abs die Öffentlichkeit, seien »unverantwortlich und völlig unbegründet«. Krupp verfüge für seine geschäftlichen Aktivitäten über »ausreichende Blankokreditlinien«.

Auf Empfehlung von Abs, der grauen Eminenz des Geldgewerbes, war der Godesberger Industrieberater Arno Seeger, der ihm vormals als Vorstandsassistent gedient hatte, Nachfolger des im Unfrieden ausgeschiedenen Krupp-Finanzchefs Schröder geworden. Durch Seeger, der ihm freundschaftlich verbunden blieb, war Abs zumindest in Umrissen über die finanzielle Situation des Krupp-Konzerns im Bilde. Und die war düsterer, als es nach außen hin dargestellt wurde.

Denn intern hat sich Seeger offenbar besorgt geäußert. Bei einem Empfang im Düsseldorfer Industrieclub am 17. September 1962 war Schröders *Handelsblatt*-Artikel zentrales Gesprächsthema, wie der Leiter der Stabsabteilung Revision, Gerhard Platt, in einem streng vertraulichen Aktenvermerk an Krupp und Beitz berichtete. Dem Vermerk zufolge wurde bei dem Empfang kolportiert, Seeger »habe den Ernst der finanziellen Situation des Konzerns schon nach kurzer Zeit erkannt. Es bestünden darüber schwerwiegende Meinungsverschiedenheiten zwischen Herrn Beitz und Herrn Seeger. Die übrigen Direktoriumsmitglieder hätten sich dem Urteil von Herrn Seeger angeschlossen, wodurch die Gegensätze noch verschärft worden seien. Weiter wurde die Meinung geäußert, dass für alle Unternehmen der eisenschaffenden Industrie Anlass bestehe, ihre finanziellen Beziehungen zum Krupp-Konzern sofort genauestens zu überprüfen und ggf. Vorkehrungen für eine Sicherstellung von Ansprüchen zu treffen.«

Beitz wusste genau, dass die finanzielle Lage des Konzerns angespannt war. Denn ohne Not hätte er sein Lieblingsprojekt jener Jahre nicht aufgegeben: den geplanten Neubau eines Verwaltungsgebäudes.

Die Konzernleitung saß in einem schmucklosen Gebäude aus dem Jahr 1938 an der Altendorfer Straße. Repräsentativ für eine Weltfirma war das schäbige Quartier wirklich nicht. Im Februar 1960 erwähnte Beitz erstmals bei Grundstücksverhandlungen mit der Stadt Essen, dass die Firma Krupp beabsichtige, am Nordrand des Hügel-Geländes eine neue Firmenzentrale zu bauen, mit Aussicht auf die Villa Hügel und den Baldeneysee.

Noch war kein bestimmter Architekt ins Auge gefasst. Im Mai 1960 reiste Beitz mit mehreren Mitarbeitern in die USA, um nach einem Planer Ausschau zu halten. Außerdem wollte er sich Anregungen holen, mögliche Vorbilder besichtigen sowie mit amerikanischen Bauherren über deren Erfahrungen und die Abwicklung der Bauarbeiten sprechen.

Die New Yorker Krupp-Repräsentanz, die Beitz während seines USA-Aufenthalts aufsuchte, befand sich im 36. Stockwerk des »Seagram Building« an der Park Avenue. Ludwig Mies van der Rohe, der vor der Machtübernahme der Nationalsozialisten Direktor des Bauhauses in Dessau gewesen und 1937 in die USA emigriert war, hatte den 39-stöckigen Wolkenkratzer in den 1950er-Jahren zusammen mit seinem amerikanischen Kollegen Philip Johnson geplant und gebaut. Der berühmte Architekt, 1886 in Aachen geboren und seit 1944 US-Bürger, hatte sein Büro in der Etage über der Krupp-Vertretung. Es ergab sich zufällig, dass sich Beitz und Mies van der Rohe über den Weg liefen.

Spontan begeisterte sich Beitz für die Idee, diesen renommierten Baumeister der Moderne mit dem Krupp-Projekt zu beauftragen. Zum ersten Mal war sein alter Kumpel Ferdinand Streb abgemeldet, der bisher alle Baumaßnahmen für Beitz ausgeführt hatte. Die langjährige Beziehung brach ab, es blieb nur ein loser Kontakt. Erst in seinen letzten Lebenswochen, Streb starb am 6. Februar 1970, besuchte Beitz den Todkranken noch einmal in Hamburg.

Im September 1960 kam Mies van der Rohe zu einer ersten Ortsbesichtigung nach Essen, ein Jahr später präsentierte er seinen Entwurf. Er sah ein rechteckiges, symmetrisches Gebäude mit zwei Innenhöfen vor. Über dem Erdgeschoss sollten sich, getragen von 64 Stützpfeilern, lediglich zwei Stockwerke mit den Büroräumen erheben, die Wirtschaftsräume waren im »Sockelgeschoss«, sprich: im Souterrain, eingeplant. Der Baubeginn war für Anfang 1962 terminiert, im Sommer 1963 sollte der zunächst auf 20 Millionen Mark veranschlagte Neubau bezugsfertig sein, im September 1963 – pünktlich zu seinem 50. Geburtstag – wollte Beitz das neue Domizil einweihen.

Doch der Plan wurde nicht realisiert. Verschiedene Gründe wurden vorgeschützt. Angeblich gab es Kritik an der Absicht, nur die engere Konzernleitung in dem Neubau unterzubringen, etwa 200 der damals rund 800 Mitarbeiter der Hauptverwaltung. Viele, die fürchteten, das Nachsehen zu haben, bestürmten Alfried Krupp, den Plan fallen zu lassen.

Offiziell verbreitete die Firmenleitung, dass der Neubau aus Gründen unterbleibe, die »außerhalb des Einflussbereiches der Vertragspartner« lägen: »Wegen Überhitzung der Baukonjunktur in der Bundesrepublik« sei 1962 »im Rahmen des Gesetzes zur Einschränkung der Bautätigkeit der Bau von Verwaltungsgebäuden generell verboten« worden. An dieser Darstellung wurden von Anfang an Zweifel geäußert. Zwar hatte der Bundestag im Juni 1962 dieses »Baustoppgesetz« beschlossen, um die hektischen Preissteigerungen in der Baubranche durch eine Verringerung der Nachfrage zu dämpfen, weshalb vorübergehend nur Wohngebäude genehmigt werden sollten. Aber das Gesetz erlaubte durchaus Ausnahmen, und es lief, weil es sich als wenig wirkungsvoll erwies, ohnehin Ende 1963 aus.

Gleichwohl blies Beitz das Projekt ab. »Übergeordnete Gesichtspunkte«, schrieb er am 10. September 1963 an Mies van der Rohe, hätten Krupp endgültig bewogen, »das Vorhaben und seine Planung zurückzustellen«: »Bei der Größe unseres Unternehmens müssen wir nun einmal davon ausgehen, dass jeder Schritt, den wir tun, von der Öffentlichkeit genau registriert und mit den allgemeinen Richtlinien der Wirtschaftspolitik verglichen wird.«

Ein fadenscheiniger Vorwand. Schließlich hatte Beitz selbst schon im Februar 1962, zeitgleich mit der ersten Rückstellung für den Neubau, »angesichts der Entwicklung der Ertragslage« in einer Direktoriumssitzung »auf die Notwendigkeit von Sparmaßnahmen« hingewiesen. Allgemeine Ausgabenkürzungen reichten womöglich nicht aus, vielmehr könne »auch die Entlassung von Mitarbeitern« notwendig werden. Solche Perspektiven vertrugen sich nicht mit Millioneninvestitionen für ein Prestigeobjekt.

So blieb alles beim Alten. Beitz behielt sein karges Büro in der Altendorfer Straße. »Hier kann man keinen Managerfilm über Wirtschaftswunder drehen«, staunte der Publizist Erich Kuby 1963 nach einer Ortsbesichtigung: »Einfacher geht's nicht.« Zwei Fenster in der Längswand seien »so hoch gesetzt, dass ein stehender Mensch von normaler Statur gerade noch über die Fensterbretter blicken kann – hinaus auf industrielle Scheußlichkeiten«. Die Farben von Schränken, Wänden, Vorhängen und Spannteppich mischten sich »zu einer Farbe, die es gar nicht gibt« – goldbraun, meinte Kuby, wäre »geschmeichelt«. Auch der Schreibtisch, an dem Beitz arbeite, falle durch äußerste Schlichtheit auf. Kuby tippte auf »deutsche Fichte, mit deutscher Fichte furniert«.

Der Reporter beschrieb dieses Büromöbel als »eine braune, uferlose, leere Holzplatte«. »Die Platte ist blank wie ein Tennisplatz im Winter«, zog Werner Höfer, über Jahrzehnte hinweg Gastgeber des sonntäglichen TV-»Frühschoppens« und einer von Beitz' Sylter Männerfreunden, einen bildhaften Vergleich: »Der wichtigste Schreibtisch im Ruhrgebiet ist leer wie der Arbeitsplatz eines Buchhalters, der im Urlaub ist. Aber so wird hier immer gearbeitet – ohne Papier, ohne Tinte.«

Aktenstudium war Beitz immer zuwider. »Ich lese nichts«, kokettierte er mit seiner Papierphobie, »mein Schreibtisch ist immer leer.« So war es schon in Boryslaw, so war es später auf dem Hügel. Die einzigen Utensilien waren ein Taschenkalender, ein Stift und ein Blatt Papier, auf dem er sich bei Bedarf Notizen machte, sowie ein kupfernes Reh, das eigentlich als Briefbeschwerer dienen sollte, aber da gab es ja nichts, was hätte fixiert werden können. Die kleine Plastik, laut Gravur von einer Schülerin der Bildhauerin Renée Sintenis, hatten ihm Iduna-Mitarbeiter 1953 zum Abschied geschenkt.

Das meiste wurde mündlich verhandelt. Seine Mitarbeiter waren darauf gedrillt, ihn knapp und prägnant über die wichtigsten

Vorgänge zu unterrichten. Wenn es eine schriftliche Vorlage gab, sollte sie so kurz wie möglich sein. Eine Drei-Zeilen-Notiz war ihm allemal lieber als eine mit zehn Zeilen, und eineinhalb Schreibmaschinenseiten waren überhaupt das Äußerste, was er normalerweise zuließ.

Die *Zeit* beschrieb seinen Arbeitsstil einmal so: »Er reißt ein Problem an – die Durchführung liegt bei anderen, die Überwachungsfunktion nimmt er mit der linken Hand wahr. Und wenn offenkundig wird, dass ein Geschäft nicht klappt, dann rollen die Köpfe. Das Feld von Berthold Beitz war immer die Expansion, das Neue, nicht die Ordnung im Betrieb, nicht das Regime des Rechenstiftes.«

Beitz regierte den Konzern, wie er sich selbst brüstete, »aus der Hosentasche«. Nicht einmal an der Konzernspitze wusste man über die finanzielle Lage der Firma exakt Bescheid. Eine echte Konzernbilanz wurde, vor allem infolge der Unruhe, die Schröders Artikel ausgelöst hatte, erstmals 1963 aufgestellt, aber auch nur für den internen Gebrauch, denn Krupp war ja kein publizitätspflichtiges Unternehmen.

Das Geraune in der Banken- und Finanzwelt über eine drohende Illiquidität Krupps verstummte daher nicht. Hinzu kam, dass – nach relativer Stabilität des Unternehmens in den Jahren 1962 und 1963 sowie einem allgemeinen Konjunkturaufschwung 1964 – im zweiten Halbjahr 1965 die Konjunktur spürbar abflachte. In den Jahren 1966 und 1967 ging der Umsatz des Krupp-Konzerns im Zeichen einer allgemeinen krisenhaften wirtschaftlichen Entwicklung, aber auch aufgrund der jetzt immer deutlicher werdenden strukturellen Schwächen des Unternehmens, noch einmal deutlich zurück. Die Zahl der Beschäftigten verringerte sich von 106 000 um mehr als 20 000.

Dass es für ein Umsteuern höchste Zeit war, deutete Alfried Krupp in seiner Ansprache bei der alljährlichen Jubilarfeier im April 1966 an. Abweichend von seinem vorab ausgegebenen Redemanuskript, fügte er seinem Appell nach einem »neuen Stil der unternehmerischen Planung« den knappen Satz an, dass »Strukturverschiebungen nicht zu vermeiden« seien. Damit waren Rationalisierungs- und Modernisierungsmaßnahmen gemeint, etwa die Zusammenlegung von Betrieben oder die Stilllegung unrentabler Zechen. Das bedeutete aber, wie der Historiker Lothar Gall in seiner Unternehmensbiografie betont, »eine weitgehende Kehrtwendung gegenüber den vorangegangenen anderthalb Jahrzehnten …, in denen man das Heil in der ständigen Erweiterung der Produktion und der Produktpalette gesucht hatte«.

Für eine »langfristige Vorausschau und systematische Grundlagenarbeit«, die Alfried Krupp anmahnte, war es da aber schon zu spät. Die westdeutsche Wirtschaft erlebte nach vielen Jahren kontinuierlichen Aufschwungs einen starken Rückgang der Konjunktur. Vor allem der Markt für Kohle und Stahl erfuhr massive Einbrüche. Krupp musste in diesem Bereich erhebliche Umsatzeinbußen hinnehmen, die auf die Schnelle nicht durch Einsparungen und Kapazitätsanpassungen wettgemacht werden konnten. Auch ein Anstieg des Exportumsatzes um mehr als 14 Prozent brachte keine Rettung, im Gegenteil: Weil Krupp, auf das Auslandsgeschäft dringend angewiesen, seinen Kunden immer längere Zahlungsziele einräumen musste, wuchs die Schuldenlast unaufhörlich.

Krupp stand schließlich bei 263 Gläubigerbanken in der Kreide. Die Verbindlichkeiten betrugen, bei einer Bilanzsumme von 5,3 Milliarden, bereits mehr als 3 Milliarden Mark.

Der Rubikon war überschritten, als Krupp einen Auftrag aus Polen bekam, eine chemische Fabrik für 300 Millionen Mark zu bauen. Zur Überbrückung, so hatte das bisher immer funktioniert, musste Krupp vorfinanzieren. Der Konzern beantragte bei der Ausfuhrkreditgesellschaft (AKA) in Frankfurt am Main einen Kredit über diesen Betrag.

Für solche Fälle war die AKA ja geschaffen worden: Das von 54 Banken getragene Geldinstitut stellte aus Mitteln der Bundesbank Darlehen für die Finanzierung von Exporten bereit. Nach den AKA-Vorschriften mussten 30 Prozent der Auftragssumme von der Hausbank des betreffenden Unternehmens vorgestreckt werden, die restlichen 70 Prozent steuerte die AKA bei. Zum Verdruss anderer Firmen hatte Krupp aber bereits besonders tief in den AKA-Topf gegriffen. Vom gesamten Kreditvolumen der AKA, das in jenem Jahr gerade auf 1,8 Milliarden Mark erhöht worden war, hatte allein der Essener Konzern 360 Millionen erhalten und wollte nun weitere 300 Millionen.

Hinter den verschlossenen Türen der AKA geschah am 1. Dezember 1966 etwas bis dahin Unvorstellbares: Der Vertreter der Deutschen Bank, Heinz Osterwind, beantragte, Krupp weitere AKA-Kredite zu sperren. Die anderen Gremienmitglieder folgten dem Votum. Im Unterschied zu den sonst üblichen Konditionen verlangten sie von Krupp eine Bürgschaft der Hausbanken. Ein Teilnehmer der Runde wurde mit den Worten zitiert: »Die haben heute Krupp alle gemacht.«

Rund hunderttausend Arbeitsplätze standen durch den verweigerten Kredit auf dem Spiel. Aber die gerade ins Amt gekommene neue Bundesregierung, eine Große Koalition unter Kanzler Kurt Georg Kiesinger (CDU) und Außenminister Willy Brandt (SPD), merkte erst spät, was sich da im Herzen des Ruhrgebiets zusammenbraute. Der sozialdemokratische Wirtschaftsminister Karl Schiller erfuhr zufällig von Krupps Malaise, als er am 25. Januar 1967 in der Düsseldorfer Börse an einem Abschiedsumtrunk für deren scheidenden Präsidenten Kurt Forberg teilnahm. Hans Rinn, der Aufsichtsratsvorsitzende der Dresdner Bank, Krupps Hausbank, zog Schiller beiseite und flüsterte ihm einige Zahlen zu.

Fünf Tage später hatte der Minister Gelegenheit, Beitz mit seinem frischen Wissen zu konfrontieren. Die Regierung gab für den rumänischen Außenminister Corneliu Manescu im Ritter-saal der Godesburg einen Empfang, zu dem auch Beitz eingeladen war. Schiller steuerte auf Beitz zu und fragte ihn: »Ist es wahr, dass Krupp Liquiditätsprobleme hat?« Die Frage war scheinheilig. Denn zu diesem Zeitpunkt, prahlte der eitle Minister später, sei die von ihm betriebene Lösung für Krupp schon »in the making« gewesen.

Tatsächlich hatte der Minister schon damit begonnen, das akute Dilemma bei Krupp als Hebel für seine eigene Konjunkturpolitik zu benutzen. Die Bundesbank hatte im Laufe des Jahres 1966 den Wechseldiskontsatz, an dem sich die Kreditinstitute bei der Vergabe ihrer Firmendarlehen orientierten, auf fünf Prozent hochgeschraubt. Mit der Begründung, die Zinspolitik der Bundesbank dürfe die westdeutsche Industrie nicht in den Ruin treiben, setzte Schiller in den folgenden Wochen durch, dass der Diskontsatz auf vier Prozent herabgesetzt wurde. Der Geldhahn, drängte Schiller, müsse durch günstige Kredite schnell aufgedreht werden, um die schwächelnde Konjunktur wieder in Fahrt zu bringen. Gegenüber dem Krupp-Konzern, als dessen Retter sich Schiller darstellen wollte, blieb er indes hart.

Am 21. Februar fuhr Schiller nach Essen, um Alfried Krupp die Bedingungen zu diktieren, unter denen die Bundesregierung bereit sei, dem Konzern aus der Klemme zu helfen. Schiller habe sich gegenüber Krupp »benommen wie ein übler Prolet«, klagte Beitz Jahre später bei Golo Mann, das werde er ihm »nie verzeihen«. Der SPD-Politiker, meinte Beitz, »wollte seinen Genossen zeigen, wie man mit einem Kapitalisten umgeht«.

Krupp hatte keine Wahl: Innerhalb der nächsten zwei Wochen waren 260 Millionen Mark zur Rückzahlung für Kredite fällig. Während Schiller in der Krupp-Hauptverwaltung seine Konditionen bekannt gab, verhandelte Beitz im Bonner Wirtschaftsministerium mit führenden Bankiers über eine Bürgschaft der Regierung. Aber Beitz war das Heft des Handelns aus der Hand geschlagen, er konnte nur noch kapitulieren.

Hochmütig, noch arroganter als sonst, trat Karl Schiller am 7. März vor die Fernsehkameras, flankiert von Finanzminister Franz Josef Strauß (CSU), dem Deutsche-Bank-Chef Abs und dessen Amtskollegen Werner Krueger von der Dresdner Bank. Auch für Ministerialbeamte waren Stühle an der Stirnseite der hufeisenförmig aufgestellten Tische reserviert worden, nicht jedoch für Krupps Generalbevollmächtigten. Beitz ergriff einen leeren Stuhl und quetschte sich kleinlaut an eine Tischecke, wobei er verlegen mit den Journalisten zu scherzen versuchte: »Wir sind bescheiden.« Tatsächlich war er zutiefst verletzt. Den Ruhr-Star umgab das Odium eines Beinahe-Bankrotteurs.

»Im schneidigen Stil eines selbstgefälligen Staatsanwalts«, so der *Spiegel*, diktierte Schiller seine Bedingungen. Krupp wurde verpflichtet, binnen fünf Wochen einen Verwaltungsrat mit den Rechten und Pflichten des Aufsichtsrats einer Aktiengesellschaft zu berufen, »durchgreifende Maßnahmen der Rationalisierung und Straffung« zu ergreifen sowie »unverzüglich Vorbereitungen« zu treffen, das Unternehmen bis zum Ende des folgenden Jahres in eine Aktiengesellschaft oder eine GmbH – gegebenenfalls über eine Stiftung – umzuwandeln. Unter diesen Voraussetzungen übernehme der Bund eine Bürgschaft in Höhe von 300 Millionen Mark, das Land Nordrhein-Westfalen eine weitere über 150 Millionen. Dafür räumten die Banken dem Krupp-Konzern einen Exportkredit von 100 Millionen Mark ein und sagten zu, ihre bestehenden Kreditlinien für Krupp bis zum Jahresende 1968 nicht zu verändern.

Die Konditionen und der Ton, in dem sie verkündet wurden, waren für Beitz demütigend. »Nun ist er am Boden, nun fällt er um und ist tot«, feixten Konkurrenten an der Ruhr. Beitz hatte, wie er sich selbst gern brüstete, »Feinde gesammelt wie andere Leute Briefmarken«. Er wusste, dass seine Neider nun ihre

Stunde gekommen sahen und dass er nicht mit Nachsicht rechnen durfte.

Genüsslich druckte die industrienahe Zeitschrift *Wehr und Wirtschaft* einen Leitartikel des liberal-konservativen niederländischen Magazins *Elseviers Weekblad* nach, in dem, wie die Redaktion anmerkte, »mit unbehindertem Freimut politische und wirtschaftliche Fakten beleuchtet werden, die der strahlende Wirtschaftskapitän Beitz jahrelang glaubte ignorieren zu können«. Der Kommentar begann mit der Feststellung: »Was zwei verlorene Kriege, eine Inflation, eine ›Demontage‹ und die Aburteilung des Mannes, dessen Namen das Unternehmen trägt, nicht fertiggebracht haben, das hat ein ›General-Direktor‹ erreicht: Die Firma Krupp musste den Staat um Hilfe angehen, um der finanziellen Schwierigkeiten Herr zu werden.«

Nachdem Krupps Geldmisere öffentlich geworden war, kündigte Finanzchef Arno Seeger am 20. März 1967 fristlos. Trotzdem blieb er noch bis September im Amt. Beitz, der krampfhaft einen Nachfolger suchte, hatte ihn darum gebeten. Als sich bis dahin niemand fand, der den Job übernehmen wollte, bewarb sich Seeger um einen anderen Posten im Konzern: als Generaldirektor der Vereinigten Flugtechnischen Werke in Bremen, an denen Krupp beteiligt war. Beitz lehnte mit der Begründung ab, Seeger sei in erster Linie für die finanziellen Fehlschläge bei Krupp verantwortlich und deshalb kein geeigneter Kandidat. Seeger betätigte sich anschließend als freier Unternehmensberater und wurde unter anderem von den Brüdern Berthold und Harald von Bohlen und Halbach 1982 mit dem Vorsitz des Aufsichtsrats der Wasag-Chemie AG betraut, den er vier Jahre später niederlegte.

Demonstrativ stellte sich Alfried Krupp hinter Beitz. Den Mitarbeitern, sagte er bei der Jubilarfeier am 1. April 1967, sei es »gelungen, aus kriegszerstörten und demontierten Fabriken wieder ein leistungsstarkes Unternehmen aufzubauen«. Und er fügte hinzu: »Mein Dank und mein Vertrauen gilt meinem Generalbevollmächtigten Berthold Beitz, der an diesem Werk entscheidenden Anteil hat und auch in Zukunft haben wird.«

Es war ein glücklicher Zufall, dass die Weichen gerade mal ein halbes Jahr vor dem Desaster so gestellt worden waren, dass der Konzern überhaupt eine Überlebenschance hatte. Denn Beitz hatte Alfried Krupps einzigem Sohn Arndt von Bohlen und Halbach den Verzicht auf sein Milliardenerbe abgerungen, sodass das Unternehmen in das Eigentum einer Stiftung übergeführt werden konnte, wie es die Bundesregierung verlangte.

Arndt, 1938 geboren, war drei Jahre alt, als sich seine Eltern auf Druck des herrischen Großvaters Gustav scheiden ließen. Der Junge lebte bei seiner Mutter, den Vater sah er selten und war ihm völlig entfremdet. Seine Jugend verbrachte Arndt in bayerischen und schweizerischen Internaten. Nachdem er das Abitur mit Auszeichnung bestanden hatte, gab er verschämt zu verstehen, dass er gern eine Schauspielschule besuchen würde. Für diesen in seinen Augen exotischen Berufswunsch hatte Alfried Krupp kein Verständnis, obschon er selbst von seinem Vater zu einem ungeliebten Ingenieurstudium genötigt worden war. Immerhin erlaubte er, Beitz' Ratschlag folgend, dass sich der Filius an der Universität Köln in Betriebs- und Volkswirtschaft sowie Rechtswissenschaften einschrieb.

Bald wurde Beitz, Krupps Statthalter im Konzern, auch dessen Vertreter an Vaters statt. Arndt nannte Beitz »Vater 2«, oder er benutzte, zur Unterscheidung seiner beiden Väter, die Kürzel »V 1« und »V 2«, später duzten sich Beitz und sein Ziehsohn sogar.

»V 2« klang wie Hitlers »Wunderwaffe«, mit der der »Führer« den verlorenen Weltkrieg noch wenden wollte. Auch Beitz war für Arndt eine Art Wunderwaffe. »Herr Beitz hat zwischen meinem Vater und mir als Katalysator gewirkt«, berichtete Arndt. »Er war eigentlich der Übersetzer. Wenn ich meinem Vater etwas mitteilen wollte, und ich hatte natürlich viel zu viel Angst, ihm das ins Gesicht zu sagen, dann sagte ich: Bitte, Herr Beitz, gehen Sie doch zu meinem Vater ... Und mein Vater, scheu wie er war, sagte: Bitte, Herr Beitz, gehen Sie zu meinem Sohn.« Arndt gehörte bei Beitz fast zur Familie. Zwanglos unterhielt man sich beim Fünf-Uhr-Tee, und Nesthäkchen Bettina, 1958 geboren, alberte mit dem oft melancholisch dreinblickenden Krupp-Erben, über dessen Homosexualität in den Illustrierten heftig getratscht wurde. Einmal, Bettina war sechs oder sieben Jahre alt, ermahnte Arndt sie, als sie gar zu wild herumtollte: »Hör mal, Bettina, so etwas macht eine junge Dame aber nicht.« In kindlicher Unschuld erwiderte Bettina schlagfertig mit Blick auf Arndts getuschte Wimpern: »Und ein Mann schminkt sich nicht.«

Arndt hing sehr an seiner Mutter, die von Alfrieds Geschwistern wie eine Aussätzige gemieden wurde. Auch für sie setzte sich Beitz, der Familienmensch, nachdrücklich ein. »Herr von Bohlen«, sagte er zu Alfried Krupp, den er immer mit diesem Namen ansprach, »Sie können doch die Mutter Ihres Sohnes nicht schlechter stellen als die Frau des Generaldirektors eines Hüttenwerks.« Alfried Krupp zeigte sich einsichtig, überließ es aber Beitz, die Sache zu regeln: »Machen Sie das, wie Sie wollen.«

Beitz veranlasste, dass Annelise von Bohlen und Halbach eine Krupp-Pension wie eine Direktorenwitwe bekam und eine Eigentumswohnung in München-Bogenhausen, wo sie bis zu ihrem Tod 1998 lebte. Als sie 88-jährig starb, sagte Beitz: »Ich habe es stets für meine Pflicht gehalten, den Kontakt zur Mutter des letzten Krupp aufrechtzuerhalten und sie zu unterstützen.«

Arndt war hochbegabt und sehr intelligent, sprach mehrere Fremdsprachen fließend. Doch die Vorlesungen und Seminare an der Uni schwänzte er regelmäßig. Lieber tummelte er sich mit seinem Rolls-Royce an den Plätzen des internationalen Jetsets. Es war nicht abzusehen, dass Arndt jemals in der Lage sein könnte, die Führung des Konzerns zu übernehmen.

Es gab weltweit keine andere Firma vergleichbarer Größe, die noch einem einzigen Menschen gehörte. Die Idee, den Familienbetrieb Krupp in eine Stiftung umzuwandeln, war allerdings alt und hatte nichts mit Arndts unternehmerischem Unvermögen zu tun. Schon Ahnherr Alfred Krupp hatte im ausgehenden 19. Jahrhundert mit dem Gedanken gespielt, um sein »Etablissement« dauerhaft zu erhalten. Die einfache gesetzliche Erbfolge, hatte er erkannt, sei »durchaus ungenügend, den Fortbestand des großen Ganzen zu versichern«.

Tilo von Wilmowsky, Alfrieds Onkel, hatte sich 1952 Gedanken gemacht, wie eine Stiftung ausgestaltet werden müsste. Dabei hatte ihm jedoch eine Familienstiftung vorgeschwebt, die das Prinzip des »Generalregulativs«, des ungeteilten Erbübergangs, aushebeln sollte. Alfried Krupp aber hatte ganz andere Vorstellungen: Er wollte gerade die Familie aus der Firma heraushalten. Bereits 1955 hatte Krupp angeblich mit Beitz darüber gesprochen. »Ziel der Überlegungen«, erzählte Beitz viele Jahre später, sei es gewesen, »die Zukunft der Firma zu sichern und ihr zugleich eine fortschrittliche und beispielhafte Verfassung zu geben«.

Das Unternehmen in eine Stiftung zu überführen war indes nur möglich, wenn Arndt auf sein Erbe verzichtete. Darüber mit seinem Sohn zu reden war Alfried Krupp nicht möglich. Also fiel auch diese Aufgabe Beitz zu.

Am Abend des 19. September 1966 speiste der 28-jährige Arndt mit dem Ehepaar Beitz in dessen Villa. Nach dem Essen zog sich Else Beitz diskret zurück. Ausführlich und einfühlsam führte Beitz dem jungen Mann die Bürde seines Erbes vor Augen, die immense Last der Verantwortung, und er stellte die Vorteile des Verzichts gegenüber.

Beitz schlug Arndt eine Abfindung in Form einer jährlich auszuzahlenden Apanage vor: mindestens zwei Millionen Mark aus den Gewinnausschüttungen der Kohlengruben Rossenray und Rheinberg. Arndt ging, ohne über den Betrag zu feilschen, nach langem Abwägen darauf ein. Natürlich verkannte er nicht, dass ein Verkauf des Konzerns beim Eintritt des Erbfalls selbst bei niedriger Verzinsung der dabei erlösten Summe ein Vielfaches dieser Leibrente erbracht hätte – auch wenn Beitz später spottete: »Er wusste nicht, was eine Milliarde ist.« Jährliche Zinseinkünfte in dreistelliger Millionenhöhe wären Arndt sicher gewesen. Niemand konnte allerdings ahnen, dass sich die Frage der Erbfolge schon so bald stellen würde. Es gab keine Anzeichen für eine ernsthafte Erkrankung Alfried Krupps.

Außer Beitz wäre niemand in der Lage gewesen, Arndt zum Erbverzicht zu bewegen. Nachts um halb eins rief Beitz Alfried Krupp an und informierte ihn, dass Arndt mit der Lösung einverstanden sei. Am nächsten Morgen, bevor Arndt es sich womöglich anders überlegte, wurde der Vertrag durch den Notar Kurt Schürmann in Alfried Krupps Villa beurkundet. Den Tisch, auf dem der Erbverzicht besiegelt wurde, schenkte Arndt später dem »V 2« zur Erinnerung an seinen leiblichen Vater. Das massive Eichenmöbel steht jetzt im Empfangssalon des ehemaligen Gästehauses der Villa Hügel, dem Sitz der Alfried Krupp von Bohlen und Halbach-Stiftung.

Bereits drei Tage später ließ Alfried Krupp von einem Zürcher Notar sein Testament protokollieren. Darin setzte er die zu errichtende Stiftung zur Alleinerbin seines gesamten Vermögens ein. Deren Zweck soll es nach der letztwilligen Verfügung des Stifters sein, »die Einheit des Unternehmens Fried. Krupp dem Willen seiner Vorfahren entsprechend auch für die fernere Zukunft möglichst zu wahren und seine weitere Entwicklung zu fördern«, sowie »mit den ihr aus dem Unternehmen Fried. Krupp anfallenden Erträgnissen nach näherer Bestimmung ihrer Satzung philanthropischen Zwecken zu dienen, insbesondere die Wissenschaft in Forschung und Lehre, das Erziehungs- und Bildungswesen, den Sport, Literatur, Musik und bildende Kunst im In- und Ausland zu fördern«.

Mitten in den Turbulenzen um die Firma Krupp feierte Beitz, scheinbar unbeschwert, ein großes Familienfest: Susanne, die zweite Tochter, die an der Universität Bochum Kunstgeschichte studierte und später mit einer Dissertation über den impressionistischen Maler Claude Monet promoviert wurde, heiratete im Januar 1967 Christian-Peter Henle, einen Enkel von Peter Klöckner, dem Begründer des Duisburger Industrie- und Handelsimperiums. Aus diesem Anlass veröffentlichten Boulevardblätter und Illustrierte Homestories über die Familie des Krupp-Generalbevollmächtigten, und bereitwillig öffnete Beitz die Türen seines Bungalows für Klatschreporter und Fotografen. »Zwei Königskinder von der Ruhr« überschrieb der *Stern* seinen großen Bildbericht über die Hochzeit der Beitz-Tochter und des Klöckner-Erben. Die revierfremde, aber mittlerweile arrivierte Beitz-Familie vermählte sich mit einer der reichsten deutschen Wirtschaftsdynastien. Der Glamour dieser Verbindung lenkte die Öffentlichkeit zumindest zeitweise von den aktuellen Problemen ab, in denen Beitz steckte.

Der Neuaufbau bei Krupp brauchte auch neues Personal. Beitz erinnerte sich eines erfolgreichen Sanierers, den er selbst 1954 als Chefrevisor zu Krupp geholt und der mit ihm zusammen den einstigen Flickenteppich von Krupp-Einzelfirmen strukturiert hatte. Günter Vogelsang war 1958 von seinem Mentor Beitz in den Vorstand des von Krupp aufgekauften Bochumer Vereins entsandt worden und 1960 als Finanzvorstand zur Düsseldorfer Mannesmann AG gewechselt.

Bei einer Teestunde in Alfried Krupps Villa im März 1967, wenige Tage nach Schillers Bürgschaft, loteten der Konzernherr und sein Generalbevollmächtigter aus, ob Vogelsang bereit wäre, den Vorstandsvorsitz in der noch zu gründenden Fried. Krupp GmbH zu übernehmen. Der Vorstandsvorsitzende von Mannesmann, Wilhelm Zangen, ermunterte seinen Finanzchef spöttisch: »Vogelsang, gehen Sie ruhig zu Krupp. Der Laden ist in den letzten Jahren so schlecht geführt worden, da können Sie gar nichts mehr falsch machen.«

Zögernd, sich zierend und unter Vorbehalten, gab der Umworbene sein Jawort: Wenn die Statuten der künftigen Gesellschaft vorsähen, dass der Vorstand das Unternehmen leite und die Stiftung nicht dreinreden dürfe in die geschäftlichen Angelegenheiten, wenn man ihm also freie Hand lasse, das Unternehmen aus der augenblicklichen Bredouille herauszuführen, dann könne er sich vorstellen, dass dies eine für ihn reizvolle Aufgabe sei.

Alles wurde nach seinen Vorstellungen geregelt. Mit Alfried Krupp schloss Vogelsang einen Vertrag, zu Beginn des Jahres 1968 an die Spitze der neuen Gesellschaft zu treten. Bis dahin wolle er dem Konzernchef und dessen Generalbevollmächtigtem »beratend« zur Seite stehen, ohne Funktion und Prokura, um eine Bestandsaufnahme zu machen und sich auf seine künftige Tätigkeit vorzubereiten.

Ende Mai 1967 verbrachte Beitz einige Tage mit Alfried Krupp bei einem Segeltörn auf der Ostsee. Zur Crew auf Krupps »Germania VI« gehörte auch ein Hamburger Lungenfacharzt. Weil Krupp ständig merkwürdig hustete, riet ihm der Mediziner, sich in seiner Praxis untersuchen zu lassen. Der Befund war eindeutig und ließ keine Hoffnung zu: Der Kettenraucher, der täglich rund hundert filterlose Zigaretten konsumierte, hatte Lungenkrebs im fortgeschrittenen Stadium.

Schnell ließen Krupps Kräfte nach. An der konstituierenden Sitzung des neu gebildeten Verwaltungsrats am 14. Juli 1967 konnte er schon nicht mehr teilnehmen. Auch als Günter Vogelsang drei Tage später seine Beratertätigkeit aufnahm und sein Büro in der Hauptverwaltung bezog, konnte Alfried Krupp ihn nicht begrüßen. Der Konzernchef hatte sich in sein Haus zurückgezogen, umsorgt von einer Krankenschwester, und ließ nur noch seinen Statthalter Beitz zu sich.

Berthold Beitz rechnete – ebenso wenig wie Krupps Angehörige, von denen viele am letzten Juli-Wochenende zu einem Familienfest auf Schloss Blühnbach zusammenkamen – dennoch nicht so schnell mit dem Ableben des Konzernherrn. Nichts Böses ahnend, fuhr Beitz übers Wochenende nach Sylt. Doch plötzlich verschlechterte sich Krupps Zustand dramatisch. Die Krankenschwester alarmierte den Chefarzt der Krupp'schen Krankenanstalten, Professor Gerhard Moschinski, doch der konnte nicht mehr helfen. Am Abend des 30. Juli 1967, zwei Wochen vor seinem 60. Geburtstag, starb Alfried Krupp an Herzversagen. Der Arzt rief Beitz in Kampen an, und so erfuhren auch dessen Gäste, die er zum Abendessen eingeladen hatte – Sohn Arndt und dessen Mutter Annelise – als Erste vom Tod des letzten Krupp.

»Die Dynastie der Krupps«, schrieb *Spiegel*-Reporter Gerhard Mauz über das kühle Ritual der Trauerfeier, »wurde ohne Sentiment zu Grabe getragen … Der König war begraben, bevor er in der Erde war. Denn er war auch gestorben, bevor er tot war.« Der Reporter erinnerte an die erst fünf Monate zurückliegenden Ereignisse: »Seit man sich Anfang März auf dem Olymp der Finanzwelt über die Umwandlung des Essener Familienunternehmens in eine Kapitalgesellschaft und in eine Stiftung verständigt hatte, war das Kapitel Krupp für die Männer der harten Zahlen geschlossen.«

Einmal nur, zu Beginn der Feier, sei »ein Gefühl zu spüren« gewesen, als Berthold Beitz sprach, »überlaut, mitunter eine Silbe, einen Buchstaben verlierend oder zerquetschend, in der angestrengten Mühe, Fassung zu wahren, und gequält davon, sprechen zu müssen, wo er nur schweigen mochte«.

»Ich durfte ihm fast anderthalb Jahrzehnte Tag für Tag zur Seite stehen«, hob Beitz an. »So war ich auch in den letzten Wochen und Tagen, als sich das Ende seines Lebens abzuzeichnen begann, bei ihm. Die tiefe menschliche, freundschaftliche Verbundenheit, die er mir schenkte, macht mir das Reden schwer.«

»Schon vor Jahren«, betonte Beitz, habe Alfried Krupp »in seinem Testament bestimmt, dass sein Vermögen einer Stiftung zufallen soll«. Beitz wandte sich dann direkt an den Sohn: »Sie, lieber Arndt von Bohlen, haben verantwortungsbewusst diesem Ziel Ihre Hilfe nicht versagt; erst Ihr Erbverzicht machte den Weg für die Stiftung frei. Ich weiß aus unmittelbarem Erleben, wie sehr Ihr Vater, der Lob und Anerkennung so schwer ausdrücken konnte, Ihnen, seinem einzigen Sohn, das dankte.«

Beitz unterstrich, dass »der Plan zur Stiftung und der Umwandlung in eine Kapitalgesellschaft« von Alfried Krupp ausgegangen, dass er »sein Werk« gewesen sei. Die Wahrheit gebiete es, »hier festzustellen, dass es dazu keines Anstoßes von außen bedurfte«.

Mit persönlichen und zugleich programmatischen Worten schloss Beitz seine Rede: »Ich habe mit Alfried Krupp von Bohlen und Halbach einen Freund verloren. Er gab mir sein Vertrauen und stand mir unbeirrbar in guten und in schweren Tagen bei. Diese Freundschaft hat mein Leben geprägt. Alfried Krupp wird auch Leitbild für meinen künftigen Weg sein. Sein Wille, die Einheit der Firma in Zukunft zu wahren, ist sein Vermächtnis an uns. Wir nehmen es an als bleibende Verpflichtung.«

In der neuen Firmenstruktur musste sich Beitz seinen Platz erst noch suchen. Vorstandsvorsitzender der Holdinggesellschaft, so war es ja noch mit Alfried Krupp vertraglich geregelt, sollte Günter Vogelsang werden. An die Spitze des neu gebildeten Aufsichtsrats der Fried. Krupp GmbH setzte sich Hermann Josef Abs, Sprecher des Vorstands der Deutschen Bank – also jenes Instituts, das Krupp den Geldhahn zugedreht hatte. So blieb für Beitz nur die scheinbar wenig machtvolle Position des Kuratoriumsvorsitzenden und des Vorstands der in Gründung befindlichen Alfried Krupp von Bohlen und Halbach-Stiftung.

Mit Abs verband Beitz, wie dieser Golo Mann erzählte, »eine Hassliebe«. Der Bankier, 1901 in Bonn geboren, war eine schillernde Persönlichkeit, eine Symbolfigur des rheinischen Kapitalismus, einflussreich im »Dritten Reich« und doch nicht stromlinienförmig der braunen Diktatur ergeben, schließlich ein mächtiger Mann der Adenauer-Ära. Der Historiker Lothar Gall schrieb ihm deshalb »Geschmeidigkeit« zu: »Nicht, dass er keine Grundsätze und Überzeugungen besessen hätte. Aber an ihnen festzuhalten oder mit ihnen unterzugehen, das waren für ihn zwei verschiedene Seiten.« Manfred Pohl, der frühere Leiter des Historischen Instituts der Deutschen Bank, charakterisierte Abs als »charmant, redegewandt, eitel bis hin zur Menschenverachtung«.

Abs ätzte gegen Beitz. »Vielleicht ist es müßig, erneut darüber Gedanken anzustellen, worauf letzten Endes die kritische Entwicklung des Hauses in dem vergangenen Jahrzehnt zurückzuführen ist«, schrieb der Bankier, der inzwischen aus dem Vorstand an die Spitze des Aufsichtsrats der Deutschen Bank gewechselt war, am 25. September 1968 an den Chef der Krupp-Stiftung. »Viele Momente finden Parallelen in anderen Unternehmungen ähnlicher Art, aber nicht in dem Ausmaß und nicht in der Heftigkeit wie in dem Fall.«

Obwohl es ein Glückwunsch zu Beitz' 55. Geburtstag sein sollte, war der Brief voller Spitzen gegen den Jubilar. »Die besondere Struktur einer Einzelfirma, bei der Sie nun schon so lange die Vertretung führen, brachte zugleich den Nachteil einer nur eingeschränkten Verantwortung der Geschäftsführung mit sich. Sicherlich musste das in den schwierigen Jahren, die hinter uns liegen, einmal dazu führen, dass nicht die stärksten, für die Bewältigung der Aufgaben aber notwendigen Persönlichkeiten auf die Kommandobrücke berufen wurden. Dies brachte mit sich – so scheint mir –, dass der an der täglichen Geschäftsführung nicht beteiligte Inhaber Verantwortungen trug, die er eigentlich nicht tragen konnte ... Die entscheidende Folgerung aus der sicher von Ihnen nicht verkannten Lage, wie sie sich um die Jahreswende 1966/67 stellte«, merkte Abs sarkastisch an, sei mit der »Berufung eines verantwortlichen Vorstandes und der Besetzung durch eine Persönlichkeit, die der Schwierigkeit der Aufgabe gewachsen erscheint«, gezogen worden. Abs sang ein Loblied auf Vogelsang: »Wenn die Zukunft der Ihnen so nahestehenden Firma Krupp Erfolge zeigt, wird – wie ich Ihnen schon wiederholt sagte – in diesem von Ihnen und Herrn Alfried Krupp von Bohlen und Halbach getroffenen Entschluss die Quelle dazu zu finden sein.«

Beitz revanchierte sich für die boshaften Sottisen. 1969, als sich zeigte, dass das Polen-Projekt ohne Inanspruchnahme der Bürgschaft hatte realisiert werden können, fragte Beitz in einer von Abs geleiteten Sitzung des Krupp-Aufsichtsrats hintergründig lächelnd in die Runde: »Was haben wir an den Ostgeschäften verloren?« Und das zuständige Vorstandsmitglied antwortete: »Wir haben sehr gut verdient« – rund 60 Millionen Mark.

Beitz streute, die Liquiditätskrise sei kein unabwendbares Schicksal gewesen, sondern das Ergebnis einer von langer Hand vorbereiteten Intrige. Der Journalist Will Tremper berichtete in einem Brief an den Verleger Fritz Molden anhand einer Gesprächsmitschrift, was ihm der kaltgestellte Beitz anvertraut hatte. »Sie müssen sich das so vorstellen: Ich, Berthold Beitz, gehe nichts ahnend an einem hübschen kleinen Bach spazieren, als plötzlich ein Strolch aus dem Gebüsch springt und mich ins kalte Wasser stößt. Bis zum Hals im Wasser, rufe ich um Hilfe – und wer kommt da anspaziert, mit Homburg und Regenschirm? Hermann Josef Abs! Er reicht mir seinen Regenschirm, holt mich aus dem kalten Wasser und lässt sich als meinen Retter feiern. Nur hat Herr Abs wohlweislich verschwiegen, dass er selbst den Strolch dorthin bestellt hatte!«

Am 9. Januar 1970 teilte der Vorstand der Fried. Krupp GmbH dem Aufsichtsratsvorsitzenden Abs mit, dass die AKA die vom Bund gewährte Bürgschaft über 300 Millionen Mark vorzeitig zurückgegeben und darüber hinaus die von Krupp zusätzlich als Sicherheit abgetretenen Gesellschafteranteile an der Fried. Krupp Exportgesellschaft sowie eine Grundschuld von 50 Millionen Mark zurückübertragen habe. Beitz hakte die Krupp-Krise als »Betriebsunfall« ab. Auch Abs kommentierte jetzt scheinheilig, er habe ja »gleich gesagt, das war alles gar nicht notwendig«. Es dauerte viele Jahre, bis sich die beiden Antipoden versöhnten. In einer Grußadresse bei der Feier zu Beitz' 80. Geburtstag am 26. September 1993 in der Villa Hügel rehabilitierte der altersmilde, inzwischen 91-jährige Abs seinen Widersacher. »Ich erkläre heute wieder einmal, und ich glaube, es ist der Platz, dies zu tun: Es war keine Krise Krupp, sondern es war eine Krise in der Bankenstruktur jener Zeit.« Nach damaliger Praxis, erläuterte Abs, mussten die Banken für die von ihnen bei der AKA angemeldeten Kredite selbst haften, wenn die kreditnehmenden Firmen keine ausreichende Auskunft über ihre Verhältnisse geben konnten. Dieser Schutzvorschrift der AKA habe Krupp wegen der speziellen Unternehmensform nicht entsprechen können. Deshalb seien die Banken, zumal angesichts der allgemeinen Konjunkturkrise Mitte der 1960er-Jahre, wohl übertrieben nervös geworden. Beitz habe die Krise gemeistert, ein »Liebling der Götter«, dem letzten Ende alles gelungen sei, was er anpackte.

10. KAPITEL

DER STEHAUFMANN

»Toter konnte man kaum sein«

Der Tag, an dem Berthold Beitz auf den Hügel umziehen musste, war ein Waterloo für den stolzen Wirtschaftskapitän. Er
musste die Kommandobrücke in der Hauptverwaltung an der
Altendorfer Straße verlassen und das Steuer einem Mann übergeben, den er selbst 13 Jahre zuvor als Nachwuchstalent entdeckt und zu Krupp geholt hatte. Auch wenn das neue Domizil,
das ehemalige Gästehaus der Villa Hügel, feudaler war als die
miefige Konzernzentrale, musste es auf den 54-jährigen Beitz
wie das Austragshäusl eines Altenteilers anmuten, wo er seinen
Lebensabend verbringen sollte.

Günter Vogelsang war einer seiner »Boys« gewesen, »die nur
auf mich hören«, wie Beitz einst burschikos getönt hatte. Vogelsang, damals gerade 34 Jahre alt, hatte seine Aufgaben mit Bra-
vour gemeistert, hatte die Stabsabteilungen Revision und Kon-
zernorganisation verschlankt und schlagkräftig gemacht. Beitz
zeigte Vogelsang seine Anerkennung, indem er ihn zum kaufmännischen Vorstand der Krupp-Tochter Bochumer Verein beförderte. Als Beitz ihm jedoch keine rasche Aufstiegsperspektive
in die Führung der Muttergesellschaft bot, wechselte Vogelsang
im Frühjahr 1960 als Finanzchef zu Mannesmann.

Vogelsangs Rückkehr zu Krupp hatte der Konzerneigentümer
persönlich eingefädelt, und Vogelsang pochte immer darauf, dass

er seinen Vertrag noch mit Alfried Krupp selbst geschlossen habe, mit niemandem sonst. »Den habe ich doch erfunden«, sagte Beitz indes über Vogelsang, und das Beharren klang wie kindlicher Trotz.

Sie waren zwei »Antitypen«, wie das *Manager Magazin* diagnostizierte: hier der charismatische Charmeur Beitz, der auf Bauchgefühl und Intuition setzte, dort der nüchterne Analytiker Vogelsang mit seinem sagenhaften Organisationstalent. Die *Zeit* charakterisierte Beitz als »sprunghaft«, Vogelsang als »stetig«: »Da ist Berthold Beitz, der gern auf vielen Hochzeiten tanzt, sich heute für dies und morgen für das begeistert, und da ist Günter Vogelsang, der sich in eine Sache verbeißt und nicht eher zufrieden ist, als bis er sie endgültig erledigt hat. Gemeinsam ist beiden dann wieder, dass jeder seinen Stil für den besseren hält.«

Doch Konflikte zwischen beiden erwuchsen weniger aus unterschiedlichen Wesenszügen als aus den Rollen, die sie jetzt zu spielen hatten und die auf Konfrontation angelegt waren. Beitz war es gewohnt, als Vertreter des Firmeninhabers immer die letzte Instanz in allen Unternehmensfragen zu sein. Vogelsang hingegen sah die alleinige Kompetenz beim Vorstand der neuen Kapitalgesellschaft. »Ich begehre nicht ein Komma mehr, als das Aktienrecht gewährt, aber auch nicht ein Komma weniger«, kündigte Vogelsang an, als er den Vorstandsvorsitz der neuen Krupp-Gesellschaft übernahm. Das hieß: Der Aufsichtsrat, dem Beitz als einfaches Mitglied angehörte, hat seiner Aufsichtspflicht zu genügen, darf aber nicht in das operative Tagesgeschäft hineinregieren.

Herabwürdigend musste eine Vereinbarung für Beitz sein, die er ebenfalls zu akzeptieren hatte: »Bei bedeutenden ausländischen Persönlichkeiten des politischen Lebens soll es Anliegen des Vorstandes der Fried. Krupp GmbH sein, auch eine Begegnung mit Herrn Beitz herbeizuführen und seine Teilnahme bei etwaigen Einladungen zu berücksichtigen.« Bisher hatte Beitz auf Augenhöhe mit Staats- und Regierungschefs verhandelt, und jetzt sollte die bloße Begegnung mit ausländischer Prominenz von der Gunst des Vorstands abhängen.

Für Beitz war das schwer erträglich. Er repräsentierte den Eigentümer, dem der ganze Konzern gehörte. Aber der angestellte Manager Vogelsang zeigte ihm, wer das Sagen hatte. Beitz saß in dem vornehmen Krupp'schen Gästehaus mit sechs Mitarbeitern. Der Journalist Will Tremper, der Beitz dort besuchte, erlebte einen Mann ohne Macht und Herrlichkeit: »Toter konnte man kaum sein«, sagte er.

Vogelsang hatte zudem von vornherein durchgesetzt, dass die Stiftung erst dann reichlich dotiert zu werden brauchte, wenn das Eigenkapital der GmbH durch Rücklagen entsprechend angereichert sein würde. Mit dem zunächst bescheidenen Stiftungsetat von zwei Millionen Mark konnte Beitz nicht groß glänzen. So überreichte er der nordrhein-westfälischen Landesregierung 1000 Fernsehgeräte im Gesamtwert von 450 000 Mark für ein geplantes Schulfernsehen, an verschiedene Krankenhäuser ließ er 14 Dialysegeräte für insgesamt 500 000 Mark verteilen, und der neu gegründeten Universität Dortmund spendierte er 250 000 Mark.

Derweil sanierte Vogelsang den verästelten Konzern und sorgte für steigende Erlöse. Für das Geschäftsjahr 1969 konnte er bereits wieder einen Gewinn von 63 Millionen Mark ausweisen; an den Stiftungschef auf dem Hügel wurden schon zwei Jahre nach dem Desaster fünf Millionen Mark überwiesen.

Mit wachsendem Missvergnügen musste Beitz zusehen, dass Krupps Wiederaufstieg dem Sanierer Vogelsang zugeschrieben wurde, während er als derjenige dastand, der das größte Debakel in der Geschichte der deutschen Wirtschaft nach dem Krieg angerichtet hatte.

Die beiden Männer begannen, sich gegenseitig zu triezen, wo sie nur konnten, und zogen auch öffentlich übereinander her.

Beitz mokierte sich über die schulterwattierten Anzüge Vogelsangs, welche die bullige Statur des Vorstandsvorsitzenden noch mehr betonten. Vogelsang wiederum empfand die taillierte Garderobe des Stiftungschefs als feminin. Als Beitz wieder einmal mit einer Krupp-Privatmaschine fliegen wollte, so erzählte man sich an der Ruhr, habe ihn sein Fahrer informiert: »Die hat Herr Vogelsang doch gestern verkauft.« Will Tremper, dem Beitz seine Verschwörungstheorie für ein Sachbuch angedient hatte, berichtete von einem ähnlich schmachvollen Vorfall: Nach einem Besuch auf dem Hügel habe ihm Beitz einen Wagen der Krupp'schen Fahrbereitschaft bestellen wollen, aber man habe den Stiftungsherrn beschieden, dass derzeit kein Auto zur Verfügung stehe. Da wusste Tremper: »Hier stinkt's.«

Vogelsang glaubte, Beitz »bald auf null« bringen zu können. Generös offerierte der Vorstandschef dem ehemaligen Generalbevollmächtigten – wie dieser selbst lamentierend verbreitete –, er dürfe sich gern gelegentlich aus dem Krupp'schen Weinkeller mit ein paar edlen Tropfen bedienen. Öffentlich spottete Vogelsang: »Herr Beitz reist um die Welt und redet komische Sachen. Was Krupp braucht, ist harte Arbeit.«

Ehrenämter und Einladungen, die anzunehmen Beitz jetzt reichlich Zeit hatte, entschädigten ihn zumindest teilweise für die beschämende Behandlung.

Die so lang entbehrte Publicity konnte Beitz zum ersten Mal seit Alfried Krupps Tod bei einer pompösen Familienfeier auf sich ziehen, als der 30-jährige Arndt von Bohlen und Halbach, Krupps einziger Sohn, am 14. Februar 1969, dem »Valentinstag«, die vier Jahre ältere österreichische Prinzessin Henriette (»Hetty«) von Auersperg ehelichte. Arndt hatte seinen »V 2« gebeten, bei der Zeremonie in der Schlosskapelle von Blühnbach als sein Trauzeuge zu fungieren.

Im Vorfeld war über die Verbindung heftig getratscht worden. Alle Welt wusste, dass der Bräutigam schwul war. Seinen Heiratsantrag hatte Hetty erst für einen Witz gehalten. Ihm aber, der ein Familienleben stets schmerzlich entbehrt hatte, schien es ernst damit zu sein, diese Zweisamkeit als Ehe zu manifestieren.

Weil die Trauung selbst, schon wegen des begrenzten Platzes in dem Kirchlein, »nur im engsten Familienkreis« stattfinden, andererseits die Presse von dem Ereignis nicht ausgeschlossen werden sollte, ließ Arndt von Bohlen rund 150 Berichterstatter für den Abend des 12. Februar zu einem »Umtrunk« ins Hotel »Goldener Hirsch« in Salzburg einladen. Bei dieser Gelegenheit trat Beitz, wie *Spiegel*-Reporter Peter Brügge schrieb, »erstmalig seit dem Tod von Alfried Krupp für dessen Interessen mit Genuss ins Blitzlicht und verstand es durch den schnoddrigen Schlachtruf: ›Kinder, her zu mir!‹, immer wieder Aufmerksamkeit auf seine Person zu lenken«.

Zur »Märchenhochzeit im Schnee«, so die Überschrift in dem Klatschblatt *Frau im Spiegel*, fuhr Arndt mit seiner Mutter Annelise auf einem Pferdeschlitten. Brautvater Alois von Auersperg geleitete seine in ein kostbares Pongauer Dirndl gewandete Tochter. An der Seite Arndts im dunklen Windisch-Graetz-Anzug mit blanken Knöpfen trat Beitz in einem Salzburger Trachtenanzug vor den Altar. Hettys Trauzeuge war deren Bruder Alfi. Die Verwandten des Bräutigams blieben bis auf Cousin Arnold von Bohlen und Halbach, den einzigen Sohn des bereits 1940 verstorbenen Alfried-Bruders Claus, der Feier fern. Beitz nahm zwischen Arndts Mutter und der Brautmutter im Chorgestühl Platz.

Der 81-jährige katholische Dorfpfarrer von Werfen, Jakob Engel, traute das Paar. »Niemand hat bisher ein Hindernis gegen diese Ehe hervorgebracht«, sagte der Priester. »Doch sollte jemand der hier Anwesenden ein solches hervorbringen, so wolle er es jetzt tun.« Der Geistliche blickte auf, aber niemand rührte sich.

Unter den Hochzeitsgästen war auch der Maler Paul Mathias Padua, der, wie der *Spiegel* notierte, als Präsent einen »Türklopfer im Renaissancestil« mitgebracht hatte, »passend ... zu den Renaissanceleuchtern, die Berthold Beitz als Hochzeitsgeschenk« erworben hatte.

»Am meisten strahlte Krupp-Manager Berthold Beitz«, berichtete *Frau im Spiegel*, denn er glaube »zu wissen, dass Frau Henriette ... dem Krupp-Erben Halt fürs Leben geben wird«. Vor allem werde sie »die Finanzen des Hauses mit Umsicht verwalten«.

Die Hoffnung trog. Arndt von Bohlen bekam zwar jährlich mindestens zwei Millionen Mark als Apanage, galt deshalb als »reichster Frührentner Deutschlands«, doch sein aufwendiger Lebensstil verschlang Riesensummen. Neben dem Familienschloss Blühnbach mit seinen 72 Zimmern waren auch eine Luxusvilla in Marrakesch und eine 200-Quadratmeter-Suite im ehemaligen Pacelli-Palais in München-Schwabing zu unterhalten, ferner diverse Nobelkarossen und die zwei Millionen Mark teure Luxusjacht »Antinous II«.

Arndt von Bohlen starb am 8. Mai 1986 mit 48 Jahren an Lymphdrüsenkrebs. Über den Nachlass des Krupp-Erben, der seinen Besitz einst auf etwa 100 Millionen Mark geschätzt hatte, musste der Konkurs eröffnet werden: wegen Steuerschulden von 35 bis 38 Millionen Mark.

Diese rührten daher, dass das Finanzamt Essen-Süd unerbittlich Steuern auf Arndts Einkünfte aus den Grubenfeldern Rossenray und Rheinberg forderte, die er im Gegenzug für seinen Erbverzicht bezog. Arndts Vater waren die Bezüge einst von den Alliierten als Entschädigung für Enteignung und Entflechtung seines Konzerns zugesprochen worden – steuerfrei. Das Essener Finanzamt fand aber, dass mit dem Übergang der Rechte vom Vater auf den Sohn die Steuerfreiheit zu Ende sei.

Zwei Jahrzehnte waren Gerichte mit dem Streitfall befasst, Arndt bezahlte in dieser Zeit nur die Hälfte der geforderten Steuer. Das Finanzgericht Düsseldorf bestätigte das Steuerprivileg, der Bundesfinanzhof hob das Urteil auf. Wenige Monate nach dem Tod des Krupp-Erben forderte das Finanzamt bei den Testamentsvollstreckern das Geld ein. Doch der Nachlass des verschwenderischen Millionärs reichte nicht aus, es musste Konkurs angemeldet werden. Zu guter Letzt handelte Konkursverwalter Joseph Füchsl mit dem nordrhein-westfälischen Finanzministerium eine Steuernachzahlung von 6,5 Millionen Mark aus – gerade so viel, dass nach der Bezahlung offener Rechnungen bei Juwelieren, Bankiers und Hoteliers für Witwe Hetty noch eine halbe Million übrig blieb.

Nach Arndts Hochzeit suchte Beitz jetzt wieder öfter das Scheinwerferlicht der Medien. So konnte er sich etwa als Vorstandsmitglied des Organisationskomitees für die bevorstehenden Olympischen Spiele 1972 in München gut in Szene setzen.

Für den *Spiegel* verfasste Beitz, der notorische Nichtleser, 1969 sogar eine Buchbesprechung. Er schrieb über die nachgelassenen Lebenserinnerungen Otto Heinemanns (1864–1944), des Vaters des gerade gewählten sozialdemokratischen Bundespräsidenten Gustav Heinemann. Der Rezensent zog Parallelen zwischen dem Präsidenten-Vater und sich selbst. Wie Beitz wurde Otto Heinemann an einem 26. September geboren, mit einer zeitlichen Differenz von 49 Jahren. Und auch »Kruppianer«, stellte Beitz fest, seien sie »beide im Abstand von einem halben Jahrhundert geworden«. Gewiss nicht ohne Hintersinn erwähnte Beitz, Vater und Sohn Heinemann glichen sich in ihrer »typischen Mischung von stockkonservativer Bürgerlichkeit und liberaler Aufsässigkeit«. Beitz wollte auf Charakterzüge aufmerksam machen, die er auch an sich selbst sah: »Vater Heinemann, der Autodidakt, war ein ungewöhnlich tüchtiger Mann. Die Eigenschaft, nicht doppelzüngig zu sein, hat, mindestens, der Sohn Gustav vom Vater geerbt.«

Willy Brandt, erst als Außenminister und später als Bundeskanzler, nutzte die Beziehungen, die Berthold Beitz zu den

Mächtigen in Ostblockstaaten unterhielt. So ließ Brandt vor der Bundestagswahl 1969 über Beitz in Warschau ausrichten, die »Verbesserung der deutsch-polnischen Beziehungen« zählten »unbestritten zu den wichtigsten außenpolitischen Aufgaben« seiner künftigen Regierung.

Kaum war, Ende Oktober, das Kabinett Brandt – mit dem FDP-Vorsitzenden Walter Scheel als Vizekanzler und Außenminister – vereidigt, kündigte der Kanzler Verhandlungen mit der polnischen Regierung an.

Da Beitz für Anfang Januar 1970 wieder einmal eine Polen-Reise geplant hatte, bat Brandt ihn am ersten Weihnachtstag 1969 in seine Wohnung auf dem Bonner Venusberg. Eigenhändig tippte der Kanzler auf der Schreibmaschine, während Beitz ihm über die Schulter schaute, einen Brief, den er dem Industriellen nach Warschau mitgab. Niemand in der Regierung solle davon erfahren, sagte Brandt zu Beitz, aber die Verhandlungen könnten erst im Februar beginnen, nicht – wie geplant – im Januar, und sie sollten bis Juni hinausgezögert werden. Brandt musste Zeit gewinnen. Er wollte die Probleme, vor allem die Anerkennung der Oder-Neiße-Linie als polnische Westgrenze, nach den Warschauer Vorstellungen regeln, wusste aber, dass er im eigenen Land mit heftiger Opposition zu rechnen hatte. Er bitte, schrieb Brandt, die polnische Seite solle ihn nicht zu sehr drängen.

Am 6. Januar landete Beitz mit einer Privatmaschine in Warschau. Er übergab Brandts Brief Ministerpräsident Cyrankiewicz. Der drückte dem Chefredakteur der Wochenzeitung *Polityka*, Mieczyslaw Rakowski, einem Vertrauten des Parteichefs Gomulka, das Kanzlerschreiben in die Hand und bat ihn, eine Antwort zu formulieren. Die müsse ebenfalls geheim bleiben, schärfte er Rakowski ein: »Darüber darfst du nur deinem Hund was sagen.«

Die Notwendigkeit, die deutsch-polnischen Gespräche zu verzögern, hing auch mit der politischen Kleiderordnung im sozialistischen Lager zusammen: Erst musste der Vertrag zwischen der Bundesrepublik und der Sowjetunion unterzeichnet werden. »Wir wollten der Moskauer Dominanz gerecht werden, die Polen mussten es«, erkannte Egon Bahr, Brandts engster Vertrauter. Deshalb setzte Brandt seine Unterschrift zunächst, am 12. August 1970, unter den deutsch-sowjetischen Vertrag. Beitz erinnerte in einem Interview daran, dass ihm bereits im Mai 1963 Nikita Chruschtschow prophezeit hatte, eines Tages werde ein deutscher Bundeskanzler »die Notwendigkeit einsehen«, die Beziehungen zwischen Bonn und Moskau auf eine vertragliche Grundlage zu stellen. Beitz rechnete mit dem hilflosen Handeln der früheren CDU-geführten Regierungen ab, die »keine Ahnung von den Vorgängen im Osten« gehabt hätten, und lobte Brandts Ostpolitik, die der SPD-Kanzler »mit sehr viel Mut und Energie« betreibe.

Am 6. Dezember 1970 gehörte Beitz zum Reisetross Brandts, als dieser nach Warschau aufbrach, um den deutsch-polnischen Vertrag zu besiegeln. Auch Außenminister Scheel, die SPD-Politiker Egon Bahr und Carlo Schmid, die Schriftsteller Günter Grass und Siegfried Lenz, der WDR-Intendant Klaus von Bismarck und *Stern*-Chefredakteur Henri Nannen begleiteten den Kanzler.

Am Morgen nach der Ankunft waren zwei Kranzniederlegungen vorgesehen, zunächst am Grabmal des Unbekannten Soldaten, dann fuhr die westdeutsche Delegation in einer Wagenkolonne zum Ehrenmal im einstigen Warschauer Ghetto, dessen jüdische Bewohner im April und Mai 1943 einen verzweifelten Aufstand gegen ihre Deportation in nationalsozialistische Vernichtungslager gewagt hatten. Beitz saß neben Egon Bahr in einer der Limousinen, und nebeneinander schlenderten sie, ein ganzes Stück hinter Brandt, auf das Denkmal zu. Sie ließen sich Zeit, denn vor ihnen ballte sich ein Großaufgebot von Reportern, Fotografen und Kameraleuten. Der hochgewachsene Beitz konnte über dem Gewühle den Kopf des Kanzlers erkennen, der aufrecht schritt. Aber plötzlich war Brandt verschwunden. Beitz stieß seinen Nachbarn Bahr an, doch der wusste auch nicht, was geschehen war. Plötzlich wurde es ganz still, und jemand flüsterte: »Er kniet.« Das Bild des Staatsmannes, der selbst frei von geschichtlicher Schuld war und mit seinem Kniefall die geschichtliche Schuld seines Volkes bekannte, ging um die Welt. Zu Bahr sagte Brandt später nur: »Ich hatte das Empfinden, ein Neigen des Kopfes genügt nicht.«

Mittags um zwölf Uhr wurde im Palais Radziwill der Vertrag von den Repräsentanten beider Regierungen unterzeichnet: von Brandt und Scheel für die Bundesrepublik, von Ministerpräsident Józef Cyrankiewicz und Außenminister Stefan Jedrychowski für Polen. »Zum ersten Mal seit 300 Jahren«, würdigte die KP-Zeitung *Trybuna Ludu* die historische Bedeutung dieser Stunde, »gibt es in Europa keinen einzigen Staat, der Polens Grenze infrage stellt.«

Für Parteichef Wladyslaw Gomulka war die Verständigung mit der Bundesrepublik der Höhepunkt seiner politischen Laufbahn – und praktisch auch das Ende: Drastische Preissteigerungen, Lebensmittel wurden um fast 20 Prozent teurer, führten in den folgenden Tagen zu Unruhen in den nordpolnischen Hafenstädten und Industriezentren. Von dem Protest überrascht, ließ Gomulka Panzer auffahren und die Miliz auf Arbeiter schießen. Am 20. Dezember trat der Parteichef zurück, sein Nachfolger wurde Edward Gierek; Ministerpräsident Cyrankiewicz stieg zwar formal auf, hatte aber als Staatspräsident nur noch repräsentative Aufgaben.

Während der Vertragsverhandlungen mit der Sowjetunion und Polen hatte Brandt angeblich die Idee gehabt, Beitz zum Botschafter in Moskau oder in Warschau machen. Kanzleramtsminister Horst Ehmke, den Beitz von seinen Sylt-Urlauben her gut kannte, habe ihm das Amt angetragen, erzählte Beitz:»Willy will das.« Er habe aber abgelehnt, weil er nicht von Politikerlaunen habe abhängig sein wollen:»Das dauert ein Vierteljahr, dann kommt irgendein Minister und beklagt sich, dass er nicht standesgemäß vom Flughafen abgeholt wurde und dass ihm das Hotelzimmer nicht gut genug ist. Das passiert drei, vier Mal, und dann bin ich abberufen.«

Der Historiker Karsten Rudolph berichtet unter Berufung auf einen Schriftwechsel zwischen dem damaligen Staatssekretär im Verteidigungsministerium, Ernst Wolf Mommsen, und dem Ost-Unterhändler Egon Bahr, Beitz habe 1970»zeitweilig ernsthaft mit dem Gedanken« gespielt,»den Krupp-Aufsichtsratsvorsitz ruhen zu lassen, um sich als ›Beauftragter der Bundesrepublik Deutschland für die wirtschaftliche Zusammenarbeit mit der Sowjetunion‹ zu engagieren«.

Dass Beitz einen Wechsel in die Politik tatsächlich erwogen haben könnte, ist abwegig. Solche Überlegungen, die er teils selbst streute, teils andere verbreiteten, schmeichelten seiner Eitelkeit. Aber gerade 1970 setzte Beitz ganz andere Prioritäten: Er kämpfte darum, bei Krupp wieder die Führung zu übernehmen.

Beitz war, auch wenn es auf den ersten Blick so schien, durch die neue Firmenkonstruktion keineswegs auf dem Abstellgleis gelandet. Er war als Primus inter Pares, zunächst mit Krupp-Sohn Arndt und Krupp-Justitiar Dedo von Schenck, als Testamentsvollstrecker eingesetzt worden. Damit hatte der Erblasser, wie Alfried Krupps Nichte Diana Maria Friz konstatierte, Beitz die Möglichkeit eingeräumt, die Regeln im Verhältnis zwischen Konzern und Stiftung»selbst zu bestimmen«. Als geschäftsführender Vorstand der Stiftung, so hatte es Alfried Krupp festgelegt, war Beitz gegenüber der Krupp-Kapitalgesellschaft allein vertretungsberechtigt, und zwar auf Lebenszeit.»Seine Position war damit unangreifbar und sein Einfluss auf das Unternehmen größer denn je«, erkannte einige Jahre später das Wirtschaftsmagazin *Capital*. Alfried Krupp hatte seinem Statthalter in seinem Testament einen unschätzbaren letzten Freundschaftsdienst erwiesen. »Krupp ist Beitz, Beitz ist Krupp«, sinnierte der Publizist Claus Jacobi: »Deutschlands einzige Industriedynastie hat sich durch Adoption am Leben erhalten.«

Dass er die Nachfolge des Konzerneigners angetreten hatte, demonstrierte Beitz durch eine banale Äußerlichkeit: Das Kennzeichen E – RZ 1, das einst für Alfried Krupps graue Porsche-Coupés reserviert war, schmückte fortan die schwarzen Mercedes-Limousinen, in denen sich Beitz chauffieren ließ – keine Namensinitialen, sondern Erz wie Eisenerz, der Stoff, der Krupp groß gemacht hatte.

Als Erstes putschte Beitz den Bankier Hermann Josef Abs aus dem Vorsitz des Aufsichtsrats. Dabei half ihm ausgerechnet ein proletarischer Verbündeter: Otto Brenner, mächtiger Boss der Industriegewerkschaft Metall. Den klassenkämpferischen Gewerkschafter hatte Stiftungsvorstand Beitz 1968 in den Aufsichtsrat berufen – und zwar, zum Entsetzen von Arbeitgeberfunktionären, als Vertreter der Eigentümerseite. Beitz schätzte den aufrechten Linken, der ihm schon während der Kreditkrise 1967 zur Seite gestanden hatte, als »bescheiden, zuverlässig, ehrlich«.

Am 5. März 1970, unmittelbar vor einer Sitzung des Aufsichtsrats, nahmen Beitz und Brenner den völlig überrumpelten Abs in die Zange. Beitz forderte seinen Rücktritt, doch Abs lehnte das Ansinnen entrüstet ab. Daraufhin drohte Brenner, dass Abs in der gleich beginnenden Sitzung des Aufsichtsrats abgewählt werde. Abs konterte, das sei nicht möglich, weil dieser Punkt nicht auf der Tagesordnung stehe, und die könne nur einstimmig geändert werden – er aber werde auf jeden Fall dagegen votieren. Doch Brenner führte Abs vor Augen, dass es besser sei, seinen Rücktritt für die nächste Sitzung anzukündigen, um sich die Peinlichkeit einer Abwahl zu ersparen. Tatsächlich legte Abs am 4. Juni 1970 den Vorsitz nieder und schied aus dem Aufsichtsrat aus; Beitz wurde sein Nachfolger.

Nun saß Beitz als Chefkontrolleur dem Vorstandsvorsitzenden Vogelsang direkt im Nacken. Vogelsang wusste, dass sich eine zweite Amtsperiode unter diesen Umständen noch schwieriger als die erste gestalten würde. Am Ende eines langen, mit feinen Nadelstichen geführten Machtkampfes zweier Alphatiere räumte daher der Sanierer das Feld.

Vogelsang hatte sich dafür eine Taktik zurechtgelegt: Als im Dezember 1971 der Aufsichtsrat über die Verlängerung seines Ende 1972 auslaufenden Vertrags zu befinden hatte, wollte Vogelsang seine Bestellung auf weitere fünf Jahre beschließen lassen, um hernach zu verkünden, dass er das Amt nicht fortführen wolle. Die Finte, die sich Vogelsang ausgedacht hatte, zeigte, dass er Beitz nicht traute: Vogelsang wollte erst eine Vertrauenserklärung des Aufsichtsrats, damit später nicht behauptet werden könnte, man habe ihn sowieso abservieren wollen.

Der Aufsichtsratsvorsitzende Beitz hingegen betrachtete die Vertragsverlängerung als reine Formsache. Er ließ abstimmen, das Votum war einmütig positiv, aber Beitz versäumte, Vogelsang zu fragen, ob er die Wahl annehme. Erst am nächsten Tag eröffnete Vogelsang dem Aufsichtsratschef, dass er auf die Wiederbestellung verzichte. Weil die Mitglieder des Aufsichtsrats bereits in die Weihnachtsferien enteilt und damit kurzfristig nicht zu einer weiteren Sitzung einzuladen waren, vereinbarten Beitz und Vogelsang, über die Demission bis Anfang Januar 1972 Stillschweigen zu bewahren, inzwischen die Aufsichtsräte schriftlich zu informieren und dann eine gemeinsam verfasste Pressemitteilung zu veröffentlichen.

Zum verabredeten Zeitpunkt erklärte Vogelsang vor dem Konzernführungskreis, dass die Zusammenarbeit mit Beitz von der »beiderseitigen Überlegung zu kooperativer Zusammenarbeit zum Wohle und Nutzen des Unternehmens bestimmt« gewesen sei. Ihm sei jedoch deutlich geworden, »dass unsere Vorstellungen und Überzeugungen so unterschiedlich sind, dass eine tragfähige gemeinsame Basis für die zukünftige Führung des Unternehmens nicht gefunden werden kann«.

11. KAPITEL

DER PARTNER DES SCHAHS

»Als ob man den Eskimos
eine Million Kühlschränke verkaufen würde«

Für die deutsche Stahlindustrie war 1972 das schlechteste Jahr
seit Kriegsende. Die ganze Branche litt unter der flauen Konjunktur. Die Fried. Krupp Hüttenwerke AG in Bochum, eine der
Konzerntöchter, verzeichnete einen Betriebsverlust von 80 Millionen Mark, und auch die Metallurgie und der Stahlhandel
Krupps rutschten ins Minus. Der Konzern insgesamt erwirtschaftete lediglich einen Überschuss von 13 Millionen Mark.
Zwei Jahre zuvor waren es noch 110 Millionen gewesen.
Zwar kündigte sich in den ersten Monaten des Jahres 1973 ein
Silberstreifen am Horizont an. Aber Berthold Beitz hatte die
traumatischen Erfahrungen der Krise 1967 noch nicht überwun-
den. Fieberhaft suchte er nach neuen einträglichen Geschäftsfel-
dern, um das Unternehmen aus der Gefahrenzone zu bringen.
Für Anfang Mai 1973 plante Beitz, zusammen mit dem Vorstandsvorsitzenden Ernst Wolf Mommsen, Vogelsangs Nach-
Nachfolger, eine Reise nach Teheran. Sie wollten sondieren, ob
sich Krupp an laufenden Projekten im Iran beteiligen könne.
Dabei konnte Beitz an ein Ereignis anknüpfen, das die Stahl-
schmiede und das Herrscherhaus einige Jahre zuvor gemeinsam
gestaltet hatten. Im Frühjahr 1962 hatte in der Villa Hügel eine
Ausstellung »7000 Jahre Kunst im Iran« stattgefunden, bei der

archäologische und kunsthistorische Kostbarkeiten gezeigt wurden: Gefäße aus Ton, Bronze und Gold, Silberkessel, Fayencevasen, Seidenteppiche und vieles mehr. Über 100 000 Besucher hatten die Exponate gesehen. Zur Eröffnung war die 20-jährige Prinzessin Schahnaz angereist, die Tochter von Schah Resa Pahlewi aus dessen erster Ehe mit Fawzia, einer Halbschwester des ägyptischen Königs Faruk.

Beitz wollte bei seiner Teheran-Visite unbedingt persönlich mit dem Monarchen sprechen. In einem Fernschreiben an Staatssekretär Paul Frank im Bonner Auswärtigen Amt bat Mommsen Mitte April darum, dass über die westdeutsche Botschaft in Teheran »eine Audienz beim Schah herbeigeführt« werde, »da die Projekte, von denen wir unterrichtet worden sind, auch für die Weiterentwicklung des Iran von großem Interesse sind«. Mommsens Wunsch wurde an die Botschaft weitergeleitet, und schon tags darauf kam von Botschafter Georg von Lilienfeld die positive Antwort: »Schah ist bereit, die Herren an einem der genannten Tage – wahrscheinlich außerhalb Teherans – zu empfangen.« Er wolle »jedoch wissen, welche konkreten Projekte Krupp im Auge habe«.

Dass Lilienfeld so prompt die Zusage des iranischen Herrschers übermitteln konnte, verdankte sich nicht nur der Reminiszenz an die Hügel-Ausstellung, sondern lag auch an den guten persönlichen Kontakten des Diplomaten zum Schah, mit dem er gelegentlich Ausritte unternahm. Außerdem kannte Lilienfeld den iranischen Ministerpräsidenten Amir Abbas Howeida aus der gemeinsamen Zeit als Botschaftsräte ihrer Länder in Ankara in den 1950er-Jahren. Und der baltische Adlige war auch Beitz vertraut: Bevor Lilienfeld 1968 seinen Posten in Teheran angetreten hatte, war er Amerika-Referent des Bundespresseamtes und später im Auswärtigen Amt Referatsleiter USA gewesen und hatte Amerika-Reisen des Krupp-Generalbevollmächtigten begleitet.

Lilienfelds Anfrage, um welche Themen es bei der Schahaudienz gehen solle, beantwortete Mommsen vage: Von der »Pflege und Ausweitung der deutsch-iranischen Wirtschaftsbeziehungen« war die Rede und davon, dass sich Krupp mit seinen eigenen Unternehmen oder »als Führer von Konsortien ... den iranischen Stellen zur Verfügung stellen« könne. Es solle »gemeinsamen Überlegungen und Vereinbarungen überlassen sein, Einrichtungen und firmenpartnerschaftliche Beziehungen zu wählen, die die wirkungsvollste Zusammenarbeit gestatten, z. B. die Bildung gemeinsamer deutsch-iranischer Unternehmen, die gewährleisten, dass das von deutscher Seite anzustrebende Know-how weitestgehend im Iran verbleibt«.

Wenn sich Beitz einen exklusiven Empfang am Hofe des Schahs versprochen haben sollte, wurde er herb enttäuscht. Majestät geruhte, bei dem kurzfristig anberaumten Termin noch zwei weiteren Deutschen Audienz zu gewähren: dem Stahlproduzenten Willy Korf und dem Klöckner-Direktor Ludwig von Bogdandy. Die Anwesenheit der Krupp-Konkurrenten machte Beitz, der sofort konkrete Aufträge akquirieren wollte, einen Strich durch die Rechnung. Die kleine Delegation hatte nur, wie die Botschaft protokollierte, »mehr allgemein gehaltene Gespräche mit Schah und Ministerpräsident« und dann noch eine »kurze, auf Möglichkeiten im Erdgas- und petrochemischen Bereich abgestellte Unterhaltung« mit Manuchehr Eghbal, dem Präsidenten der staatlichen iranischen Ölgesellschaft NIOC.

Außer Spesen war also nicht viel gewesen bei Beitz' erster Begegnung mit dem Perserkönig. Auch der von Botschafter Lilienfeld einige Tage später erstattete Bericht, dass die »iranischen Prioriäten« bei »Joint-Venture-Investitionen in Iran« lägen, konnte die hochfliegenden Hoffnungen nicht befriedigen.

Beitz ließ sich davon nicht entmutigen. Er sah in Persien einen potenten Partner, der Krupp aus akuten Finanznöten befreien sollte. Beitz verhehlte nicht, »dass die Fried. Krupp GmbH immer noch unterkapitalisiert ist«, wie er im September 1973 in einem Interview freimütig einräumte. »Daraus folgt, dass wir unsere Eigenkapitalbasis verstärken müssen.« Wie das praktisch gelingen sollte, stand freilich in den Sternen. Aber wie so oft in seinem Leben kam Beitz ein Zufall zu Hilfe, der ihm einen unerwarteten Vorteil verschaffte: Ein Krieg im Nahen Osten trug dazu bei, dass die Krupp-Kasse gefüllt wurde.

Im Oktober 1973, am höchsten jüdischen Feiertag Yom Kippur, griffen Ägypter und Syrer die israelischen Besatzungstruppen an, die seit dem Sechstagekrieg 1967 auf der Sinaihalbinsel und auf den Golanhöhen standen. Als die USA den Israelis über eine Luftbrücke Nachschub an Waffen und Munition lieferten, setzten die arabischen Staaten das Öl als Waffe ein: Sie drosselten die Erdölförderung. Durch die Verknappung des für die westliche Wirtschaft unentbehrlichen Kraft- und Rohstoffs verdreifachten sich bis zum Jahresende die Ölpreise, die Weltwirtschaft rutschte in eine Rezession.

Ägypter und Syrer wurden besiegt, aber Profiteure des Krieges waren die Ölstaaten, neben Saudi-Arabien, das rund 25 Prozent aller damals bekannten Ölvorkommen besaß, auch Resa Pahlewis Iran. Selbstgefällig erklärte der Schah: »Warum dieses edle Erzeugnis in vielleicht 30 Jahren vergeuden, wenn Tausende von Milliarden Tonnen Kohle in der Erde bleiben?« Die Zeit des billigen Öls sei vorbei.

Irans Erlöse aus dem Ölexport stiegen von 4,8 Milliarden Dollar im Jahr 1973 auf rund 20 Milliarden im folgenden Jahr, was einen Kauf- und Investitionsrausch auslöste. Der Schah, seit 1941 an der Macht, wollte mit dem Geldsegen sein bislang strukturell rückständiges Land binnen einer Generation zu »einem der fünf mächtigsten Staaten der Welt« machen. Westliche Firmen sollten ihm helfen, Iran in eine hochtechnisierte Zukunft zu katapultieren.

Ende April 1974 lud Resa Pahlewi zu einer deutsch-iranischen Investitionskonferenz nach Teheran ein. Nicht weniger als 110 Spitzenkräfte der westdeutschen Wirtschaft folgten dem Ruf, darunter auch Beitz und Mommsen, und präsentierten in 15-Minuten-Referaten plus 15-Minuten-Diskussionen ihre Angebote. Die Iraner pickten sich die interessantesten Offerten heraus und tätigten innerhalb von zwei Tagen Abschlüsse mit einem Volumen von 2,2 Milliarden Dollar.

Am Rande der Massenveranstaltung im Teheraner »Royal Hilton Hotel« bahnte Beitz insgeheim die größte Einzeltransaktion an. Er vereinbarte weitere Gespräche mit Huschang Ansari, der soeben bei einer Kabinettsumbildung von Ministerpräsident Howeida zusätzlich zum Wirtschafts- auch mit dem Finanzressort betraut worden war. Als Superminister sollte Ansari die hochgespannten Erwartungen des Schahs realisieren und die explosionsartig gestiegenen Erdöleinnahmen gewinnbringend anlegen. Dabei wurde er von seinem jüngeren Bruder Kyros, einem in Washington lebenden Anwalt für internationales Recht, beraten; dieser prahlte hinterher, er sei es gewesen, der »dem Schah die Partnerschaft mit Krupp empfohlen« habe.

Allein, angeblich ohne jemand im Unternehmen einzuweihen, flog Beitz zwei Monate später erneut nach Teheran. Lediglich Jürgen Ponto, dem Vorstandssprecher der Dresdner Bank, der im Krupp-Aufsichtsrat saß, habe er bei einem gemeinsamen Frühstück seinen Plan enthüllt, erzählte Beitz, der sich gern zum einsamen Entscheider stilisierte. Ponto soll knapp kommentiert haben: »Dolle Kiste.«

Am Abend des 12. Juli 1974 traf Beitz mit dem Schah, Ministerpräsident Howeida und den Ansari-Brüdern in der Sommerresidenz des Monarchen in Ramsar am Kaspischen Meer zusammen. Bis Mitternacht dauerten die Verhandlungen, und schon um fünf Uhr morgens war Beitz wieder bei Minister Ansari, um sechs war eine schriftliche Vereinbarung unterzeichnet, um halb acht saß Beitz in einer Linienmaschine nach Deutschland.

Am Tag der Rückkehr erfuhr Willy Brandt als einer der Ersten die Neuigkeit. Beitz ging mit dem im Mai zurückgetretenen Bundeskanzler in seinem Jagdrevier in der Eifel spazieren und erzählte ihm von dem Deal. Brandt gratulierte:»Das ist das erste Mal, dass ich davon gehört habe, dass die Ölgelder sinnvoll angelegt werden.«

Am 18. Juli 1974 gab Beitz öffentlich bekannt, dass sich die staatliche iranische Gesellschaft für Stahlindustrie mit 25,04 Prozent an der Fried. Krupp Hüttenwerke AG beteiligt. Bis dahin war nichts über die Verhandlungen nach außen gedrungen. Beitz führte dies auf »besonders günstige Umstände« zurück: Weil das Unternehmen zu hundert Prozent der Stiftung gehörte, habe er nur das Kuratorium informiert und sich Handlungsvollmacht verschafft. »Wir hatten dadurch eine sehr schnelle Entscheidungsmöglichkeit.«

Beitz und Mommsen gerieten später darüber in Streit, wer von ihnen die Iran-Teilhabe ausgeheckt habe. In einem gemeinsamen *Spiegel*-Gespräch unmittelbar nach der Bekanntgabe räumte der Vorstandsvorsitzende auf eine entsprechende Frage ein: »Die Idee stammt von Herrn Beitz.«

Elf Monate später, als Mommsen zwei Jahre vor Vertragsende unfreiwillig seinen Stuhl räumte, widersprach er Beitz, der sich für den Coup hatte feiern lassen, vehement. »Sicherlich kommt Herrn Beitz hierbei ein großes Verdienst zu«, schrieb Mommsen in einem langen Gastbeitrag für die Tageszeitung *Die Welt*. »Die Anregung aber, überhaupt nach dem Iran zu gehen und den Schah in Anspruch zu nehmen, stammt von mir, der ich aus einem Konzern kam, der im Iran eine geradezu beherrschende Position innehatte, während Krupp in diesem Lande noch nicht einmal eine richtige Vertretung besaß … Im Übrigen wäre diese Transaktion, die ja in großer Stille und Vertraulichkeit – welch

Wunder in unserem Lande – über Monate vorbereitet und durchgeführt wurde, gar nicht zu machen gewesen, wenn sie der Vorsitzende des Vorstandes des Unternehmens nicht gewollt und sie mit seinen Kollegen entsprechend durchgezogen hätte.« In der Tat spricht ja schon der zu Beginn geführte Schriftwechsel mit dem Auswärtigen Amt für Mommsens Version. Aber wie alle großen Feldherren der Geschichte schmückte sich Beitz exklusiv mit dem Erfolg – was an Bertolt Brechts »Fragen eines lesenden Arbeiters« erinnert: »Der junge Alexander eroberte Indien. Er allein? Cäsar schlug die Gallier. Hatte er nicht wenigstens einen Koch bei sich? ... Friedrich der Zweite siegte im Siebenjährigen Krieg. Wer siegte außer ihm?«

Zwei Monate nach der Bekanntgabe der Beteiligung unterzeichneten Beitz und Mommsen sowie der Direktor der iranischen Stahlgesellschaft, Resa Amin, in Teheran den Vertrag. Kyros Ansari, der Ratgeber des Schahs, zog als Vertreter des neuen Partners in den Aufsichtsrat der Hüttenwerke ein.

Beitz war es gelungen, den Iranern einen besonders defizitären Teil des Krupp-Imperiums anzudrehen. Die Hüttenwerke kamen auch in den folgenden Jahren nicht aus den roten Zahlen. 1975 schlossen sie mit 45 Millionen Mark Verlust ab. Für Krupp bedeutete die Beteiligung des Schahs eine kräftige Kapitalspritze – auch wenn Beitz fand, »Kapitalspritze« sei »nicht das richtige Wort«; vielmehr sei es »eine sehr beruhigende Ergänzung unserer ohnehin sehr guten Entwicklung, die wir in den letzten Jahren genommen haben«. Beitz gestand den Iranern außerdem einen Sitz im Aufsichtsrat der Krupp-Holding zu, obwohl er ihnen dort – noch – keine Eigentumsrechte zubilligen mochte. Stolz präsentierte Beitz seine neuen Partner: »Andere Gesellschaften würden sich nach einem solchen Aufsichtsrat die Finger lecken.«

Die Übernahme eines Viertelanteils an den Hüttenwerken war aber nur der halbe Vertrag. »Wir haben einen Packagedeal abgeschlossen«, betonte Beitz. Denn als mindestens ebenso zukunftsträchtig wie das iranische Engagement beim Hüttenwerk feierte Beitz die beschlossene Gründung einer gemeinsamen Investitionsgesellschaft in Zürich. Sie sollte beiden Partnern zu gleichen Teilen gehören und vor allem Projekte in der Dritten Welt, aber auch in Industrieländern realisieren. »Da ist Musik drin«, tönte Beitz: Iranisches Ölkapital und westdeutsche Technik seien eine so schlagkräftige Kombination, dass es für Konkurrenten »schwieriger wird«. Euphorisch jubelten Manager und Meinungsmacher die spektakuläre Allianz zum Kernstück eines »unabsehbaren Imperiums« hoch, wie etwa die *Börsen-Zeitung* schwärmte. Krupps Vorstandschef Mommsen frohlockte, die Partner hätten »genug Ideen für schicke Sachen«.

Doch die Iran-Krupp Investment AG fristete ein kümmerliches Dasein unter einer Briefkastenadresse in Zürich, Bleicherweg 30, später Birmensdorferstraße 83, als Untermieterin der Thesaurus Continentale Effekten-Gesellschaft, einer Tochter der Schweizerischen Bankgesellschaft. Der Arbeitsanfall war so gering, dass der mit der Betreuung der Firma beauftragte Bankangestellte Hans-Urs Langner die wenigen Kontenbewegungen eines ganzen Jahres, wie Krupp-Finanzvorstand Alfred Lukac spöttelte, »leicht in einer Stunde abwickelt«.

1978 versuchte Beitz, den Ableger doch noch zum Blühen zu bringen. Er nominierte Ludwig Poullain, den Ende 1977 wegen eines umstrittenen Beratervertrags zurückgetretenen und später rehabilitierten Chef der Westdeutschen Landesbank, für den Vorsitz des Verwaltungsrates der Zürcher Gesellschaft. »Ich bin sicher«, sagte Beitz, »dass Ludwig Poullain hier gute Arbeit leisten und der zunächst mit 10 Millionen Mark ausgestatteten Gesellschaft Leben einhauchen und sie aktivieren wird.« Bald darauf war sogar von einer Kapitalerhöhung auf 100 Millionen Mark die Rede, damit die dahindämmernde Tochter endlich aktiv würde. Aber auch das war pure Ankündigungspolitik: Ohne je eine nennenswerte Tätigkeit entfaltet zu haben, wurde die Firma im September 1994 aus dem Handelsregister gelöscht – das Kapital betrug zuletzt gerade mal 500 000 Schweizer Franken. Poullain blieb Beitz immerhin privat verbunden. Sein Sohn Thomas, ein Rechtsanwalt, heiratete 1981 die jüngste Beitz-Tochter Bettina, eine Diplom-Betriebswirtin. Nicht Beitz habe die Liaison gestiftet, versichern Eingeweihte, vielmehr habe sich das junge Paar beim Studium an der Universität Münster kennengelernt.

Die Beteiligung an den Krupp-Hüttenwerken, hoffte Beitz, werde sich auch in lukrativen Großaufträgen Irans für den Gesamtkonzern niederschlagen. Deshalb holte er Ekhard von Maltzahn zu Krupp zurück und schickte ihn als seinen Sonderbotschafter nach Teheran. Der Freiherr war 1953 Beitz' erste Personaleinstellung gewesen; binnen weniger Jahre hatte es Maltzahn zum Leiter des Zentralbüros der Konzernholding und zum Chef der Abteilung Verkauf-Ausland gebracht. 1966 verließ er den Krupp-Konzern, um anderweitig Spitzenpositionen einzunehmen, zuletzt als Vorsitzender der Geschäftsführung der Maschinenfabrik Voith im schwäbischen Heidenheim. Dort war er jedoch schon nach wenigen Monaten im Januar 1974 wieder ausgeschieden – und somit frei, als Beitz ihn rief.

Maltzahn schien der ideale Mann für die Aufgabe in Teheran zu sein: Er kannte Krupp bis in alle Verästelungen, und er hatte internationale Verhandlungspraxis sowie Erfahrungen in Akquisition und Abwicklung von Großprojekten, wie sie Krupp und Iran gemeinsam anpacken wollten. Doch wann immer die Iraner große Projekte ausschrieben, kamen ausgerechnet die deutschen Partner kaum zum Zuge. So erhielten britische und ein italienisches Consulting-Unternehmen den Zuschlag für ein Stahlwerk im Iran – Krupp ging leer aus und musste sich mit kleineren Geschäften, etwa einer Meerwasserentsalzungsanlage oder Dieselgeneratoren, zufriedengeben. Die ständige Zurücksetzung hatte offenbar Methode: Der Schah wollte Druck ausüben, um doch noch in die Dachgesellschaft Fried. Krupp GmbH einsteigen zu können, was ihm Beitz 1974 verweigert hatte.

Zwei Jahre später musste Beitz einsehen, dass Krupp noch einmal frisches Kapital brauchte. Die Konjunktureinbrüche bei Stahl und Schiffsbau bedrohten erneut die Existenz des Unternehmens, fast alle Produktionssparten des Konzerns arbeiteten mit Verlust. Da Beitz dem Schah 1974 ein Vorkaufsrecht auf Anteile an der Holding eingeräumt hatte, falls diese je verkäuflich werden sollten, kam Iran jetzt zum Zuge.

Die staatliche iranische Stahlgesellschaft forderte 25,01 Prozent der Anteile, also die Sperrminorität. Die Iraner wollten sichergehen, dass gegen sie nichts mehr laufen würde bei Krupp. Darüber wurde rasch Einigung erzielt. Schwieriger war es, den aktuellen Kurswert des Konzerns, die Zahlungsmodalitäten und die Verzinsung des eingesetzten iranischen Kapitals zu bestimmen. Während der Schah und Beitz bei Champagner und Kaviar die großen Linien der Partnerschaft – »mit Handschlag«, wie Beitz betonte – besiegelten, handelte Krupp-Finanzvorstand Lukac die komplizierten Details mit Premier Howeida und Minister Ansari aus.

Am 19. Oktober 1976 war der Handel perfekt. Beitz und Ansari unterschrieben im Teheraner Finanzministerium den Vertrag. Wieder hatte Beitz den spektakulären Handel bis zuletzt geheim halten können. Außer dem nordrhein-westfälischen Ministerpräsidenten Heinz Kühn und Dresdner-Bank-Chef Jürgen Ponto war angeblich kein Mitglied des Krupp-Aufsichtsrats eingeweiht gewesen.

Die öffentliche Meinung schwelgte in Bewunderung für das Kabinettstück. »Berthold Beitz«, notierte die *Zeit*, »muss nun nicht mehr befürchten, von den Banken erneut in die Enge getrieben zu werden und Demütigungen wie 1967 über sich ergehen lassen zu müssen. Vielmehr hat er seine Position als mächtigster Mann bei Krupp gestärkt und die Weichen für die Zukunft des Unternehmens gestellt.«

Dabei war öffentlich noch gar nicht bekannt, wie viel Iran für seinen Anteil bezahlen würde. Die *Bild*-Zeitung spekulierte, es handle sich um 150 Millionen Mark, doch Beitz konterte kühl: »Sie scheinen mich für einen schlechten Kaufmann zu halten.« Er wolle aber keine Zahlen nennen, denn es sei Vertraulichkeit vereinbart. Nur so viel: »Das Geld wird bis Mitte 1978 in drei Raten eingezahlt.«

Wie viel tatsächlich geflossen ist, kam erst später heraus: rund 1,3 Milliarden Mark. Der Kaufpreis war zweifellos überhöht, gemessen am damaligen Wert des Unternehmens. Gegenüber Golo Mann feixte Beitz: »Herr Mann, eine Aktie mit einem Nennwert von 525 Prozent an den Schah zu verkaufen, das ist so, als ob Sie den Eskimos eine Million Kühlschränke verkaufen würden.«

Der Schah in seiner Großmannssucht wollte offenbar die Beteiligung um jeden Preis. Diese Zahlung, meint der in Oxford lehrende iranische Historiker Homa Katouzian, müsse »als eine der größten Torheiten Seiner Majestät auf dem Feld ausländischer Investitionen angesehen werden«. Auf jeden Fall hätte Iran das Geld für Reformen im Innern dringender gebraucht.

»Hat der Schah Sie vor der Pleite gerettet?«, fragte der ZDF-Journalist Michael Hasskerl den Krupp-Chef. Beitz wand sich: »Ich finde die Frage nicht sehr fair. Aber ich kann Ihnen sagen, das hat nichts damit zu tun. Diese Gespräche haben schon sehr lange stattgefunden. Und wir haben hier einen Partner gefunden, der uns einen sehr guten Kurs gezahlt hat.«

Krupp war zwar wieder einmal gerettet, wie einst durch Arndts Erbverzicht, aber die Firma hatte sich in ihrem Wesen verändert. Zum ersten Mal seit der Unternehmensgründung 1811 gab es bei der Muttergesellschaft keinen Alleineigentümer mehr. Mehr noch: Der Verkauf eines Anteils war mit dem erklärten Zweck der Stiftung Alfried Krupps schwer vereinbar. Krupp hatte verfügt, dass die »Einheit des Unternehmens dem Willen seiner Vorväter entsprechend auch für die ferne Zukunft zu wahren« sei. Die Entscheidung, den iranischen Staat als Teilhaber aufzunehmen, versicherte Beitz, sei ihm »nicht leichtgefallen«, er glaube aber, dass Alfried Krupp »genauso gehandelt hätte«.

Skrupel, einen autokratischen Potentaten zum Geschäftspartner zu haben, dessen Ansehen zu Hause wie in der ganzen Welt zusehends sank, plagten Beitz nicht. In den 1950er-Jahren war der Monarch zumindest bei den Lesern der deutschen Regenbogenpresse noch überaus populär gewesen. Nach der Heirat 1951 mit Soraya Esfandiari Bakhtiari, der Tochter einer Deutschen und eines persischen Stammesfürsten, der iranischer Botschafter in Bonn wurde, nahm das Illustriertenpublikum lebhaften Anteil an den erfolglosen Bemühungen des königlichen Paares, einen Thronfolger zu zeugen. Doch die Ehe blieb kinderlos. Deshalb löste der Schah nach sieben Jahren die Verbindung. Im Dezember 1959 heiratete er, wieder umjubelt in den Klatschblättern, die 21-jährige Architekturstudentin Farah Diba, die ihm schon im Jahr darauf den ersehnten Kronprinzen gebar.

Die farbenprächtigen Bilder verdüsterten sich, als es bei einem Staatsbesuch des Schahs in der Bundesrepublik im Frühsommer 1967 zu blutigen Zusammenstößen zwischen Demonstranten und Schlägertrupps des berüchtigten iranischen Geheimdienstes »Savak« kam. Die seither sprichwörtlichen »Jubelperser« droschen mit Holzstangen hemmungslos auf friedliche Protestierer ein, und in West-Berlin wurde am 2. Juni 1967 am Rande der Anti-Schah-Kundgebungen der Student Benno Ohnesorg von einem Polizisten erschossen – Initialzündung für die Entstehung der »außerparlamentarischen Opposition« und terroristischer Gruppierungen in Westdeutschland.

In seinem Land unterdrückte Resa Pahlewi jegliche Opposition brutal, politische Gegner wurden gefoltert und ermordet.

Von den Ölmilliarden profitierte nur eine dünne Oberschicht, das Volk blieb bettelarm und litt Hunger. Die wirtschaftliche Macht lag in den Händen von schätzungsweise 45 Familien, die enge Beziehungen zum Schah-Regime hatten und zusammen 85 Prozent der größten Unternehmen des Landes besaßen.

Für sich selbst war dem Schah kein Prunk zu protzig. Der Gipfel der Dekadenz war eine Jubelorgie, die er im Oktober 1971 neben den Ruinen der antiken Hauptstadt Persepolis zelebrierte, um das zweieinhalbtausendjährige Bestehen der persischen Monarchie zu feiern: Er ließ mitten in der Wüste eine riesige sternförmige Zeltstadt errichten, die mit Kronleuchtern aus Baccarat-Kristall, Geschirr aus Limoges und Luxustischwäsche von Porthault ausgestattet wurde; 165 Köche, Sommeliers und Kellner wurden aus Frankreich eingeflogen, dazu 25 000 Flaschen Wein, 3500 Kilogramm Fleisch sowie 4000 Kilogramm Butter und Käse, wie das US-Magazin *Time* nach der Feier aufzählte. Alles in allem soll das Spektakel, an dem rund 70 Staatsoberhäupter oder ihre Vertreter teilnahmen, zig Millionen, vielleicht sogar über 100 Millionen Dollar gekostet haben.

Resa Pahlewi inszenierte sich mit einer gigantischen Kostümschau als Nachfolger des großen Perserkönigs Kyros, obwohl er selbst ein Parvenü war: Sein Vater, ein bürgerlicher Offizier, war 1921 durch einen Putsch an die Macht gekommen und hatte sich vier Jahre später zum König krönen lassen. Der 1919 geborene Resa Pahlewi gelangte 1941 mit Hilfe der Briten auf den Pfauenthron. Im iranischen Volk wuchsen Wut und Verbitterung über den größenwahnsinnigen Herrscher.

All das focht Beitz nicht an, als er seinen Vertrag mit Resa Pahlewi schloss. Als ihn ein Vorstandsmitglied von Siemens einmal attackierte, er habe einen Despoten als Partner zu Krupp geholt, das sei unmoralisch, erwiderte Beitz ungerührt: »Wissen Sie eigentlich, wie viele Gesetzesbrecher, Nutten und Zuhälter Sie unter Ihren Aktionären haben?«

Im Iran konnten auch Geheimdienstspitzeleien, Folter und Pressezensur das Erstarken der Opposition nicht verhindern. Im August 1977 entließ der Schah seinen langjährigen Ministerpräsidenten Howeida als Sündenbock und ließ ihn später sogar unter Hausarrest stellen. Durch Kompromisse mit den aufrührerischen Islamisten hoffte Resa Pahlewi, sein Regime retten zu können. Aber die Unruhen weiteten sich aus, es gab Generalstreiks und Tote bei Anti-Schah-Aktionen, am 8. September 1978 wurden in der Hauptstadt annähernd 4000 Demonstranten getötet.

Nun wurde es auch für den Teheraner Krupp-Repräsentanten Ekhard von Maltzahn brenzlig. Selbst tagsüber kam es in der Umgebung des Krupp-Büros immer wieder zu Schießereien. Aber Maltzahn harrte aus – bis Dezember.

Am 16. Januar 1979 mussten Resa Pahlewi und Farah Diba Iran verlassen. Der hohe schiitische Geistliche Ajatollah Chomeini, der zuletzt im Pariser Exil gelebt hatte, kehrte in die Heimat zurück und rief im April die Islamische Republik aus.

Als die Mullahs die Macht übernahmen, änderte sich an den Geschäftsbeziehungen mit Krupp nichts. Lediglich der Vertreter im Aufsichtsrat wurde ausgewechselt. Zunächst kam Mohsen Nourbakhsh, Gouverneur der Iranischen Zentralbank, in das Kontrollgremium, im August 1986 folgte ihm der ehemalige Botschafter in Bonn, Mohamad-Mehdi Navab-Motlagh, der in den 1970er-Jahren in Stuttgart Ingenieurwissenschaften studiert hatte.

Als Geschäftsträger der iranischen Botschaft in Bonn hatte Navab die islamische Revolution in seiner Heimat erlebt. Nach der Besetzung der amerikanischen Botschaft in Teheran am 4. November 1979 hatte Navab im Bonner Auswärtigen Amt vorgesprochen, um, wie ein Diplomat protokollierte, »etwaige deutsche Befürchtungen wegen der Sicherheit der Deutschen im Iran zu zerstreuen«. Dabei bezeichnete Navab den inzwischen in den USA lebenden Exschah als »Massenmörder, Terroristen und Verbrecher, dessen Folterwerkstätten von den USA eingerichtet worden« seien.

Für Iran ist Krupp lange Zeit eine wenig rentierliche Geldanlage gewesen. Erst für das Geschäftsjahr 1987 schüttete die Obergesellschaft eine kümmerliche Dividende aus. »Wäre das Geld in festverzinslichen Wertpapieren angelegt worden«, rechnete das *Handelsblatt* vor, »es hätte erheblich mehr Gewinn gebracht.«

»Wenn man sich das genau ausrechnet«, freute sich Beitz, »dann haben wir nicht nur 1,3 Milliarden Mark gekriegt, sondern noch viel mehr, weil jahrelang keine Dividende geflossen ist.« Die Verzinsung des iranischen Kapitals betrug in den 1980er-Jahren gerade mal 0,4 Prozent. Aufsichtsrat Navab schimpfte gelegentlich, Krupp sei »ein mieser Laden«.

Trotzdem hielt Iran fast 30 Jahre an der Beteiligung fest. Erst im Januar 2005 endete die Partnerschaft – auf politischen Druck der USA. Zwei Jahre zuvor hatte der Konzern seinem Großaktionär Iran schon ein großes Aktienpaket abgekauft, um nicht auf eine »schwarze Liste« von Firmen gesetzt zu werden, mit denen amerikanische Unternehmen keine Geschäfte machen dürfen.

Am Ende wurde Navabs Mandat im Aufsichtsrat nicht mehr verlängert. Die *FAZ* sah darin groben Undank: »Für die wechselhafte (Vor-)Geschichte des 1999 aus Thyssen und Krupp gebildeten Konzerns« sei dies »ein beschämender Akt«. Navab habe mehr als zwei Jahrzehnte lang »mit gleichbleibendem Wohlwollen zunächst die Geschicke von Krupp und später von ThyssenKrupp begleitet«. Das Blatt mokierte sich: »Ohne die finanzielle Unterstützung aus Persien gäbe es diesen Konzern wahrscheinlich gar nicht.«

12. KAPITEL

DER VERTRAUTE HONECKERS

»Ein lebenslanger Kommunist
im Haus der Kanonenkönige«

Weil nicht sein kann, was nicht sein darf, war die DDR fast bis zum Ende der 1960er-Jahre für das amtliche Bonn einfach Luft. Man sprach von »Pankow«, wenn man die »sogenannte Regierung« jenes Landes jenseits von Elbe, Harz und Frankenwald meinte, das offiziell immer noch »sowjetische Besatzungszone« genannt wurde. Nach dieser Logik durfte es auch keine offiziellen Kontakte mit der Phantomexekutive in Ost-Berlin geben. Als der West-Berliner Senat unter dem Regierenden Bürgermeister Willy Brandt im Dezember 1963 erstmals seit dem Mauerbau Besuche von West-Berlinern im Ostteil der Stadt durch ein Passierscheinabkommen ermöglichte, wurden die Anträge von angeblichen Postangestellten entgegengenommen, von denen jeder wusste, dass es sich um Mitarbeiter des DDR-Ministeriums für Staatssicherheit handelte. Bundeskanzler Kurt Georg Kiesinger, der im Mai 1967 einen Brief des DDR-Ministerpräsidenten Willi Stoph in Empfang nahm und nicht, wie bis dahin üblich, ungeöffnet zurückschickte, rechtfertigte den folgenden Schriftwechsel mit der verschrobenen Formulierung, »dass sich da drüben etwas gebildet hat, ein Phänomen«.

Die Leugnung der staatlichen Existenz der DDR führte zu mancherlei grotesken Verrenkungen. Wenn es sich gar nicht vermeiden ließ, mit ostdeutschen Behörden Fühlung aufzunehmen, wurden auf spitzfindige Weise Mittelsmänner zwischengeschaltet, die keine staatliche Funktion haben durften. So bediente sich die Bundesregierung des Ost-Berliner Rechtsanwalts Wolfgang Vogel, um politische Häftlinge in der DDR freizukaufen, getrennte Familien zusammenzuführen und enttarnte Spione auszutauschen. Die Wirtschaftsbeziehungen zwischen der Bundesrepublik und der DDR beruhten auf dem 1951 abgeschlossenen »Interzonenhandelsabkommen« zwischen »den Währungsgebieten der Deutschen Mark (DM-West) und den Währungsgebieten der Deutschen Mark der Deutschen Notenbank (DM-Ost)«. Damit war zumindest bis 1974, als das östliche Zahlungsmittel in »Mark der DDR« umbenannt wurde, das Problem der völkerrechtlichen Anerkennung der DDR umschifft.

Vertrags- und Verhandlungspartner auf westdeutscher Seite war die »Treuhandstelle für den Interzonenhandel«, keine amtliche Institution, sondern eine Einrichtung des privatwirtschaftlichen Deutschen Industrie- und Handelstages. Die DDR legte allerdings Wert darauf, im »Interzonenhandel« durch das Ministerium für Außenhandel und Innerdeutschen Handel repräsentiert zu werden, das 1967 in Ministerium für Außenwirtschaft umbenannt wurde und ab 1976 Ministerium für Außenhandel hieß.

Bevollmächtigter der DDR für den Interzonenhandel war seit 1958 Heinz Behrendt, ein Potsdamer des Jahrgangs 1913, also genauso alt wie Beitz. Behrendt sei, wie die *Frankfurter Allgemeine Zeitung* zu seinem Ruhestand 1978 rühmte, »wegen seiner Fachkenntnisse, seiner Umgänglichkeit, einer gewissen heiteren Bonhomie allgemein, vor allem auch bei westdeutschen Industriellen hochgeschätzt«. Beitz bildete da keine Ausnahme. Er hatte den SED-Politiker bei Messen in Hannover und Leipzig kennengelernt, die beide regelmäßig besuchten. »Das SED-Abzeichen am

Rockaufschlag, die qualmende Brasil in der Hand, so eilte ›Genosse Heinz‹ stets in seinem schwarzen Beerdigungsanzug durch die Messehallen«, beschrieb Lothar Loewe, westdeutscher Fernsehkorrespondent in der DDR, den quirligen Funktionär. »›Zügig voran, neuen Geschäften entgegen‹, lautete seine Losung.« Das war auch Beitz' Devise. Aus den geschäftlichen Kontakten entwickelte sich im Laufe der Jahre ein persönliches Vertrauensverhältnis, Beitz lud Behrendt gelegentlich zu sich nach Hause ein.

Ungeachtet der Bonner Nichtanerkennungspolitik pflegte Beitz auch zu anderen DDR-Vertretern erstaunlich unbekümmerte Kontakte. Einer seiner guten Bekannten war der Handelsrat Rudolf Haubold, der in der Düsseldorfer Graf-Adolf-Straße 45, in der dritten Etage über der »Femina«-Bar, eine Dependance des DDR-Ministeriums für Außenwirtschaft leitete.

Haubold gegenüber verhielt sich Beitz auf naive Weise vertrauensselig. Anfang 1970 plauderte Beitz in seinem Büro mit dem DDR-Repräsentanten freimütig über Krupp-Interna – unter anderem über seine Absicht, seinen Rivalen Hermann Josef Abs aus dem Amt zu drängen. Was Haubold erfuhr, gab er umgehend an Heinz Behrendt weiter, der inzwischen zum stellvertretenden Außenhandelsminister aufgestiegen war.

Behrendt notierte in einer »Information« am 12. Januar 1970 auch, dass Beitz den Vorstandschef Vogelsang bei Haubold wegen rückläufiger Geschäftsbeziehungen zum Ostblock angeschwärzt habe. Bei Beitz, so wurde dieser zitiert, habe sich »der Eindruck verstärkt«, dass Vogelsang »nicht die genügende Veranlagung habe, die von Beitz gepflegten Kontakte aufrechtzuerhalten und weiter zu pflegen«. Beitz wolle sich deshalb »bei der in Kürze stattfindenden Übernahme der Position des Vorsitzenden des Aufsichtsrates des Krupp-Konzerns durch ihn wieder aktiver in die Geschäftspolitik des Konzerns einschalten«.

Zu diesem Zeitpunkt war öffentlich noch nicht bekannt, welche Absichten Beitz verfolgte. Erst zwei Monate später überrumpelte er Abs mit der Forderung, den Vorsitz im Aufsichtsrat niederzulegen. Und nun weihte er ausgerechnet den DDR-Handelsrat Haubold in seine persönlichen Zukunftspläne ein. Dabei musste Beitz doch damit rechnen, dass Haubold diese Information an seine Chefs in Ost-Berlin weiterreichen würde. Beitz offenbarte Haubold außerdem, dass er zu Bundeskanzler Brandt einen »guten Kontakt« habe. Den ehemaligen Bundesforschungsminister Gerhard Stoltenberg, der Anfang 1965, acht Monate vor seiner Berufung ins Kabinett Erhard, von Beitz als Leiter der eigens für ihn geschaffenen »Stabsabteilung Wirtschaftspolitik« angeworben worden und nach dem Regierungswechsel auf diesen Posten zurückgekehrt war, habe er zurechtgewiesen, vertraute Beitz dem DDR-Vertreter an: Er habe den CDU-Abgeordneten, der jetzt auf der Oppositionsbank saß, wiederholt aufgefordert, »nicht die Interessen des Krupp-Konzerns zu verletzen«, denn »von Krupp würde er letzten Endes sein Gehalt bekommen«. Aus alledem gewann Haubold »den Eindruck, dass Beitz unter der neuen Regierung Brandt/Scheel versuchen wird, wieder stärker in Aktion zu treten, um entsprechend bewertet zu werden«. Mit anderen Worten: Beitz verspreche sich von einer öffentlichen Unterstützung der sozialliberalen Ostpolitik vor allem eine Steigerung seines eigenen Ansehens.

Mit Walter Ulbricht hatte Beitz persönliche Kontakte vermieden. Wann immer der SED-Chef am Krupp-Stand auf der Leipziger Messe auftauchte, schickte Beitz seinen Informationschef Carl Hundhausen vor, die Honneurs zu machen. Bevor der Generalsekretär mit seiner sächsischen Fistelstimme zu schwülstigen Tiraden ausholen konnte, bremste ihn der Krupp-Kommunikator, indem er flink sein Sektglas »auf den Frieden« erhob.

Unter Ulbricht war auch noch gegen die Aussteller aus dem Westen agitiert worden. »Krupp und Krause« hieß ein populärer fünfteiliger TV-Film, der im Januar 1969 im ostdeutschen Fernsehen gezeigt worden war. Am Schicksal des Helden Fred Krause, gespielt von den DDR-Fernsehstars Jaecki Schwarz (als Jüngling) und Günther Simon, wurden 60 Jahre Arbeiterbewegung nachgezeichnet. Den propagandistischen Vorgaben entsprechend, trugen die beiden letzten Teile dann den Titel in umgekehrter Reihenfolge:»Krause und Krupp«. Krauses Lebensweg vom Arbeiter bei Krupp in Essen bis zum Generaldirektor des Magdeburger VEB Schwermaschinenbaus »Ernst Thälmann« war eine Parabel, die die gesellschaftlichen Umbrüche in Deutschland und letztlich den Sieg der Arbeiterklasse verdeutlichen sollte: In der Schlussszene unterzeichnet Krause auf der Leipziger Messe ein Abkommen, das dem westdeutschen Konkurrenten Krupp im internationalen Geschäft Paroli bietet.

Das utopische Happy End der TV-Serie entsprang dem Wunschdenken der Auftraggeber und des Drehbuchautors Gerhard Bengsch. Die Realität sah nach dem Untergang der DDR anders aus: Das Schwermaschinen-Kombinat Ernst Thälmann (SKET) – 1855 als »Maschinen-Fabrik und Schiffsbauwerkstatt H. Gruson« gegründet, 1893 in den Krupp-Konzern eingegliedert und nach dem Zweiten Weltkrieg in einen »Volkseigenen Betrieb« umgewandelt – wurde 1996 nach jahrelangen erfolglosen Privatisierungsversuchen liquidiert. Zwei Jahre später wurde eine neue SKET Maschinen- und Anlagenbau GmbH von westdeutschen Investoren gegründet.

Mitarbeitern des DDR-Fernsehens kamen damals vor der Ausstrahlung Bedenken, ob sich die Agitation mit dem Besuch von Beitz in Leipzig vereinbaren lasse, aber Ulbricht sah da »überhaupt kein Problem«: »Hat sich am Grundwiderspruch zwischen Kapital und Arbeit irgendetwas verändert, weil Beitz nach Leipzig kommt? Nein, na also? Ich schlage vor, ihr sendet ›Krupp und Krause‹ ein paar Tage später, wenn der Beitz wieder weg ist.«

Unter Ulbrichts Nachfolger Erich Honecker verschwand der Streifen rasch im Archiv. Der neue DDR-Machthaber und der Krupp-Gewaltige empfanden von Anfang an Sympathie füreinander. Zum ersten Mal begegneten sie sich am Sonntag, dem 13. März 1972, am zweiten Tag der Leipziger Frühjahrsmesse. Honecker, seit knapp einem Jahr an der Spitze der DDR-Staatspartei, kam mit dem fast kompletten SED-Politbüro an den Krupp-Stand, wo der Aufsichtsratsvorsitzende Beitz die Delegation begrüßte.

Kurios war die Konstellation freilich schon: Beitz war ja nicht nur eine Symbolfigur des Kapitalismus, der sich, wie Honecker sagte, mit dem Sozialismus so wenig vereinbaren lasse »wie Feuer und Wasser«. Beitz repräsentierte überdies ausgerechnet jenen Konzern, der dem klassenkämpferischen Honecker seit früher Jugend als Feindbild gedient hatte. Krupp galt dem gebürtigen Saarländer, der in den ersten beiden Jahren nach Hitlers »Machtergreifung« in Essen gegen die Nazis agitiert hatte, als Synonym für Militarismus und Ausbeutung der Arbeiter.

Beitz und der ein Jahr ältere Honecker fanden trotz der Klassengegensätze prächtig zueinander durch ihre Biografien: Der pommersche Junge vom Land lebte jetzt als Oberkapitalist im Westen, während der saarländische Proletarier mit abgebrochener Dachdeckerlehre als Kommunistenführer im Osten wirkte – und beide einte ihre sentimentale Sehnsucht nach der verlorenen Heimat.

Beitz und Honecker teilten vor allem eine Leidenschaft: die Jagd. Beitz hatte seit früher Jugend Gefallen daran gefunden, schon in seiner vorpommerschen Heimat beteiligte er sich an Treibjagden auf Hasen. Im Zweiten Weltkrieg ging er in den Wäldern um Boryslaw auf die Pirsch, später erwarb er eigene Jagdreviere in der Eifel und bei Gerlos in Tirol.

Honecker betrieb die Jagd eher als Statussymbol. In den 1950er-Jahren ließ die DDR-Parteispitze die Schorfheide nördlich von Berlin zum Sonderjagdgebiet ausbauen. In dessen Mittelpunkt stand das von dem preußischen König Friedrich Wilhelm IV. errichtete Jagdschloss Hubertusstock. In diesem Jagdrevier hatten sich nacheinander Könige, Kaiser, der Reichspräsident Paul von Hindenburg sowie der NS-Luftwaffenchef und »Reichsjägermeister« Hermann Göring ihrem Hobby hingegeben. Hierher lud nun Honecker regelmäßig Genossen aus dem SED-Politbüro, Diplomaten aus aller Welt und seinen Jagdfreund Beitz ein.

Anders als Honecker, dem das Wild oftmals mit Scheinwerfern vor die Flinte getrieben wurde, war Beitz ein hervorragender Schütze. Der Schorfheide-Jagdleiter Günther Wlost berichtete über ein Jagderlebnis mit Beitz, das auf ihn großen Eindruck machte. Am Seebruch im Revier Ringenwalde habe eine Kanzel gestanden, die eigens für das beinamputierte Politbüromitglied Günter Mittag mit einer Treppe versehen gewesen sei. Von dieser Kanzel aus, so Wlost, »legte Beitz auf einen Hirsch an, der sich ständig in etwa 300 Meter Entfernung aufhielt. Beitz wollte schon aufgeben, weil die Auflage auf der harten Kanzel ungünstig war. Der begleitende Jagdleiter breitete seinen Lodenmantel als Unterlage auf der Kanzelkante aus, und als der Hirsch wieder einmal auf 290 Meter bereitstand, streckte Beitz ihn mit einem gut gezielten Schuss aus seiner Doppelbüchse.«

Günter Mittag, der oberste DDR-Wirtschaftsaufseher, war schon aufgrund seiner Funktion für Beitz ein wichtiger Gesprächspartner. Sympathien füreinander entwickelten die beiden aber auch, weil Mittag ein pommerscher Landsmann war: Der 1926 in Stettin geborene Funktionär hatte seine SED-Karriere nach dem Krieg bei der Reichsbahn in Greifswald begonnen, wo Beitz seine Schulzeit verbracht hatte. Eine ähnliche Vertrautheit stellte sich auch mit Ewald Moldt ein, dem ersten Ständigen Vertreter der DDR in der Bundesrepublik, der 1927 in Greifswald geboren war. Einen zufälligen persönlichen Bezug gab es zu

Manfred Ewald, dem aus Hinterpommern stammenden Präsidenten des Nationalen Olympischen Komitees der DDR und des DDR-Sportbundes, mit dem Beitz dann in seiner Eigenschaft als westdeutscher Olympia-Funktionär zu tun hatte: Ewald, Jahrgang 1926, war 1945 ins Gebäude der Reichsbank in Greifswald eingezogen, in dem Vater Beitz zuvor seinen Dienst versehen hatte.

Der für Beitz vielleicht wichtigste Verbindungsmann in der DDR war ein kleinwüchsiger Leipziger: Gerhard Beil, Jahrgang 1926, seit 1965 stellvertretender Außenhandelsminister. In der SED-Führung – Beil gehörte seit 1976 als Kandidat, ab 1981 als Vollmitglied dem Zentralkomitee an – hieß er »die Katze«: Er konnte sich auf westlichem Parkett leichtfüßig bewegen, weshalb ihn Honecker und Mittag gern auf Auslandsreisen mitnahmen, weil er ihnen auf Empfängen leise zuflüsterte, wie sie sich zu verhalten hatten. Beil stand nach eigenem Eingeständnis seit 1961 auch »im Kontakt« mit der für Auslandsspionage zuständigen Hauptverwaltung Aufklärung (HVA) des DDR-Ministeriums für Staatssicherheit.

Ein einst hochrangiger Offizier der Staatssicherheit rühmt sich selbst seiner Bekanntschaft mit Beitz. Werner Großmann, seinerzeit Leiter der Hauptabteilung I der HVA und Stellvertreter des legendären Geheimdienstchefs Markus Wolf, behauptet in seinen Memoiren, er habe Ende der 1970er-Jahre die Haltung Helmut Schmidts zu einem Austausch des Kanzleramtsspions Günter Guillaume sondieren sollen. Der Perspektivagent der DDR war in den 1950er-Jahren als angeblicher Flüchtling in die Bundesrepublik eingeschleust worden und 1969 eher zufällig als Referent zu Willy Brandt gekommen; im April 1974 wurde er verhaftet und im Dezember 1975 wegen schweren Landesverrats zu 13 Jahren Gefängnis verurteilt. Von diesem Zeitpunkt an drängte die DDR über Rechtsanwalt Vogel, ihren Spitzenspion im Tausch gegen in der DDR inhaftierte westliche Agenten freizubekommen. Aber die Bundesregierung zeigte dazu keinerlei Neigung. »Höchst töricht und provokativ« sei es von der DDR-Regierung gewesen, einen Kundschafter in Brandts nächster Umgebung zu platzieren, sagte dessen Nachfolger Helmut Schmidt. Das Klima sei deshalb in der Bundesrepublik »außerordentlich gereizt und aufgeregt« gewesen. Schließlich war Brandt wegen der Guillaume-Affäre als Bundeskanzler zurückgetreten.

Wenn selbst Wolfgang Vogel, der bei Helmut Schmidt und SPD-Fraktionschef Herbert Wehner hohes Ansehen genoss, in Sachen Guillaume nichts ausrichten konnte, wer hätte dann die Bundesregierung umstimmen können? Markus Wolf selbst hatte keinen Kontakt zu Vogel, wollte aber auf eigene Faust eine Hilfsaktion für Guillaume starten und beriet sich darüber angeblich mit seinem Stellvertreter Großmann. »Auf der Suche nach einer geeigneten, einflussreichen Persönlichkeit, die das Thema bei Schmidt ansprechen könnte, kommen wir auf Berthold Beitz … Das ist der richtige Mann«, schreibt Großmann in seinen Erinnerungen. Der Vize-Außenhandelsminister Behrendt, den Großmann »gut kennt« und der »über einen guten Draht zu Beitz verfügt«, habe einen Termin vermittelt. »Bei einem Mittagessen zu dritt im Prinzessinnenpalais Unter den Linden in Berlin« habe sich Beitz Großmanns Bitte angehört und versprochen, den Kanzler bei passender Gelegenheit zu fragen, ob er einen Austausch unterstützen werde. Schmidts Antwort werde er mitteilen, wenn er in einigen Wochen während eines Ostseetörns mit seinem Segelboot in Stralsund anlege.

»Vier Wochen später« habe er Beitz »im Hafen der kleinen Hansestadt am Strelasund« begrüßt, schreibt Großmann. »Wir fahren mit meinem Lada landeinwärts. In einem einsam gelegenen Landgasthof kehren wir ein und plaudern bei Bockwurst und Kartoffelsalat. Schmidts Antwort ist kurz und knapp. Er ist gegen einen Austausch. Guillaume soll seine Strafe absitzen.

Berthold Beitz segelt weiter.« Guillaume wurde schließlich, durch Wolfgang Vogels Vermittlung, am 1. Oktober 1981 gegen acht in der DDR inhaftierte Agenten ausgetauscht. Ob Großmann die Rolle gespielt hat, die er sich zuschreibt, ist fraglich. Denn Beitz unternahm seinen ersten Ostseesegeltörn mit DDR-Landgang erst im Sommer 1982 – nach Guillaumes Freilassung.

Ähnlich dubios sind Großmanns Erzählungen, mit seiner Hilfe sei ein Souvenir aus Pommern zu Beitz nach Essen gelangt. Großmann berichtet, Beitz habe sich einige Zeit nach der »Angelegenheit« mit Guillaume wieder bei ihm gemeldet. Er wolle seinen Geburtsort Zemmin besuchen, »sein Vaterhaus sehen und auf die Gräber seiner Eltern einen Blumenstrauß legen« – was schon deshalb nicht möglich war, weil Beitz' Eltern in Essen begraben sind. Der ehemalige Generaloberst der HVA beschreibt, dass er auf Bitten von Beitz mit diesem nach Zemmin gefahren sei. »Im Garten seines Vaterhauses entdeckt Beitz eine alte Handwasserpumpe. Er möchte das verrostete Ding als Erinnerung an seine Kindheit haben. Auch das erledigen wir. Die Pumpe gelangt aus dem kleinen Garten im kleinen mecklenburgischen Zemmin in den großen Park der Villa Hügel in Essen.« Tatsächlich steht die alte Handwasserpumpe jedoch im Garten des Beitz'schen Privathauses am Weg zur Platte. Und Beitz zufolge war es nicht Großmann, sondern Honecker selbst, der seine Bitte erfüllte: Er habe, so Beitz' Version, dem SED-Generalsekretär von der Handwasserpumpe beim ehemaligen Wohnhaus seines Großvaters erzählt, und »eines Tages kam in Essen ein Lastwagen angefahren, da war die Pumpe drauf – Honecker hat mir die Pumpe geschickt«.

Beitz störte es nicht, dass in der Bundesrepublik über seinen DDR-Tourismus getuschelt wurde. Eher belustigte ihn, wenn er, der Kapitalist par excellence, von manchem Konservativen als Kryptokommunist verdächtigt wurde. Indem Beitz sich über

Konventionen hinwegsetzte, zog er derlei klischeehafte Charakterisierungen ins Lächerliche. Aber er nahm sich auch die Freiheit, die Wirtschaftspolitik der DDR zu bespötteln. Seit Ende der 1970er-Jahre sah sich Ost-Berlin gezwungen, die westlichen Geschäftspartner immer mehr zu Kompensationsgeschäften zu drängen – wer in die DDR exportierte, musste zu einem bestimmten Teil des Lieferwertes Waren aus der DDR beziehen. Das sei, mokierte sich Beitz, ein Handel wie »in der Steinzeit: Keulen gegen Knochen, Knochen gegen Felle, Felle gegen Steinäxte«.

Seinem Renommee in der DDR taten solch schnodderige Sprüche keinen Abbruch. Stets wurde Beitz wie ein Staatsgast hofiert, seine Besuche in der DDR wurden von den Parteizeitungen ausführlich gewürdigt. So hielt sich Beitz auch kurz vor Weihnachten 1981 zu Wirtschaftsgesprächen mit Honecker, Mittag und anderen in Hubertusstock auf – wenige Tage nachdem Bundeskanzler Helmut Schmidt dort mit dem SED-Generalsekretär konferiert hatte.

Beitz äußerte bei diesem Treffen mit Honecker am 21. Dezember 1981 erstmals den Wunsch, mit der Krupp gehörenden Jacht »Germania VI« vor der DDR-Küste auf der Ostsee zu segeln und einige Städte zu besuchen. Anfang Mai 1982 präzisierte Beitz in einem Schreiben an den DDR-Botschafter Moldt seine Reisepläne: »Es ist daran gedacht, dass sich das Schiff in der Zeit vom 20. bis zum 24. August 1982 im Staatsgebiet der DDR aufhält und die Häfen Wismar, Warnemünde, Stralsund sowie Greifswald-Wieck anläuft.« An Bord sollten fünf Mitglieder des Kuratoriums der Krupp-Stiftung sein, unter ihnen der ehemalige nordrhein-westfälische Ministerpräsident Heinz Kühn, Exbundesminister Hans Leussink und Professor Reimar Lüst, der Chef der Max-Planck-Gesellschaft, ferner Krupp-Vorstandschef Wilhelm Scheider, Professor Karl-Heinz Sohn, der Geschäftsführende Vorsitzende der Deutschen Gesellschaft für wirtschaftliche

Zusammenarbeit, Krupp-Vorstandsmitglied Jürgen Rossberg und Beitz' persönlicher Referent Peter Winkelmann. Die Crew sollte aus 13 namentlich aufgeführten Männern bestehen. Honecker gab sein Plazet, der Törn konnte wie geplant stattfinden.

Schon in Wismar, der ersten Station in der DDR, erwartete die westdeutschen Segler eine Überraschung: Honecker lud sie ins Jagdschloss Hubertusstock ein, wo sie wie Staatsgäste empfangen wurden. Die »Aktuelle Kamera«, die Tagesschau des DDR-Fernsehens, filmte die gesellige Runde, Honecker lobte Beitz beim gemeinsamen Essen als »Pionier«, »der seinen Weg gegangen ist, ungeachtet aller Schwierigkeiten und Embargos«. Bei der Fahrt übers Land wurde die Reisegruppe von Polizeifahrzeugen eskortiert, waren die Ampeln auf Grün geschaltet.

So ging es auch weiter: In Schwerin wurde die Crew in einem Freilichtmuseum bewirtet, auf Rügen in einer Jagdhütte, in Rostock zeigte man Neubauviertel, bei einem Essen im Stralsunder Rathaus hatten die Gastgeber überraschend einen Jugendfreund von Beitz dazugeladen.

Von Greifswald aus unternahm die Reisegruppe einen Ausflug nach Zemmin, Beitz wollte seinen Begleitern unbedingt seinen Geburtsort zeigen. Als sich Volkspolizisten an der Zufahrtsstraße postierten, machte ein Gerücht im Dorf die Runde: Eine Delegation evangelischer Bischöfe aus der Bundesrepublik, hieß es, komme zu Besuch. Doch vom Pastor erfuhr der Dorfschullehrer und Ortschronist Rudi Böhme, dass Beitz auf dem Weg nach Zemmin war. Böhme, neugierig geworden, machte sich auf dem Friedhof zu schaffen. Mit einer Sense beseitigte er Disteln und Brennnesseln am Grab seiner Familie, weil Beitz, wie Böhme richtig vermutete, von der Kirche über den Friedhof zu seinem Geburtshaus gehen würde. »Nu möt ick äwer hier röwer«, schnackte Beitz in pommerschem Platt, als er über den geharkten Weg gehen wollte. Böhme machte ihm bereitwillig Platz: »Bin bäten gauden Willen lät sich väles moken.«

Sein Geburtshaus fand Beitz in einem desolaten Zustand vor, die Fensterscheiben geborsten und mit Decken verhängt, der Dachstuhl verwüstet und nur noch der Wohnraum im Erdgeschoss notdürftig nutzbar. Beitz sprach deshalb Günter Mittag an, der seine Hilfe versprach, aber sein Versprechen erst Jahre später einlöste, nachdem Beitz noch einmal nachgehakt hatte. Von Zemmin aus fuhren Beitz und seine Segelgäste nach Ost-Berlin, wo ihnen Honecker am 23. August 1982 ein Bankett ausrichtete. Mit Bild und Text als Aufmacher auf Seite 1 berichtete das SED-Zentralorgan *Neues Deutschland* über das Ereignis.

Die Freundschaft, die Beitz mit Honecker pflegte, sollte ihm auch zu einem Titel verhelfen, den er sich sehnlichst wünschte. Beitz hatte zwar schon mancherlei Ehrung erfahren: Der nordrhein-westfälische Ministerpräsident Heinz Kühn hatte ihm am 15. Oktober 1973 das Große Bundesverdienstkreuz mit Stern angeheftet; am 2. November desselben Jahres hatte ihn die israelische Gedenkstätte Yad Vashem wegen seiner Hilfe für Juden im Zweiten Weltkrieg als »Gerechten unter den Völkern« ausgezeichnet; und am 1. November 1974 hatte ihm der stellvertretende polnische Ministerpräsident Kazimierz Olszewski als erstem Deutschen das Kommandorium mit Stern des Verdienstordens der Volksrepublik Polen verliehen. Später hat Beitz noch mehrere Ehrendoktorhüte bekommen. Auch den Professorentitel erhielt er 1988 von der Landesregierung Nordrhein-Westfalens. Auf seinem Briefkopf steht: Professor Dr. h.c. mult. Berthold Beitz.

Ende 1982 aber zierte noch keinerlei schmückendes Beiwerk seinen Namen. Dabei stand der 69-jährige Beitz im Zenit seiner Macht. Als Testamentsvollstrecker des letzten Krupp, als Alleinvorstand der Krupp-Stiftung, der – nach der Beteiligung des Schahs von Persien am Krupp-Konzern – immer noch 75 Prozent des Unternehmens gehörten, als Vorsitzender des Stiftungskuratoriums, das die üppigen Gewinne der Firma fast ausschließlich nach seinem Gutdünken für wohltätige und wissenschaftliche Zwecke ausschüttete, und als Aufsichtsratsvorsitzender der Fried. Krupp GmbH war Beitz der ungekrönte König des Ruhrgebiets. Nun sollte ein ostdeutscher Doktor ehrenhalber der Höhepunkt seiner Karriere sein. Den Ehrendoktorhut, berichtet die Historikerin Brigitte Seebacher, hat Beitz, »ausweislich einer SED-Unterlage, lange erbeten«.

Beitz trug Honecker sein Anliegen vor, und der stellte es nach unten durch. Beflissen kümmerte sich Vizeaußenhandelsminister Beil darum und gab die Order weiter – auf dem Dienstweg über das Ministerium für Hoch- und Fachschulwesen (MHF) erreichte sie den Rektor der Greifswalder Ernst-Moritz-Arndt-Universität (EMAU), den Biologieprofessor Dieter Birnbaum. Der wurde eines Tages zum Staatssekretär im MHF, Günter Bernhardt, bestellt. Der Staatssekretär erläuterte dem Rektor, dass er »über den Abteilungsleiter der Abteilung Wissenschaft des ZK der SED, Hannes Hörnig, den Auftrag des Politbüros erhalten habe, eine Ehrenpromotion für Berthold Beitz an der Ernst-Moritz-Arndt-Universität einzuleiten und zu organisieren«. Bernhardt, so schildert es der ehemalige Rektor Birnbaum, habe ihm in dem Gespräch klargemacht, »dass diese Ehrenpromotion entgegen möglicher Bedenken von Funktionsträgern der EMAU unbedingt zu erfolgen habe, und zwar zum Dr. h.c. med. an der medizinischen Fakultät«.

In der Tat gab es »auch ablehnende Stimmen« gegen die Beitz-Ehrung, berichtete später der damalige Sekretär der Universitätsparteileitung, der Physiker Johann Wisliceny, »wegen Krupp, der auch für sehr dunkle Seiten deutscher Geschichte steht«. Aber Honeckers Wunsch war den Genossen Befehl, auch dass es ein Ehrendoktor der Medizin sein sollte und nicht etwa einer in Gesellschaftswissenschaften. Davon hatten Beitz-Freunde dringend abgeraten, weil es politisch heikel sei.

Rektor Birnbaum stimmte jeden Schritt mit Staatssekretär Bernhardt ab. Am 8. Juni 1983 schickte er ihm den Entwurf eines

Briefes, mit dem Beitz die vorgesehene Ehrung mitgeteilt werden sollte, zwecks »Prüfung und Korrektur«. Bernhardt leitete das Schreiben – mit dem Zusatz: »Ich wäre einverstanden« – seinerseits »sofort an Gen[ossen] Beil« weiter. Noch bevor der Senat der Universität am 22. Juni offiziell den Beschluss fasste, Beitz den Ehrendoktor anzutragen, und Rektor Birnbaum am 24. Juni das vom MHF abgesegnete Schreiben nach Essen absandte, hatte Beil den Krupp-Aufseher bereits am 19. Mai telefonisch und am 15. Juni in einer schriftlichen »Vorabinformation« über die Ehrung in Kenntnis gesetzt.

Auch die »Entwürfe der Laudatio und der Begrüßungsrede sowie Maßnahme- und Regieplan für die Ehrenpromotion am 19.09.83« musste Rektor Birnbaum dem Ministerium zur Genehmigung vorlegen. Nichts durfte dem Zufall überlassen bleiben, jeder Programmteil war minuziös festgelegt und genauestens eingeübt. Selbst Tischmanieren beim »Festessen nach der Gratulationscour« wurden den ostdeutschen Teilnehmern schriftlich eingebläut: »Alle sind verpflichtet, mit ihren Tischnachbarn Gespräche zu führen.« Außerdem sollten die kommunistischen Kader bürgerliche Umgangsformen pflegen und, zumindest »im Beisein von BRD-Offiziellen«, nicht als Genossen, sondern »mit Herr angesprochen« werden. Eine kleine Konzession ans sozialistische Brauchtum gab es immerhin: »Parteiabzeichen werden getragen.«

Die Universität stellte »Informationsmaterial zu Berthold Beitz« zusammen, das »vertraulich« in acht Exemplaren verteilt wurde. Darin wurde die Krupp-Historie in ein freundliches Licht getaucht: »Der Krupp-Konzern«, hieß es da, »ist in aller Welt als ›Waffenschmiede‹ des einstigen Deutschen Reiches und Kriegsverbrecherkonzern unrühmlich bekannt geworden.« Aber Beitz habe »den Schwerpunkt der Produktion auf die Stahlverarbeitung – den Maschinen- und Anlagenbau« verlegt und dem Konzern »mit dem ›Osthandel‹ ein neues einträgliches – auch für die sozialistischen Staaten vorteilhaftes – Geschäft« eröffnet. Krupp sei zwar »auch heute noch – wenngleich nicht in dem Maße wie früher – ein Rüstungskonzern«. Allerdings werde »sein Profil heute vor allem von der Investitionsgüterproduktion für den zivilen Bereich bestimmt«: »Krupp baut Stahl- und Chemiewerke, Supertanker und Riesenbagger, Förderbrücken und Radioteleskope, Lokomotiven und Dieselmotoren sowie vielfältige technische Geräte.« Und, gewissermaßen als Rechtfertigung für den medizinischen Ehrendoktor, der Beitz verliehen werden sollte, betonen die Verfasser des Papiers, die zum Krupp-Konzern gehörenden Atlas-Elektronik-Werke in Bremen seien »führend in der Produktion elektromedizinischer Geräte«.

Dass die Ehrung auf allerhöchsten Befehl erfolgte, war auch für den westdeutschen Altkanzler kein Geheimnis. Bei einem Gespräch mit Honecker am 5. September 1983 im Staatsratsgebäude in Ost-Berlin würdigte Helmut Schmidt »die Initiative« des SED-Chefs, Beitz die Ehrendoktorwürde der Universität Greifswald zu verleihen. »Nur solle E. H. diese Ehrung nicht verstecken, das dürfe nicht heimlich geschehen« und »könne Beitz nur schaden«, mahnte Schmidt. Honecker antwortete, Beitz sei ein »prächtiger, anständiger Mensch«. Schmidt könne davon ausgehen, »dass alle Wünsche von Beitz auf diesem Feld erfüllt würden«.

Dann kam der große Tag. »Wie Jung-Siegfried«, schrieb die *Zeit*, zog Berthold Beitz an der Spitze der Professoren in die kleine Aula, die ehemalige Bibliothek, des spätbarocken Universitätshauptgebäudes an der Domstraße ein, »strahlend, sichtlich erfreut und stolz«. »Es war die Anerkennung durch die Heimat, die ihn bewegte«, beobachtete die *Zeit*-Autorin Nina Grunenberg, und »es war auch die Anerkennung durch eine akademische Welt, welcher der Sohn kleiner Leute … selber nie angehört, die er als Junge nur voller Ehrfurcht aus der Ferne bestaunt hatte«.

In der Urkunde, die Beitz in seinem Arbeitszimmer dann direkt neben seinem Schreibtisch aufhängte, heißt es: »Der Wissenschaftliche Rat der Ernst-Moritz-Arndt-Universität Greifswald ehrt ... den bewährten Humanisten, den Förderer der Wissenschaften und der Kultur und den um die Entwicklung des friedlichen Welthandels bemühten Geschäftsmann.«

Der Dekan der Medizinischen Fakultät, Professor Wolfram Tischer, mühte sich in seiner Laudatio, die Auszeichnung des Nichtmediziners Beitz zu begründen. Es sei, sagte Tischer, »durchaus üblich und in der Vergangenheit praktiziert«, dass »zu den hervorragendsten, bewährtesten und angesehensten Männern, denen in Greifswald die medizinische Ehrendoktorwürde verliehen« worden sei, Nichtmediziner gehörten.

Er empfinde die Verleihung der medizinischen Ehrendoktorwürde »als ein für mein Leben herausragendes Ereignis«, betonte Beitz in seiner Erwiderung auf die Laudatio des Dekans. Der Frischpromovierte zeigte sich erkenntlich: Mit Datum vom selben Tag kündigte er dem Rektor schriftlich an, dass er, als »Zeichen meiner Dankbarkeit«, der Universität Greifswald »medizinische Fachliteratur zur Verfügung stellen« wolle. Denn: »Wie ich aus der Bundesrepublik weiß, reichen die dafür bereitstehenden Mittel selten aus. In der DDR ist das gewiss nicht anders.« Der Vergleich, von Beitz etwas treuherzig formuliert, wirkte bei manchem in der Universität als Affront. Trotzdem wurden die drei großen Büchersendungen, die zwischen Februar und August 1984 in Greifswald eintrafen, dankbar angenommen.

Beitz war der dritte Westdeutsche, der von einer DDR-Universität auf diese Weise geehrt wurde. 1972 war der Verleger der *Nürnberger Nachrichten*, Joseph E. Drexel, ehrenhalber von der Berliner Humboldt-Universität promoviert worden, und knapp vier Monate vor Beitz hatte der Aachener Schokoladenfabrikant und Kunstmäzen Peter Ludwig die Ehrendoktorwürde der Philosophischen Fakultät der Leipziger Karl-Marx-Universität erhalten. Am Abend nach der akademischen Feier in Greifswald empfing Honecker den Laureaten und dessen Ehefrau Else im Jagdschloss Hubertusstock. Beitz schenkte Honecker ein Porträt von Ernst Moritz Arndt, dem Namensgeber der Greifswalder Universität. Der Staatsratsvorsitzende ließ das 1859 entstandene Gemälde von Julius Amatus Roeting zwei Jahre später dem Rektor mit einem Brief überreichen, in dem allerdings die Herkunft des Bildes und der Gönner mit keinem Wort erwähnt wurden.

Wann immer Berthold Beitz die DDR-Grenze in östlicher Richtung passierte, und er tat das häufig, genoss er eine Vorzugsbehandlung. Die Staatssicherheit, vorab über die Einreise informiert, schickte den Grenzorganen per Telex die »Avisierung einer Ausnahmeentscheidung«. Da der Stasi bekannt war, dass Beitz mit Honecker oder anderen SED-Bonzen auf die Jagd gehen und entsprechende Utensilien bei sich haben würde, wurden die Kontrolleure an den Grenzübergangsstellen angewiesen: »Befragung nach Waffen und Munition hat nicht zu erfolgen; werden welche mitgeführt, keine Maßnahmen durchführen!« Beitz durfte bei der Ein- und Ausreise die Diplomatenspur benutzen, und Polizeiautos mit Blaulicht schufen ihm freie Bahn, wenn er quer durch Ost-Berlin nach Hubertusstock fuhr.

Die Ehrenbezeugungen hinderten die Stasi jedoch nicht daran, Honeckers Jagdfreund wie einen potenziellen Staatsfeind zu observieren, solange sich Beitz auf dem Territorium der DDR aufhielt – eine Maßnahme, die Egon Krenz, der Sicherheitsbeauftragte im SED-Politbüro, als »Personenschutz« rechtfertigte.

Als Beitz beispielsweise vom 3. bis 9. Juli 1986 erneut mit der »Germania VI« an der Ostseeküste segelte und wieder in Wismar, Warnemünde, Stralsund und Greifswald an Land ging, hatte die Rostocker Bezirksverwaltung des Ministeriums für Staatssicherheit einen detaillierten »Maßnahmeplan« unter dem sinnigen Decknamen »Aktion Stahl« ausgearbeitet. Darin war auch der Einsatz Inoffizieller Mitarbeiter (IM), also heimlicher Spitzel, geregelt, »zur Feststellung der Bewegungsabläufe des Dr. Beitz und seiner Begleitpersonen sowie möglicher Kontaktaufnahmen durch DDR-Bürger«. So entging den Aufpassern auch nicht, dass Beitz in Greifswald von alten Bekannten angesprochen wurde, die ihn wiedererkannten. Oder dass Beitz einen Abstecher nach Hiddensee machte, wo er Bruno Kronemann besuchte, den Sohn des verstorbenen Inselgastwirts Paul Kronemann, bei dem Beitz »bis 1934 Urlaube verlebt« hatte, wie ein eifriger IM notierte.

Zum Abschluss des Segeltörns äußerte Beitz laut Stasi-Bericht wiederum »die Absicht, seiner Mannschaft auch sein Geburtshaus zu zeigen«. Das ehemalige Statthalterhaus in Zemmin war 1982, als Beitz es zuletzt gesehen hatte, »in keinem guten Zustand« gewesen. Damals habe Beitz »ein Gespräch mit dem Genossen Egon Krenz dazu gehabt«, und »als Reaktion auf dieses Gespräch soll ihm der Genosse Günter Mittag eine Klärung zugesagt haben«. Inzwischen habe Beitz gehört, »dass das Haus rekonstruiert worden sei«.

Die Landwirtschaftliche Produktionsgenossenschaft Bentzin, nunmehr Eigentümerin des Gebäudes, hatte Order aus Berlin bekommen, das abbruchreife Haus zu sanieren. Bauminister Wolfgang Junker persönlich kümmerte sich um »den Bauzustand und Maßnahmen zur Instandsetzung des Geburtshauses von Dr. B. Beitz im Ortsteil Zemmin«.

Der ursprüngliche Kostenvoranschlag von 100 000 DDR-Mark wurde um mehr als das Doppelte überschritten. In dem einst schlichten Gebäude, wo der Großvater Karl Stuth mit seiner Familie gewohnt hatte, waren nun sogar Parkettfußböden verlegt worden. Neben der Haustür wurde eine Steinplatte angebracht: »In diesem Haus, 1865 erbaut, 1985 renoviert, wurde Berthold Beitz am 26. September 1913 geboren.«

Die persönlichen Beziehungen zwischen Beitz und Honecker ermöglichten auch ein spektakuläres deutsch-deutsches Kunstereignis: die Ausstellung »Barock in Dresden«, die vom 7. Juni bis 2. November 1986 in der Villa Hügel stattfand. DDR-Kulturminister Hans-Joachim Hoffmann, der zur Eröffnung nach Essen gereist war, berichtete hinterher dem Staatsratsvorsitzenden: »Die Ausstellung ist die größte und wertvollste, die von der DDR bisher im Ausland gezeigt wurde; sie enthält 659 Exponate aus den Staatlichen Kunstsammlungen Dresden und einigen anderen Museen.« Besonders erwähnenswert erschien dem DDR-Kulturminister, dass die von Beitz gegründete Kulturstiftung Ruhr »alle Kosten für die Ausstellung ... übernommen« und »die gesamte Auflage« des von einem Leipziger Verlag gedruckten Katalogs »zum Verkaufspreis in DM ... angekauft« habe – der Staatshaushalt der devisenarmen DDR wurde damit also nicht belastet.

Das *Neue Deutschland* schrieb ausführlich über die Ausstellung, die schließlich mehr als 320 000 Besucher anzog. Das SED-Zentralorgan zitierte Beitz, dass er »die Bedeutung der Ausstellung mehr und mehr in ihrer politischen Aussage« sehe: »Herr Honecker und ich hatten, als die Idee geboren wurde, eben diese Seite, die politische und kulturpolitische Wirkung, den Brückenschlag, den verbindenden Charakter ... im Sinn.« Honecker habe »wörtlich« zu ihm gesagt: »Da haben wir doch gemeinsam etwas zuwege gebracht, was wirklich vorbildlich auch zu Verständigung und Frieden beiträgt.«

Als Erich Honecker im September 1987 der Bundesrepublik seinen lange geplanten Besuch abstattete, gehörte zum Reiseprogramm auch ein Abstecher nach Essen. Während der ranghöchste deutsche Kommunist den Begründern des wissenschaftlichen Sozialismus nur zwei kurze Ausflüge zu den Gedenkhäusern von Karl Marx in Trier und Friedrich Engels in Wuppertal-Barmen widmete, nahm er sich reichlich Zeit, um mehr als 150 Gästen in der Villa Hügel die Hände zu schütteln. Hausherr Beitz philosophierte über den merkwürdigen Umstand, dass sich »ein lebenslanger Kommunist im Hause der Kanonenkönige Krupp« aufhielt, und ließ die Kopie eines Artikels aus dem US-Magazin *Time* mit maschinenschriftlicher Übersetzung verteilen, worin von der »seit über sieben Jahren sich entwickelnden Geschäfts- und Jagdfreundschaft« der beiden ungleichen Männer die Rede war.

Davon, wie sehr sich die beiden schätzten, zeugen die zahlreichen Glückwunsch- und Dankesschreiben, die etwa zu Weihnachten und zum Jahreswechsel oder zu den Geburtstagen ausgetauscht wurden. Beitz setzte, immer handschriftlich, die Anrede »Sehr geehrter Herr Staatsratsvorsitzender, lieber Herr Honecker« über den getippten Text und unterzeichnete in der Regel als »Ihr Ihnen sehr ergebener Berthold Beitz«.

Von seinen Reisen nach Ost-Berlin brachte Beitz stets Souvenirs mit, meist aus Meißner Porzellan, oft kitschig, immer teuer. So meldete der erste Ständige Vertreter der DDR in Bonn, Ewald Moldt, seinem Staatschef 1980, dass Beitz sich bei ihm noch einmal für das »kostbare Geschenk«, ein »Bildwerk aus Meißner Porzellan«, bedankt habe, das »wunderschön« und nun »in der Halle seines Hauses aufgehängt« sei.

Bei runden Jubiläen schickte Honecker wertvolle Geschenke nach Essen. Zu Beitz' 75. Geburtstag im September 1988 beispielsweise kam ein Schachspiel aus Meißner Porzellan. Davon war der Beschenkte, wie Moldts Nachfolger Horst Neubauer per Telex nach Ost-Berlin meldete, derart »überwältigt«, dass ihm »spontan« der »Gedanke gekommen« sei, »sich nicht schriftlich, sondern persönlich zu bedanken« – worauf Beitz am 15. und 16. November 1988 wieder mal zur Jagd mit Honecker nach Hubertusstock reiste und mit einem weiteren Geschenk des DDR-Staatschefs, diesmal einer »Deckelvase aus Meißner Porzellan mit Jagdmotiv«, heimkehrte.

Beitz bedankte sich überschwänglich bei Honecker. Er habe es »außerordentlich zu schätzen gewusst, dass Sie trotz Ihrer großen Beanspruchung ein Treffen ermöglichen konnten und wir Gelegenheit hatten, in der ruhigen und harmonischen Atmosphäre die uns bewegenden Themen zu erörtern«. Beitz schmeichelte seinem Gastgeber: »Ihre Aufgeschlossenheit und Ihr Interesse bedeuten mir Ansporn für die Zukunft.« Die »hervorragend vorbereitete und organisierte Jagd in dem herrlichen Revier« sei für ihn »– wie schon so oft – ein großes Vergnügen und eine willkommene Entspannung« gewesen. Auch Ehefrau Else griff zur Feder, um mit einem Handschreiben für die »wundervolle Meißen-Vase« zu danken, die »bezaubernd« aussehe und jetzt »in unserem Wohnzimmer am Kamin« stehe.

Noch während seines Aufenthalts in der DDR hatte Beitz die Berichterstattung der »Aktuellen Kamera« verfolgt. Gerhard Beil, seit 1986 Außenhandelsminister der DDR, informierte seinen Parteichef beflissen, Beitz habe dazu geäußert, »dass die Veröffentlichungen auch seine Stellung in der BRD stärkt und unterstützt« [sic!].

Beitz, der die »Gewissheit« habe, »zu guten Bekannten in die DDR zu kommen«, schüttete Beil sein Herz aus und offenbarte ihm auch private Sorgen. Beitz belasteten Vorwürfe, mit denen sein Schwiegersohn Christian-Peter Henle als persönlich haftender Gesellschafter von Klöckner & Co. konfrontiert wurde. Später stellte sich zwar heraus, dass Henle unschuldig war, aber zum damaligen Zeitpunkt, notierte Beil am 16. November 1988, habe er aus dem Unternehmen ausscheiden müssen und „sein gesamtes Vermögen verloren«. Beil zitierte seinen Gesprächspartner Beitz: »Mit fünfzig Jahren ist sein Schwiegersohn arbeitslos, und ein Prozess im Zusammenhang mit den Spekulationsverlusten bei Klöckner & Co. stehe an.« Selbst seine Tochter Susanne sei »finanziell nicht abgesichert«; sie werde sich »selbstständig machen müssen und ihre Habilitation an der Universität nachholen«, heißt es in der »Information«, die Honecker noch am selben Tag abzeichnete. Tatsächlich wurden staatsanwaltschaftliche Ermittlungen gegen Henle wegen Untreue in einem besonders schweren Fall zwei Jahre später eingestellt; von einer gigantischen Fehlspekulation im Zusammenhang mit einem Warentermingeschäft, die dem Duisburger Handelskonzern Klöckner & Co. einen Verlust von 547 Millionen Mark bescherte, hatte Henle offenkundig nichts gewusst.

Seine letzte Begegnung mit Honecker hatte Beitz, was beide nicht ahnen konnten, am 11. Juni 1989 bei der Wiedereinweihung des restaurierten Greifswalder Domes. Honecker saß natürlich in der ersten Reihe, und direkt hinter ihm nahm Beitz Platz mit seiner Frau und seinem Enkel Felix Henle. Flankiert wurden sie vom schleswig-holsteinischen Ministerpräsidenten Björn Engholm und Altbundespräsident Karl Carstens, dem Beitz auf dessen Wunsch eine Einladung besorgt hatte. Beitz hatte, aus Mitteln der Krupp-Stiftung, eine fast 500 000 Mark teure Fußbodenheizung für den Dom gestiftet. Honecker drehte sich in der Kirchenbank um und fragte den Krupp-Aufsichtsratsvorsitzenden nach dem Motiv für seine großzügige Gabe: »Herr Beitz, sind Sie so fromm, dass Sie so etwas tun?« Mit trockenem Humor antwortete Beitz: »Wer an den lieben Gott glaubt, muss auch warme Füße haben.« Honecker sagte nur noch: »Im Herbst sehen wir uns wieder in Hubertusstock.«

Doch aus der gemeinsamen Jagd wurde nichts mehr. Am 17. Oktober 1989 wurde Erich Honecker von seinem Politbüro gestürzt. Nach dem Verlust seiner Ämter als SED-Generalsekretär, Vorsitzender des Staatsrates und Vorsitzender des Nationalen Verteidigungsrates wurde Honecker sogar obdachlos. Sein Haus in der Prominentensiedlung Wandlitz musste er verlassen, ohne dass er eine andere sichere Bleibe hatte. Rechtsanwalt Wolfgang Vogel bemühte sich mit Vertretern der evangelischen Kirche um eine Wohnung für das abgesetzte Staatsoberhaupt. Beitz erfuhr davon und trug seine Hilfe an. Später sagte er: »Als Honecker über Nacht von seinen Genossen verlassen worden ist und nicht wusste, wo er mit seiner Frau bleiben solle, fand ich es menschlich geboten, ihm eine vorübergehende Unterkunft zu vermitteln.«

Die Hilfe war dann doch nicht nötig, denn der Pfarrer Uwe Holmer in Lobetal, ausgerechnet ein Regimegegner, erbarmte sich und nahm Honecker bei sich auf. Vogel berichtete Beitz, wie der gestürzte Staatschef untergekommen war. In einem Brief an Honecker, den der Anwalt überbrachte, bot Beitz finanzielle Unterstützung an, auch die Übernahme der Verteidigerhonorare. Als Honecker in Vogels Beisein den Brief las, schossen ihm Tränen in die Augen. Von der Offerte machte er jedoch keinen Gebrauch.

Gerhard Beil, einer der einflussreichsten Politiker des alten Regimes, blieb auch nach der friedlichen Revolution in der von Hans Modrow (SED) gebildeten DDR-Regierung auf seinem Posten. Nach der ersten freien Volkskammerwahl am 18. März 1990 wurde Beil Berater der Regierung von Lothar de Maizière (CDU). Zugleich trat Beil insgeheim in die Dienste der Firma Krupp. Als der Exminister für eine leitende Position bei der DDR-Treuhand ins Gespräch kam, die ostdeutsche »Volkseigene Betriebe« privatisieren sollte, schloss Krupp mit ihm einen Beratervertrag ab. Das Honorar, 810 000 Mark, ließ sich Beil von Mai 1990 an in vier Tranchen auf ein Schweizer Konto der in Ost-Berlin ansässigen Firma Novum überweisen – eines SED-Unternehmens, das treuhänderisch von der Kommunistischen Partei Österreichs verwaltet wurde.

Nach Beils Darstellung ging die Initiative für den Beratervertrag von Beitz aus. Beil will daraufhin einen Kontakt zum sowjetischen Ministerpräsidenten Nikolai Ryschkow hergestellt haben, was zu einem Joint Venture zwischen Krupp und einem dortigen Industrieunternehmen geführt habe. Außerdem habe er diverse Regierungskontakte für Krupp-Manager zu hochrangigen Politikern anderer osteuropäischer Staaten vermittelt.

Die Zusammenarbeit mit Krupp wurde erst beendet, als der ostdeutsche Filmregisseur und Bürgerrechtler Konrad Weiß im Mai 1991 einen Brief an die Ministerpräsidenten der Bundesländer schrieb, in dem er sie aufforderte, keine Geschäfte mit Krupp zu machen, solange sich der Konzern der Dienste Beils bediene. Beil habe gemeinsam mit dem DDR-Devisenbeschaffer Alexander Schalck-Golodkowski maßgeblich an der Ausplünderung der DDR-Bevölkerung und an Waffenexporten in die Dritte Welt mitgewirkt. Nach heftigen öffentlichen Protesten löste Krupp im Juni 1991 den – wie ein Firmensprecher betonte – »ohnehin kurzfristig geplanten« Beratervertrag mit Beil auf.

Der Verleger Wolf Jobst Siedler, den Beitz sehr schätzte, fällte 1991 ein vernichtendes Urteil über »das Führungspersonal der ehemaligen DDR, mit dem unsere Politiker und Wirtschaftsführer jahrzehntelang so hochachtungsvoll umgegangen sind«; es sei »bei Lichte besehen trostlos« gewesen. Die Mitglieder des SED-Politbüros, »die fast ein halbes Jahrhundert lang eine der führenden Industrieregionen Europas regierten«, seien »meist unausgebildete Berufskommunisten« gewesen und »hatten bestenfalls eine Lehre – keine Gesellen- oder Meisterprüfung – hinter sich gebracht«. Honecker, der seine Dachdeckerlehre nicht einmal abgeschlossen hatte, sei »in diesem Sinne repräsentativ für die Satrapen« gewesen, »die es sich, gestützt auf die Sowjets, in Ostdeutschland bequem gemacht hatten«. Kopfschüttelnd urteilte Siedler: »Das waren die Leute, von denen Berthold Beitz oder Franz Josef Strauß schwärmten.«

13. KAPITEL

DER SPORTFUNKTIONÄR

»Das IOC ist keine Weltpolizei«

Als Alfried Krupp Anfang August 1967 nach der Trauerfeier in der Villa Hügel zu Grabe getragen wurde, bedeckte den Sarg die Rennflagge, die noch kurz zuvor bei der Kieler Woche im Topp seiner Jacht »Germania VI« geweht hatte. Diese Krupp-Flagge, die erstmals 1908 auf der »Germania I« gehisst wurde, zeigt auf weißem Grund ein rotes Fabeltier mit Flügeln, darunter die Inschrift »Cave Grypem«, »Hüte dich vor dem Greif«.

Segeln hatte bei den Krupps Tradition. Alfrieds Großvater Friedrich Alfred Krupp hatte vor Helgoland und Capri meeresbiologische Studienfahrten unternommen und dem Kaiserlichen Jachtclub in Kiel ein repräsentatives Clubhaus geschenkt. Alfrieds Vater Gustav hatte die erste »Germania« auf der Kruppeigenen Germania-Werft in Kiel bauen lassen, ein stolzer, über 44 Meter langer Zweimastschoner, Regattajacht in der höchsten Wertungsklasse und zugleich eine schwimmende Luxusherberge mit Piano im Damensalon, Kamin im Wohnzimmer und Platz für 20 Personen an der Dinnertafel.

Mit der »Germania III« hatte Alfried Krupp 1936 in einer Mannschaft von sechs Amateuren auf der Kieler Förde eine olympische Bronzemedaille gewonnen. Bei diesen Spielen wurde – es war die Idee des damaligen deutschen Olympia-Generalsekretärs Carl Diem – erstmals das Olympische Feuer von Griechenland an den Austragungsort Berlin getragen, und die Fackeln stammten natürlich von Krupp. Die »Germania V«, eine Tourenjacht mit Stahlrumpf, erkämpfte 1960 bei einer Transatlantikwettfahrt den dritten Platz in der Gruppe der größten Jachten. Die 22 Meter lange »Germania VI« schließlich hatte Krupp 1962 bei der Werft Abeking & Rasmussen in Lemwerder bei Bremen in Auftrag gegeben: ein ozeantüchtiges Sportboot, dessen Rumpf erstmals bei einem Schiff dieser Größe aus Aluminium gefertigt wurde – statt aus Kruppstahl.

Zu Alfried Krupps Lebzeiten hatte Berthold Beitz, in seiner Jugend ein begeisterter Ruderer und Segler, auf den Segelsport verzichtet. »Automatisch wären wir in eine Konkurrenz geraten«, erläuterte Beitz, »das war für mich ganz klar, und es hätte Spannungen gegeben. Denn es ist eine große Gefahr, wenn man das Hobby seines Chefs hat.«

Im direkten Vergleich wäre Beitz wohl auch unterlegen gewesen. Alfried Krupp hatte den C-Schein, das Sporthochseeschiffer-Zeugnis, höchstes Patent im Segelsport. So eiferte Beitz auf andere Weise seinem Vorbild nach: Wie Alfried Krupp, der als Vorsitzender des Kuratoriums des Hochseesportverbands dessen Jachtschule in Glücksburg an der Flensburger Förde finanziell großzügig unterstützte, wollte sich auch Beitz als Mäzen betätigen.

Mitte der 1960er-Jahre erkundigte sich Beitz bei Willi Daume, dem Präsidenten des Nationalen Olympischen Komitees (NOK), ob er ihm förderungswürdige junge Talente benennen könne. Daume machte Beitz auf den Speerwerfer Kurt Bendlin aufmerksam, der 1960 und 1961 jeweils Zweiter bei den Deutschen Jugendmeisterschaften geworden war und 1964 zu den Zehnkämpfern wechselte. 1967 stellte Bendlin, der inzwischen beim TSV Bayer 04 Leverkusen trainierte, einen neuen Weltrekord auf und wurde zum Sportler des Jahres gewählt; im Jahr darauf bei den Olympischen Spielen in Mexico-Stadt musste sich der Zehnkampf-Favorit wegen einer Verletzung mit der Bronzemedaille begnügen. Neben Bendlin unterstützte Beitz auch den Schwimmer Wolfgang Kremer vom SSV Delphin Essen 06, der in den 1960er-Jahren der erfolgreichste Krauler der Nation war und fünf Mal in Folge Deutscher Meister wurde.

Daume, Jahrgang 1913 wie Beitz, war von der Wohltätigkeit des Krupp-Generalbevollmächtigten so angetan, dass er ihn 1966, zur Überraschung der gesamten Führungshierarchie des bundesdeutschen Sports, als Mitglied des Organisationskomitees für die Olympischen Spiele 1972 in München nominierte. Er hatte Beitz sogar als Generalsekretär der Spiele gewinnen wollen, dessen Anforderungsprofil er so beschrieb: »Der Mann, den wir suchen, muss eine Mischung sein aus Albert Einstein und Henry Ford.« Doch Beitz gab Daume einen Korb.

Gern übernahm Beitz hingegen im Mai 1967 den Vorsitz des Segelausschusses für die olympischen Wettbewerbe. In dieser Funktion konnte er darauf Einfluss nehmen, wo die Segelwettbewerbe stattfinden sollten. Als Austragungsorte konkurrierten Kiel und Lübeck-Travemünde, und Alfried Krupp favorisierte aus historischer Verbundenheit natürlich Kiel: Schon sein Großvater hatte hier auf seiner Werft die ersten Erzfrachter für das Unternehmen bauen lassen, später zogen sich die Schiffsbauanlagen an der Inneren Hörn einen Kilometer an der Wasserfront entlang. Für den Kaiser und für Hitler wurden hier Kriegsschiffe gebaut, bis die Germania-Werft 1945 zerstört und demontiert wurde.

Im März 1967 prüfte eine vom Vorstand des Organisationskomitees eingesetzte Kommission, der Beitz angehörte, die Bewerbungen beider Städte. Bei einer ersten Probeabstimmung lag Travemünde klar vorn, von den fünf Mitgliedern votierte nur Beitz für Kiel. Doch Beitz ließ nicht nach, Travemünde schlechtzureden. Schließlich konnte er zwei Kommissionskollegen auf seine Seite ziehen; mit knapper 3:2-Mehrheit empfahl das Gremium Kiel als Austragungsort. Beitz freute sich: »Ich habe sie umgedreht.« Die Vollversammlung des Organisationskomitees entschied sich dann am 18. März mit deutlicher Mehrheit – 15 zu 6 – für die schleswig-holsteinische Landeshauptstadt als Wettkampfstätte. Beitz verbuchte das Abstimmungsergebnis nicht nur als persönlichen Erfolg. Schließlich, so gab er im Seglerjargon zu verstehen, habe er da »den Haken wieder eingeschäkelt und den Knoten wieder geknüpft zwischen Kiel und der Familie Krupp«.

Der Kieler Oberbürgermeister Günther Bantzer berief einen jungen Magistratsassessor in der städtischen Wirtschaftsverwaltung, den Juristen Horst Dieter Marheineke, zu seinem Olympia-Beauftragten. Der gebürtige Flensburger sollte vor allem die verkehrstechnischen und baulichen Vorarbeiten koordinieren, Werbung und Öffentlichkeitsarbeit organisieren, Fragen des Protokolls und des Ordnungsdienstes lösen. Beitz bestand aber darauf, dass dies nicht Sache der Stadt sei, sondern dass das Organisationskomitee »Herr der Spiele« bleiben müsse. Der junge Mann allerdings, den der Oberbürgermeister mit der Aufgabe betraut hatte, gefiel Beitz. Er warb Marheineke von der Stadt ab, die den Beamten beurlaubte; Marheineke wurde im Juni 1969 Chef der »Außenstelle Kiel« des olympischen Organisationskomitees.

Oberbürgermeister Bantzer hatte »einfache Spiele« im Sinn gehabt. Bei der Bewerbung Kiels hatte er einen Finanzierungsplan mit einem Volumen von 4,5 Millionen Mark vorgelegt. Tatsächlich sind dann aber, wie das Stadtoberhaupt bilanzierte, mindestens 150 Millionen Mark »über Kiel abgeregnet«. Als letzte bundesdeutsche Landeshauptstadt wurde Kiel ans Autobahnnetz angeschlossen, über den Nordostseekanal wurde eine neue Hochbrücke gebaut, das Opernhaus erweitert, der Rathausplatz neu gestaltet. »Kiel«, freute sich Bantzer, »hat seine Jahrhundertchance wahrgenommen.«

Dafür sorgte schon der Chef des Segelausschusses. »Das muss auf dem gleichen Level wie München laufen«, sagte Beitz, der sich gern den »Daume von Kiel« nennen ließ.

Anfang 1972 war ein Nachfolger für den verstorbenen früheren Leistungsruderer und Unternehmer Georg von Opel als Mitglied ins Internationale Olympische Komitee (IOC) zu wählen. Der verbliebene westdeutsche IOC-Vertreter Daume hatte das Vorschlagsrecht. Viele Funktionäre und vor allem Leistungssportler hätten gern den Versandhändler Josef Neckermann in dieser Funktion gesehen; der Chef der Deutschen Sporthilfe ermöglichte ihnen seit 1967 medaillenträchtiges Training. Neckermann war überdies aktiver Sportler und hatte als Dressurreiter mehrere olympische Medaillen, darunter zweimal Gold, gewonnen. Doch Neckermann fiel durch. Wieder gab Willi Daumes Empfehlung den Ausschlag: Die fünf Wahlmänner des NOK nominierten Berthold Beitz.

Was er denn überhaupt für eine Beziehung zum Sport habe, wollte ein Journalist bei einer Pressekonferenz von Beitz wissen. »Ach«, antwortete der IOC-Kandidat lakonisch, »die ist im Moment etwas abgerissen« – eine Anspielung, dass er sich kurz zuvor an der Achillessehne verletzt hatte. Er sei, gestand Beitz freimütig in einem Interview, »morgens zu faul«, sich »auf den Balkon zu stellen, um Freiübungen zu machen«. Allerdings, sagte der regelmäßige Ballbesucher und routinierte Partygänger, betrachte er auch Tanzen als Sport – Beitz erwies sich, wie es beispielsweise in einem Zeitungsbericht über den Bundespresseball 1964 hieß, »als ein unermüdlicher Twist- und Cha-Cha-Cha-Tänzer von hohen Graden«. In Abwesenheit des Kandidaten wählte das IOC am 1. Februar 1972 im japanischen Sapporo, wo zwei Tage später die Olympischen Winterspiele begannen, einstimmig Beitz zum neuen Mitglied.

Dem IOC hatte sich Beitz nicht zuletzt durch ein diplomatisches Bravourstück im Sommer 1971 empfohlen. Damals besuchte Sergej Pawlowitsch Pawlow, der Vorsitzende des Komitees für Körperkultur und Sport beim sowjetischen Ministerrat, die Bundesrepublik. NOK-Präsident Daume bemühte sich für Pawlow um eine Begegnung mit Bundeskanzler Willy Brandt, doch Kanzleramtsminister Horst Ehmke wies ihn mit der Begründung ab, es entspreche nicht protokollarischen Gepflogenheiten, dass ein Regierungschef einen stellvertretenden Ressortminister eines anderen Staates empfange. Daraufhin wandte sich Daume hilfesuchend an Beitz. Der lud einfach beide, Brandt und Pawlow, auf Sylt zum Essen ein. Im Restaurant »Sturmhaube« schmeichelte der Kanzler dem Gast aus Moskau: »Ich würde mich freuen, wenn die Olympischen Spiele einmal in der Sowjetunion stattfinden würden.« Auch Daume hörte das gern, denn er hatte der Moskauer Olympia-Bewerbung für 1980 bereits seine Unterstützung zugesichert.

An Bord der »Germania VI«, die nun Arndt von Bohlen und Halbach gehörte und 1972 in den Besitz der Krupp-Stiftung überging, verschreckte Beitz den Sowjetfunktionär allerdings mit seinem bisweilen krachledernen Humor. Fröhlich zeigte er auf Sendemasten der Bundesmarine und erläuterte deren angeblichen Zweck: »Radio Free Schleswig-Holstein« – in Anlehnung an den antikommunistischen US-Propagandasender »Radio Free Europe«. Beitz kleidete den Gast aus Moskau mit einem »Kiel 1972«-Werbehemd ein und ließ ihn am Steuerrad posieren, um die Szene mit eigener Leica abzulichten. Das Negativ verkaufte Beitz, zum üblichen Honorarsatz von 75 Mark, an die Münchner Sport-Presseagentur Sven Simon, deren Hauptgesellschafter Axel Springer jr., der Sohn des befreundeten Verlegers, war.

Am 28. August 1972 eröffnete der fast 85-jährige IOC-Präsident Avery Brundage im Beisein von Willi Daume und Berthold Beitz die olympischen Segelwettbewerbe in Kiel-Schilksee. Es waren heitere Spiele bis zum frühen Morgen des 5. September, als acht palästinensische Terroristen die israelischen Athleten im Münchner Olympiadorf überfielen, zwei Sportler sofort erschossen und mehrere als Geiseln nahmen; sie forderten die Freilassung palästinensischer Gefangener aus israelischer Haft sowie der westdeutschen Terroristen Andreas Baader und Ulrike Meinhof. Eine Aktion der bayerischen Polizei zur Befreiung der Geiseln geriet zum Debakel: Im Kugelhagel starben elf Israelis, ein deutscher Polizist und fünf Palästinenser. Kurzzeitig wurde erwogen, die Spiele abzubrechen, aber IOC-Präsident Brundage verkündete: »The games must go on.« Der Entschluss des IOC, die Spiele nach eintägiger Unterbrechung fortzusetzen, »entsprach dem Wunsch der Sportler«, stellte Beitz fest. Die Entscheidung des IOC war einhellig, nur die bundesdeutschen IOC-Mitglieder enthielten sich der Stimme.

»Kiel ist gelaufen«, bilanzierte Beitz bei der schlichten Schlussfeier in Schilksee. »Die Olympische Flamme ist erloschen. Jubel und Trauer klingen nach.«

Nach den Olympischen Spielen legte Brundage sein Amt als IOC-Präsident nieder, das er 20 Jahre lang innegehabt hatte. Beitz hatte sich mit dem steinreichen Bauunternehmer aus Chicago immer gut verstanden – und wieder einmal wirkte eine Freundschaft, die Beitz pflegte, eher verstörend, war doch Brundage wegen seiner antisemitischen und rassistischen Einstellung einer der umstrittensten Sportfunktionäre.

Als Präsident des amerikanischen Olympischen Komitees (AOC) in den 1930er-Jahren hatte Brundage alles unternommen, um einen von amerikanischen Athleten angedrohten Boykott der Olympischen Spiele 1936 in Berlin abzuwenden. Hinter der Boykottforderung vermutete Brundage eine »jüdisch-kommunistische Verschwörung«. Schon bevor er zu einer »fact-finding-tour« nach Deutschland aufgebrochen war, um sich persönlich ein Bild zu machen, hatte er für das AOC einen Bericht verfasst, in dem er behauptete, jüdische Sportler würden in Nazi-deutschland nicht diskriminiert. Seine Erkundungsreise war eine Farce: Er sprach, obwohl des Deutschen weder in Wort noch Schrift mächtig, nur im Beisein von NS-Funktionären mit Vertretern jüdischer Sportverbände. Als diese seine Frage verneinten, ob sie in deutschen Sportverbänden Mitglieder sein dürften, antwortete Brundage trocken: »In meinem Club in Chicago sind Juden auch nicht zugelassen.« Obwohl Brundage die Abstimmung über einen Boykott der US-Sportler manipulierte, sprach sich nur eine äußerst knappe Mehrheit der AOC-Delegierten für eine Teilnahme an den Berliner Spielen aus.

Auch sonst erwies sich Brundage als rechter Hardliner. 1968 hatte er als IOC-Präsident versucht, dem südafrikanischen weißen Apartheidregime die Teilnahme an Olympischen Spielen zu ermöglichen; er musste sich schließlich den Boykottdrohungen der gesamten Dritten Welt und der sozialistischen Staaten beugen. Bei Konflikten um die geteilten Länder China, Korea und Deutschland hatte Brundage stets für den westlich orientierten Teilstaat Partei ergriffen; deshalb war Peking 1958 aus dem IOC ausgetreten, als dieses die Mitgliedschaft Taiwans nicht aufheben mochte.

Der 85 Jahre alte, verwitwete Expräsident heiratete 1973, zwei Jahre vor seinem Tod, in Garmisch-Partenkirchen die 36-jährige Marianne Prinzessin Reuß, die in München Protokollreferentin im Organisationskomitee gewesen war. Willi Daume und Hans (»Johnny«) Klein, der Pressechef der Münchner Spiele, waren die Trauzeugen, Berthold Beitz gehörte zu den wenigen geladenen Gästen.

Einige Wochen zuvor war Beitz von einer zwölf Tage dauernden China-Reise zurückgekehrt. Er hatte eine 19-köpfige westdeutsche Wirtschaftsdelegation angeführt. Die Fernostverbindung war bisher das Privileg von Otto Wolff von Amerongen gewesen; der Vorsitzende des Ost-Ausschusses der deutschen Wirtschaft hatte sich, ganz in der Tradition seiner Familienfirma stehend, schon seit Jahren in China engagiert und dafür Beitz das osteuropäische Feld überlassen. Doch die Chinesen legten Wert darauf, dass diesmal Beitz, der noch nie in China gewesen war, die Reisegruppe leitete; den Grund hierfür kenne er nicht, sagte Beitz. Indigniert sagte Wolff seine Teilnahme ab.

Diplomatische Beziehungen zwischen Bonn und Peking bestanden zwar seit Oktober 1972, aber es gab noch keine direkte Flugverbindung. Auf Beitz' Bitte stellte der mitreisende Lufthansa-Chef Herbert Culmann eine Boeing 707 zur Verfügung, die chinesischen Behörden erteilten eine spezielle Landeerlaubnis.

Ministerpräsident Zhou Enlai begrüßte die Manager aus Industrie, Handel und Banken zu fast mitternächtlicher Stunde in der Großen Halle des Volkes in Peking auf Deutsch – er hatte einst in Berlin, Göttingen und Freiburg studiert. Eineinhalb Stunden plauschte der Staatsmann mit den westdeutschen Wirtschaftsleuten, dann zog er sich mit Beitz zu einem fast ebenso langen Vier-Augen-Gespräch in einen Nebenraum zurück.

Beitz erzählte später, dass die Initiative dazu von Zhou ausgegangen sei. Der westdeutsche Botschafter in Peking, Rolf Pauls, berichtete allerdings damals dem Auswärtigen Amt, »ein Vertrauter des Ministerpräsidenten« habe ihm bestätigt, dass nicht Zhou um diese Unterredung gebeten habe, »sondern Herr Beitz sich dieserhalb an die chinesischen Gastgeber gewandt« habe, ohne ihn, den Botschafter, darüber zu informieren. »Auf chinesischer Seite«, so Pauls, habe man »selbstverständlich angenommen, dass Herr Beitz die Bitte mit meinem Wissen ausspreche« und der Botschafter, wenn er es wünschte, an der Unterredung teilnehme. Der aber ließ, »um einen harmonischen Ablauf der Delegationsreise nicht zu gefährden, die Sache auf sich beruhen«.

In dem Gespräch zwischen Beitz und Zhou, darin decken sich die Aussagen, ging es um die Rückkehr der Volksrepublik China in das IOC. Doch es dauerte weitere sechs Jahre, bis das IOC die Volksrepublik wieder als Mitglied aufnahm, während Taiwan seinen Namen in »Chinesisches Olympisches Komitee Taipeh« ändern und auf Flagge und Hymne verzichten musste.

»Wir wurden verwöhnt«, rühmte Beitz nach der Rückkehr die Herzlichkeit der Gastgeber. »Unter zehn bis zwölf Gängen ging ein Menü nie ab. Zu trinken gab es Reisschnaps, 65-prozentigen.« Besonders gefiel Beitz, wie »bescheiden und kultiviert« die chinesischen Werktätigen seien und »bei Sonnenaufgang mit der Arbeit beginnen«. Jeden Morgen um fünf, erzählte er begeistert, absolvierten sie schon die »staatlich verordneten Freiübungen«.

Davon war Beitz so angetan, dass er das Sporttraining sogar im Kanzleramt vorführte, als er Willy Brandt von der Reise berichtete. »Beitz kommt, eleganter denn je, eben von Peking zurück«, notierte Brandts Redenschreiber Klaus Harpprecht unter dem Datum des 5. Juni 1973 in seinem Tagebuch. »Die konkreten Ergebnisse der Industrie-Reise mager, aber er ist beeindruckt vom Fleiß und der Disziplin der Chinesen. Ahmt auf hübsche Weise mimisch die Frühgymnastik der Chinesen nach.«

Im Sommer 1974 stand das IOC vor der Entscheidung, ob die Olympischen Sommerspiele 1980 in Moskau oder Los Angeles stattfinden sollten. Beitz favorisierte die sowjetische Metropole, die sich schon um die Spiele 1976 beworben hatte, aber Montreal unterlegen war. Nach Besuchen in Moskau und in Tallinn, der Hauptstadt der damaligen sowjetischen Teilrepublik Estland, wo die Segelwettbewerbe ausgetragen werden sollten, schilderte Beitz seinen Eindruck, »dass die vorhandenen und projektierten Sportstätten einen reibungslosen Ablauf Olympischer Spiele auf den Boden der UdSSR gewährleisten würden«. Bei der IOC-Sitzung im Oktober 1974 in Wien erhielt Moskau den Zuschlag.

Doch die Politik zerstörte die Idee der völkerverbindenden olympischen Gemeinschaft. Nachdem Ende Dezember 1979 sowjetische Truppen in Afghanistan einmarschiert waren, um dort ein kommunistisches Regime zu stützen, stellte US-Präsident Jimmy Carter im Februar 1980 – während zur gleichen Zeit die Olympischen Winterspiele im amerikanischen Lake Placid ausgetragen wurden – ein Ultimatum: Wenn die Sowjets nicht binnen eines Monats aus Afghanistan abzögen, sollten die USA und ihre Verbündeten die Moskauer Spiele boykottieren. Beitz nahm die Drohung erst mal nicht ernst. »Herrn Carters Erklärungen interessieren mich nicht«, sagte er. Er glaubte, es werde »sich alles einrenken«, und wollte sogar »wetten, dass wir in Moskau teilnehmen«.

Beitz unterschätzte, dass Bundeskanzler Helmut Schmidt sein ohnehin schwieriges Verhältnis zu Präsident Carter nicht wegen der Olympischen Spiele weiter belasten wollte. Der Bonner Regierungschef hatte kurz zuvor die amerikanische Regierung gerüffelt, weil sie bei den Abrüstungsverhandlungen mit der Sowjetunion die besondere Gefährdungslage Mitteleuropas unbeachtet gelassen habe; vor allem die Bundesrepublik, hatte der Kanzler moniert, liege im Zielbereich der mit Atomsprengköpfen bestückten sowjetischen Mittelstreckenraketen. Schmidt setzte mit Unterstützung des französischen Präsidenten Valéry Giscard d'Estaing und des britischen Premierministers James Callaghan bei dem zaudernden Carter den »NATO-Doppelbeschluss« durch: Der Westen drohte der Sowjetunion mit der Stationierung zusätzlicher US-Raketen in Mitteleuropa für den Fall, dass Moskau sein Raketenarsenal nicht innerhalb von vier Jahren reduziere.

Beitz warb für eine Teilnahme an den Olympischen Spielen und sprach darüber auch mit seinem Männerfreund Erich Honecker. Der DDR-Staatsratsvorsitzende berichtete Günter Gaus, dem damaligen Ständigen Vertreter der Bundesrepublik in Ost-Berlin, von seinem Gespräch mit Beitz, »mit dem er in der Einschätzung der internationalen Lage, vor allem auch von politischen Fragen im Zusammenhang mit den Olympischen Spielen in Moskau, weithin übereinstimme«.

Im April 1980, zehn Tage nachdem das amerikanische NOK den Verzicht auf eine Teilnahme an den Moskauer Spielen beschlossen hatte, sprach die Bundesregierung die »Empfehlung« an das westdeutsche NOK aus, »keine Mannschaft oder einzelne Sportler« in die sowjetische Hauptstadt zu entsenden. Die weitaus meisten Sportler und Verbände wollten jedoch unbedingt nach Moskau fahren. In ihrer Haltung wurden sie durch den Altkanzler und SPD-Vorsitzenden Willy Brandt unterstützt, der sagte: »Niemand soll glauben, dass man durch einen Boykott einen einzigen russischen Soldaten aus Afghanistan herausholt.« Und SPD-Bundesgeschäftsführer Egon Bahr schrieb an den flammenden Boykottbefürworter Willi Weyer, Präsident des Deutschen Sportbunds und FDP-Politiker: »Das Bündnis mit den Amerikanern wird nicht gefährdet, wenn sich unser NOK wie das britische oder das niederländische oder das dänische verhält.« Die Athleten dieser Länder fuhren ebenso nach Moskau wie die aus Frankreich oder Italien. Das westdeutsche NOK aber beschloss am 15. Mai 1980 in Düsseldorf mit 59 zu 40 Stimmen, den Wettkämpfen in der Sowjetunion fernzubleiben, obwohl Daume und Beitz bis zuletzt die Stimmung im Komitee zu wenden versuchten.

Während der Olympischen Spiele tagte, ungeachtet des Boykotts zahlreicher westlicher Länder, in Moskau die Vollversammlung der IOC-Funktionäre. Beitz reiste mit seiner Frau und seiner 22-jährigen Tochter Bettina im Juli in die sowjetische Hauptstadt, in der ein Nachfolger für den seit 1972 amtierenden IOC-Präsidenten, den irischen Lord Michael Killanin, bestimmt werden sollte. Um den Posten hatte sich auch der westdeutsche NOK-Präsident Willi Daume beworben, der 1972 als erster Deutscher für vier Jahre zu einem der IOC-Vizepräsidenten gewählt worden war. Aber seine Chancen waren wegen des Boykotts, dem sich das westdeutsche NOK, wenn auch unter politischem Druck, angeschlossen hatte, nahe null gesunken.

Schon im ersten Wahlgang wurde der spanische Industrielle Juan Antonio Samaranch gegen vier Mitbewerber mit der erforderlichen absoluten Mehrheit zum neuen IOC-Präsidenten gekürt. Samaranch, ein glühender Anhänger des »Caudillo« Francisco Franco, dem er als Staatssekretär und katalanischer Regionalpräsident gedient hatte, war seit 1977 Spaniens Botschafter in Moskau und hatte sich als entschiedener Gegner des Boykotts präsentiert. Beitz bedauerte, »dass Herr Daume ein unschuldiges Opfer des Boykotts wurde«. Aus Solidarität mit Daume lehnte Beitz Samaranchs Angebot ab, in das neunköpfige IOC-Exekutivkomitee aufzurücken. »Unsere Stimme«, merkte Beitz bitter an, »hat im Moment und in nächster Zeit weniger Gewicht im IOC.«

Beitz, der bei der sowjetischen Führung hohes Ansehen genoss, hätte während der Spiele in Moskau strahlender Mittelpunkt sein können. Nun musste er sich mit einer Rolle am Rande begnügen. Aber es machte ihm Spaß, Aufsehen zu erregen. Er hatte die »Germania VI«, auf der er die Heimreise antreten wollte, nach Tallinn beordert, wo die Segelwettkämpfe stattfanden. Die sowjetischen Behörden wiesen der Krupp-Jacht mitten im Pirita-Hafen einen exponierten Liegeplatz zu, sodass sie, wie Beitz vergnügt registrierte, mit der schwarz-rot-goldenen Fahne im Fernsehen und auf Fotos stets präsent war.

Außer der Bundesrepublik waren nur zwei weitere europäische NATO-Länder, Norwegen und die Türkei, dem Boykottaufruf Carters gefolgt; insgesamt hatten 64 Staaten ihre Teilnahme abgesagt. Im Gegenzug boykottierten die Sowjetunion und ihre Verbündeten 1984 die Sommerspiele in Los Angeles, lediglich Rumänien tanzte aus der Reihe der kommunistischen Länder.

Vor Beginn der Wettkämpfe in der kalifornischen Metropole wurde Beitz, schon lange stiller Finanzberater des IOC und seit

1983 offizielles Mitglied der Finanzkommission, am 26. Juli 1984 auf der 88. Session des IOC im feudalen »Biltmore Hotel« zu einem der drei IOC-Vizepräsidenten gewählt. Beitz stand im 71. Lebensjahr und hätte nach dem seit 1969 gültigen IOC-Protokoll mit Erreichen des 72. Lebensjahrs aus dem IOC ausscheiden müssen. Für Vorstandsmitglieder galt diese Altersgrenze jedoch nicht, und so bot Beitz' Wahl dem IOC die Möglichkeit, sich weiterhin seiner Dienste als politischer Diplomat und gewiefter Spendeneintreiber zu bedienen. Offiziell vorgeschlagen wurde Beitz von dem Inder Raja Bhaliendra Singh, das ostdeutsche IOC-Mitglied Günther Heinze fungierte als einer der für die Kandidatur erforderlichen Bürgen. Beitz gewann die Wahl mit 44 zu 35 Stimmen gegen den von Präsident Samaranch unterstützten Panamaer Virgilio de Leon.

Im Coliseum, der altehrwürdigen Sportarena von Los Angeles, wo schon 1932 olympische Wettbewerbe ausgetragen worden waren, spielten 110 Trompeter und 20 Kesselpaukisten das eigens zu diesem Anlass komponierte »Los Angeles Olympic Theme«, ein »Rocketman« mit einem Raketenrucksack schwebte ein. US-Präsident Ronald Reagan eröffnete in dem fast 93 000 Zuschauer fassenden Stadion am 28. Juli 1984 die XXIII. Olympischen Sommerspiele.

Der schwarze Ausnahmeathlet Carl Lewis – für seine Leistungen bewundert, wegen seiner Allüren umstritten, später des Dopings überführt – hatte gerade im 100-Meter-Sprint seine erste Goldmedaille gewonnen, die erste von vieren in Los Angeles, als im Pressepulk Unruhe aufkam. Ein ergrauter Sportjournalist war losgerannt, als auf der großen Anzeigetafel der Name des neuen IOC-Vizepräsidenten Berthold Beitz aufleuchtete. Der Reporter lief vorbei an den vielen Sperren und Sicherheitsposten, die ihn nicht aufhalten konnten, hin zum abgeschirmten Bereich der Ehrengäste. »Da ruft einer immerzu Ihren Namen«, machte einer der Bodyguards Beitz auf den aufgeregt fuchtelnden Mann aufmerksam.

Beitz erkannte ihn nicht. Mehr als 40 Jahre lag die letzte Begegnung zurück. Der Reporter zeigte seine Olympia-Akkreditierung vor, die auf den Namen Zygmunt Spiegler lautete, und kramte einen zerfledderten, vergilbten und vielfach mit Tesafilm verklebten »Ausweis für Arbeitsjuden« aus der Tasche. »Mensch, Spiegler«, dämmerte es Beitz, »da steht ja meine Unterschrift.« Die Signatur im Arbeitsausweis Nr. 570 hatte Zygmunt Spiegler am 20. Oktober 1943 das Leben gerettet. Beitz, der kaufmännische Direktor der Karpathen-Öl AG im galizischen Boryslaw, hatte damit die Versetzung des jüdischen Arbeiters zur »Häuserverwaltung und Bauabteilung« bestätigt – und der Arbeitsplatz schützte Spiegler vor der Deportation ins Vernichtungslager Belzec. Denn das Dokument bescheinigte dem polnischen Juden Spiegler, ein nützliches Rädchen in der deutschen Kriegsmaschinerie zu sein.

Beitz hatte Spiegler, wie dieser bezeugte, zuvor bereits zweimal vor dem Erschießungstod bewahrt. Nun erzählte er in Los Angeles den umstehenden Journalistenkollegen von seiner Cousine, die schon nackt vor den Gewehren des Exekutionskommandos gestanden hatte, denn die Kleider sollten nicht von Kugeln durchlöchert zur Textilsammelstelle kommen, als »plötzlich Herr Beitz auftauchte und behauptete, diese Frau dringend als Arbeiterin zu brauchen«. Beitz, berichtete Spiegler, »verhinderte die Liquidation, hüllte meine Verwandte in eine Decke und brachte sie ins Arbeitslager zurück«.

Nach dem Krieg war Spiegler nach Israel übergesiedelt. 1966 kam er nach Deutschland; er zog zunächst nach Krefeld, wo er den Vorsitz der Jüdischen Gemeinde übernahm, später nach Duisburg. Er arbeitete als Sportkorrespondent, berichtete über die Fußball-Bundesliga und über Basketball. Zu seinem Lebensretter, der nur wenige Kilometer entfernt wohnte, nahm Spiegler jedoch 17 Jahre lang keinen Kontakt auf: »Ich hatte, offen gestanden, eine gewisse Scheu oder Hemmschwelle, an Herrn

Beitz heranzutreten.« Dann aber fasste er sich doch ein Herz und schickte Beitz zu dessen 70. Geburtstag am 26. September 1983 ein Telegramm: »Als ehemaliger Insasse des Zwangsarbeiterlagers Boryslaw entbiete ich Ihnen zu Ihrem Geburtstag die allerbesten Wünsche für die Gesundheit und ein weiteres gehaltvolles Leben in Zufriedenheit.« Beitz bedankte sich telefonisch und lud Spiegler nach Essen ein.

Nun fand das Wiedersehen 11 000 Kilometer entfernt statt. Das Simon-Wiesenthal-Center in Los Angeles bat Beitz noch am selben Tag in die Synagoge, um sein mutiges Verhalten während der Nazidiktatur zu ehren. Doch Beitz wehrte ab und schützte Arbeit vor, er müsse doch seine Pflichten als IOC-Vizepräsident wahrnehmen. Und dazu gehörte, dass er am späten Nachmittag jenes 4. August, wenige Stunden nach der unerwarteten Begegnung mit der Vergangenheit, der deutschen Hochspringerin Ulrike Meyfarth, die schon 1972 in München Erste ihrer Disziplin gewesen war, die Goldmedaille umhängen durfte.

Einige Tage später trafen sich Beitz und Spiegler noch einmal in einem Hotelzimmer in Los Angeles, wo sie bewegt ihre Erinnerungen an die schwere Zeit austauschten. Und am 10. August 1984 erhielt Beitz im »Biltmore Hotel« aus der Hand von Rabbi Abraham Cooper eine Urkunde »Scroll of Honor«, die seine Aufnahme in die »Ehrenliste des jüdischen Volkes« beglaubigte.

Zweimal nacheinander waren Olympische Spiele boykottiert worden, mal vom Westen, mal vom Osten, und auch für Seoul 1988 drohte Ungemach. Die sowjetische Regierungszeitung *Istwestija* eröffnete schon kurz nach den Spielen in Los Angeles eine Kampagne gegen Seoul, dort herrsche eine »Diktatur«. Die Sowjetunion und 35 weitere Staaten verweigerten Südkorea die diplomatische Anerkennung. Sportfunktionäre wie Manfred Ewald, NOK-Chef der DDR, scherten allerdings schon im Oktober 1984 aus der kommunistischen Einheitsfront aus – die DDR hatte sich in Los Angeles um ihre durchaus berechtigte

Hoffnung auf einen üppigen Medaillenregen betrogen gesehen. Bei einem abermaligen Boykott, fürchtete Ewald, »ist unsere Spitzenstellung im Sport Geschichte«.

IOC-Präsident Samaranch wollte das Fernbleiben unter Strafe stellen: Boykotteure, so sein Antrag zur 89. IOC-Session in Lausanne im Dezember 1984, sollten von weiteren Spielen ausgeschlossen werden. Beitz hielt nichts von dem Vorschlag: »Das IOC ist keine Weltpolizei.« Ein Verzicht auf die Olympia-Teilnahme enthalte schon »den Tatbestand der Selbstbestrafung«, es bedürfe deshalb »keiner Sanktionen von außen«. Die Mehrheit der 80 IOC-Mitglieder folgte Beitz und verabschiedete eine Resolution, in der die Nationalen Olympischen Komitees verpflichtet wurden, alles zu tun, um ihre Mannschaften für die Spiele vorzubereiten und dann auch zu entsenden.

Erich Honecker kündigte frühzeitig an, dass die DDR 1988 in Seoul wieder dabei sein werde. Für seine »Treue zum olympischen Ideal« wurde der DDR-Staatschef deshalb 1985 mit dem Olympischen Orden in Gold belohnt. Andere Ostblockstaaten drohten weiter damit, den Spielen in Südkorea fernzubleiben. Der kubanische Revolutionsführer Fidel Castro schlug einen Kompromiss vor: Er regte in einem offenen Brief an, die Olympischen Spiele grenzüberschreitend in beiden koreanischen Staaten auszutragen.

Während Samaranch sofort widersprach, es werde »mit Sicherheit keine geteilten Spiele« geben, war Beitz der Idee nicht grundsätzlich abgeneigt. Später bot Samaranch an, zwei Wettbewerbe nach Nordkorea zu vergeben, doch das Regime in Pjöngjang pokerte weiter. Honecker – darauf bedacht, einen Boykott abzuwenden, dem sich auch die DDR hätte anschließen müssen – versuchte, mit Beitz' Hilfe das IOC zu weiterem Entgegenkommen zu bewegen.

Außenhandelsminister Gerhard Beil, der ständig mit Beitz in Verbindung stand, überbrachte Honeckers Bitte, Beitz solle »seinen Einfluss geltend« machen, dass Nordkorea »einige weitere olympische Disziplinen« überlassen würden. Beitz erklärte sich, wie Beil in einer »Information« für Honecker am 12. November 1986 festhielt, »sofort bereit, in diesem Sinne aktiv zu werden«. Er wolle Samaranch, der in Kürze Honecker in Ost-Berlin treffen würde, »von der Notwendigkeit der Realisierung eines solchen Vorschlages ... überzeugen, damit für die Durchführung der Olympischen Spiele im Jahre 1988 keine Probleme auftreten«.

Nachdem Beitz eine Nacht darüber geschlafen hatte, war ihm eine Idee gekommen, wie Honeckers Wunsch noch größerer Nachdruck verliehen werden könnte. Morgens um neun Uhr rief Beitz bei Beil an, um ihm mitzuteilen, dass er »sofort mit Samaranch Kontakt« aufnehmen werde. »Ausgehend von der Tatsache, dass Samaranch ein sehr eigenwilliger Mann ist«, referierte Beil den Inhalt des Telefonats, »würde das von Erich Honecker gewünschte Anliegen dadurch besser unterstützt werden können, wenn Samaranch über den Status von Berthold Beitz in den Beziehungen zur DDR in dem Gespräch mit Erich Honecker informiert würde.« Beitz wolle im IOC-Präsidium »für das Anliegen der DDR votieren«, dabei könne »die Information über seine Beziehungen zur DDR und den führenden Persönlichkeiten hilfreich sein«.

Das Gespräch zwischen Honecker und Samaranch fand schon tags darauf, am 14. November, statt, und Honecker folgte der Empfehlung von Beitz: Er verriet dem Spanier, dass er zu »Dr. Beitz ein fast freundschaftliches Verhältnis« habe. »Gerade habe er noch mit ihm telefoniert« und Beitz auch geholfen, »die Ausstellung über Dresdens Kunstschätze auf der Villa Hügel zu ermöglichen«.

Am Ende gab es doch keine geteilten Spiele. Die Solidarität der sozialistischen Staaten mit Nordkorea zerbröselte, nur Kuba, Nicaragua, Albanien und Äthiopien blieben aus politischen Gründen den Spielen in Seoul fern.

Während sich Beitz bei Samaranch für Honeckers Wünsche einsetzte, schwärzte er zur gleichen Zeit den IOC-Präsidenten bei höchsten DDR-Sportfunktionären an. NOK-Präsident Manfred Ewald fertigte darüber einen Bericht für das SED-Politbüro an, der am 25. August 1986 auch auf Honeckers Schreibtisch landete. Samaranch, hieß es in dem siebenseitigen Papier, führe das IOC laut Beitz »wie ein Börsenmakler«. Er schare nur Leute um sich, die »über Geld und Macht verfügen«. Gemeinsam versuche diese Clique, »alle Möglichkeiten, die sich durch den Sport bieten, auszunutzen, um mit Hilfe des Geldes ihren Einfluss zu vergrößern«. Samaranch, zitierte Ewald seinen westdeutschen Gesprächspartner, entscheide »selbstherrlich über große Summen ..., ohne die Finanzkommission, deren Mitglied er sei, zu fragen«.

Weil er als Samaranchs Stellvertreter diese Finanzpolitik »nicht länger verantworten könne«, unternahm Beitz einen ungewöhnlichen Vorstoß: Er forderte von den DDR-Funktionären Unterstützung bei dem von ihm geplanten Kampf gegen den IOC-Präsidenten. Beitz hielt die offene Attacke für notwendig, da einer wie Samaranch »nur dann zurückweicht, wenn er bemerkt, dass andere Kräfte ihm entgegenwirken«.

Warum Beitz mit seinem Vorhaben scheiterte, ist aus den Akten, die zehn Jahre später im ehemaligen SED-Zentralarchiv entdeckt wurden, nicht zu entnehmen. Zu vermuten ist, dass der Krupp-Mann die olympische Geheimdiplomatie nicht so gut beherrschte wie seine gewieften Funktionärskollegen.

Anstößig fand Beitz vor allem das selbstherrliche Finanzgebaren des Katalanen. Dank der hohen Einnahmen aus der Vergabe von Fernsehübertragungsrechten verfügte das IOC zunehmend über viel Geld, das der Präsident nach eigenem Gutdünken ausgab. Ohne Rücksprache mit den zuständigen IOC-Gremien schloss er mit seinen Günstlingen Verträge und hievte ihm genehme Spitzenfunktionäre in wichtige Ämter. So vereinbarte Samaranch im Alleingang während der 90. IOC-Session in Ost-Berlin im Juni 1985 mit dem (zwei Jahre später gestorbenen) Adidas-Chef Horst Dassler, der zu jener Zeit als Pate des Weltsports galt, dass die Firma ISL, an der Dassler die Mehrheit hielt, für eine Provision von angeblich 15 Millionen Dollar die Olympischen Spiele in Seoul vermarkten durfte.

Der anrüchige Deal machte nicht nur Beitz, sondern auch die IOC-Direktorin Monique Berlioux wütend. Die ehemalige französische Schwimmmeisterin, seit 1968 in der IOC-Zentrale in Lausanne, lag mit Samaranch seit Beginn seiner Amtszeit im Streit. Als rechte Hand seiner Vorgänger Brundage und Killanin hatte die machtbewusste Managerin, die von der Presse- zur Verwaltungschefin des IOC aufgestiegen war, die Geschicke der Organisation gelenkt. Während Brundage und Killanin in ihren Heimatländern USA beziehungsweise Irland residierten und Berlioux freie Hand ließen, zog Samaranch als erster IOC-Präsident selbst nach Lausanne. Ein Machtkampf entbrannte. »Für uns beide ist Lausanne zu klein«, jammerte Berlioux.

Die Vertrauensbasis zwischen ihr und Samaranch war längst erschüttert, als sie sich auch noch wegen des Austragungsorts der Olympischen Spiele 1992 zerstritten: Samaranch wollte sie in seine Heimatstadt Barcelona holen (was ihm auch gelang), während die Französin Berlioux für Paris warb. Samaranchs Vertrag mit Dassler brachte dann das Fass vollends zum Überlaufen.

Beitz fühlte sich Berlioux verpflichtet, weil er glaubte, sie habe in Los Angeles die Mehrheit für seine Wahl zum IOC-Vizepräsidenten organisiert. Er wusste, dass er in dieser »so untragbar gewordenen Situation klare Verhältnisse schaffen musste« – und er tat es mit viel Geld: Er vermittelte im Auftrag von Samaranch einen Aufhebungsvertrag, der Berlioux den Abschied vom IOC versüßte. Im NOK-Report, dem offiziellen Organ des westdeutschen NOK, wurde seinerzeit über eine Abfindung in Höhe von 1,2 bis 1,5 Millionen Schweizer Franken spekuliert.

Sogar von 7,3 Millionen Dollar Schweigegeld war die Rede in einem Bericht, den der Ost-Berliner Boxfunktionär Karl-Heinz Wehr als einer der bei der IOC-Session eingesetzten Spitzel des DDR-Ministeriums für Staatssicherheit lieferte. Der Inoffizielle Mitarbeiter (IM) mit dem Decknamen »Möwe« berief sich auf Gespräche mit dem Pakistaner Anwar Chowdhry, der zum inneren Kreis um Samaranch und Dassler gehörte und 1986 Präsident der International Boxing Association (AIBA) wurde. Gut möglich, dass Wehr von Chowdhry ins Vertrauen gezogen worden war: Während der IOC-Tagung hatte Dassler dem Ost-Berliner eröffnet, dass er ihn für das Amt des AIBA-Generalsekretärs vorsehe – nicht ahnend, dass Wehr alles brühwarm der Stasi erzählte.

Auch Beitz machte gegenüber DDR-Funktionären seinem Ärger über den IOC-Präsidenten Luft. So notierte Wolfgang Gitter, Generalsekretär des DDR-NOK und als IM »Victor« der Stasi zu Diensten, dass sich Beitz »entschieden gegen die Korruptionspolitik von Samaranch und Dassler« ausgesprochen habe, »die bis zu direkter Erpressung von Sportfunktionären führt«.

Drei Jahre nach diesen Vorwürfen war Beitz wieder versöhnt mit Samaranch. In Seoul, bei einem Empfang zu Beitz' 75. Geburtstag, schmeichelte ihm der Spanier, und gerührt nannte der Jubilar das IOC »die führende soziale Kraft des 20. Jahrhunderts«.

Als Beitz' Amtszeit als IOC-Vizepräsident 1988 endete, wurde er zum IOC-Ehrenmitglied befördert – lebenslang. Bereits zwei Jahre zuvor hatte Beitz eine ehrenvolle Aufgabe erhalten: Das IOC-Exekutivkomitee berief ihn einstimmig auf Lebenszeit zum Präsidenten der Stiftung Olympisches Museum. In Lausanne, am Ufer des Genfer Sees, wollte sich Samaranch ein Denkmal setzen, mit einem Museum nach Plänen des mexikanischen Architekten Pedro Ramírez Vázquez, der in Mexico-Stadt so berühmte Bauwerke wie das Anthropologische Museum, das Azteken-Stadion und die Basilika der Jungfrau von Guadalupe geschaffen hat. 20 Millionen Dollar waren ursprünglich veranschlagt, damals rund 40 Millionen Mark, die 20 Sponsoren aufbringen sollten. Das Museum kostete schließlich 110 Millionen Mark, die Beitz als Präsident der Stiftung einsammelte.

Bei der Eröffnung des Monumentalbaus, der jetzt den Namen Samaranchs trägt, kam es im Juni 1993 zu einem Eklat. Der IOC-Präsident hatte die ehemalige DDR-Eiskunstläuferin und Goldmedaillengewinnerin Katarina Witt, deren glühender Verehrer er Zeit seines Lebens war, eingeladen, ein Grußwort zu sprechen. Die deutsche Delegation war vorab nicht informiert und fürchtete wohl, Witts Auftritt könne der Olympia-Bewerbung Berlins für die Spiele 2000 schaden. Die Spitzensportlerin prangerte den Rassismus und die politische Instrumentalisierung Olympischer Spiele an und erwähnte dabei auch Berlin 1936. »Wir können ehrlich genug sein, dass die Olympischen Spiele oft zu politischen Zwecken missbraucht wurden. Angefangen 1936 bis hin zum Boykott und Gegenboykott in den achtziger Jahren«, sagte sie und fügte hinzu: »Als Deutsche weiß ich, wie schön und wie wichtig es ist, wenn fremde Kulturen, Religionen, Weltanschauungen, alle Hautfarben der Kontinente zu einem friedlichen Miteinander kommen.«

Da hielt es Beitz nicht auf seinem Stuhl. Offenbar wähnte er das Andenken seines Freundes Avery Brundage verunglimpft. Wütend stürmte er aus dem Saal, stolperte vor Aufregung in einen Wassergraben und schimpfte: »Solche Äußerungen stehen ihr nicht zu.«

14. KAPITEL

DER HERR AUF DEM HÜGEL

»Ökonomisch eher Durchschnitt denn große Klasse«

Der Landgerichtsrat a. D. Jürgen Reinhold, Jahrgang 1923, ein durchaus nüchterner Jurist, der den Staatsdienst 1964 quittiert hatte, um Leiter des Zentralbüros des Krupp-Direktoriums und Beitz' persönlicher Referent zu werden, erlaubte sich im Dezember 1972 einen Scherz. »Während einer besonders kritischen Übergangsphase in der Vorstandsspitze« – Konzernchef Juergen Krackow war eben nach gerade mal 66 Arbeitstagen gefeuert worden – schrieb Reinhold »in einer Anwandlung von Galgenhumor« eine »Mitteilung«, die er mit einem offiziellen Umlaufzettel an sämtliche Vorstandsmitglieder schickte: »Die Zahl der Vorstandsvorsitzenden bei Krupp, die ich bereit bin einzuarbeiten, begrenze ich hiermit auf 5 (in Worten fünf).« Die Vorstände nahmen das »Machwerk«, wie Reinhold es nannte, mit Humor, zeichneten es allesamt ab und schickten es mit ihren Paraphen zurück. »Disziplinare Folgen«, registrierte der ehemalige Richter erleichtert, »hatte dieser Unsinn nicht.«

Reinhold konnte freilich nicht ahnen, dass seine Persiflage auf die häufig wechselnden Konzernlenker von der Realität beinahe übertroffen worden wäre. Als er 1978 aus seiner bisherigen Funktion ausschied, um Mitglied der Geschäftsleitung der »Krupp Gemeinschaftsbetriebe« zu werden, hatte er zwar, »wie

man nachzählen kann«, seine sich »selbst gesetzte Grenze eingehalten«« – aber nur knapp.

Denn den Aufsichtsratsboss Beitz, der gern »aus dem Bauch
heraus« entschied und sich dessen rühmte, ließ die Intuition bei
der Berufung seiner Chefmanager öfter im Stich. Tatsächlich
verschliss er während Reinholds Dienstzeit vier Vorstandsvorsitzende, und der fünfte, der 1980 kam, hielt sich auch nur deshalb
neun Jahre an der Spitze, weil Beitz nicht noch einen weiteren
Fehlgriff eingestehen wollte.

Die Misere begann mit Günter Vogelsang, der nach der
Krupp-Krise 1967 erfolgreich als Sanierer gewirkt hatte, Ende
1971 aber die Brocken hinwarf, weil Beitz ihm ständig in die
laufenden Geschäfte hineinpfuschte. Hektisch machte sich Beitz
auf die Suche nach einem Nachfolger. Die Aufräumarbeiten bei
Krupp waren ja keineswegs abgeschlossen, auch wenn Vogelsang
den Konzern auf Erfolgskurs gebracht hatte. Nachdem Beitz'
Favorit, der Deutsche-Bank-Vorstand Alfred Herrhausen, abgesagt hatte, fiel sein Auge auf einen Mann, der innerhalb der vergangenen drei Jahre der einst maroden Krupp-Werft AG Weser
in Bremen wieder zu Gewinn verholfen hatte. Der 49-jährige
Oberschlesier Juergen Krackow, gelernter Bankkaufmann wie
Beitz, obendrein promovierter Jurist, der sich als Job-Hopper
von Branche zu Branche hochgearbeitet hatte, war mit seiner
ersten Bewerbung bei Krupp zwar durchgefallen: Als er 1968
Chef des teils zu Krupp gehörenden Flugzeugunternehmens
VFW werden wollte, hatte ihn Beitz abgelehnt – angeblich wegen einer negativen Schriftprobe. Krackow, zitierte der *Spiegel*
einen ungenannten Kruppianer, sei »das lebendige Beispiel für
eine blödsinnige Gläubigkeit in die Grafologie«. Ein Jahr später
wurde Krackow aber von Vogelsang, der nun bei Krupp das Sagen hatte, als Chef der AG Weser engagiert. Dort überzeugte er
durch sein Krisenmanagement auch Beitz. Ende Mai 1972 wurde er auf den Topposten des Gesamtkonzerns berufen. Aus den

Querelen zwischen Beitz und Vogelsang zog Krackow den Schluss, dass es seine erste Aufgabe sei, »ein vernünftiges Verhältnis zu Herrn Beitz zu bekommen«.

Doch innerhalb kürzester Zeit hatte sich auch Krackow, der Anfang Oktober 1972 seinen Dienst antrat, mit Beitz überworfen. Auslöser war eine Personalie, über die sich beide ursprünglich sogar einig gewesen waren. Als Nachfolger für den Mitte 1973 ausscheidenden Vorstandsvorsitzenden der Fried. Krupp Hüttenwerke AG, Günter Klotzbach, favorisierte Krackow nicht dessen bisherigen Stellvertreter Gerhard Platt, der nach einem schweren Skiunfall gesundheitlich angeschlagen war, sondern einen anderen Vorstandskollegen, den 41-jährigen Verkaufsmanager Heinz Kriwet, nach Krackows Urteil »der beste Mann an der Ruhr«. Konzernchef Krackow war zugleich Vorsitzender des Aufsichtsrats der Hüttenwerke, in dem gemäß der Montan-Mitbestimmung je zehn Vertreter der Anteilseigner und der Arbeitnehmer sowie ein neutraler 21. Mann saßen. Die Arbeitnehmer lehnten das kommunalpolitisch aktive CDU-Mitglied Kriwet geschlossen ab, ebenso der Bonner Wirtschaftsprofessor Wilhelm Krelle als Neutraler. Damit war Kriwet durchgefallen.

Doch dessen Förderer mochte sich damit nicht abfinden. Krackow schlug seinen Ratskollegen Kompromisse und Interimslösungen vor und suchte, als nichts fruchtete, schließlich die Kraftprobe mit dem Kontrollgremium. Beitz verhinderte eine sich abzeichnende Niederlage Krackows, indem er über dessen Kopf hinweg durchsetzte, dass die Abstimmung vertagt wurde. Freunden gegenüber erklärte Beitz, er habe mit seinem ungewöhnlichen Schritt eine weitere Vertiefung der Kluft zwischen Konzern und Hütte verhindern wollen. Krackow indes sah sein Vertrauensverhältnis zu Beitz »unwiederherstellbar zerstört« und schickte ihm am 18. November die fristlose Kündigung; nur bis zur nächsten Aufsichtsratssitzung der Muttergesellschaft am 7. Dezember wolle er die Geschäfte noch abwickeln. Sein Kan-

didat Kriwet hatte sich da bereits für den Thyssen-Vorstand anheuern lassen.

Statt Krackow in seinem Ungestüm zu bremsen, ließ Beitz
den Streit eskalieren. Vier Aufsichtsratsmitglieder – Dresdner-
Bank-Sprecher Jürgen Ponto, WestLB-Chef Ludwig Poullain,
der ehemalige Hoesch-Generaldirektor Willy Ochel und Daim-
ler-Benz-Boss Joachim Zahn – versuchten zu vermitteln, doch
Krackow blieb bei seiner Forderung. Am 7. Dezember setzte der
Krupp-Aufsichtsrat Krackow den Stuhl vor die Tür – mit dem
Rausschmiss nach 66 Tagen endete die kürzeste Amtszeit, die der
Chef eines deutschen Großunternehmens bis dahin absolviert
hatte. In einem dürren Kommunique von dreieinhalb Zeilen
wurde der erstaunten Öffentlichkeit mitgeteilt, dass man sich
wegen »unterschiedlicher Auffassung in Personalfragen« getrennt habe. Nicht einmal die Höflichkeitsfloskel, dass dies »in
gegenseitigem Einvernehmen« erfolgt sei, gönnte man Krackow.

Ein triftigerer Entlassungsgrund als die Kriwet-Personalie
war für Beitz ein von Krackow angeblich begangener Vertrauensbruch. Davon erzählte Beitz gut fünf Jahre später dem Historiker Golo Mann, als sie miteinander über die geplante Alfried-
Krupp-Biografie sprachen. Dabei klagte Beitz zunächst über die
raffgierigen Vorstände, die sich zum üppigen Salär von der Firma teure Dienstvillen und Dienstwagen bezahlen ließen; im Unternehmen herrsche ein »viel zu großer Wasserkopf, viel zu
schwerfällig, viel zu viel Tradition und … viel zu wenig Härte im
Management«. Dagegen gelte er in der Öffentlichkeit als »der
böse Beitz«, der »so hart« sei, »ein Killer, ein Rausschmeißer«.

Nachdem er sich über die Manager allgemein in Rage geredet
hatte, kam Beitz speziell auf Krackow zu sprechen. »Was soll ich
davon halten, dass ein Vorstandsvorsitzender der Firma Krupp,
Oberleutnant der Reserve, Panzeroffizier, den ich hier einsetze,
als Erstes ein Aufnahmegerät einbauen lässt und alle Telefonge-
spräche, die ich mit ihm führe, dienstlich oder privat, aufnimmt,

ohne mich zu unterrichten?« Und das, so Beitz, müsse er »erdulden« und könne »noch nicht einmal in der Öffentlichkeit sagen: Hier sind die Tonbänder, dafür gibt es Zeugen«, sondern er müsse sich Krackows Abgang »auch noch um die Ohren hauen lassen in der Presse«. Andere Vorstandsmitglieder hätten bei Krackows Praktiken »mitgemacht, ... und ich war so anständig und hab die nicht rausgeschmissen, die da gesessen haben, das Tonband abgehört haben, was Beitz gesagt hat«, ja, sie hätten es sogar »noch aufgeschrieben, ein sogenanntes Kriegstagebuch nach preußischer Sitte, da musste jeder abzeichnen ... Stellen Sie sich mal vor! Das ist die deutsche Industrie.«

Immerhin, stellte Beitz in dem Gespräch mit Mann befriedigt fest, sei Krackow »ohne Pension weg«. Monatelang stritten sich Beitz und Krackow nach dessen Ausscheiden über ein finanzielles Arrangement. Als sich Beitz dann doch einmal versöhnlich gab, zeigte sich Krackow bescheiden: »Stellt mich so«, regte er an, »als wenn ich bei der AG Weser geblieben wäre.« Sein Vorschlag: Eine Abfindung in Höhe von etwa zwei Jahresgehältern als AG-Weser-Chef und eine Pension nach dem 65. Lebensjahr. Krackows Kompromissbereitschaft zahlte sich nicht aus, denn »der Launen nicht abgeneigte Revier-Beau Beitz«, so der *Spiegel*, »änderte rasch seine Haltung«: Er lehnte jegliche Pensionszahlung ab und bot als Abfindung lediglich ein Jahresgehalt ohne Tantieme an. Kurzerhand entschloss sich Krackow, ganz auf eine Abfindung zu verzichten. »Unsere Auseinandersetzung«, schrieb er nach Essen, »hat einen Punkt erreicht, der mich zu dem Entschluss hat kommen lassen, die gesamte Angelegenheit ab sofort als gegenstandslos zu betrachten ... Ich möchte dieses Kapitel meines Lebens ein für alle Mal abschließen.« Sparfuchs Beitz hatte seinen Gegner zermürbt.

Nach Krackows abruptem Abgang im Dezember 1972 drohte Krupp führungslos zu werden. Doch fünf Tage vor der entscheidenden Aufsichtsratssitzung trug Beitz den Job des Konzernchefs einem Mann an, der sich schon auf ruhige Zeiten eingestellt hatte. Ernst Wolf Mommsen, 62, in den 1950er-Jahren Vorstandsmitglied der Rheinischen Röhrenwerke (später Phoenix-Rheinrohr) und seit 1966 Chef der Thyssen-Röhrenwerke, 1970 von Thyssen unter Weiterzahlung seiner Bezüge beurlaubt und als »One-Dollar-Man« im Range eines Staatssekretärs bei Helmut Schmidt im Verteidigungs- und dann im Wirtschafts- und Finanzministerium, hatte sich nach den vorgezogenen Neuwahlen im November 1972 aus der Politik verabschiedet. Das Engagement für die sozialdemokratisch geführte Regierung hatten er und seine Familie, wie er in einem Glückwunschbrief an Willy Brandt nach gewonnener Wahl schrieb, mit einer »z. T. absoluten Isolierung« durch den früheren industriellen Freundeskreis bezahlen müssen. Der gelernte Jurist Mommsen, Enkel des Historikers und Nobelpreisträgers Theodor Mommsen, war im »Dritten Reich« Verbindungsmann der Reichsgruppe Industrie im Rüstungsministerium Albert Speers gewesen – einer der NS-Nachwuchskräfte, die zu »Speers Kindergarten« gehörten. Als Speer 1966 nach 20-jähriger Haft aus dem Kriegsverbrechergefängnis Berlin-Spandau entlassen wurde, hatte ihn Mommsen mit einem schwarzen Mercedes abholen lassen.

Mommsens Sympathien für die sozialliberale Regierung teilte Beitz, beide hatten im April 1972 mit 50 anderen Prominenten einen Aufruf zur Unterstützung der Ostverträge unterzeichnet. Dass Mommsen Speer bewunderte, dessen tatsächliche Mitwirkung am NS-Massenmord damals noch nicht bekannt war, musste Beitz nicht irritieren – falls es ihn, der mit vielen Ex-nazis unbekümmerten Umgang pflegte, überhaupt beunruhigt hätte. Speer hatte sich als verfolgte Unschuld präsentiert, darin dem Beitz-Idol Alfried Krupp nicht unähnlich.

Mommsen wurde Beitz durch Ludwig Poullain vermittelt, der den ausgeschiedenen Staatsdiener eigentlich als Berater für die

Westdeutsche Landesbank hatte anheuern wollen. Angesichts der drohenden Vakanz auf dem Chefsessel von Krupp blieb den Aufsichtsräten keine andere Wahl, als die Berufung Mommsens abzunicken. Ratsmitglied Willy Ochel räumte freimütig ein: »Er war der einzige Kandidat.«

Die raschen Wechsel des Spitzenpersonals ließen auch Wohlmeinende an Beitz' Führungsstärke zweifeln. Leo Brawand, der als Wirtschaftsressortleiter des *Spiegel* schon in den 1950er-Jahren unternehmerfreundliche Titelgeschichten über Krupp und Beitz geschrieben hatte und nun Chefredakteur des *Manager Magazins* war, veröffentlichte in seinem Blatt einen offenen Brief. Der Krupp-Konzern, so Brawand an Beitz' Adresse, drohe durch dessen »persönliche Vergangenheitsbewältigung Schaden zu nehmen«. Beitz' »Treue zu Alfried Krupp« habe »Nibelungen-Format« erreicht, sei aber, weil die notwendigen Rationalisierungs- und Schließungsmaßnahmen unterblieben seien, »mit verantwortlich für die Finanzkrise des Konzerns im Jahre 1967« gewesen. Nach Krupps Tod habe Beitz »Kriemhilds Rache« gespielt, weil »Vogelsangs Sanierungserfolg und seine gewiss auch ruppige Art« Beitz' »Eitelkeit schwer verletzt« hätten. Krupps Öffentlichkeitsarbeiter seien nun zwar bemüht, einen »gereiften, den weise gewordenen Beitz« aufzubauen, aber wieder gehe es ihm »in erster Linie um Publicity-Wirkung«. Er, Brawand, wolle ihm deshalb »in Freundschaft« sagen: »Zwischen Kursk und Kampen Ihr Image aufzumöbeln, das kann und darf nicht die Unternehmenskonzeption für einen Weltkonzern sein.«

Als Mommsen nach Essen ging, wusste er, dass »mein Weg zu Krupp … ein gefährliches Experiment für mich selbst bedeutete«. Denn er fand bei Krupp »eine schwere personelle Krise« vor und ein Unternehmen, das »schon wieder tief in Verlust geraten war und noch dazu ein an allen Ecken und Kanten inkomplettes und nicht überzeugendes Programm aufzuweisen hatte«.

Das größte Problem war freilich, dass er und Beitz sich zu sehr ähnelten – vor allem in ihrem Drang zu eitler Selbstdarstellung. Vom erzkonservativen Ruhr-Establishment nie ganz akzeptiert, suchten beide krampfhaft Anerkennung außerhalb ihres engeren Metiers, besonders in der Politik. Als Vertrauter Willy Brandts hatte Beitz, der Pionier des Osthandels, die Aufmerksamkeit der Bonner Szene gehabt. Die Starrolle machte ihm, nach dem Kanzlerwechsel 1974, nun Schmidt-Freund Mommsen streitig. Der dünnhäutige Beitz konnte kaum seine Enttäuschung verbergen, dass er im Herbst 1974 nur den Wirtschaftsminister Hans Friderichs als Mitglied einer Wirtschaftskommission nach Moskau begleiten durfte, während Mommsen zwei Wochen später mit Kanzler Schmidt zu Kremlchef Leonid Breschnew reiste. Bald fand Mommsen auch »manche für mich unerfreuliche Äußerung in der Presse« und schloss daraus: »Dies kann doch nur auf der Grundlage einer Information geschehen, die von Neid, Eifersucht oder bewusster Abqualifikation bestimmt ist.«

Schon Anfang 1975 machte Beitz kein Geheimnis daraus, dass er nach einem Nachfolger für Mommsen Ausschau hielt, obwohl dessen Vertrag noch fast drei Jahre lief. Im Mai warf Mommsen das Handtuch und kündigte seinen Rückzug zum Jahresende an – was wiederum ihn nicht hinderte, bereits im Juni öffentlich mit Beitz abzurechnen.

Wieder suchte Beitz die Spitzenkraft erst einmal außerhalb des Krupp-Konzerns. Wieder klopfte er bei Deutsche-Bank-Vorstand Herrhausen an und holte sich eine Abfuhr. Als er extern nicht fündig wurde, erhob er pragmatisch die hausinterne Lösung zum Ideal: »Einer von drinnen ist besser als einer von außen.«

Heinz Petry, der neue Mann an der Spitze, hatte mit 26 Jahren seine Karriere bei Krupp 1945 als Vorrichtungsschlosser begonnen. Die Mitarbeiterzeitschrift betitelte ihre Laudatio zu Petrys 60. Geburtstag deshalb: »Der Chef, der aus der Werkstatt kam«.

Petry hatte, als er den Handwerkerjob bei Krupp antrat, allerdings bereits sein Examen als Diplom-Ingenieur in der Tasche. Unspektakulär, aber beharrlich arbeitete sich der Rheinländer hoch. 1965 kam er in die Geschäftsleitung von Krupp Industrie- und Stahlbau, wurde 1973 deren Sprecher und schon im Jahr darauf Mitglied des Vorstands der Fried. Krupp GmbH. 1976 folgte Petry auf Mommsen.

Neun Jahre nach der großen Krupp-Krise und drei Vorstandsvorsitzende später stand der Konzern wieder da, wo er 1967 gestanden hatte: Die schwerste Stahlkrise der Nachkriegszeit erwischte kein Kohlenpottunternehmen stärker als Krupp. Noch immer krankte der Konzern an seinen alten Leiden, an der Produktvielfalt, an zu wenig Eigenkapital, an einer mangelhaften Organisation. Wieder gelang es Beitz, die Krise zu umgehen, ohne die eigentlichen Probleme zu lösen. Er verkaufte dem Schah einen 25-Prozent-Anteil an Krupp, 1,3 Milliarden Mark kamen in die Kassen, doch sie versickerten bald.

Seltsamerweise wurde die Schieflage kaum Beitz angekreidet. Der Wirtschaftspublizist Adolf Theobald charakterisierte in seinem 1977 erschienenen Buch *Die Macher* Beitz als »Prototyp eines strahlenden Managers«. Dessen Image in der deutschen Wirtschaft beschrieb der Autor als »charmant, sympathisch, von nicht allzu störender Intelligenz, schlau«. Beitz wirke mit »beneidenswertem Erfolg«, obschon er »ökonomisch eher Durchschnitt denn große Klasse« sei. »Unter seiner Ägide«, erinnerte Theobald, »kam Krupp ins Schleudern. Die Banken mussten retten, und Beitz wurde, getreu dem Peter-Prinzip, auf die nächste Stufe der Inkompetenz, in den Aufsichtsrat, befördert. Auf dieser Stufe macht er seinen Nachfolgern die größten Schwierigkeiten, vergrault er einen Vorstandsvorsitzenden nach dem anderen.«

Heinz Petry erfüllte Beitz' Wünsche willfährig. Trotz der Verluste des Geschäftsjahres 1975 hielt er eine Überweisung von 20

Millionen Mark an die von Beitz geführte Krupp-Stiftung für unumgänglich – zum Unwillen dreier prominenter Aufsichtsräte, die sich querlegten: Daimler-Benz-Vorstand Joachim Zahn, Dresdner-Bank-Chef Jürgen Ponto und Ludwig Poullain von der Westdeutschen Landesbank wollten als Mitglieder des Finanzausschusses in Krupps Aufsichtsrat keine Dividende zahlen. Nach stundenlanger Debatte gestand der in die Enge getriebene Vorstandsboss schließlich, er habe Beitz das Geld verbindlich zugesagt.

Gegenüber Golo Mann lästerte Beitz 1978 über seinen amtierenden Spitzenmanager Petry, dem es an Durchsetzungskraft und Härte fehle. Weil Petry »früher mal in der dritten Etage« der Krupp-Hierarchie gearbeitet habe, meine dieser, er müsse Rücksicht auf subalterne Bekannte nehmen, wenn der Abbau von Arbeitsplätzen geboten sei; das habe er, Beitz, ihm auch ins Gesicht gesagt: »Dann gehen nicht Sie unter, sondern die Firma geht unter.« Beitz schien vergessen zu haben, wo er selber herkam, Empathie mit kleinen Leuten war ihm fremd geworden.

Trotz aller Kritik, die Beitz an Petry übte, wurde dessen Vertrag Anfang 1979 um fünf Jahre verlängert; Petry musste dann aber bereits Mitte 1980 für den 52-jährigen promovierten Volkswirt Wilhelm Scheider Platz machen. Dieser hatte viele Jahre für die Wirtschaftsvereinigung Eisen und Stahl und dann bei zwei Saar-Firmen gearbeitet, ehe er 1973 in den Krupp-Konzern eintrat, zunächst als stellvertretender Vorstandsvorsitzender der Fried. Krupp Hüttenwerke; 1978 erhielt er dort den Chefposten. Bei seiner Berufung an die Spitze der Konzernmutter spielte offenbar die landsmannschaftliche Verbundenheit mit dem Aufsichtsratsvorsitzenden eine Rolle: Scheider stammte, wie er selbst gern erzählte, »aus derselben Gegend« wie Beitz.

Dass Beitz ihm bei der täglichen Arbeit dazwischenfunken könnte, fürchtete Scheider nicht. »Die Geschäfte macht der Vorstand«, erklärte er selbstbewusst. Seine Vorgänger hatten freilich andere Erfahrungen gesammelt. Immerhin ließ Beitz hoffen, dass er die Zügel lockerer führen würde. »Ich will mich künftig auch mal zurücklehnen können«, sagte er.

Anfangs hielt Beitz den neuen Vorstandsvorsitzenden für einen »hervorragenden Mann, fair und aktiv« – kein Wunder, er hatte ihn, dank seiner von ihm oft gerühmten »Eingebung« ja selbst berufen. Schon bald aber klang das anders. Beitz zog über Scheider her – und der über ihn.

Die iranische Geldspritze 1976 hatte den Konzern nur vorübergehend entlasten können. Grandseigneur Beitz, nach einem *Spiegel*-Verdikt von Anfang 1987 »schon lange mehr Unternehmer-Darsteller als Unternehmer«, schaffte es nicht, die Firma auf festen Grund zu stellen. Bei einem Umsatz von 18,5 Milliarden Mark erzielte der Stahl-, Anlagen- und Maschinenbau-Trust 1985 einen Überschuss von gerade mal 124 Millionen Mark. »Wiewohl Beitz als allgegenwärtiger Gottvater des Konzerns an diesen Resultaten maßgeblich mitgewirkt hat, schiebt er die Verantwortung nur zu gern auf das Management der Firma«, resümierte der *Spiegel*.

In derselben Ausgabe deckte das Hamburger Nachrichtenmagazin die Details einer Affäre auf, die der Konzernmonarch Beitz mit »seinem Hang zur Günstlingswirtschaft« erst ermöglicht hatte. Die Veröffentlichung löste staatsanwaltschaftliche Ermittlungen aus, die am Ende zu langjährigen Haftstrafen für einen hohen Krupp-Manager und ein Aufsichtsratsmitglied führten.

Auf Sylt, seinem regelmäßigen Urlaubsdomizil seit den frühen Nachkriegsjahren, hatte Beitz im Sommer 1968 einen Mann kennengelernt, der ihm viele Jahre später Sorgen bereiten sollte. Werner Resch, ein ehemaliger DDR-Zehnkämpfer und Offizier der Nationalen Volksarmee, der vier Wochen vor dem Bau der Berliner Mauer 1961 in den Westen geflohen war, hatte das Interesse des Sportsmanns Beitz geweckt, weil er täglich von Kampen nach List und zurück barfuß durch den Sand rannte, 22 Kilometer weit. »Beitz fliegt auf Exoten«, erläuterte die *Zeit* die Strandbekanntschaft.

Es gab aber, wie sich herausstellte, auch gemeinsame fachliche Interessen. Resch war damals Betriebsleiter beim Stahlkonzern Hoesch in Dortmund und hatte gerade einen Vertrag als Stahlwerkschef beim Staatskonzern Salzgitter unterschrieben – mit 32 Jahren wurde der promovierte Ingenieur Deutschlands jüngster Stahlwerksdirektor. Fortan absolvierten Beitz und Resch nicht nur ihre sportlichen Übungen auf der Nordseeinsel gemeinsam; der Salzgitter-Manager, der Beitz nach eigenem Bekunden »wie einen Vater« verehrte, wurde auch eine Art Ratgeber des Krupp-Oberaufsehers. 1977 machte sich Resch mit einer Stahlberatungsfirma selbstständig. 1984 bugsierte Beitz seinen Vertrauten in den Aufsichtsrat der Tochtergesellschaft Krupp Stahl AG in Bochum (die vormaligen Fried. Krupp Hüttenwerke). Für die Krupp Industrietechnik GmbH bekam der Sylt-Freund einen Beratervertrag. Resch sei ein exzellenter Stahlfachmann, schwärmte Beitz oft im Kreis von Konzern- und Hüttenchefs. Beitz habe ihn sogar »in den Konzernvorstand holen« wollen, behauptete Resch.

Selbst im Ausland pries Beitz die Fähigkeiten seines Sportkameraden. In Sofia machte er seinen Reisebegleiter mit Bulgariens Staats- und Parteichef Todor Schiwkoff bekannt. Fortan fungierte der Beitz-Intimus auch als offizieller Berater der bulgarischen Stahlindustrie.

Reschs Geschäfte gingen immer besser. Bis 1985 brachte es der ehemalige Salzgitter-Angestellte auf ein Dutzend eigene Unternehmen und Beteiligungen. Fast alle erhielten Aufträge von Krupp, selbst wenn Krupp-Tochterfirmen die Aufgaben genauso gut und womöglich billiger hätten erledigen können. Dabei half Resch die für alle sichtbare Protektion durch Beitz. Der Geschäftspartner, bemerkten Vorstandsherren neidisch, bekam beim Stiftungschef schneller einen Termin als Konzernlenker Scheider.

Vor seinen Mitarbeitern, vor Kollegen der Industrie und vor Geschäftspartnern rühmte sich Resch immer wieder seiner guten Kontakte zum Herrn auf dem Hügel. Auf Wunsch des Aufsichtsratsvorsitzenden wurde der drahtige Stahlfachmann hinzugezogen, als die Krupp Stahl AG und die Duisburger Klöckner-Werke 1984 über eine Fusion verhandelten. Beitz ordnete auch an, dass sich Konzernchef Scheider und der Vorstandsvorsitzende der Krupp Stahl AG, Alfons Gödde, bei den Sanierungsarbeiten im Hüttenbereich von Resch beraten lassen sollten.

Resch rechnete sich sogar Chancen auf die Nachfolge von Beitz aus. Der ehrgeizige Gödde wiederum machte sich Hoffnungen, eines Tages Scheider, der schon sein Vorgänger bei den Fried. Krupp Hüttenwerken war, zu beerben und Vorstandschef der Holding zu werden. Dabei sollte ihm Beitz-Protegé Resch behilflich sein. Argwöhnisch beobachtete Scheider lange Zeit das harmonische Zusammenspiel von Resch und Gödde. Aber erst als ein Anonymus dem Krupp-Chef ein vier Seiten langes Papier mit der Überschrift »Unregelmäßigkeiten bei der Krupp Stahl AG« zuspielte, schlug Scheider bei Beitz Alarm.

Dem Papier konnte Scheider unter anderem entnehmen, dass eine kleine Firma, die Rheinform GmbH in Wetter an der Ruhr, im Mittelpunkt von Schiebereien stand. Resch hatte eine Kaufoption an der Firma und fungierte als Beiratschef. Kaum in diesem Amt, zog er Gödde in das Kontrollgremium nach. Die Rheinform sollte von Krupp mit der Entsorgung und dem Recycling von giftigen Stahlwerksstäuben beauftragt werden, die bei der Edelstahlerzeugung anfielen. Die Firma war aber so hoch verschuldet, dass erst einmal kräftige Geldspritzen nötig wurden. Gödde half mit 1,2 Millionen Mark aus. Das Geld beschaffte er sich bei einem Lieferanten, der die Summe als Kredit überwies. Für die Rückzahlung fand Gödde einen eleganten Dreh: Bei Rechnungen gewährte der Lieferant weniger Rabatt als bisher, die Differenz zwischen altem und neuem Rabattsatz minderte die Darlehensschuld. Der Aufsichtsrat und auch der übrige Vorstand wussten nichts von dem Geschäft, das voll zu Lasten von Krupp ging.

Die Firma in Wetter bezog außerdem von Krupp über 10 000 Tonnen Edelstahlrückstände, im Fachjargon »Bären« genannt. Rheinform bezahlte dafür nur die Hälfte des Marktpreises. Das Material wurde eingeschmolzen oder zerkleinert; den dabei entstehenden nickelhaltigen Schrott kaufte Krupp mit saftigen Aufschlägen zurück. Die Revisoren fanden später heraus, dass Krupp für die Bären-Lieferungen 11,47 Millionen Mark hätte bekommen müssen, tatsächlich zahlte Rheinform nur 1,5 Millionen Mark.

Rheinform war lediglich die Spitze des Eisbergs. Über eine Reihe weiterer Firmen, an denen Resch beteiligt war, wickelten die beiden Manager Krupp-Geschäfte ab, bei denen sie in die eigene Tasche wirtschafteten. An der von Resch Ende 1985 gegründeten Atrol-Armaturen GmbH war Gödde sogar mit 25 Prozent beteiligt.

Im März 1986 musste der 56-jährige Gödde, seit sechs Jahren Chef der Krupp Stahl AG, seinen Schreibtisch Knall auf Fall räumen. »Weil das Harmoniebedürfnis die Wahrheitsliebe überwog«, so die *Zeit*, gab die Stabsabteilung Information der Fried. Krupp GmbH eine Presseerklärung heraus, die, »gelinde gesagt, nicht ganz richtig war«. Gödde, hieß es da, wolle »aus persönlichen Gründen ausscheiden«, bleibe aber »dem Unternehmen freundschaftlich verbunden« und werde »weiter beratend zur Verfügung stehen«. Resch musste den Aufsichtsrat verlassen.

Dass sich die Trennung nicht so friedlich vollzog, wie die Pressestelle glauben machen wollte, erwies sich drei Monate später: Auf Vorschlag Scheiders – der Vorstandsvorsitzende des Mutterkonzerns leitete zugleich den Aufsichtsrat der Krupp Stahl AG – wurde in der Hauptversammlung der Tochtergesellschaft die Entlastung Göddes und Reschs bis zum nächsten Jahr vertagt. Bis dahin sollten die geschäftlichen Kontakte von Krupp Stahl zu Rheinform und anderen Resch-Firmen »umfassend untersucht« werden. Auch juristische Schritte hielt man sich dadurch offen. Beitz und Scheider stellten jedoch keine Strafanträge – sie wollten den Fall geräuschlos bereinigen. Denn sie sorgten sich, die amtliche Aufklärung könne der Affäre zu breiter Publizität verhelfen, die auch ihr eigenes Image beschädigen würde.

Im September 1987 wurden Gödde und Resch in Untersuchungshaft genommen. Resch wurde im März 1990 zu fünf Jahren Gefängnis verurteilt, Gödde im März 1992 zu siebeneinhalb Jahren – das Bochumer Landgericht sah es als erwiesen an, dass der Exmanager das Stahlunternehmen um 16 Millionen Mark geschädigt hatte.

Der abrupte Abgang Göddes vom Chefsessel der Krupp Stahl AG im März 1986 machte eine rasche Neubesetzung erforderlich. Diesmal mochte sich Beitz nicht auf sein Bauchgefühl verlassen, auch drängte sich kein konzerninterner Kandidat auf. Deshalb nahm Beitz professionelle Hilfe in Anspruch: Er schaltete den Münchner Headhunter Dieter Rickert ein, den bekanntesten Vermittler für Führungskräfte der obersten Ebene. Schon nach wenigen Wochen präsentierte Rickert seinen Favoriten: Gerhard Cromme, 43 Jahre alt, ein schlaksiger Mann von 1,94 Meter mit welligem schwarzem Haar.

Cromme hatte, wie er selbst einräumte, »keine Ahnung vom Stahl und vom Ruhrgebiet«, obschon seine Mutter aus Essen stammte. Da die Ruhrmetropole im Krieg nicht zuletzt wegen der Waffenschmiede Krupp bevorzugtes Ziel alliierter Bomber gewesen war, hatte die Mutter bei ihren Schwiegereltern in Vechta im oldenburgischen Münsterland gewohnt, als Gerhard Cromme 1943 dort geboren wurde. Sein Vater war Studienrat für Latein und Griechisch. Nach einem weltläufigen Studium der Rechtswissenschaft und der Volkswirtschaftslehre in Münster, Lausanne und Paris sowie weiteren Studien an der Harvard Business School hatte Cromme seine Berufslaufbahn 1971 bei dem französischen Glas- und Baustoffkonzern Saint-Gobain begonnen und war, nach verschiedenen leitenden Positionen, 1984 zum Chef der deutschen Tochterfirma Vegla Vereinigte Glaswerke in Aachen aufgestiegen. Jean-Louis Beffa, der Präsident des französischen Staatskonzerns, hatte ihm, dem Nichtfranzosen, Anfang 1986 sogar den Posten des stellvertretenden Generaldirektors in der Pariser Konzernzentrale angetragen, als Cromme einen Anruf von Rickert erhielt.

Der Bewerber und der Headhunter nahmen zum Vorstellungsgespräch auf den beiden Besucherstühlen vor dem Schreibtisch Platz, hinter dem auf einem beigefarbenen Ledersessel der allmächtige Stiftungschef thronte. Beitz hörte aufmerksam zu und hielt, wie er es bei Zwiegesprächen oft zu tun pflegte, seine schmalgliedrigen Hände vor der Brust gefaltet, mit gespreizten Fingern, deren Kuppen sich berührten. Die Geste wirkt lässig, verrät aber hohe Konzentration.

Nachdem Cromme seine Vorstellungen dargelegt hatte, wollte er zum Schluss von Beitz wissen, ob denn die Nachfolge Scheiders, des Vorstandschefs der Muttergesellschaft, schon geregelt sei. An der Ruhr wurde ja bereits länger gemunkelt, dass dessen Stuhl wackle. »Haben Sie den Chefsessel irgendeinem fest zugesagt?«, fragte Cromme rundheraus. Als Beitz verneinte, sagte Cromme: »Dann komme ich.« Cromme wusste: Wenn er seinen Job bei der Stahltochter in Bochum erfolgreich erledigte, hatte er Chancen, an die Spitze des ganzen Konzerns vorzustoßen.

Beitz schien es zu gefallen, dass Cromme mit seinen Ambitionen von Anfang an nicht hinterm Berg hielt. Er erkannte aber auch, dass Cromme sich einiges zutraute, denn Krupp Stahl, das wusste man in der Branche, stand kurz vor dem Ruin. Die Sanierung der Stahlsparte war überlebenswichtig für den gesamten Firmenverbund.

Wie dramatisch die Lage bei Krupp Stahl tatsächlich war, entdeckte der neue Chef erst nach seinem offiziellen Amtsantritt am 1. Oktober 1986. Vor allem das Hüttenwerk in Duisburg-Rheinhausen entpuppte sich als Geldvernichtungsanlage. In den letzten fünf Jahren hatten sich allein an diesem Standort Verluste von mehr als einer Milliarde Mark angehäuft. Und es wurde immer schlimmer: Hier, erkannte Cromme, »verloren wir Monat für Monat zehn, fünfzehn, zwanzig Millionen Mark, also Riesenbeträge, die das ganze Schiff hätten zum Sinken bringen können«. Nur eine Kooperation der Konkurrenten, davon war Cromme überzeugt, konnte verhindern, dass alle miteinander untergingen. Den Wettbewerbern ging es nämlich auch nicht besser.

Der Lösungsansatz war nicht neu. Von arbeitsteiligen Firmenpartnerschaften bis zur kompletten Verschmelzung von Unternehmen hatten die Krupp-Lenker seit Anfang der 1980er-Jahre schon alles Mögliche versucht, um Kosten zu drücken und Überkapazitäten abzubauen. Krupp-Stahl-Chef Gödde hatte 1981 mit Detlev Karsten Rohwedder, dem Vorstandsvorsitzenden der Dortmunder Hoesch AG, verhandelt. Man war sich schon fast einig geworden, die beiden Gesellschaften so eng wie möglich miteinander zu verflechten – beiden Partnern erschien die vorgesehene Radikalkur als letzte Hoffnung. Im Februar 1982 hatten Hoesch und Krupp Stahl vereinbart, die beiden Unternehmen zur Ruhrstahl AG zu fusionieren. Aber dann wurde ruchbar, dass Führungskräfte von Krupp parallel auch mit Thyssen über die Zusammenlegung ihrer beiden Edelstahlbereiche berieten. Davon, dass die Edelstahlfabriken bei der Fusion mit Hoesch ausgeklammert würden, hatten die Krupp-Unterhändler jedoch nie gesprochen. Rohwedder fühlte sich düpiert: »Ohne Edelstahl«, schimpfte er vor seinen Aufsichtsräten, »ist

Krupp für mich ein unzumutbarer Partner.« Ultimativ forderte Rohwedder den Krupp-Stahl-Chef Gödde auf, die Gespräche mit Thyssen sofort einzustellen, »andernfalls ist die Ruhrstahl tot«.

Krupps Doppelstrategie war indes ganz oben ersonnen worden. Im März 1982 hatte Thyssen-Chef Dieter Spethmann – ein ehemaliger Kruppianer, der 1943 als Lehrling im Krupp'schen Maschinenbau angefangen hatte – Beitz dazu animiert, beim Edelstahl gemeinsame Sache zu machen. Der Krupp-Gewaltige, der schon einmal zu erkennen gegeben hatte, dass er die defizitären Stahlwerke am liebsten zum symbolischen Preis von einer Mark aufgeben würde, sah sogleich die Vorteile eines Pakts, wie ihn Spethmann vorschlug: Die gemeinsame Edelstahlfirma wäre fast so groß gewesen wie der von der französischen Regierung mit Milliardensubventionen gepäppelte europäische Marktführer Sacilor. Doch Spethmann plauderte den geheimen Plan bei Wirtschaftsminister Otto Graf Lambsdorff (FDP) aus, worauf die ganze Sache auflog.

Beitz suchte zu beschwichtigen: Spethmann habe einen »unerwünschten Drive« in die Gespräche gebracht, weil Thyssen die von Krupp Stahl und Hoesch geplante Ruhrstahl AG als gefährliche Konkurrenz fürchtete. »In unserem Haus«, wiegelte Scheider ab, »hat die Verwirklichung der Ruhrstahl AG absoluten Vorrang vor ergänzenden Kooperationskonzepten.« Bei Hoesch glaubte man den Beteuerungen nicht mehr. Der Betriebsratsvorsitzende Kurt Schrade schimpfte, gegen die doppelzüngigen Krupp-Strategen sei der Mafiaboss Al Capone »geradezu ein Messdiener« gewesen.

1984 unternahm Krupp, nach den gescheiterten Versuchen mit Hoesch und Thyssen, einen dritten Anlauf, für seine Bochumer Stahltochter einen Partner zu finden. Gödde verhandelte mit den Teilhabern des Duisburger Klöckner-Konzerns, den Brüdern Jörg und Christian-Peter Henle. Hinter den Gesprächen steckte wieder einmal Beitz, der sich familiäre Bindungen zunutze machen konnte: Seine Tochter Susanne ist mit dem jüngeren der beiden Henle-Brüder verheiratet. Doch aus der erhofften Ehe der Stahlkonzerne wurde nichts.

Derweil rutschte die Krupp Stahl AG immer tiefer ins Minus. Der neue Vorstandschef Cromme »sah, wie das Wasser aus dem Eimer rauslief, und wusste, irgendwann ist der Eimer leer«. Cromme sann darüber nach, wie er die unverkäufliche Überproduktion an Stahl drosseln könne. Das ging nur, wenn Arbeitsplätze abgebaut würden. Auch die IG Metall verschloss sich dieser Einsicht nicht, hatte sie doch das Schicksal eines anderen Stahlkochers vor Augen: Ostern 1987 ging die zu Klöckner gehörende Maxhütte in der bayerischen Oberpfalz, trotz aller Stützungsbemühungen der Münchner Landesregierung, in Konkurs.

Am 10. September 1987 unterschrieben Vorstand und Betriebsrat von Krupp Stahl eine Vereinbarung, die den Hüttenstandort Rheinhausen langfristig sichern sollte. Man einigte sich darauf, die Profilwalzwerke in Rheinhausen zu schließen und die Produktion von Eisenbahnschienen an Thyssen abzutreten, weil der Konkurrent dank einer größeren Anlage wettbewerbsfähiger war. Die Übereinkunft sah vor, die Zahl der Beschäftigten in Rheinhausen innerhalb von vier Jahren von 6300 auf 4300 zu reduzieren. Es sollte jedoch keine betriebsbedingten Kündigungen geben, sondern nur vorzeitige Pensionierungen. Krupp war seit Kaisers Zeiten stolz darauf, sozialer zu handeln als andere Unternehmen der Schwerindustrie, und Berthold Beitz sah sich gern in dieser Tradition als arbeiterfreundlicher Patriarch.

Doch die Tinte unter dem Kontrakt war kaum trocken, als sich eine neue Entwicklung anbahnte. Das Mannesmann-Hüttenwerk in Duisburg-Huckingen, vis-à-vis von Krupps Rheinhausener Stahlfabrik am anderen Rheinufer, hatte mit denselben Problemen zu kämpfen wie Krupp Stahl: Weil das Röhrengeschäft nicht mehr richtig lief, produzierte auch die Mannesmann-Hütte doppelt so viel Stahl, wie eigentlich gebraucht wurde. Bei Mannesmann kamen Unternehmensleitung und Betriebsrat zu der Erkenntnis, dass nur eine Kooperation mit einem Konkurrenten aus der eigenen Misere herausführen könne. Rheinhausen war, nicht nur geografisch, die nächstliegende Lösung. Überlebensfähig waren Rheinhausen und Huckingen nur als Partner – oder nur einer von beiden. Wenn es aber darauf hinauslief, dass eines der beiden Werke geschlossen werden sollte, um dem anderen den Fortbestand zu ermöglichen, dann war Huckingen im Vorteil: Mannesmann hatte da noch in jüngster Zeit viel investiert, vor allem eine moderne Kokerei gebaut, während die fast hundert Jahre alten Krupp'schen Anlagen in Rheinhausen hoffnungslos antiquiert waren. Die Mannesmänner fühlten bei Cromme vor.

Cromme besprach sich mit Beitz. Sein Konzept sah vor, dass Rheinhausen geschlossen wird und Krupp seinen Rohstahl von der Huckinger Mannesmann-Hütte bezieht. Die wäre dann ausgelastet, und Krupp könnte Kosten sparen. Beitz stimmte dem Plan zu, denn er wusste auch keine bessere Lösung.

Als am 26. November 1987 durchsickerte, dass das Rheinhausener Krupp-Werk Ende 1990 endgültig stillgelegt werden sollte, empörte sich die Belegschaft über den Wortbruch Crommes, der zweieinhalb Monate zuvor noch eine Bestandsgarantie gegeben hatte. Am nächsten Tag stieg der Stahlchef auf die Ladefläche eines Lastwagens und stellte sich 3000 aufgebrachten Arbeitern, die ihn wütend attackierten und mit Eiern bewarfen, sodass Dotter von Crommes hellem Trenchcoat tropfte. Standhaft verkündete Cromme das Aus für Rheinhausen.

Rheinhausen hatte Symbolcharakter. Als einziges deutsches Hüttenwerk war die Fabrik im Krieg nicht zerstört worden, als erstes Stahlwerk hatte es nach 1945 die Produktion wieder aufgenommen – und nun sollte es in Friedenszeiten geopfert werden. Die Arbeiter und ihre Familien bangten um ihre Existenz, hatten Angst vor sozialem Abstieg. Der Beschluss der Firmenleitung, Rheinhausen aufzugeben, provozierte denn auch eine bislang nicht dagewesene Militanz der Belegschaft und eine breite Solidarisierung der Bevölkerung.

Am 2. Dezember 1987, lange vor Beginn der Frühschicht, riegelten Hunderte von Stahlwerkern rund um Duisburg Bundesstraßen und eine Autobahnauffahrt ab, 16 Stunden lang blockierten sie die dreispurige Rheinbrücke, die später »Brücke der Solidarität« genannt wurde. Hinter Straßensperren und heißen Kokskörben brachten sich Tausende von Stahlarbeitern in Stellung. Kruppianer drohten, dicke Stahlbrammen auf die Autobahn zu werfen oder die A 2 zu besetzen.

Eine Woche nach der Brückenblockade zogen Hunderte von Demonstranten vor die Villa Hügel. Sie trugen Helme und Transparente, entzündeten auf dem Platz vor dem Portal ein Feuer und verbrannten Paletten. Sie riefen: »Wir haben nichts mehr zu verlieren, nicht mal unseren Arbeitsplatz.« Die Menge verlangte nach Beitz, der im ersten Stock der Villa Hügel gerade eine Sitzung des Aufsichtsrats der Konzernmutter leitete.

Plötzlich spitzte sich die Situation dramatisch zu. Die Anwesenheit von Fernsehkameras animierte Scharfmacher, die ohnehin aggressive Stimmung anzuheizen. Machtlos mussten die Leute vom Werkschutz zusehen, wie Demonstranten die verschlossene Flügeltür des Unternehmer-Schlosses aufdrückten und in die Eingangshalle strömten. Beitz, flankiert von führenden Krupp-Betriebsräten und DGB-Chef Ernst Breit, der dem Aufsichtsrat angehörte, kam die Treppe herunter. Es wurde still im Saal, niemand bedrängte Beitz. Der erklärte: »Was jetzt geschieht, tut auch mir weh.«

160 Tage kämpften die Arbeiter des Krupp-Hüttenwerks in Rheinhausen um ihre Zukunft. Sie blockierten Brücken, bildeten eine Menschenkette von Duisburg bis Dortmund, hielten Gottesdienste ab. Stars gaben Konzerte ohne Gage. Innerhalb weni-

ger Wochen wurden eine Million Mark für die Streikkasse gesammelt. Der Kampf um das Stahlwerk wurde zum Symbol für den Zusammenhalt der Bürger.

Der Konflikt endete am 3. Mai 1988 mit einem Pyrrhussieg der Belegschaft. Das Werk wurde zwar nicht sofort geschlossen. Aber der durch Vermittlung des nordrhein-westfälischen Ministerpräsidenten Johannes Rau gefundene Kompromiss, die »Düsseldorfer Vereinbarung«, wies auf das nicht abwendbare Ende hin. Das Walzwerk und der Hochofen II stellten den Betrieb ein, Thyssen übernahm die Schienenproduktion, das Hauptprodukt der Rheinhausener Hütte. Ein Teil der Stahlproduktion wurde auf die zwischenzeitlich gegründete Gemeinschaftshütte »Hüttenwerke Krupp Mannesmann« in Duisburg-Huckingen verlagert.

Mehr als einen Aufschub hatten die Protestaktionen nicht bewirkt. »Die Kapazitäten mussten zurückgefahren werden«, sagte der Wirtschaftshistoriker Dietmar Petzina später, »man hätte mit den Menschen aber anders umgehen können, ihnen keine Illusionen machen sollen, dass ihre Arbeitsplätze doch erhalten bleiben.« Erst dies habe die Bitterkeit hervorgerufen. 1993 verlosch im letzten Hochofen das Feuer.

Während Beitz in der Auseinandersetzung um Rheinhausen unverbrüchlich zu seinem Stahlchef Cromme stand, wuchsen die Differenzen zwischen ihm und Wilhelm Scheider, dem Konzernvorsteher. Beitz wies ihm Schuld zu, dabei war auch er für die Probleme verantwortlich. Einerseits schalt Beitz seinen Vorstandsvorsitzenden als entscheidungsschwach, andererseits betätigte er sich selbst als Bremser. Scheider wollte die ausufernde Produktvielfalt beschneiden, aber Beitz fiel ihm in den Rücken.

Als »Kuriosiäten« stufte Scheider etwa die Herstellung von Bühnentechnik, Schleusentoren oder Hafenkränen ein. Die traditionsreichen Konsumanstalten hatte er bereits geschlossen. Auch Beitz erkannte, dass vieles, was Krupp betrieb, nicht mehr zeitgemäß war, aber er lamentierte darüber, dass ein Teil der großen sozialen Leistungen des Hauses aufgegeben werde. »Der Erbwalter möchte manches erhalten, was der Spitzenmanager Scheider offenbar für Sentimentalität hält«, diagnostizierte die *FAZ* nach einem Gespräch mit beiden. Jovial räumte Beitz ein: »Ich weiß, der Scheider hat es mit mir nicht immer leicht.«

Beitz nutzte freilich jede Möglichkeit, seinen Vorstandschef madig zu machen. Scheider habe keine Führungsfähigkeiten und seit Amtsübernahme vor acht Jahren auch keine Zukunftsstrategien entwickelt. Scheider sei unberechenbar. Im Gespräch mit ihm zeige sich sein Chefmanager stets beflissen, hinter seinem Rücken aber lasse er keine Gelegenheit zur Intrige aus. Beitz warf Scheider beispielsweise vor, eine Pressekampagne gegen ihn angestiftet zu haben. Scheider wiederum hielt den Stiftungschef für launenhaft und kaum kalkulierbar. Es sei schwierig, in einem Konzern zu arbeiten, in dem ein Mann wie Beitz ständig hineinregiere.

Öffentlich verbreitete Beitz, Scheider sei ungefährdet, eine vorzeitige Vertragsauflösung stehe nicht zur Debatte. Dann wieder verkündete er Gesprächspartnern, es sei nun höchste Zeit für eine Ablösung. Das zeigte: Beitz und Scheider brauchten einander – wenn einer fiele, könnte er nicht mehr als Sündenbock für den anderen herhalten, eigene Schwächen würden dann offenkundig. Die Notgemeinschaft schreckte auch potenzielle Kandidaten für einen Spitzenposten in Essen. Hoesch-Chef Detlev Karsten Rohwedder ließ wissen, er habe kein Interesse an einem Wechsel zu Krupp, solange Beitz dort herrsche. Auch Thyssen-Vorstand Dieter Vogel winkte ab.

»Was muss eigentlich noch passieren, bis Krupp mal wieder Geld verdient?«, fragte entnervt der iranische Vertreter im Aufsichtsrat, Mohamad-Mehdi Navab-Motlagh. Der Jahresüberschuss des Konzerns fiel 1987 auf knapp 42 Millionen Mark, gegenüber immerhin noch 126 Millionen im Vorjahr, was auch schon nicht üppig war. Sein Land habe lächerliche zwei Millionen Mark Dividende zu erwarten, schimpfte Navab, während der Vorstand Gehälter von insgesamt fünf Millionen Mark einstreiche. Die schlechte Ertragslage lastete er Scheider an und verweigerte im Juni 1988 dem Vorstand bei der regulären Aufsichtsratssitzung die Entlastung; die Abstimmung musste vertagt werden. Beitz kam die Attacke des Persers nicht ungelegen: Er könne, so wurde spekuliert, Scheider loswerden, ohne selbst den Abzugshahn betätigen zu müssen.

Doch Beitz ließ die Dinge weiter treiben. »Beruflich bedrückt mich, dass ich personelle Entscheidungen getroffen habe, die nicht sehr positiv für die Firma waren«, bekannte Beitz Jahre später im Rückblick. Scheiders Berufung gehörte dazu.

Je länger Beitz zauderte, seinen Spitzenmanager zu feuern, desto vernehmlicher wurde auch sein eigener Rückzug gefordert. So sehr sich Beitz auch taub stellte, er konnte die kritischen Stimmen nicht mehr überhören. Am 26. September 1988, seinem 75. Geburtstag, sandte er aus Seoul, wo er sich zu den Olympischen Spielen aufhielt, die Botschaft, dass er verstanden habe. »Den Aufsichtsratsvorsitz werde ich in absehbarer Zeit aufgeben«, sagte er dem Westdeutschen Rundfunk. »Allerdings erst«, schränkte er gleich wieder ein, »wenn die Dinge alle geregelt sind.« Dazu müsse ein geeigneter Nachfolger gefunden werden, der, so Beitz, im »Einvernehmen mit dem Kuratorium der Stiftung« gesucht werden solle. Das hieß: Er wollte ihn bestimmen – und sich die Zeit dafür nehmen, die er für nötig hielt.

Doch maßgebliche Krupp-Aufsichtsräte mochten sich nicht länger hinhalten lassen. Drei von ihnen – Veba-Boss Rudolf von Bennigsen-Foerder, Dresdner-Bank-Chef Wolfgang Röller und Daimler-Benz-Vize Werner Niefer – bestellten Beitz für den 11. November 1988 nach Frankfurt am Main. Am Flughafen ließen sie ihn nicht, wie sonst, mit einer Limousine abholen, sondern Beitz musste ein Taxi nehmen, um zur Dresdner-Bank-Zentrale zu fahren. Das Aufrührer-Trio stellte Beitz ein Ultimatum: Wenn er nicht zurücktrete, würden sie ihre Krupp-Mandate niederlegen. Beitz erklärte sich bereit, auf sein Amt zu verzichten, verlangte aber, dass zuvor Scheider gehen müsse. Damit sollte klargestellt werden, wer die akute Malaise verschuldet hatte.

Beitz empfand es als ungehörig, dass fremde Manager ihn bei jeder Gelegenheit belehrten und ihm, dem Quasi-Eigentümer von Krupp, den Rücktritt als Aufsichtsratsvorsitzender nahelegten. Er wollte sich am Ende seiner Karriere noch einmal als Krupp-Retter feiern lassen – wie damals, als er die zerrütteten Konzernfinanzen mit dem spektakulären Iran-Coup wieder ins Lot gebracht hatte.

Überraschend gewann Beitz im Poker um seinen Abgang noch einmal Zeit, und ursächlich dafür war die Attacke eines Konkurrenten auf Krupp. Neun Tage nach dem Frankfurter Ultimatum, an einem Sonntagmorgen um zehn, fuhr Thyssen-Chef Dieter Spethmann bei Beitz am Weg zur Platte vor und unterbreitete ein Kaufangebot: Einen »Ablösepreis von zwei Milliarden DM plus fünf Prozent Thyssen-Aktien, beides als Verhandlungsgrundlage«, halte er »für angemessen«.

Unter Verweis auf Alfried Krupps Letzten Willen ließ Beitz den Besucher abblitzen. »Herr Spethmann, Sie sind Jurist, Sie müssen sich das Testament angucken. Ich kann nicht verkaufen und werde es auch nicht tun.« In Paragraf 4 der Satzung stehe, die Stiftung könne weiteres Vermögen erwerben, nicht aber, dass die Stiftung durch andere erworben werden könne.

Nicht nur Beitz empfand Spethmanns Antrag als unsittlich. Auch die drei Frondeure im Krupp-Aufsichtsrat, die ihren Vorsitzenden aufs Altenteil abschieben wollten, mussten sich notgedrungen hinter Beitz stellen. Daimler-Manager Niefer verkündete, so könne man mit Beitz und Krupp nicht umspringen. Bennigsen-Foerder spielte die Rücktrittsforderung herunter, sie sei nicht an einen konkreten Zeitpunkt gebunden. Und auch der ärgste Beitz-Kritiker Röller hielt sich zurück, weil er eigene Interessen tangiert sah: Die Dresdner war Krupps Hausbank, und hinter Spethmanns Kaufangebot stand die Deutsche Bank, die mächtige Konkurrenz.

Das Trio hätte gern den Hoesch-Chef Detlev Carsten Rohwedder als Scheider-Nachfolger gesehen und bedrängte ihn, den Vorstandsvorsitz bei Krupp zu übernehmen. Doch der krisenerfahrene Rohwedder sah schwarz für eine rasche Konsolidierung des Konzerns. »Da muss man jahrelang durch Blut waten«, hatte er schon früher beschrieben, was Sanierungsarbeit bei Krupp bedeutet.

Doch dann regelte sich die Sache fast von allein. In der Aufsichtsratssitzung der Fried. Krupp GmbH am 7. Dezember 1988 setzte Beitz die Berufung des bisherigen Stahlchefs Cromme in den Holding-Vorstand durch – mit der Maßgabe, dass Cromme im März 1989 Scheider als Vorsitzenden ablöst. Crommes Wahl erfolgte, bei einer Enthaltung, einstimmig, auch die Arbeitnehmervertreter schlossen sich dem Votum an, obwohl Cromme sich im Fall Rheinhausen bei der Belegschaft nicht beliebt gemacht hatte. Aber Beitz redete mit den Gewerkschaftern, drohte, wie ein Beteiligter berichtete, »ihnen die Freundschaft aufzukündigen«, wenn sie die Berufung Crommes verhinderten, denn der sei »die große Chance« für Krupp.

In derselben Aufsichtsratssitzung kündigte Beitz auch an, dass er zur Jahresmitte 1989 den Vorsitz im Kontrollgremium aufgeben werde – die Bedingung, dass erst Scheider gehen müsse, war ja nun erfüllt.

Auch seinen Nachfolger hatte er inzwischen auf den Schild gehoben. Das Kuratorium der Krupp-Stiftung empfahl, den promovierten Bergbauingenieur Manfred Lennings, vormals Vorstandsvorsitzender der Gutehoffnungshütte (GHH) in Oberhausen, seiner Geburtsstadt, im Juni 1989 zum Aufsichtsratchef zu wählen. Lennings, Jahrgang 1934, hatte den GHH-

Posten sechs Jahre zuvor nach Querelen um ein Sanierungskonzept für die GHH-Tochter MAN aufgeben müssen und war dann Berater der Westdeutschen Landesbank und Sanierer mittelgroßer Unternehmen geworden. Im Auftrag der WestLB hatte er 1985 den Vorsitz im Aufsichtsrat des krisengeschüttelten Maschinenbauunternehmens Gildemeister übernommen. West-LB-Chef Friedel Neuber war es auch, der Lennings an Beitz vermittelt hatte.

Frieden war deshalb aber noch lange nicht eingekehrt. Kaum waren die beiden Personalien verkündet, säte Beitz schon Zwietracht zwischen den Spitzenleuten. Cromme, verkündete Beitz, sei die Nummer eins im Unternehmen, Lennings solle ihn nur kooperativ begleiten. Er selbst, sagte Beitz, wolle als »Elder Statesman« den beiden Neuen mit seinem Rat zur Seite stehen – was auch als Drohung verstanden werden konnte.

»Beitz hatte seine Fähigkeit zur Selbstverleugnung einmal mehr überschätzt«, lästerte das *Manager Magazin*. Kaum hatte er die Rollen des Triumvirats definiert, begann Beitz, »wieder ganz der Alte«, seinen Part indirekt aufzuwerten, indem er Lennings demontierte. Beitz machte keinen Hehl daraus, dass er Deutsche-Bank-Chef Alfred Herrhausen vorgezogen hätte: »Ich habe versucht, den Besten zu finden.« Damit stempelte er Lennings zur zweiten Wahl. Dann ließ Beitz in vertraulichen Gesprächen kaum eine Gelegenheit aus, seinem designierten Nachfolger am Zeug zu flicken. »Das ist doch nur ein Handwerker«, qualifizierte er Lennings ab. Und auch persönlich redete er schlecht über Lennings: »Ich habe gehört, er trinkt gern«, kolportierte Beitz laut dem unwidersprochen gebliebenen Bericht des *Manager Magazins*.

Beitz blieb sich treu. Nach seiner festen Überzeugung konnte ihm keiner das Wasser reichen.

15. KAPITEL

DER STRIPPENZIEHER

»Das Krupp-Erbe auch in Zukunft sicher«

Ein deutsches Sprichwort sagt: »Der Erfolg hat viele Väter, der Misserfolg ist eine Waise.« Bei Beitz ging es stets andersherum: Erfreuliche Ergebnisse hielt sich der Konzerngewaltige selbst zugute, für schlechte Nachrichten wusste er andere als Schuldige. Mit Cromme schien er einen Glücksgriff getan zu haben. Taumelte Krupp, nicht zuletzt wegen dauernder Disharmonien zwischen dem Krupp-Allmächtigen und seinen wechselnden Topmanagern, fast in der gesamten Ära Beitz von Krise zu Krise, fasste der Traditionskonzern unter der neuen Führung rasch Tritt. Dies zeigten schon die Zahlen des Jahres 1989: Der Konzernumsatz wuchs, auch beflügelt von der guten Konjunktur, um ein Fünftel auf 17,7 Milliarden Mark, und die Erlöse zogen ebenfalls kräftig an. Stolz strich Beitz seine Verdienste heraus: »Den habe ich dazu gemacht«, rühmte er sich unter Hinweis darauf, dass er Cromme gegen alle Widerstände durchgeboxt habe.

Der neue Konzernchef, ebenso charmant und knallhart wie Beitz, wechselte erst einmal fast den gesamten Vorstand aus. Er führte neue Managementstrukturen und Controlling-Gespräche ein. Er besuchte jedes Werk, redete mit allen Betriebsräten, um auszuloten, wo es noch Entwicklungschancen gab. Und er packte an, was sein Vorgänger halbherzig und vergebens versucht hatte:

durch Fusionen die angeschlagenen Stahlriesen im Revier zukunftsfähig zu machen.

Heimlich, aber mit Beitz' Wissen, begann Cromme im Januar 1991, Aktien des Krupp-Konkurrenten Hoesch aufzukaufen. Der Chef der Krupp-Stiftung war zunächst skeptisch, als ihn der Vorstandsvorsitzende in seinen Plan einweihte: »Mensch, Cromme, wie stellen Sie sich das vor?« Dann aber willigte er in das Vorhaben ein. Seit Cromme bei seinem Einstellungsgespräch deutlich gemacht hatte, dass er die Nummer eins bei Krupp werden wolle, zollte Beitz seinem Favoriten Respekt: »Der hat einen Riesenehrgeiz.«

Den Ankauf der Hoesch-Aktien ließ Cromme durch die Schweizerische Kreditanstalt organisieren, weil er fürchtete, der Plan könnte durch Indiskretionen vorzeitig bekannt werden. Schon nach knapp acht Wochen hatte er 24,9 Prozent beisammen. Dafür bezahlte er rund eine halbe Milliarde Mark, die er gar nicht hatte – vielmehr stand Krupp mit 4,32 Milliarden Mark Schulden in der Kreide. Kurzerhand verkaufte Cromme für 350 Millionen Mark 75 Prozent der Bremer Tochterfirma Atlas Elektronik, denn die passe, erzählte er, sowieso nicht ins Firmenkonzept. Den Rest des Geldes pumpte er sich bei der Bank.

Dann zog Cromme weitere Paketinhaber – Banken, Fonds und Privatdepots – auf seine Seite, bis er die Mehrheit hinter sich hatte. Erst Ende September 1991 weihte Cromme den verblüfften Hoesch-Chef Kajo Neukirchen in seine Absichten ein. »Hoesch lag auf dem Ladentisch«, kommentierte Beitz lapidar den spektakulären Coup, der als erste »feindliche Übernahme« an der Ruhr in die Wirtschaftsgeschichte einging. Es war ein gewagtes Spiel, das Cromme betrieb, aber es hatte den Segen von Beitz. Kritikern hielt Cromme entgegen: »Was wäre die Alternative? Allein hätten beide auf Dauer nicht überlebt.«

Die Vereinigung mit Hoesch, die im Mai 1992 vereinbart wurde, hatte zur Folge, dass der Anteil der Krupp-Stiftung am

Konzern von 75 auf 51,6 Prozent fiel. Beitz weigerte sich aber, in der Bezeichnung der neuen Firma den Namen Hoesch direkt neben Krupp zu stellen. Er verschanzte sich hinter der Satzung der Krupp-Stiftung, die eine solche Namensgebung nicht zulasse. Und überhaupt habe ja Krupp Hoesch übernommen und nicht umgekehrt. Nach langem Ringen wurde ein kompliziert klingender Kompromiss gefunden: »Fried. Krupp AG Hoesch-Krupp«. Der Triumph bei der Namensgebung konnte indes nicht darüber hinwegtäuschen, dass, wie die *Zeit* schrieb, »aus dem Mythos Krupp ... eine stinknormale Aktiengesellschaft« wurde. Alleinherrscher Beitz musste von nun an auf freie Aktionäre Rücksicht nehmen und auf deren »einklagbare Rechte, über die sich niemand mehr nach Gutsherrenart hinwegsetzen kann«.

Massiv wurden, entgegen den Beteuerungen von Beitz und Cromme, Arbeitsplätze abgebaut: Hatten Krupp und Hoesch 1991 zusammen noch 105 000 Beschäftigte, waren es sechs Jahre später 40 000 weniger. Und doch reichte der Zusammenschluss mit Hoesch in Zeiten der Globalisierung mit weltweitem Wettbewerb nicht mehr aus, Krupps Existenz auf Dauer zu sichern. Außerdem musste die Möglichkeit einkalkuliert werden, dass Iran eines Tages seinen Anteil verkaufen und ein neuer Großaktionär die Stiftung in eine Minderheitsposition drängen würde. Dies war für Beitz eine Horrorvorstellung, und mit diesem Argument überzeugte ihn Cromme, dass es für Krupp vorteilhaft wäre, auch mit dem mächtigen Rivalen Thyssen zu fusionieren. Einziger Haken: Thyssen wollte nicht – jedenfalls nicht zu Krupps Bedingungen.

Zwar schien eine Verzahnung der Stahltöchter zumindest für das Thyssen-Management nicht abwegig. Aus Gesprächen mit Vorstandschef Dieter Vogel und Thyssen-Stahl-Boss Ekkehard Schulz gewann Cromme den Eindruck, dass auf dieser Ebene durchaus Kooperationsbereitschaft bestand. Aber zwei ehemalige Kruppianer, die beide im Groll gegangen waren und jetzt im

Thyssen-Aufsichtsrat das Sagen hatten, zeigten Krupp die kalte Schulter. Der eine war Heinz Kriwet, der Vorsitzende des Kontrollgremiums, der andere Günter Vogelsang, Kriwets Vorgänger und nun Ehrenvorsitzender des Aufsichtsrats.

Kriwet war, nachdem Krackow ihn 1972 nicht als Vorstandschef der Fried. Krupp Hüttenwerke hatte durchsetzen können, im Zorn zu Thyssen gewechselt und hatte dort Karriere gemacht: 1991 wurde er Vorstandsvorsitzender und blieb es bis 1996.

Vogelsang hatte sich nach der Trennung von Krupp als Berufsaufsichtsrat betätigt und zeitweilig bis zu 16 Mandate innegehabt – zehn, die nach deutschem Aktienrecht maximal zulässig sind, und weitere bei Stiftungen sowie bei Personal- und Auslandsgesellschaften, die nicht unter die Restriktion fielen. Anschließend wandte sich Vogelsang der Wissenschaft zu: Er hielt Vorlesungen als Lehrbeauftragter an der Universität Köln, schrieb mit 72 Jahren noch eine Dissertation und wurde als Honorarprofessor berufen.

Eingedenk ihrer Reibereien mit Beitz zeigten Vogelsang und Kriwet keine Neigung, Thyssen mit Krupp zu verschmelzen. Außerdem sahen sie keine Notwendigkeit, einen Zusammenschluss mit Krupp zu forcieren. Sie rechneten sich aus, dass ihnen die angeschlagene Firma Krupp bald wie eine reife Frucht in den Schoß fallen würde. Denn trotz Krupps Fusion mit Hoesch hatten sich die Größenverhältnisse weiter zu Thyssens Gunsten verschoben. Eine Vereinigung konnten sich die Düsseldorfer nur so vorstellen, dass Thyssen (123 746 Mitarbeiter, 38,67 Milliarden Mark Umsatz) die kleinere Firma Krupp-Hoesch (66 300 Mitarbeiter, 24 Milliarden Mark Umsatz) schluckt – zumal Thyssen durch geschickte Produktstrategie Gewinne erzielte, während bei Krupp die Verluste der höchst unrentablen Stahlsparte den Erlös des Gesamtkonzerns aufzehrte.

Den Thyssen-Oberen war klar, dass sich Beitz unter Berufung auf Alfried Krupps Vermächtnis einer Übernahme durch die

Düsseldorfer Konkurrenz mit aller Kraft widersetzen würde. Womit die Thyssen-Spitze allerdings überhaupt nicht rechnete, war, dass David versuchen könnte, Goliath zu unterwerfen. Doch genau dies wagte Cromme. Er löste damit einen Wirtschaftskrimi aus, wie es ihn in Deutschland lange nicht gegeben hatte.

Gegen Ende des Jahres 1996 beauftragte Cromme die Deutsche und die Dresdner Bank mit deren Investmenttöchtern sowie die Investmentbank Goldman Sachs, ein Konzept für die Übernahme von Thyssen auszuarbeiten. Drei Monate lang feilten die Spezialisten unter strengster Geheimhaltung an dem verwegenen Plan. Um ganz sicherzugehen, hatten sie die Namen der Beteiligten verschlüsselt. Bis ins Detail legten sie fest, wie die unfreiwillige Vereinigung unter den Fantasienamen »Hammer« und »Thor« ablaufen sollte, vom Kaufangebot an die »Thor«-Aktionäre über die Finanzierung des Kaufpreises bis zur kurzfristigen bilanziellen Bewältigung des finanziellen Kraftakts. Der klamme Krupp-Hoesch-Konzern, rechneten die Experten vor, müsse zwar für den Kauf eines 60-prozentigen Thyssen-Anteils Kredite bis zu elf Milliarden Mark aufnehmen. Das sei aber kein großes Problem, versicherten die Banker: In nur zwei Jahren könne der neue Konzern »einen großen Teil der Verschuldung« aus eigenen Mitteln tilgen – durch den Verkauf von Zehntausenden von Thyssen-Immobilien und Veräußerung des 30-Prozent-Anteils am Mobilfunknetz E-Plus. Außerdem kalkulierte Cromme Spielraum für Kostenreduzierung ein: durch Abbau von Arbeitsplätzen sowie Stilllegung und Verkauf von Betrieben.

Beitz hatte Bedenken gegen den Plan. Ihn plagte die Sorge, dass der neue Konzern von den Banken abhängig würde, die das Manöver durchziehen sollten. Da wirkte die traumatische Erfahrung nach, die Beitz in der Krupp-Krise 1967 mit den Geldinstituten gemacht hatte. Aber er ließ Cromme gewähren.

Die konspirative Operation »Hammer« und »Thor« blieb indes nicht lange geheim. Mitte März 1997 sickerten Gerüchte durch. Cromme musste öffentlich eingestehen, dass ein Übernahmeangebot vorbereitet werde. Thyssen-Vorstandschef Dieter Vogel ging sogleich in die Gegenoffensive: Er wetterte gegen die »Wildwest-Methoden« Krupps und alarmierte Politiker in Düsseldorf und Bonn. Der nordrhein-westfälische Ministerpräsident Johannes Rau (SPD), der als Mitglied des Kuratoriums der Krupp-Stiftung angeblich, wenn auch erst spät, in den Plan eingeweiht worden war, zeigte sich »überrascht« und verärgert über Crommes Vorgehensweise: Die Landesregierung könne »eine solche feindliche Übernahme auf keinen Fall billigen«.

Rau bestellte die Kontrahenten am 19. März 1997 zu einem Gespräch in die Staatskanzlei ein, Kriwet und Vogel für Thyssen, Beitz und Cromme für Krupp-Hoesch. Da Beitz ohnehin schwankte wie ein Schilfrohr im Wind und die ebenfalls anwesenden Minister Wolfgang Clement (Wirtschaft) und Heinz Schleußer (Finanzen) den Thyssen-Leuten den Rücken stärkten, musste Cromme klein beigeben. Beide Unternehmen erklärten sich, wie Clement verkündete, bereit, »binnen acht Tagen ein gemeinsames unternehmerisches Konzept für den Stahlbereich zu erarbeiten«, also eine »gemeinsame Stahlgesellschaft« zu gründen. Schon eine Woche nach dem Treffen bei Rau einigten sich beide Konzerne auf einen Zusammenschluss ihrer Stahltöchter zur Thyssen-Krupp Stahl AG, die im September 1997 unter der Leitung des Thyssen-Managers Ekkehard Schulz ihre Arbeit aufnahm. Thyssen sicherte sich 60 Prozent, Krupp bekam 40 Prozent der Anteile.

Noch ehe es so weit war, verfolgten die Thyssen-Oberen schon viel weitergehende Pläne. Ihnen schwebte eine Zusammenarbeit in zusätzlichen Bereichen oder gar eine komplette Fusion der beiden Konzerne vor – freilich unter anderen Vorzeichen als bei Crommes gescheitertem Versuch einer feindlichen Übernahme: In diesem neuen Pakt sollte Thyssen die Vorherrschaft erhalten. Darüber mit den Kruppianern ins Gespräch zu kommen war freilich kein leichtes Unterfangen, hatte doch seit dem Eklat im Frühjahr das einst gute Verhältnis zwischen den Vorständen und Aufsichtsräten beider Konzerne arg gelitten.

Als der geeignete Mann für die heikle Mission erschien Günter Vogelsang, der Ehrenvorsitzende des Thyssen-Aufsichtsrats. Mitte Juni 1997 suchte der 77-Jährige den mittlerweile fast 84 Jahre alten Berthold Beitz auf. Beim Mittagessen im Gästehaus der Villa Hügel unterbreitete Vogelsang seinem Gastgeber den kühnen Plan und verband ihn gleich mit konkreten zeitlichen Vorstellungen: Ende August sollten die Gespräche über eine Verschmelzung der beiden Konzerne beginnen. Zu Vogelsangs Überraschung willigte Beitz sofort ein. Die beiden Veteranen verabredeten ein weiteres Treffen vier Wochen später, an dem auch der Thyssen-Aufsichtsratsvorsitzende Kriwet und Krupp-Hoesch-Chef Cromme teilnahmen. Am 17. Juli setzte Thyssen-Chef Vogel seinen Aufsichtsrat offiziell von den Gesprächen in Kenntnis.

Beitz hätte es in der Hand gehabt, die Vereinigung der Unternehmen zu verhindern. Aber er hatte sich, so die *Zeit*, »offensichtlich damit angefreundet, selbst bei der Lösung des Problems mitzuwirken«. Natürlich war ihm klar, dass nach einer Fusion mit Thyssen die Krupp-Stiftung keinen beherrschenden Einfluss mehr auf das neue Unternehmen haben würde. Aber ebenso war ihm bewusst, dass der Anteil der Stiftung eines Tages auch ohne eine Fusion unter die 50-Prozent-Marke fallen würde. Ohne Zufuhr neuen Kapitals konnte Krupp-Hoesch auf Dauer nicht überleben, doch die Stiftung konnte sich an einer Kapitalerhöhung nicht beteiligen, weil sie das Geld dafür nicht hatte. Die Krupp-Dividenden konnte die Stiftung nur einmal ausgeben – entweder für gemeinnützige Zwecke oder für Kapitalerhöhungen.

Alle zwei bis drei Wochen trafen sich Beitz und Vogelsang im Düsseldorfer Restaurant »Victorian« zum Mittagessen, immer am selben Tisch in einer verschwiegenen Ecke am Fenster. Die alten Haudegen erörterten die Beteiligungsverhältnisse und Personalien, dann gingen sie wieder auseinander und ließen ihre Experten die Details aushandeln.

Immer wenn die Gespräche zu scheitern drohten, moderierten Beitz und Vogelsang mit sanftem Nachdruck: Mal luden sie die Kontrahenten zum Versöhnungsessen ein, mal verhängten sie Nachrichtensperren oder mischten sich mit Detailvorschlägen in den Anbahnungsprozess ein.

Anfang November 1997 legten die Vertreter von 19 Arbeitsgruppen den beiden grauen Eminenzen die Ergebnisse ihrer Beratungen vor. Wichtigster Punkt: Bei einer Fusion sei mit einem Einsparpotenzial von jährlich mindestens 450 Millionen Mark zu rechnen. Und: Die Verschmelzung mache, bei dann zusammen fast 190 000 Mitarbeitern, weltweit nur 2000 Arbeitsplätze entbehrlich – und auch die könnten durch schnelleres Wachstum bald wieder geschaffen werden.

Umstritten blieben zunächst zwei Fragen: In welchem Verhältnis werden die alten Aktien gegen Anteile an der neuen Gesellschaft getauscht? Und: Wer soll den neuen Konzern führen?

Zunächst beherrschte wochenlang das öffentlich ausgetragene Gerangel um die Besetzung des Spitzenpostens die Schlagzeilen. Thyssen-Chef Dieter Vogel beanspruchte den Job sogleich für sich – der Düsseldorfer Konzern sei schließlich deutlich größer als Krupp, beschäftige erheblich mehr Mitarbeiter und habe im abgelaufenen Geschäftsjahr ein herausragendes Ergebnis erzielt. Dagegen versteifte sich Beitz darauf, dass Cromme Chef der fusionierten Firma werden müsse. Er argumentierte so: Wie auch immer die Bewertung der beiden Unternehmen ausfalle, werde die Krupp-Stiftung allemal der größte Einzelaktionär sein; ihm, Beitz, stehe also das Vorschlagsrecht für die Top-Personalie zu.

Die Thyssen-Leute trugen Cromme indes immer noch die versuchte feindliche Übernahme nach. Den Kruppianer als alleinigen Chef, sagten sie, könnten sie nicht akzeptieren. Deshalb schlugen Vogelsang und Kriwet eine Doppelspitze vor. Beitz war damit einverstanden, lehnte allerdings Vogel als Crommes Kompagnon ab. Schließlich einigte man sich darauf, dass Thyssen-Stahl-Chef Schulz ein Führungstandem mit Cromme bildete.

Die Feststellung des Wertverhältnisses der bisherigen Konzerne geriet zu einem Hexeneinmaleins. In die Berechnungen gingen, so Cromme, »subjektive Bewertungen, Zukunftsperspektiven und aktuelle Geschäfte« ein. Die Analysen enthielten vor allem »Ertragsprognosen«, sagte Kriwet, »und da kann man natürlich beliebig fantasieren«. Für Thyssen ermittelten die Abschlussprüfer und Vorstände schließlich einen Wert von 23,67 Milliarden Mark, für Krupp 11,835 Milliarden – was ein seltsam glattes Verhältnis von zwei zu eins ergab. Etliche Thyssen-Aktionäre fühlten sich deshalb übervorteilt: Krupp, klagten sie, sei schöngerechnet worden.

Dreimal stand Krupp am Rande des Ruins, seit Beitz 1953 das Ruder übernommen hatte, und dreimal sicherte Beitz dem Konzern mit viel Glück das Überleben: 1966, als er Arndt von Bohlen und Halbach zum Erbverzicht überredete – was in der Krupp-Krise von 1967 die Möglichkeit eröffnete, das Einzelunternehmen in eine Kapitalgesellschaft umzuwandeln; 1976, als er dem Schah zu einem überhöhten Preis einen Viertelanteil verkaufte – sodass die Firma wenigstens vorübergehend wieder liquide wurde; und jetzt, 1998, als er Krupp mit Thyssen fusionierte, womit er den drohenden Ausverkauf des krisengeschüttelten Unternehmens abwenden konnte. Die Krupp-Stiftung hielt nun allerdings nur noch einen Anteil von 17,36 Prozent am neuen Konzern, auch wenn sie der größte Einzelaktionär blieb.

Das Verdienst für die jüngste Rettungsaktion nahm Beitz selbstverständlich für sich in Anspruch, obschon die Initiative von Thyssen ausgegangen war. Gönnerhaft gestand er seinem

Gesprächspartner immerhin einen Anteil zu: »Ohne Vogelsang wäre die Fusion nicht möglich gewesen.«

Wie sehr Beitz daran gelegen war, seine Urheberschaft zu betonen, zeigten Veröffentlichungen ihm nahestehender Menschen und Medien. Nachdem verschiedene Blätter Mitte August 1997 von Vogelsangs Vorstoß berichtet und Thyssen diese Version bestätigt hatte, ließ Beitz über sein Essener Hausblatt *Westdeutsche Allgemeine Zeitung* dementieren: »Vogelsang gab nicht, wie gelegentlich behauptet, den Anstoß für eine über den Stahl hinausgehende Annäherung.« Und noch 13 Jahre später sah sich Ludwig Poullain, Schwiegervater der Beitz-Tochter Bettina und ehemaliger Geschäftspartner des Krupp-Verwesers, bemüßigt zu betonen: »Der erste Impuls und auch die weiteren Initiativen, die schließlich zur Vereinigung führten, gingen von der Krupp'schen Seite aus.«

Auf getrennten Hauptversammlungen stimmten erst die Aktionäre von Krupp, dann die von Thyssen dem Zusammenschluss zu. Bei der außerordentlichen Aktionärsversammlung der Thyssen AG am 3. Dezember 1998 in der Duisburger Mercatorhalle kam es zu einem Zwischenfall: Während der Rede des Vorstandsvorsitzenden Schulz vor den 3000 Aktionären sackte Beitz, der in der ersten Reihe neben Cromme saß, lautlos zusammen. Sofort wurde er, auf seinen ausdrücklichen Wunsch, ins stiftungseigene Alfried-Krupp-Krankenhaus eingeliefert. Eine Dreiviertelstunde lang überschattete die Sorge um den 85-Jährigen die Veranstaltung. Dann gab Thyssen-Aufsichtsratschef Kriwet Entwarnung: Es habe sich um eine Kreislaufschwäche gehandelt, Beitz' Zustand stabilisiere sich schon wieder. »Jeder, der ihn kennt, jeder, der weiß, was er für das Haus Krupp getan hat, wird verstehen, dass Emotionen ihn heute bewegen«, sagte Kriwet.

Im März 1999 nahm der durch Fusion neu entstandene Industriegigant offiziell seine Geschäftätigkeit auf. ThyssenKrupp war nun der drittgrößte Produzent von Qualitätsflachstahl auf

Beitz auf dem Gelände des Werks Rheinhausen der Fried. Krupp Hüttenwerke AG, 1975

Hauptversammlung der Krupp Hüttenwerke am 18. Juni 1980 in Bochum. Es wird die Änderung des Firmennamens in Krupp Stahl AG beschlossen. V.l.n.r. der neue Vorstandsvorsitzende Alfons Gödde, der bisherige Aufsichtsratsvorsitzende Heinz Petry, Aufsichtsratsvorsitzender Beitz, Aufsichtsratsmitglied Wilhelm Scheider

Beitz beim persischen Schah Resa Pahlewi in Teheran, Februar 1977

Erich Honecker während seines Besuchs der Bundesrepublik Deutschland mit
Else und Berthold Beitz in Essen, 1987

NRW-Ministerpräsident Johannes Rau gratuliert Beitz zu seinem 90. Geburtstag
m 26.09.2003 in der Villa Hügel

NOK-Präsident Willi Daume im Gespräch mit Beitz, IOC-Mitglied, auf der NOK-Mitgliederversammlung im Mai 1980 in Düsseldorf. Das Nationale Olympische Komitee für Deutschland beschließt mit 59:40 Stimmen die Olympischen Spiele in Moskau zu boykottieren

IOC-Mitglied Beitz gratuliert Skirennläuferin Rosi Mittermaier zur Goldmedaille während der Olympischen Winterspiele in Innsbruck, 1976

Beitz mit seiner Frau Else vor ihrem Privathaus in Essen, 1984

Beitz während der Jagd, 1981

Segeltour auf der »Germania VI« während der Kieler Woche 1985, v.l.n.r. Minister-präsident Uwe Barschel, Bundespräsident Richard v. Weizsäcker, Beitz

Eine Wirtschaftsdelegation ist zusammen mit Bundesaußenminister Hans-Dietrich Genscher auf dem Weg nach Polen, v.l.n.r. der Präsident des Deutschen Industrie- und Handelstages Otto Wolff von Amerongen, der Präsident des Deutschen Roten Kreuzes Botho Prinz zu Sayn-Wittgenstein, der Vorstandsvorsitzende von VEBA Rudolf von Bennigsen-Foerder, Berthold Beitz

Bei der Grundsteinlegung zur neuen Konzernzentrale der ThyssenKrupp AG in Essen mit dem Aufsichtsratsvorsitzenden Gerhard Cromme, September 2008

Die neue Konzernzentrale 2010

Beitz mit dem Architekten David Chipperfield im Neubau des Museum Folkwang in Essen Februar 2010

Eröffnung des Berthold-Beitz-Boulevard in Essen 2009; v.l.n.r.: Vorstandschef Ekkehard Schulz, Vorstandsmitglied Ralph Labonte, Else Beitz und Berthold Beitz, dahinter Gerhard Cromme und Oberbürgermeister Wolfgang Reiniger dem Globus und in Europa die Nummer eins. Bei Edelstahl-flachprodukten wurde der Konzern mit einem Marktanteil von 17 Prozent der größte Hersteller weltweit. Das Unternehmen stieg auf zu einem der bedeutendsten Autozulieferer und zählte nun zu den größten Maschinenbauern des Kontinents, führend in den Kerngeschäftsfeldern Aufzüge, Werkzeugmaschinen und Anlagen zur Herstellung von Kunststoffen.

Sinnfällig ist das neue Firmenemblem. Die drei verschlungenen Ringe – Symbol der einst von Krupp erfundenen nahtlos geschmiedeten Eisenbahnreifen – stehen nun unter dem Thyssen-Bogen, der sich wie ein Schutzdach über das Krupp-Logo wölbt. Auch die Reihenfolge der Namen – erst Thyssen, dann Krupp – offenbart die Verteilung der Gewichte. Den Vorsitz im Aufsichtsrat des vereinigten Konzerns übernahm Thyssen-Mann Kriwet. Beitz und Vogelsang wurden Ehrenvorsitzende des Kontrollgremiums.

Dass die paritätisch besetzte Vorstandsdoppelspitze Cromme/Schulz keine Dauerlösung sein konnte, war schon bei den Fusionsverhandlungen deutlich geworden. Bereits damals hatte man die Variante durchgespielt, Schulz als alleinigen Vorstandchef zu installieren und Cromme zum Vorsitzenden des Aufsichtsrats zu bestellen. Aber Beitz hatte darauf beharrt, seinen Vertrauten zumindest mit an die Spitze der Exekutive zu setzen. So wurde die Machtbalance zwischen den sich misstrauisch beäugenden Partnern gewahrt.

Auch der übrige Vorstand wurde nach Proporz besetzt und daher widersinnig aufgebläht. Sechs Mitglieder kamen von Thyssen, drei von Krupp, mit den beiden Vorsitzenden also elf Mann. Kein Holdingvorstand eines anderen deutschen Industrieunternehmens zählte mehr Köpfe. Für die Bereiche Finanzen, Rechnungswesen und Controlling, anderswo oft in einem Ressort gebündelt, waren bei ThyssenKrupp drei Vorstände verantwortlich. Die Ausgleichsarithmetik förderte allerdings nicht die Integration, sondern drohte das Lagerdenken zu zementieren.

Als im zweiten Jahr nach der Verschmelzung der Aktienkurs mehr als ein Drittel unter früheren Höchstmarken dümpelte, hielten es Großaktionäre wie Beitz für dringend geboten, den Vorstand neu zu ordnen. Denn die Konstruktion des Führungsgremiums führte zu wechselseitigen Blockaden und Reibungsverlusten. Beitz drängte auf ein schlankeres Management und wurde in dieser Forderung unterstützt von dem Vertreter Irans und von Friedel Neuber, dem mächtigen Chef der Westdeutschen Landesbank. Zusammen hielten die drei Großaktionäre rund 30 Prozent der Anteile an der ThyssenKrupp AG.

Im Dezember 2000 setzte das Trio den Aufsichtsratsvorsitzenden Kriwet unter massiven Druck. Beitz und seine beiden Mitstreiter verlangten, die Doppelspitze abzuschaffen und den Vorstand auf maximal sechs Mitglieder zu verkleinern. Kriwet wusste, dass an seinem Stuhl gesägt wurde: Cromme würde aus der Geschäftsführung nur ausscheiden, wenn er Kriwets Platz im Aufsichtsrat bekäme. Kriwet sperrte sich gegen das Ansinnen, argumentierte freilich scheinbar selbstlos: Bei den Vorständlern handle es sich durchweg um verdiente Leute – warum solle man die auf die Straße setzen?

Bis zur Hauptversammlung am 2. März 2001 hielt Kriwet hartnäckig an seiner Position fest. Am Vorabend kam es jedoch im Duisburger Steigenberger-Hotel zu heftigen Wortgefechten. Von Beitz aufgestachelt, forderte Allianz-Chef Henning Schulte-Noelle, langjähriges Aufsichtsratsmitglied der Thyssen AG und nun auch des fusionierten Unternehmens, Kriwet zum Verzicht auf den Vorsitz im Aufsichtsrat auf. Auch Vogelsang schloss sich dem Verlangen an. Als Kriwet seinen Posten nicht freiwillig räumen wollte, stellte ihm Beitz ein Ultimatum: Wenn Kriwet nicht zurücktrete, werde ihm die Entlastung verweigert. Da wusste Kriwet, dass er die Partie verloren hatte. Er räumte vorzeitig zum 30. September den Vorsitz, behielt aber einen Sitz im Kontrollgremium. Cromme wurde Aufsichtsratschef.

»Auf den ersten Blick«, kommentierte die *Financial Times Deutschland* die Veränderungen in Vorstand und Aufsichtsrat, »scheint die hart umkämpfte und fein austarierte Machtbalance im Konzern gewahrt.« Aber vieles deute darauf hin, »dass die Kruppianer mit dem Personalkarussell die Grundlage für ein schleichendes Aushebeln des Kräftegleichgewichts geschaffen haben«. Geschickt habe Krupp-Verweser Beitz »dafür gesorgt, dass der Einfluss der Stiftung und das ihm anvertraute Krupp-Erbe auch in Zukunft sicher sind«. Fazit der Wirtschaftszeitung: »Heute sind die Weichen für eine noch stärkere Position des Junior-Partners Krupp im gemeinsamen Konzern gestellt.«

Ohne die Fusionen mit Hoesch und Thyssen wäre Krupp womöglich nicht nur aus ökonomischen, sondern auch aus politischen Gründen in eine schwere Existenzkrise geraten. Die Teilhabe Irans an dem deutschen Konzern, einst ein genialer Schachzug zur Lösung der Krupp'schen Finanzprobleme, hätte angesichts einer veränderten Weltlage am Beginn des 21. Jahrhunderts zu erheblichen Konflikten mit der Supermacht USA führen können.

Trouble gab es wegen des Partners aus dem Orient ohnehin bereits. Am 2. August 2002 landete auf dem Schreibtisch von Stefan Kirsten, dem Finanzvorstand von ThyssenKrupp, brisante Post. Absender: das amerikanische Verteidigungsministerium. Das Pentagon wollte im Rahmen der verschärften Nah- und Mittelostpolitik der US-Regierung nicht länger akzeptieren, dass in amerikanischen Behördenautos Teile verwendet werden, an denen Iran – nach der Diktion des damaligen Präsidenten George W. Bush ein »Schurkenstaat« – Geld verdient. Die Washingtoner Beamten beriefen sich auf ein Antiterrorgesetz, wonach Unternehmen, an denen ein von den USA geächtetes Land mehr als fünf Prozent besitzt, von öffentlichen Aufträgen auszuschließen sind.

Früher, als Iran noch ein Viertel von Krupp gehörte, hätte sich daraus ein kaum lösbares Problem ergeben. Doch durch die Firmenehen, die Krupp mit Hoesch und Thyssen eingegangen war, hatte sich der iranische Anteil auf 7,7 Prozent reduziert. Das sei immer noch zu viel, meinten die Amerikaner. ThyssenKrupp solle binnen weniger Wochen für Abhilfe sorgen, sonst komme der Konzern auf die Schwarze Liste – und der US-Autozulieferer Budd, eine ThyssenKrupp-Tochter, verliere amerikanische Fahrzeughersteller als Kunden. ThyssenKrupp fürchtete nicht nur den Verlust öffentlicher Aufträge, sondern obendrein einen Imageschaden, der sich womöglich auch auf das private Geschäft in den USA ausgewirkt hätte. Iran nutzte den auf ThyssenKrupp lastenden Druck zum eigenen Vorteil: Für das Dreifache des aktuellen Börsenkurses verkaufte das Mullahregime im Mai 2003 schließlich ein 3,3 Prozent umfassendes Aktienpaket für 406 Millionen Euro.

16. KAPITEL

DER TESTAMENTSVOLLSTRECKER

»Keiner von der Familie, das gibt nur Ärger«

Ein Neffe empörte sich. In einem (unveröffentlichten) Leserbrief an den *Spiegel* reagierte Friedrich von Bohlen und Halbach, ältester Sohn von Alfrieds Bruder Harald, heftig auf das sechs Druckseiten lange Interview, das Herausgeber Rudolf Augstein und zwei Redakteure im November 1995 in Augsteins Privathaus auf Sylt mit Berthold Beitz geführt hatten. Das Nachrichtenmagazin hatte dem Krupp-Verweser zunächst die Gelegenheit geboten, die »Provokation« der Historikerin Brigitte Seebacher – »unklar sei, wo bei Beitz das eigene Ich aufhört und das geliehene anfängt«; sein »einziges Ziel sei es, dass der Name Beitz und der Name Krupp ineinanderfließen« – zurückzuweisen. Sodann hatte Beitz ausführlich darstellen dürfen, warum er den Geschwistern Alfried Krupps und deren Kindern jegliche Mitsprache in der Krupp-Stiftung verweigerte.

Der *Spiegel*, kritisierte Friedrich von Bohlen, versäume es, »den Stein des Anstoßes ... objektiv darzustellen«. Beitz habe nämlich, »entgegen den testamentarischen Verfügungen unserer Vorfahren«, Alfried Krupp »wenige Zeit vor dessen Tod veranlasst, das Familienunternehmen Fried. Krupp der Familie testamentarisch zu entziehen und einer Stiftung zu übertragen, die beim Tode von Alfried noch gar nicht errichtet war und deren Organe mit Freunden des Berthold Beitz, nicht aber mit Mitgliedern der Familie besetzt sind«. Statt darüber korrekt zu informieren, so der erboste Neffe, »speisen Sie Ihre Leser mit unwahren Antworten von Berthold Beitz und Plattitüden ab«. Außerdem werde in dem Interview versucht, um Beitz »einen anachronistischen Personenkult zu betreiben«. Aber »die Geschichte« werde dafür sorgen, »dass derartige Geschichtsklitterungen als solche entlarvt« würden und »die Person von Berthold Beitz im rechten Licht erscheinen wird«.

Mitte der 1990er-Jahre eskalierte der Streit zwischen Beitz und der Krupp-Familie, die es freilich, worauf Beitz genüsslich hinwies, gar nicht mehr gab: Der Name Krupp war mit Alfrieds Tod erloschen, die Nachfahren hießen jetzt nur noch von Bohlen und Halbach. Der Disput um eine Teilhabe der Familie an der Stiftung trat in eine entscheidende Phase, weil 1997, 30 Jahre nach Alfried Krupps Tod, Beitz' Tätigkeit als Testamentsvollstrecker enden, aber auch alle Ansprüche der Angehörigen verjähren würden.

Beitz war allerdings von Anfang an bei Alfrieds Geschwistern auf eine Mauer von Misstrauen gestoßen. Anders als Mutter Bertha und ihre Schwester Barbara waren viele aus der nächsten Generation auf Beitz nicht gut zu sprechen. Man empfand ihn wohl als Eindringling, der zwischen Alfried und dessen Familie einen Keil getrieben habe. Krupp-Nichte Diana Maria Friz, Tochter von Alfrieds Schwester Waldtraut, beschrieb Beitz als »einen Fremdling in Familie und Revier, dem es gelang, die Macht in einem der mächtigsten Konzerne der Bundesrepublik nicht nur zu erobern, sondern sie auch über den Tod desjenigen hinaus, der sie ihm gab, zu erhalten«.

Von Alfrieds Schwägerinnen wurde schon früh der Spruch kolportiert, Beitz habe »Ellbogen aus Stahl, mit Belägen aus Wolframkarbid« – ein Stoff fast so hart »wie Diamant«, woraus Krupp den Markennamen »Widia« kreierte. Alfrieds Brüder zeigten dem Konzerneigner deutlich ihre Vorbehalte gegen seinen engsten Mitarbeiter. Vom gesellschaftlichen Standpunkt aus, sagten sie, sei der Emporkömmling ein »Klotz« und in geschäftlicher Hinsicht ein gefährlicher Fantast.

Dabei hätte die Familie durchaus Grund gehabt, Beitz dankbar zu sein. Ohne dessen Engagement für die Aufhebung der Verkaufsauflage des Montanbereichs wäre die Firma Krupp womöglich bald am Ende gewesen. Denn die 66 Millionen Mark, die Alfried Krupp seinen Geschwistern beziehungsweise deren Nachkommen bezahlen musste als Ausgleich dafür, dass er das Alleinerbe antreten durfte, zehrten die Konzernkasse gefährlich aus. Zudem war es pikanterweise Alfrieds Bruder Berthold gewesen, über den Beitz 1952 in Jean Sprengers Essener Atelier den Industrieerben kennengelernt hatte. Und mag es Beitz in der Nitribitt-Affäre auch vor allem darum gegangen sein, durch die angebotene Zahlung eines Schweigegelds an einen Hochstapler Negativschlagzeilen für die Firma Krupp abzuwenden, so diente der fragwürdige Geldtransfer doch auch dem Nitribitt-Freier Harald von Bohlen und Halbach persönlich.

Alfried Krupps Verhältnis zu seinen Geschwistern war möglicherweise durch einen Vorgang zerrüttet, dem er ohnmächtig in seiner Landsberger Gefängniszelle hatte zusehen müssen. Eine Woche nach dem Tod seines Vaters Gustav am 16. Januar 1950 hatte dessen Witwe Bertha bei den alliierten Hochkommissaren beantragt, das Familienvermögen ihr und ihren Kindern als Erbe zuzusprechen. Es war der Versuch, trotz der vom Nürnberger Tribunal verfügten Enteignung Alfrieds etwas von der Hinterlassenschaft zu retten. Dies hätte aber zugleich Alfrieds Enterbung bedeutet, der doch nach dem Willen des Vaters Alleinerbe sein sollte. Die Anwälte der Familie argumentierten, die von Hitler 1943 persönlich unterzeichnete Ausnahmegenehmigung vom gesetzlichen Erbrecht sei ungültig, weil sie allgemein geltendem Recht widersprochen habe. Die Hochkommissare lehnten den Antrag ab. Ob Alfried den Schachzug, den sich sein Bruder Berthold und Berater der Familie ausgedacht hatten, »richtig verstand, wissen wir nicht, da er mit keinem Familienmitglied darüber gesprochen hat«, berichtete Diana Maria Friz.

Gleichwohl machte Alfried Krupp Anfang der 1960er-Jahre ein Testament, dem zufolge nicht sein einziger Sohn Arndt, sondern sein Bruder Berthold Firma und Vermögen erben sollte. »Eines Tages«, erzählte Beitz der Krupp-Nichte, »ging Alfried mit mir zu seinem Stahlschrank und zeigte mir sein neues Testament.« Beitz erschrak, denn Arndt hätte immer noch Anspruch auf sein Pflichtteil – die Hälfte des Privat- und Firmenvermögens – gehabt. Einen Betrag von mehr als zwei Milliarden Mark auszuzahlen, obendrein auch noch die Erbschaftsteuer für den Bruder aufzubringen, hätte, wie Beitz erkannte, wohl das Ende des Unternehmens bedeutet.

Laut Beitz haben Alfried Krupps langjähriger Notar Kurt Schürmann und Hermann Maschke, der Chefjustitiar der Firma, das Testament geändert und darin die noch zu gründende Stiftung als Erbin eingesetzt. So berichtete es Beitz jedenfalls Golo Mann. Alfried Krupp habe es freilich nicht einmal fertiggebracht, seinen Bruder selbst davon in Kenntnis setzen, sondern »Maschke musste Berthold informieren, dass er nicht mehr der Erbe ist«. Berthold von Bohlen habe ihn, Beitz, daraufhin als »Erbschleicher« tituliert. Eine Familienstiftung habe Alfried Krupp ausdrücklich nicht gewollt. Es sei Alfried gewesen, der »die Stiftung retten [wollte] vor seinen Brüdern und seinem Sohn«.

Selbstverständlich übernahm Beitz den Vorsitz des Stiftungskuratoriums, das am 22. Januar 1968 zu seiner konstituierenden Sitzung zusammentrat. Die Mitglieder des Kuratoriums waren von Beitz handverlesen. Der Tübinger Juraprofessor Ludwig Raiser wurde stellvertretender Vorsitzender des Gremiums. Am runden Konferenztisch im ehemaligen Gästehaus der Villa Hügel saßen außerdem der Karlsruher Professor für Bauingenieurwesen, Hans Leussink, der nordrhein-westfälische Ministerpräsident Heinz Kühn (SPD), der ehemalige Landesminister Josef Hermann Dufhues (CDU), Beitz' Unternehmerfreund Max Grundig und der pensionierte Krupp-Direktor Hans Kallen.

Den Sitz, den Kallen einnahm, hatte Beitz ursprünglich Berthold von Bohlen angeboten, allerdings ohne Stimmrecht. Beitz hatte gemeint, mit dem Einverständnis des Kuratoriums könne Berthold von Bohlen »an den Sitzungen teilnehmen«, auch wenn man einen für Alfrieds Angehörige reservierten Sitz »nicht in der Stiftungssatzung verankern« könne. Schließlich sei er, Beitz, »Testamentsvollstrecker, aber kein Testamentsveränderer«. Es sei der ausdrückliche Wille Alfried Krupps gewesen, dass »keiner von der Familie« einen Anspruch auf einen Sitz im Kuratorium haben solle, »das gibt nur Ärger«; einen Passus im ursprünglichen, von Beitz vorgelegten Satzungsentwurf, der die Familie berücksichtigte, habe Alfried Krupp gestrichen. Sohn Arndt habe den Ausschluss der Familie aus dem Kuratorium »sogar zur Vorbedingung für seinen Erbverzicht gemacht«. Auf seine schriftliche Offerte, erzählte Beitz später Diana Maria Friz, habe Berthold von Bohlen »ganz hochmütig« zurückgeschrieben, dass er einen Sitz für sich persönlich ablehne.

Schon Ende der 1960er-Jahre beauftragten die Brüder Berthold und Harald von Bohlen und Halbach einen der renommiertesten Erbrechtsspezialisten, den Frankfurter Professor Helmut Coing, ein Gutachten zu erstellen. Darin kam Coing 1971 zu dem Ergebnis, »dass der Familie Krupp nach Treu und Glauben ein Anspruch auf Beteiligung von Familienmitgliedern an der Leitung der von Alfried Krupp gegründeten Stiftung zusteht«. Der Rechtsgelehrte begründete seinen Standpunkt mit der starken Stellung, die die Familie 1943 gehabt habe, als Alfried Alleininhaber der Firma wurde. Damals fungierte ein vierköpfiger Familienrat als Aufsichtsgremium. Als Alfried Krupp eine Stiftung zu seiner Erbin bestimmte, argumentierte Coing, hätte er, nach einem preußischen Gesetz aus dem Jahr 1930, zugleich der

Familie Einfluss verschaffen müssen. Das Gesetz verlange, dass in der Stiftungssatzung »auf die Rechte und Interessen der Familienmitglieder tunlichst Rücksicht zu nehmen« sei.

Die Fronten zwischen Beitz und den Bohlens verhärteten sich, über Jahre sprachen die Kontrahenten kaum miteinander. Die Familie erwog eine Klage, schreckte dann aber wegen des ungewissen Ausgangs doch davor zurück. Da bot sich Mitte der 1970er-Jahre Golo Mann als Vermittler an. Von Beitz als Krupp-Biograf angeheuert, holte er auch bei den Geschwistern Auskünfte über den letzten Konzernherrn ein. Dabei kam man zwangsläufig auch auf den Streit um das Kuratorium zu sprechen.

Von einem Besuch bei Harald von Bohlen und Halbach im März 1977 in dessen Schloss Obergrombach bei Bruchsal, das Großvater Gustav 1885 erworben hatte, nahm Mann eine Kopie des Coing-Gutachtens mit nach Hause. Der Schriftsteller las es »genauestens« und teilte Harald von Bohlen seinen Eindruck von der juristischen Expertise mit. Sie sei, schrieb er, »informativ und gedanklich sehr interessant«. Aber er könne verstehen, dass das Gutachten »Sie und Ihren Herrn Bruder zu Weiterem nicht eigentlich ermutigte«. Denn »nach allem historischem und gelehrtem Hin und Her läuft es auf ›Treu und Glauben‹ hinaus. Aber Treu und Glauben wiegen auf den Waagen der Justiz nicht viel«, urteilte der juristische Laie: »Man klebt am Buchstaben, welches das bei weitem Bequemste ist. Man ist im höchsten, jämmerlichsten Grade positivistisch, um es wissenschaftlich auszudrücken.«

In seiner Antwort zeigte sich Harald von Bohlen zuversichtlich, »dass trotz aller Belastungen aus der Vergangenheit in Zukunft eine Auflockerung der Beziehungen zu Herrn Beitz möglich sein sollte«. Der Brief beflügelte Manns Optimismus: »Ich sage mir: Wie kann man erwarten, dass Weltmächte und ähnliches Großgesindel sich vertragen, wenn vernünftige Menschen und Nachbarn, die, wenn auch auf radikal verschiedene Weise, doch mit der gleichen Sache verwandt sind, wenigstens zum Teil auf Grund wechselseitiger Missverständnisse, sich gar nicht vertragen können?«, schrieb er Harald von Bohlen: »Also, vielleicht gibt es wirklich einen Modus Vivendi, vielleicht am Ende sogar etwas Besseres als den, wer kann wissen.«

Derart in Hochstimmung versetzt, schickte Golo Mann noch am selben Tag ein Telegramm an Beitz, »dass beide bewussten Brüder jetzt guten Willens« seien. Am nächsten Tag sandte er einen ausführlichen Brief hinterher. Darin drückte er die Hoffnung aus, dass »man Sie ... nicht mehr als den ›bösen Dämon‹ des Verstorbenen ansieht, als den man Sie so lange angesehen hat«. Im Übrigen, mahnte Mann, »sollte doch noch einer der Brüder, gleichgültig welcher von beiden, Mitglied des Kuratoriums werden; das wäre ein Happy End ... Die Mitgliedschaft eines Krupp-Bohlen würde dann einen Rest von Identität des Unternehmens markieren.« Und er gab zu bedenken: »Ob die an sich unbestreitbar stark demütigende, anno '67 aber ebenso unbestreitbar notwendige Bedingung, von den Forderungen der Geschwister Abstand zu nehmen, heute noch aktuell und notwendig wäre, auch diese Frage möchte ich Ihrer erleuchteten Weisheit anheimstellen.« Schließlich entschuldigte sich Golo Mann für seine »wirklich gänzlich unbestellte Einmischung« und bekannte, sich selbst die Frage zu stellen, warum ihn die Angelegenheit so interessiere: »Ja, wenn ich das selber wüsste. Habe ich es herausgebracht, so werde ich es Ihnen erzählen.« Beitz gab darauf keine Antwort, zumindest ist nichts Schriftliches überliefert.

Kurze Zeit darauf, am 21. Juli 1977, kam Berthold von Bohlen zu Golo Mann in dessen Haus nach Kilchberg am Zürichsee. Auch bei diesem Besuch, der eigentlich der Krupp-Biografie dienen sollte, kam man bald wieder auf Beitz zu sprechen. Die Beziehungen der Brüder zu Beitz, notierte Mann in einem Vermerk, hätten sich »in der letzten Zeit angenehm verändert«. Die von ihm hypothetisch an Berthold von Bohlen gerichtete Frage, ob er gegebenenfalls einen Sitz im Kuratorium einnehmen würde, wenn dieser nur ihm persönlich, nicht als dem Vertreter der Familie, angeboten würde, habe dieser bejaht. Berthold von Bohlen habe in ihm wohl »nichts anderes als einen Volontär- und Amateur-Vermittler« gesehen, schrieb Golo Mann in seinem Vermerk; er habe aber durchaus erwartet, dass er den Inhalt des Gesprächs an Beitz weitergeben würde.

Berthold von Bohlen erzählte von seinen Gesprächen mit Golo Mann wiederum Otto Kranzbühler. Der Rechtsanwalt, der einst in den Nürnberger Prozessen den von Hitler zu seinem Nachfolger bestimmten Großadmiral Karl Dönitz wie auch Alfried Krupp und Friedrich Flick verteidigt hatte, war seit 1956 Aufsichtsratsvorsitzender der Wasag-Chemie AG, an der die Brüder Berthold und Harald von Bohlen und Halbach zusammen 80 Prozent der Anteile hielten. Im Mai 1978 wandte sich Kranzbühler mit der Frage an Golo Mann, ob es ihm durch seinen »wohlwollenden Einfluss« nicht möglich sei, »das Verhältnis zwischen den Brüdern von Bohlen und Berthold Beitz zu ordnen«: »Dass die Krupp'sche Familie im Kuratorium der Alfried-Krupp-Stiftung nicht angemessen vertreten ist, halte ich für mehr als einen optischen Fehler. Je älter Beitz wird – und auch er wird älter –, desto mehr sollte er das einsehen und das eigene Interesse an einer solchen Ordnung erkennen.«

In seiner Antwort versicherte Mann, er habe »in dieser Hinsicht wirklich alles, aber auch alles getan, was in meinen Kräften stand«. Doch offenbar stehe nicht Beitz' Sturheit, sondern Alfrieds eigener Entschluss einer gütlichen Einigung im Weg. Paul Mikat, Professor für Bürgerliches Recht und ehemaliger CDU-Kultusminister in Nordrhein-Westfalen, habe ihm »vor eben einer Woche« erzählt, dass Beitz in der Frage einer satzungsmäßig festgeschriebenen Mitgliedschaft eines Vertreters der Familie Bohlen seine »erste, unvermeidlich auch letzte schwere Niederlage ... in seinen langjährigen Beziehungen zu Alfried von Bohlen« erlebt habe. Während der Vorbesprechungen zur Gründung der Stiftung im Winter und Frühjahr 1967 hätten Beitz wie Mikat »immer wieder die Rede auf dies Problem gebracht und eine Lösung im Sinne der Brüder gewünscht«, seien aber bei Alfried Krupp auf einen »rocher de bronze«, einen ehernen Felsen, gestoßen. Jenes »mit grünem Stift gezeichnete Veto« sei also nicht »die Laune eines Todkranken« gewesen, sondern offenbar der unerschütterliche Wille des Erblassers. Was Alfried Krupp dazu gebracht habe, »diese familienfeindliche Haltung einzunehmen, sei ihm, Mann, allerdings »auch ein Rätsel«: »Man kann allerlei Vermutungen anstellen, aber mit Sicherheit lösen wird man's nie mehr können.«

An Mikats Aussagen zu zweifeln, fügte Golo Mann noch an, habe er »nicht den mindesten Grund«, zumal dieser »ja niemals daran dachte, in das Kuratorium einzutreten«. Vielmehr habe Mikat seine Beratertätigkeit für Alfried Krupp beendet, als die Stiftung gegründet war. Später wurde Mikat dann freilich doch von Beitz ins Kuratorium berufen.

Berthold und Harald von Bohlen starben 1987 beziehungsweise 1984, ohne dass es noch eine Aussprache mit Beitz über eine Mitwirkung in der Stiftung gegeben hatte. Deren Söhne Eckbert, geboren 1956, und Friedrich, geboren 1962, reichten im Namen eines 1990 eingerichteten »Familienrats« der Krupp-Nachfahren am 3. März 1992 beim Landgericht Essen eine Klage gegen die Krupp-Stiftung sowie die drei Testamentsvollstrecker Alfried Krupps – nunmehr Beitz, Mikat und Schürmann – ein. Sie forderten, dass in die Stiftungssatzung ein Paragraf eingefügt werden solle, wonach die Mehrheit der Mitglieder des Kuratoriums vom Familienrat der Bohlen und Halbachs zu bestimmen sei. Der Erbrechtler Coing präzisierte sein früheres Gutachten, wonach Alfried Krupp nicht legitimiert gewesen sei, das im Unternehmen Fried. Krupp gebundene Vermögen an eine fremde Stiftung zu vererben, zumal an deren Verwaltung die Familie nicht beteiligt sei.

Über fünf Generationen habe ein Familienmitglied an der Spitze der Firma gestanden, erklärte Eckbert von Bohlen. Die Verbindung müsse gewahrt bleiben. »Wir wollen verhindern, dass sich die Stiftung zu einer anonymen Funktionärsveranstaltung entwickelt.«

Zunächst versuchte Beitz, die Familie mit juristischen Tricks abzuwehren. Diese hatte beantragt, den Streitwert auf zwei Millionen Mark festzusetzen, da es sich nicht um eine vermögensrechtliche Streitigkeit handle, sondern um die Besetzung von Kuratoriumssitzen einer gemeinnützigen Stiftung. Dagegen wandte die Stiftung ein, anlässlich der Fusion von Krupp und Hoesch sei der Anteil der Stiftung an der Fried. Krupp AG mit 4,18 Milliarden Mark bewertet worden. Daraufhin setzte das Landgericht Essen den Streitwert auf eine Milliarde Mark fest. Für die Kläger bedeutete dies, dass sie bei einer Niederlage in der ersten Instanz rund 35 Millionen Mark Gerichtskosten hätten tragen müssen, in drei Instanzen etwa 180 Millionen Mark. Doch eine Beschwerde beim Oberlandesgericht Hamm blieb erfolglos. Zwar entschieden die Richter dabei nur über die Höhe des möglichen Streitwerts, nicht in der Sache selbst. Aber ihre Argumentationslinie war klar erkennbar: Die Stiftung pflege nicht nur das Mäzenatentum, sondern bestimme als Mehrheitseigentümerin auch über die Besetzung der wichtigsten Führungspositionen im Konzern. Durch eine Mehrheit im Kuratorium würden die Kläger auch die Möglichkeit erhalten, maßgeblichen Einfluss auf die Ausübung des Stimmrechts in der Aktiengesellschaft zu nehmen.

Die Bohlens gaben nicht auf, sondern zogen, unterstützt von dem Rechtsprofessor und CDU-Politiker Rupert Scholz, vor das Bundesverfassungsgericht. Wegen des hohen Streitwerts sei ihnen der Rechtsweg versperrt. Die Richter nahmen die Beschwerde indes nicht an. Erst müssten die Neffen ihre Vermögen offenlegen. Sie gaben an, dass sie zusammen Besitztümer von lediglich einer Million Mark hätten – ein klägliches Vermögen, hatten doch ihre Väter in den 1950er-Jahren jeweils 11 Millionen Mark von Alfried Krupp kassiert.

Um einen geringeren Streitwert zu erreichen, schraubten die Neffen ihre Ansprüche zurück. Statt einer Mehrheit im Kuratorium wollten sie sich mit drei Sitzen begnügen. Damit sei ein beherrschender Einfluss auf das Unternehmen ausgeschlossen. Das überzeugte das Oberlandesgericht Hamm. Im Juni 1997, kurz vor Ablauf der Verjährungsfrist, wurde der Streitwert antragsgemäß auf zwei Millionen Mark festgesetzt. Die Richter bescheinigten den Neffen, dass sie mit ihrer Klage »keine persönlichen wirtschaftlichen Vorteile erstreben«. Ihr Interesse sei »weitaus überwiegend von ideellen Motiven bestimmt«.

In der Hauptsache unterlagen sie dennoch. Zwar urteilte das Oberlandesgericht nicht abschließend, ob Hitlers »Lex Krupp« weiterhin gilt und ob das darauf gegründete »Familienunternehmen mit besonders geregelter Nachfolge« fortbesteht. Aber selbst wenn dies zugunsten der Kläger unterstellt werde, so die Richter, stünden dem Familienrat, wie er einst in der Satzung des Familienunternehmens vorgesehen war, keine Ansprüche auf eine Beteiligung am Kuratorium der Krupp-Stiftung zu. Etwaige Mitwirkungsrechte seien zumindest durch das jahrzehntelange Untätigbleiben des Familienrats, dessen letzte Sitzung am 29. Oktober 1953 stattgefunden hatte und der erst 1990 wieder ins Leben gerufen worden war, verwirkt. In letzter Instanz bestätigte der Bundesgerichtshof im Dezember 2000 dieses Urteil, indem dessen III. Zivilsenat die Revision nicht annahm.

Berthold Beitz hatte die Verwandten Alfried Krupps endgültig abgeschmettert.

17. KAPITEL

DER SONNENKÖNIG

»So machen wir das«

Es war wieder einmal eine schöne Geschichte, die Berthold Beitz in die Welt gesetzt hat. Bei einem Spaziergang am Sylter Strand, erzählte er, sei ihm die Idee für die größte finanzielle Wohltat der Stiftung gekommen. »Als ich die Wolken und die schöne Landschaft sah, musste ich an Nolde und meine Bilder denken. Da habe ich mir gesagt: Mensch, Beitz, mach es alleine.« Und so habe er sich entschlossen, die 55 Millionen Euro, die der Neubau des Essener Folkwang-Museums kosten sollte, komplett aus dem Vermögen der Krupp-Stiftung zu bezahlen.

Zuvor hatte es Überlegungen gegeben, ob sich die Stiftung vielleicht mit 20 oder 30 Millionen Euro daran beteiligen würde, der renommierten Kunststätte eine neue, repräsentative Gestalt zu geben. Ein als provinziell geschmähter Erweiterungsbau aus den 1980er-Jahren, der dem inzwischen denkmalgeschützten »Altbau« von 1960 hinzugefügt worden war, sollte abgerissen und durch eine moderne, dem internationalen Rang des Museums angemessene Architektur ersetzt werden. Doch dann dauerten Beitz, ungeduldig wie immer, die Diskussionen im Essener Stadtparlament zu lange. Die Parteien konnten sich angesichts leerer Kassen nicht zu einem Entschluss durchringen, ob sie den finanziellen Kraftakt wagen sollten.

Kurzerhand rief Beitz nach der Rückkehr aus seinem Kampener Feriendomizil am 23. August 2006 den Direktor des Museums, Hartwig Fischer, an: »Es könnte für Sie von Interesse sein, sich am nächsten Tag in meinem Büro einzufinden.« Dort eröffnete der Krupp-Patriarch dem verdutzten Kulturmanager, dass die Stiftung den Gesamtbetrag übernehme. Innerhalb einer Stunde hatte Beitz die einmütige Zustimmung der anderen Kuratoriumsmitglieder zu seiner einsamen Entscheidung eingeholt.

Mit einem Gemälde von Emil Nolde, dem Frauenbildnis »Vera« aus dem Jahr 1915, hatte Beitz einst den Grundstock für seine umfangreiche private Kunstsammlung gelegt. Weitere Nolde-Werke aus dessen Südsee-Phase kamen bald hinzu. Dann erwarb Beitz Werke anderer Expressionisten, darunter mehrere von Karl Schmidt-Rottluff. Der 1884 geborene Sachse hatte im Zweiten Weltkrieg viele seiner von den Nazis als »entartete Kunst« diskreditierten Gemälde nach Schlesien ausgelagert. Als Beitz in den 1950er- und 1960er-Jahren immer wieder nach Polen fuhr, bat ihn Schmidt-Rottluff, nach den verschollenen Werken zu fahnden. Doch die Bilder blieben unauffindbar. Von denen, die durch Verkauf ins Ausland die Nazibarbarei überstanden hatten, hängen nun einige bei Beitz im Wohnzimmer, »Fischer auf der Düne« etwa und »Heuernte«, Erinnerungen an die eigene Kindheit. »Ich mag den Schmidt-Rottluff gerne«, sagte Beitz, »seine dicken Farben, seinen Pinselstrich.« Beitz kaufte Max Beckmanns letztes Bild, »Clown mit Frauen und kleiner Clown«, das der Maler kurz vor seinem Tod 1950 in New York fertigstellte, Werke von Ernst Ludwig Kirchner und Otto Mueller, von Georg Baselitz und Ernst Ney sowie ein frühes, noch ziemlich gegenständliches Landschaftsbild von Joan Miró. Millionenwerte hängen nun an den Wänden der Villa am Weg zur Platte. Aktien habe er nicht erworben, verriet Beitz, sondern Bilder: »Wenn die mal fallen, kann man sie wieder aufhängen.«

In dem ursprünglich im westfälischen Hagen errichteten Folkwang-Museum war der Nordfriese Nolde von Anfang an präsent. Mit dem Museumsgründer Karl Ernst Osthaus, dem millionenschweren Erben eines Schraubenfabrikanten, war der Maler befreundet. »Das Folkwang-Museum ist den Künstlern wie ein Himmelszeichen im westlichen Deutschland erschienen«, schrieb Nolde 1902 kurz nach der Eröffnung. Als Himmelszeichen wollte Beitz auch die Wolken über Sylt verstehen, die ihn angeblich an Nolde erinnerten. Die generöse Gabe für das Museum war freilich an die Bedingung geknüpft, dass der Neubau so rasch wie möglich stehen müsse: »Macht schnell«, sagte Beitz im August 2006, »ich werde im nächsten Monat 93 Jahre alt« – er wolle die Eröffnung noch erleben.

Den Architekturwettbewerb, der sogleich ausgeschrieben wurde, gewann im März 2007 der britische Stararchitekt David Chipperfield. In der sensationell kurzen Bauzeit von nur zwei Jahren wurde der neue Kunsttempel errichtet, »ein Muster an Transparenz und Klarheit«, wie die *Neue Zürcher Zeitung* lobte, geprägt von der »Herrschaft des Rechtecks« und im Stil »nahe bei Mies van der Rohe«. Die Reminiszenz an den von ihm verehrten Baumeister, der einst eine neue Krupp-Zentrale hatte bauen sollen, ließ Beitz wohl besonders wohlgefällig auf das fertige Werk blicken.

Es schien passend, dass die Einweihung des neuen Gebäudes mit dem Beginn der Feiern für die Europäische Kulturhauptstadt Ruhr zusammenfiel. Für das Jahr 2010 war der Titel, neben Istanbul und dem ungarischen Pécs, Essen und dem Ruhrgebiet zuerkannt worden. Die allenthalben gerühmte Folkwang-Auferstehung hätte also ein Höhepunkt des Kulturhauptstadtjahres werden können. Aber Beitz bestand darauf, dass die Eröffnung des Museums nicht in eine Reihe mit anderen Kulturhauptstadt-Events gestellt wurde. Folkwang sollte nach dem Willen des Spenders ein singuläres Ereignis werden.

So setzte sich Beitz Denkmäler. Mal waren es die alten Krupp'schen Krankenanstalten in Essen, deren Trägerschaft die Stiftung übernahm und die sie zu dem hochmodernen Alfried-Krupp-Krankenhaus ausbaute; mal war es die Gründung des Alfried-Krupp-Wissenschaftskollegs in Greifswald, der Stadt seiner Jugend, in der sich Beitz Nachruhm sicherte. Mit rund 600 Millionen Euro hat die Stiftung seit ihrer Gründung im Jahr 1968 ausgewählte Projekte gefördert, in den fünf von der Satzung vorgeschriebenen Bereichen: Wissenschaft in Forschung und Lehre, Erziehung und Bildung, Gesundheitswesen, Sport sowie Literatur, Musik und bildende Kunst. Im Jahr 2009 betrug der Buchwert des Stiftungsvermögens mehr als eine Milliarde Euro.

Die Stiftung kaufte die Segeljacht »Germania VI« vom Erben Arndt von Bohlen und Halbach, um junge Hochseesegler darauf ausbilden zu lassen. Sie errichtete Stiftungslehrstühle an diversen Hochschulen, verteilte Stipendien an Schüler und Studenten, vergab Förderpreise für junge Wissenschaftler, unterstützte Hospizeinrichtungen. Die Universität Greifswald erhielt eine Klinik für Hämatologie und Onkologie, welche die Stiftung zu 40 Prozent finanzierte.

Sie beteiligte sich auch an der Anschaffung eines Seenotrettungskreuzers, der auf den Namen »Alfried Krupp« getauft wurde. »Der wird mindestens zwanzig Jahre lang über die Meere fahren, in Seenot geratenen Menschen helfen und den Namen in der Welt herumtragen. Ich bin sicher, darüber hätte sich Alfried gefreut.«

Beitz achtete darauf, dass bei der Verteilung der Stiftungsgelder regionale Schwerpunkte gesetzt wurden: 56 Prozent der Fördermittel blieben im Ruhrgebiet, und von den 29 Prozent, die im übrigen Deutschland vergeben wurden, ging der Löwenanteil in seine pommersche Heimat. Wohin die Gelder flossen, bestimmte formal das Kuratorium der Stiftung. Tatsächlich wagte jedoch kein Kurator je, Beitz die Gefolgschaft zu versagen, wenn dieser einen Einfall hatte.

In seiner Struktur ähnelte das Kuratorium dem Politbüro einer kommunistischen Partei. Beitz führte das Gremium, dessen Zusammensetzung er praktisch allein bestimmte, wie weiland sein Generalsekretärsfreund Erich Honecker in dessen besten Zeiten. Entscheidungen traf Beitz nach Beratung mit wenigen Vertrauten; seine wichtigsten Ratgeber waren der frühere parteilose Bundesminister Hans Leussink und der vormalige christdemokratische NRW-Kultusminister Paul Mikat – der eine für Belange der Wissenschaft, der andere für Fragen der Juristerei. Und wie das Politbüro der SED bestand das Kuratorium vorwiegend aus sehr betagten Herren.

Am 1. März 1999 zum Beispiel gehörten ihm zehn Mitglieder an. Der Älteste in der Runde war Leussink mit 87 Jahren, dicht gefolgt von dem damals 85-jährigen Beitz; der Drittjüngste war Johannes Rau, 68, ehe er in jenem Jahr Bundespräsident wurde und die Mitgliedschaft ruhen ließ. Benjamin war der 47-jährige Frankfurter Rechtsanwalt Kersten von Schenck, Sohn des verstorbenen Krupp-Testamentsvollstreckers Dedo von Schenck; der Junior frotzelte: »Ich senke das Durchschnittsalter dramatisch.« Es betrug damals knapp 70 Jahre.

Trotz der Aufnahme neuer Mitglieder hat sich Beitz' Tafelrunde nicht verjüngt, im Gegenteil. Der Altersdurchschnitt der mittlerweile zwölf Stiftungskuratoren liegt – Stand: Herbst 2011 – bei 72 Jahren. Daneben waren die Genossen im SED-Politbüro, das als recht vergreist galt, zuletzt, im Herbst 1989, mit durchschnittlich 67 Jahren noch vergleichsweise jugendlich. Hans Leussink, seit 2007 nur noch Ehrenmitglied, ist 2008 mit 96 Jahren gestorben, Kersten von Schenck, nunmehr 60, ist immer noch der Jüngste. Auch eine Frau hat inzwischen Einlass in die Männerdomäne gefunden: Beitz-Tochter Susanne Henle.

Beitz' engster Vertrauter war Hans Leussink, ein Altersge-
nosse. Der Niedersachse hatte schon als Student und nach seinem Ingenieurexamen in den 1930er-Jahren an Entwürfen für
den Autobahnbau mitgewirkt. In den 1950er-Jahren hatte er
Großprojekte in aller Welt mit geplant und mit gebaut, darunter den Assuanstaudamm in Ägypten. Leussink hatte als Professor an der Technischen Hochschule Karlsruhe gelehrt und war
Präsident des Wissenschaftsrats, als ihn Alfried Krupp im März
1967 in den neu geschaffenen Verwaltungsrat seines Unternehmens berief. Die Einsetzung dieses Kontrollgremiums, vergleichbar dem Aufsichtsrat einer Aktiengesellschaft, hatten
Banken und Bundesregierung in der Krupp-Krise als Gegenleistung für Kredite und Bürgschaft erzwungen. Alfried Krupp
war nur de jure frei in der Auswahl der sechs Verwaltungsrats-
mitglieder – dass auch seine Widersacher Hermann Josef Abs
von der Deutschen Bank und Werner Krueger von der Dresdner Bank dazugehörten, offenbarte seine eingeschränkte Selbst-
bestimmung. Leussink indes genoss Krupps Vertrauen ebenso
wie die anderen Ratsherren: der IG-Metall-Vorsitzende Otto
Brenner, BASF-Chef Bernhard Timm sowie der Tübinger
Juraprofessor Ludwig Raiser, der 1965 die Denkschrift der
Evangelischen Kirche in Deutschland »Die Lage der Vertriebenen und das Verhältnis des deutschen Volkes zu seinen östli-
chen Nachbarn« initiiert hatte; sie ebnete auch der Bonner Politik, ganz in Beitz' Sinne, den Weg für eine Verständigung mit
Polen.

Neben Raiser, der dann die Gründung der Krupp-Stiftung
rechtlich organisierte, wurde auch Leussink von Beitz in das Stiftungskuratorium berufen, das am 22. Januar 1968 zu seiner konstituierenden Sitzung zusammentrat. Fast 20 Jahre später reichte
Beitz eine ziemlich kuriose Erklärung nach, warum seine Wahl
auf Leussink gefallen sei: Bei einer Fahrt auf der Autobahn, erzählte Beitz, habe er einen Lastwagen mit der Aufschrift »Leus-

sink-Umzüge« gesehen, und da habe er sich erinnert, dass ihm Alfried Krupp einst aufgetragen habe, Leussink für das Unternehmen zu gewinnen. Die angebliche Erleuchtung auf der Autobahn erscheint zwar wenig plausibel, weil Leussink bereits im Verwaltungs- und später Aufsichtsrat der Fried. Krupp GmbH saß. Aber Beitz gefiel seine Anekdote; zwei Jahrzehnte später erinnerte sich sowieso niemand mehr an die näheren Umstände von Leussinks Berufung.

Offenbar wollte Beitz im Nachhinein davon ablenken, wie er Leussink nach dessen kurzem Ausflug in die Politik ins Stiftungskuratorium zurückgeholt hatte. Im Oktober 1969 hatte Bundeskanzler Willy Brandt nach der Bildung der sozialliberalen Koalition den parteilosen Professor als Minister für Bildung und Wissenschaft in sein Kabinett berufen. Seine Mitgliedschaft im Stiftungskuratorium ließ Leussink ruhen; aber bevor er seinen Ministereid schwor, hatte er sich von Beitz vertraglich eine leitende Position im Krupp-Konzern zusichern lassen.

Über diese Vereinbarung war, ohne dass es des Kanzlerspions Günter Guillaume bedurfte, auch die DDR-Führung frühzeitig informiert: Im Januar 1970, Leussink war noch keine drei Monate im Amt, plauderte Beitz mit dem in Düsseldorf residierenden DDR-Handelsrat Rudolf Haubold über die vertrauliche Personalie. Vizeaußenhandelsminister Heinz Behrendt erhielt Haubolds Information, dass Beitz »nach wie vor die Absicht hat, Leussink im Krupp-Konzern unterzubringen, falls sich dessen jetzige Stellung als Minister verändern sollte«.

Mit dieser Sicherheit im Rücken, warf Leussink im März 1972 sein Ministeramt lässig hin, als er wegen mangelnden Rückhalts im Regierungslager bei der Durchsetzung seiner bildungspolitischen Reformziele an konservativen Kulturföderalisten und knauserigen Kassenwarten in Bund und Ländern gescheitert war. Von Peru aus, wo er sich mit Ausgrabungen zwei Monate lang die Zeit vertrieb, reichte er seinen Rücktritt ein und ließ dabei wissen, dass ihn die Demission »kalt wie eine Hundeschnauze« lasse.

Mittlerweile war ja sein Freund und Förderer Beitz wieder obenauf im Krupp-Konzern. Während Leussink in Bonn Minister war, hatte der zuvor weitgehend entmachtete Beitz den Aufsichtsratsvorsitzenden Abs aus dem Amt verdrängt und den Vorstandschef Vogelsang weggeekelt. Nun kehrte Leussink ins Kuratorium der Krupp-Stiftung zurück, wurde Beitz' »persönlicher Berater« und mischte überall mit, bei Personalentscheidungen ebenso wie bei wichtigen Investitionen.

Als Erstes lobte das Duo, in einer Reaktion auf die Ölkrise 1973, einen »Alfried Krupp von Bohlen und Halbach-Preis für Energieforschung« aus. Doch nicht immer hatten Beitz und sein Chefberater Leussink eine glückliche Hand bei der Wahl ihrer Preisträger. So waren einige der acht Wissenschaftler, denen der damalige Bundespräsident Walter Scheel im November 1977 den mit 500 000 Mark dotierten Preis überreichte, miteinander gut bekannt – aus dem »Dritten Reich«. Denn mit der Auszeichnung für die »Entwicklung der Ultrazentrifuge zur Urananreicherung« wurde keine zukunftweisende Technologie gewürdigt, sondern ein Kriegsprojekt der Nazis: Gemeinsam hatten sich die Forscher bemüht, eine deutsche Atombombe zu bauen.

Der Physiker Paul Harteck hatte eine Apparatur zur Urananreicherung entwickelt, sein von der Krupp-Stiftung ebenfalls ausgezeichneter Kollege Hans Martin ein dazu erforderliches »Gasfluss-Thermalprofil« erstellt. Was mit der Zentrifuge möglich geworden wäre, hatte Harteck schon früh erkannt: Die »jüngste Entwicklung der Nuklearphysik«, schrieb der Forscher 1939 in einem Brief an das Oberkommando der Wehrmacht, erlaube es, eine »entscheidende Kriegswaffe« zu produzieren – eben die Atombombe. Hermann Görings Reichsforschungsrat spendierte 700 000 Reichsmark für zehn Doppelzentrifugen. Gebaut wurden die Apparate von der Waffenfabrik Anschütz in

Freiburg – unter der Leitung des Mitpreisträgers Konrad Beyerle, damals Chef der Entwicklungsabteilung des Rüstungsunternehmens. Ende 1944, als die Alliierten in Frankreich vorrückten, wich Harteck nach Celle aus. In einer Seidenfabrik, die Fallschirme für die Luftwaffe herstellte, wurde eine Doppelzentral-zentrifuge installiert, die jedoch bei Versuchen Mitte März 1945 explodierte. Fieberhaft arbeiteten Hartecks Leute an der Reparatur, bis der Einmarsch britischer Truppen weitere Experimente stoppte.

So ehrte die Stiftung, durch Satzung der Gemeinnützigkeit verpflichtet, Handlanger der NS-Kriegführung – mit einem Preis, der den Namen des Kanonenkönigs Krupp trägt. Doch unbeirrt rühmte Preisrichter Leussink die problematische Auszeichnung: »Schlaglichtartig und überzeugend« hätten die Forscher »eine der interessantesten Perioden unserer Wissenschafts- und Technikgeschichte« beeinflusst. Und als wollte die Stiftung ihren Fehlgriff nachträglich rechtfertigen, förderte sie in den 1990er-Jahren die Herausgabe eines apologetischen Buches über die *Kernenergieforschung in Celle 1944/45*.

Abgesehen von einzelnen Großspenden, verteilte die Krupp-Stiftung ihre Fördergelder oft mit der Gießkanne und je nach Laune ihres Vorsitzenden. Der handelte in der Manier des »Sonnenkönigs«, wie ein absolutistischer Monarch. Sein Motto hieß: Krupp – das bin ich.

Bis zu einem Betrag von 250 000 Euro im Einzelfall durfte Beitz allein über die Vergabe entscheiden, bei höheren Beträgen musste er die Zustimmung des Kuratoriums einholen. Aber auch das war nur eine Formalie. Das Gremium tagte in der Regel zwei Mal im Jahr. Die Sitzungen, durch schriftliche Vorlagen vorbereitet, dauerten gerade mal zweieinhalb Stunden am Vormittag, dann folgte das gemeinsame Mittagsmahl.

Wenn Beitz zwischen den Sitzungsterminen ein aus seiner Sicht förderungswürdiges Projekt entdeckte oder wenn ihm schnelle Hilfe geboten schien, holte er die Einwilligung der anderen Kuratoren durch telefonischen Rundruf ein. So geschah es etwa bei der Hochwasserkatastrophe 2002 in Ostdeutschland, als er noch spätabends nach den TV-»Tagesthemen« zum Hörer griff und den Beschluss herbeiführte, eine Million Euro für die Erneuerung der technischen Infrastruktur in der von der Elbe überfluteten Dresdner Semperoper zu spenden.

Ein anderes Beispiel, wie ein Gedanke spontan in die Tat umgesetzt wurde, hatte Beitz 1998 beim Jubiläum zum 30-jährigen Bestehen der Stiftung gegeben. Den Jahrestag wollte er ohne Feierlichkeit begehen, aber mit einer besonderen Initiative ein Zeichen setzen. Zufällig hörte er in den Radionachrichten von der steigenden Jugendarbeitslosigkeit und davon, dass das Bundeskabinett und die Düsseldorfer Landesregierung über geeignete Maßnahmen nachdachten, wie dem Problem zu begegnen sei. Kurzerhand rief Beitz seine Kuratoriumskollegen an und setzte sie von seiner Idee in Kenntnis, zum 30. Geburtstag der Stiftung 30 Millionen Mark (15,3 Millionen Euro) für ein Förderprogramm zur Bekämpfung der Jugendarbeitslosigkeit zur Verfügung zu stellen. Das bis dahin größte Einzelprojekt der Stiftung wurde einstimmig so beschlossen. Damit half die Stiftung beispielsweise Schulabbrechern beim erfolgreichen, von Sozialarbeitern begleiteten Wiedereintritt in den Schulalltag, sie ermöglichte Schülern Betriebspraktika im europäischen Ausland und half hörgeschädigten Jugendlichen, im Internet fit zu werden. Bis Ende 2008 wurden 54 Einzelprojekte unterstützt, bei denen insgesamt 8500 Jugendliche in 30 Städten des Ruhrgebiets gefördert wurden.

Als die überschuldete Stadt Essen die Kosten der Eröffnungsfeier des neuen Folkwang-Museums verringern wollte, im Etat eingeplant waren 200 000 Euro, fand Beitz den Sparwillen unpassend. Kurzerhand übernahm die Stiftung auch diese Summe in Gänze. Und weil die Kommune, die eigentlich für den Unterhalt des Kunsttempels aufkommen muss, zusätzliches Personal für das größer gewordene Haus nicht bezahlen konnte, sprang die Stiftung noch einmal ein: Beitz stellte eine weitere Million Euro, verteilt über fünf Jahre, zur Verfügung, um Stellen für die benötigten Mitarbeiter zu sichern.

Beitz berief sich bei seinen Entscheidungen oft auf den Gründer der Stiftung, mit dem er Zwiesprache im Jenseits zu halten schien. Die Frage »Was hätte Alfried gemacht?« erklärte Krupps Stellvertreter auf Erden zur Maxime seines Handelns. Und von Alfried zog Beitz eine gerade Linie zu dessen Urgroßvater Alfred, dem Krupp-Ahnherrn, der in der zweiten Hälfte des 19. Jahrhunderts das in Krupp-Festschriften gerühmte soziale Engagement des Unternehmens begründet hatte. »Der Zweck der Arbeit soll das Gemeinwohl sein, dann bringt Arbeit Segen, dann ist Arbeit Gebet«, hatte Alfred Krupp 1873 postuliert. Das war schön formuliert, diente aber vor allem der ideologischen Verschleierung der wahren Verhältnisse zwischen Kapital und Arbeit. Denn Alfred Krupp verstand sein Sozialwesen auch als Maßnahme »zur Verhütung sozialistischer Irrtümer«.

Selbst Beitz' Ehefrau Else widmete sich den Idealen Alfred Krupps. Als ihre jüngste Tochter Bettina in den 1970er-Jahren vor dem Abitur stand, holte sie selbst mit 58 Jahren die ihr in der Jugend verwehrt gebliebene »Reifeprüfung« nach, studierte Erziehungswissenschaft an der Universität Essen und wurde, als 73-Jährige, mit einer Dissertation über die »Industriepädagogik in den Großbetrieben des 19. Jahrhunderts bis zum Beginn des Ersten Weltkriegs, dargestellt am Beispiel der Firma Fried. Krupp« promoviert.

Es waren patriarchalisch-sozialfürsorgerische Motive, aus denen heraus Alfred Krupp 1836 die erste Betriebskrankenkasse gegründet hatte. Sie gewährte den Arbeitern und später auch deren Familien nicht nur ärztliche Behandlung, sondern auch Lohnfortzahlung im Krankheitsfall und schließlich auch eine

Altersversorgung. Friedrich Alfred Krupp, sein Sohn, hatte dann um 1890 die erste Altenhof-Siedlung errichten lassen, in der pensionierte und invalide Krupp-Arbeiter sowie deren Witwen bis an ihr Lebensende mietfrei wohnen konnten.

Auf dem Gelände dieser Siedlung entstand in den 1970er-Jahren der Neubau des Alfried-Krupp-Krankenhauses. Das 1980 eingeweihte Klinikum ist hervorgegangen aus den Krupp'schen Krankenanstalten, die Alfred Krupp 1870 in der Nähe seiner Gussstahlfabrik eingerichtet hatte – zunächst vor allem für Verwundete, die aus dem deutsch-französischen Krieg heimkehrten. Bald nach der Gründung wurde das Lazarett in ein Krankenhaus für die rasch wachsende männliche Belegschaft der Krupp-Werke umgewandelt, später wurden auch deren Frauen und Kinder dort medizinisch versorgt. Fast hundert Jahre später, 1963, plante Alfried Krupp einen Neubau. Aber erst nachdem die Stiftung 1971 die Trägerschaft für die Krupp'schen Krankenanstalten übernommen hatte, konnte der Plan realisiert werden. Weit über 100 Millionen Euro investierte die Stiftung seither in die Heilstätte.

Beitz achtete darauf, dass für das Krupp-Krankenhaus stets die modernsten Geräte und Einrichtungen angeschafft wurden. So ließ er Anfang 2000 für fünf Millionen Mark einen in den USA entwickelten Elektronenstrahltomografen erstmals in einem westeuropäischen Krankenhaus installieren. Die Apparatur ermöglicht dem Arzt, ohne Katheter ins Innere des Herzens zu sehen, um die Verkalkung der Kranzgefäße zu messen und das Infarktrisiko abzuschätzen. Nachdem das Gerät in Betrieb genommen worden war, legte sich Beitz als Erster hinein und ließ sich untersuchen. Freudestrahlend kam er aus der Röhre wieder heraus, als ihm attestiert wurde, dass er kerngesund sei.

Zwecks öffentlichkeitswirksamer Darstellung des Alfried-Krupp-Krankenhauses, das er selbst als seinen »Augapfel« betrachtete, gab Beitz 1991 einen opulenten Bildband in Auftrag. Für die visuelle Konzeption heuerte er den Designer Otl Aicher an, den er bei der Vorbereitung der Olympischen Spiele 1972 kennengelernt hatte; Aicher hatte damals die Piktogramme entworfen, jene auch im übertragenen Sinne wegweisenden, längst Klassiker gewordenen Bildzeichen. »In dem weitgespannten Spektrum der Fördertätigkeit der Stiftung hat das von ihr unterhaltene Alfried-Krupp-Krankenhaus einen besonderen Rang«, schrieb Beitz im Vorwort.

Jeder angehende Chefarzt des Krupp-Krankenhauses musste sich bei Beitz vorstellen. Wichtig war ihm, dass die Ärzte jederzeit für ihre Patienten präsent sein sollten. Weder durften sie zu oft zu Kongressen reisen noch auf die strikte Einhaltung von Dienstzeiten pochen. »Ein Arzt«, sagte Beitz, »schaut nur dann auf die Uhr, wenn er den Puls fühlt.« Für eine enge Verzahnung zwischen Stiftung und Krankenhaus sorgte nicht nur das starke persönliche Engagement des Kuratoriumsvorsitzenden, sondern auch, dass ein Mitglied des Stiftungsvorstands zugleich einer der beiden Geschäftsführer der Krankenhausgesellschaft ist.

Stets rühmte sich Beitz seines guten Verhältnisses zu Gewerkschaftern. 1966 machte er Karl-Heinz Sohn, bis dahin Abteilungsleiter beim DGB-Bundesvorstand, zum Leiter der Stabsabteilung Volkswirtschaft bei Krupp, später auch zum Vorstandsmitglied der Krupp-Stiftung. Mit dem IG-Metall-Vorsitzenden Otto Brenner, den schon Alfried Krupp 1967 – auf Vorschlag seines Generalbevollmächtigten – in den Verwaltungsrat der Fried. Krupp GmbH geholt hatte, pflegte Beitz eine persönliche Freundschaft. Den marxistischen Klassenkämpfer und linken Sozialdemokraten Brenner, in bürgerlichen Kreisen als leibhaftiger Gottseibeiuns gefürchtet, entsandte Beitz als Vertreter der Kapitalseite in den Aufsichtsrat – eine gezielte Provokation. Brenner half Beitz dann 1970, den Bankier Abs aus dem Aufsichtsratsvorsitz zu vertreiben. Als Brenner 1972 starb, hielt Beitz eine Trauerrede.

Demonstrativ suchte Beitz immer wieder die Nähe von Gewerkschaftern, wie *Spiegel*-Reporter Peter Brügge 1979 bei einer

Begegnung des Industriellen mit dem damaligen baden-württembergischen IG-Metall-Bezirksleiter Franz Steinkühler beobachtete: Bei einer Feier in der Vorstandsetage von Daimler-Benz – Steinkühler saß als Arbeitnehmervertreter im Aufsichtsrat der Autobauer – steuerte Beitz auf Steinkühler zu und begrüßte ihn überschwänglich, denn Beitz wollte, so der Journalist,»auffallend gern zusammen mit dem eleganten Linken geknipst werden«. Und in jedem TV-Porträt über Beitz ließen sich Krupp-Betriebsräte interviewen, um das Hohelied auf den Firmenpatriarchen zu singen. »Noch nie« habe es von dieser Seite »ein kritisches Wort zu Berthold Beitz gegeben«, sagte der Chef des Konzernbetriebsrats, Thomas Schlenz.

Umso irritierender wirkte deshalb ein Schritt, den die von Beitz geführte Stiftung Anfang 2006 vollzog. Quasi über Nacht verwandelte sich das Alfried-Krupp-Krankenhaus zur Überraschung seiner 1250 Angestellten in eine kirchliche Einrichtung: Die Klinik, bis dahin Mitglied im Deutschen Paritätischen Wohlfahrtsverband, trat dem Diakonischen Werk der Evangelischen Kirche im Rheinland bei. Als karitative kirchliche Einrichtung, teilte die Geschäftsführung der Belegschaft mit, sei das Betriebsverfassungsgesetz auf die Klinik nicht mehr anwendbar und der Betriebsrat mit sofortiger Wirkung aufgelöst. Die Dienstleistungsgewerkschaft Ver.di sah darin »den bisher einmaligen Versuch, durch den schlichten Beitritt eines Unternehmens mit rein weltlichem Charakter in eine kirchliche Einrichtung aus dem Anwendungsbereich des Betriebsverfassungsgesetzes bzw. der betrieblichen Mitbestimmung zu flüchten und sich eines unbequemen Betriebsrats zu entledigen«.

Die Klinikleitung begründete den Wechsel damit, dass das Alfried-Krupp-Krankenhaus »in Essen fast ausschließlich mit kirchlichen Krankenhäusern im Wettbewerb« stehe. Daher sei es sinnvoll, »uns einem kirchlichen Verband anzuschließen, weil wir dann auch die dort geltenden kirchlichen Tarifverträge für uns haben«. Dass gleichzeitig die Schlösser zum Büro des Betriebsrats ausgetauscht wurden, gehöre »zum Wechsel in die Welt der günstigeren kirchlichen Tarife einfach mit dazu«.

Nachdem die Krankenhausverwaltung in erster Instanz vor dem Essener Arbeitsgericht obsiegt hatte, urteilte das Landesarbeitsgericht in Düsseldorf nach einem drei Jahre währenden Rechtsstreit, die Arbeitnehmerrechte dürften nicht so einfach ausgehebelt werden: Die Krupp-Stiftung, alleinige Gesellschafterin der gemeinnützigen Krankenhaus-GmbH, sei »in keiner Weise organisatorisch, rechtlich oder personell mit einer der Kirchen der Bundesrepublik verbunden«; weder im Kuratorium noch im Vorstand befinde sich ein Repräsentant einer Kirche. Damit wies das Landesarbeitsgericht die selbstherrlich agierende Stiftung in die gesetzlichen Schranken.

Beitz' Neigung, allgemein übliche Normen und Regeln für sich kurzerhand mal außer Kraft zu setzen, löste auch beim größten Prestigeprojekt der Krupp-Stiftung in Greifswald, dem »Alfried-Krupp-Wissenschaftskolleg«, einen bizarren Rechtsstreit aus. Trägerin dieser Einrichtung ist die im Juni 2000 von der Krupp-Stiftung, dem Land Mecklenburg-Vorpommern und der Universität Greifswald gegründete »Stiftung Alfried Krupp Kolleg Greifswald«. Das Kolleg soll, wie es in einer offiziellen Verlautbarung hieß, in Zusammenarbeit mit der Universität Wissenschaftler verschiedener Disziplinen zu gemeinsamer Arbeit zusammenbringen, fächerübergreifende Forschungsvorhaben betreiben, die internationalen Wissenschaftsbeziehungen im Ostseeraum pflegen und Nachwuchswissenschaftler fördern.

Am 8. November 2000 erschien in der Wochenzeitung *Die Zeit* eine großformatige Anzeige. Darin suchten die Stiftung Alfried Krupp Kolleg und die Ernst-Moritz-Arndt-Universität gemeinsam einen Wissenschaftlichen Direktor für das Kolleg, der zugleich als Universitätsprofessor fungieren sollte. Von diesem, einer »Persönlichkeit mit hoher wissenschaftlicher Qualifikation«, werde erwartet, dass er die im Aufbau befindliche Einrichtung »zu einem center of excellence« an der Uni entwickle. Er solle »internationale Kontakte einbringen, über Erfahrung mit interdisziplinären Projekten und dem Einwerben von Drittmitteln« verfügen. »Die Amtszeit beträgt sechs Jahre, Wiederberufung ist möglich.« Bewerbungen waren an das Kuratorium der Stiftung zu richten, »zu Händen von Herrn Prof. Dr. h. c. mult. Berthold Beitz«.

Von der Anzeige fühlte sich auch Bernd Henningsen angesprochen, ein renommierter Skandinavistik-Professor, der seit 1992 an der Berliner Humboldt-Universität lehrte und Gründungsdirektor des dortigen Nordeuropa-Instituts war; unter seiner Leitung wurde es zum größten und interdisziplinärsten Institut seiner Art in Deutschland. Henningsen, Jahrgang 1945, gilt als Koryphäe seines Fachs und genießt internationales Ansehen, was sich unter anderem darin ausdrückt, dass ihm die Verdienstorden Norwegens, Schwedens und Dänemarks verliehen worden sind. Und er war überaus erfolgreich beim Einwerben von Drittmitteln – im Jahr 2002 schaffte er es mit einer Summe von weit über 400 000 Euro auf den ersten Platz unter den Geisteswissenschaftlern der Humboldt-Uni. Die ausgeschriebene Position schien wie maßgeschneidert für Henningsen. Also bewarb er sich.

Henningsen wurde nach Essen eingeladen, um sich einer von Beitz präsidierten Berufungskommission vorzustellen. Am 21. Mai 2001 trug er der hochkarätig besetzten Runde sein Konzept vor. Kerngedanke: ein Netzwerk wissenschaftlicher Einrichtungen in Schweden, Norwegen, Polen und den baltischen Ländern mit Greifswald als »Zentrum der Nordeuropa-Forschung«. Es schien ganz nach dem Geschmack von Berthold Beitz, der von »einer Art geistig-wissenschaftlicher Hanse« schwärmte, die durch das neue Kolleg mit entstehen könne. Die Region um Greifswald sei lange Zeit ein »liberales, weltoffenes Zentrum für Begegnungen im Ostseeraum gewesen und könnte es wieder werden«.

Im Beisein des späteren Vorsitzenden des Wissenschaftlichen Beirats der Stiftung Alfried Krupp Kolleg, des an der Universität Duisburg-Essen lehrenden Philosophieprofessors Carl Friedrich Gethmann, besprach Henningsen im Sommer 2001 mit Beitz in dessen Sylter Ferienhaus Einzelheiten der personellen und finanziellen Ausstattung – noch bevor die Berufungskommission der Universität Greifswald über die Bewerbungen entschieden hatte. Die konnte am 10. Februar 2002 nur abnicken, was Beitz und seine Leute in Essen längst beschlossen hatten. Denn die Kooperation zwischen Uni und Stiftung sah so aus, dass das Land Mecklenburg-Vorpommern das Gehalt des Hochschullehrers bezahlte, der in Personalunion quasi unentgeltlich als Wissenschaftlicher Direktor des Kollegs wirkte. Die Stiftung finanzierte dafür – neben der Sanierung der »Alten Apotheke«, des ältesten Fachwerkhauses in Mecklenburg-Vorpommern – einen 16 Millionen Euro teuren Neubau in der Greifswalder Altstadt in unmittelbarer Nachbarschaft der Universität, mit Arbeits- und Veranstaltungsräumen sowie Wohnungen für Gastwissenschaftler. Außerdem hatte Beitz Henningsen zugesagt, für den laufenden Betrieb der nächsten fünf Jahre fünf Millionen Mark bereitzustellen.

Henningsen schwebte eine Forschungsstätte wie das »Institute for Advanced Study« in Princeton im US-Bundesstaat New Jersey vor, das 1930 als Erstes dieser Art vor allem für den im Exil lebenden Albert Einstein gegründet worden war und seither Vorbild für viele Wissenschaftskollegs weltweit wurde.

Henningsen trat seinen Dienst im Mai 2002 auf einer Baustelle an. Denn der Grundstein für die Gebäude war erst im Juni 2000 gelegt worden, es gab kein konkretes Nutzungskonzept, nicht einmal ein Büro für den Direktor existierte. Ein regulärer Betrieb war deshalb noch nicht möglich. Gleichwohl schob Henningsen bereits Projekte an, engagierte sechs wissenschaftliche Mitarbeiter, lud Wissenschaftler als Fellows nach Greifswald ein, initiierte eine Ausstellung.

Bei einer Sitzung des Wissenschaftlichen Beirats der Stiftung am 11. November 2002 wurden das wissenschaftliche Programm Henningsens und die Finanzierung laut Protokoll ausdrücklich gebilligt und Fördermittel bis zu 2,5 Millionen Euro für die Zeit bis 2006 in Aussicht gestellt; der Vorsitzende Gethmann sprach Henningsen abschließend »den Dank des Wissenschaftlichen Beirats für die bisher unter den schwierigen Bedingungen der Anfangsphase geleistete Arbeit« aus.

Nachdem das Kolleg am 3. Dezember 2002 im Greifswalder Dom St. Nikolai und in Anwesenheit höchster Vertreter des Landes und der Stadt offiziell eröffnet worden war – Bundespräsident Johannes Rau hatte sein Kommen angekündigt, aber wegen Krankheit absagen müssen, weshalb Ehefrau Christina seine Rede verlas –, erhöhte die Stiftung den Druck auf Henningsen; sie wollte die zugesagten Mittel nur noch aufgrund konkreter Projektanträge vergeben. Vor allem wollte man rasch Ergebnisse sehen, das Kolleg sollte offenbar wie ein Industrieunternehmen einen Output vorweisen. Die Ungeduld in Essen steigerte sich. Projektanträge, die Henningsen und seine Mitarbeiter einreichten, lehnte die Stiftung ohne Angabe von Gründen ab. Im April 2003 erschien ein Mitglied des Beirats als Abgesandter von Beitz in Greifswald und legte Henningsen nahe, seine Ämter als Direktor des Kollegs und Vorstandsmitglied der Stiftung niederzulegen. Henningsen aber sah für einen freiwilligen Rückzug keinen Anlass. Daraufhin beschloss das Stiftungskuratorium unter Vorsitz von Beitz am 11. Juni 2003, das Vertragsverhältnis mit Henningsen fristlos zu kündigen.

Begründet wurde der Schritt nicht. In gewundenen Worten sprach Uni-Rektor und Kuratoriumsmitglied Rainer Westermann, der den Beschluss mitgetragen hatte, von »unterschiedlichen Perspektiven aller Beteiligten« über die Geschwindigkeit, mit der das Kolleg Erfolge vorweisen sollte. In Essen, sagte Westermann, säßen »vor allem Wirtschaftsleute«, die es »gewohnt«

seien, »beim Planen von Projekten in kürzeren Zeiträumen zu denken, und schneller Ergebnisse erwarten als manche Wissenschaftler«.

Eine solche Erwartung war weltfremd. Das Greifswalder Studentenmagazin *Moritz* kommentierte: »Die Vernunft sagt: Es ist ganz und gar unwahrscheinlich, dass kurz nach der Eröffnung eines völlig neuen Instituts schon Spitzenergebnisse vorliegen.« Doch Berthold Beitz, ohne akademische Erfahrung, sprunghaft und von Stimmungen abhängig, mochte die nötige Geduld nicht aufbringen. Außerdem hatte er schon wieder eine neue Idee, wie Rektor Westermann Ende August 2003 bei der Einweihung des »Berthold-Beitz-Platzes« auf dem Campusgelände verkündete: Nun sollte sich »nach einem Vorschlag von Berthold Beitz« das Kolleg »künftig schwerpunktmäßig mit Medizin, Bio- und Gesundheitswissenschaften beschäftigen«. Ein solches Themenspektrum war mit Henningsen freilich nie erörtert worden – und wurde auch später nicht verwirklicht; als Nachfolger Henningsens wurde ein Hochenergie-Physiker berufen.

Henningsen klagte gegen seine Entlassung. Das Landgericht Stralsund ließ nach der mündlichen Verhandlung am 5. Oktober 2004 keinen Zweifel daran, dass es eine fristlose Kündigung für nicht gerechtfertigt hielt, und appellierte an die Parteien, sich gütlich zu einigen. Da aus Essen keine Reaktion auf den richterlichen Rat kam und ein langwieriger Gang durch die Instanzen zu befürchten war, schrieb Henningsen einen Brief an Beitz. Darin schlug er vor, den Streit durch einen Kompromiss beizulegen. Das gelang schließlich auch: Henningsen wurde in Greifswald beurlaubt, um eine Professur an seinem ehemaligen Institut an der Berliner Humboldt-Universität wahrnehmen zu können; dort lehrte er von April 2005 bis zu seiner Emeritierung im Jahr 2010.

Beitz hatte wohl eingesehen, dass er in diesem Rechtsstreit den Kürzeren ziehen würde. Oft jedoch setzte er seinen Willen hartnäckig durch, auch wenn der Buchstabe des Gesetzes dem entgegenstand. Seine Hausjuristen fanden stets die passenden Paragrafen für die Extrawünsche des Patriarchen.

Unter heftigem Protest der Aktionäre der Streubesitzanteile, aber mit der erforderlichen Dreiviertelmehrheit genehmigte die ThyssenKrupp-Hauptversammlung im Januar 2007 ein Sonderrecht der Stiftung, ohne Wahl und ohne zeitliche Begrenzung bis zu drei Vertreter in den Aufsichtsrat der Aktiengesellschaft zu entsenden. Dies diene dem Schutz des Konzerns gegen eine feindliche Übernahme, argumentierte die Stiftung. Denn sollte ein Konkurrent die Aktienmehrheit erwerben, hätte die Stiftung dennoch gemeinsam mit den zehn Arbeitnehmervertretern die Majorität im 20 Mitglieder zählenden Aufsichtsrat. Ein solches Bollwerk schrecke potenzielle Angreifer ab.

Mehrere Aktionärsvereinigungen kritisierten das Privileg der Stiftung, weil es wichtige Mitbestimmungsrechte der Hauptversammlung verletze, die alle fünf Jahre die Vertreter der Aktionäre im Aufsichtsrat neu wählt. Dessen Vorsitzender Gerhard Cromme räumte ein, dass das Entsenderecht der Krupp-Stiftung einen »speziellen Sonderfall« darstelle. Denn die Stiftung sei »aufgrund ihrer eigenen Satzung verpflichtet, die Einheit des Unternehmens zu wahren«. Das Entsenderecht sei nach Paragraf 101 des Aktiengesetzes zulässig und verstoße auch nicht gegen die von einer Regierungskommission aufgestellten Grundsätze für gute Unternehmensführung.

Pikanterweise war Cromme selbst bis Juni 2008 Vorsitzender dieser von der Bundesregierung im Jahr 2001 eingesetzten Kommission, die den »Deutschen Corporate Governance Kodex« erarbeitete. Nach dessen Wortlaut hätte auch Cromme nicht unmittelbar vom Vorstands- in den Aufsichtsratsvorsitz von ThyssenKrupp wechseln dürfen, aber eigens für ihn wurde eine Ausnahmeklausel geschaffen.

Eine Düsseldorfer Kanzlei klagte im Auftrag von Investoren gegen das Sonderrecht der Stiftung. Es sei Anlegern nicht zu vermitteln, warum ein einzelner Aktionär im Unterschied zu allen anderen sowohl Mitglieder seiner Wahl in den Aufsichtsrat entsenden als auch an der regulären Aufsichtsratswahl in der Hauptversammlung teilnehmen darf. Dennoch setzte sich die Rechtsauffassung der Stiftung in allen Instanzen durch. Auch der Bundesgerichtshof entschied letzten Endes in diesem Sinne, und das Bundesverfassungsgericht wies eine dagegen gerichtete Verfassungsbeschwerde zurück. Die Stiftung entsendet seit Januar 2010 den Kuratoriumsvize Cromme, das Kuratoriumsmitglied von Schenck und den früheren Bundesfinanzminister Peer Steinbrück (SPD) in den ThyssenKrupp-Aufsichtsrat.

Den Ehrenvorsitz dieses Gremiums übte Berthold Beitz in einer Weise aus, die nach Ansicht führender Experten wiederum – und diesmal eindeutig – gegen das Aktiengesetz verstieß: Er nahm regelmäßig an den Sitzungen teil. Dies ist »Personen, die weder dem Aufsichtsrat noch dem Vorstand angehören«, nach Paragraf 109 ausdrücklich verwehrt. »Das Aktiengesetz kennt den Ehrenvorsitzenden nicht. Er ist deshalb wie ein Externer zu behandeln«, kommentierte der emeritierte Wirtschaftsjurist Marcus Lutter von der Universität Bonn: »Dieser Titel ist eine Epaulette, mehr nicht.« Auch Klaus-Peter Müller, Nachfolger Crommes an der Spitze der Corporate-Governance-Kommission, sah »nach einschlägiger Kommentierung sehr klar« geregelt, »dass ein Ehrenvorsitzender nur in Ausnahmefällen an einer Sitzung teilnehmen darf«.

Doch Cromme, der die Beitz-Nachfolge an der Spitze der Krupp-Stiftung anstrebte, mochte sich mit dem schwierigen Patron nicht anlegen. Er verteidigte die eigentümliche Praxis im ThyssenKrupp-Aufsichtsrat: »Wir binden Herrn Beitz ein, weil wir Respekt vor seiner Lebensleistung haben und es für anständig und vernünftig halten.« Cromme ließ ein juristisches Gutachten anfertigen, wonach Beitz' regelmäßige Teilnahme »vom

Selbstorganisationsrecht des Aufsichtsrats gedeckt« sei. Beitz, sagte Cromme, nehme »auf Wunsch und mit ausdrücklichem Einverständnis aller Aufsichtsräte an den Sitzungen teil«. Rechtlich ist das allerdings nach Ansicht von Experten bedeutungslos: Die gesetzliche Vorschrift gebe »keinen Raum für abweichende Satzungs- und Geschäftsordnungsregelungen«, schrieb der Wirtschaftsrechtsprofessor Mathias Habersack in dem maßgeblichen *Münchener Kommentar zum Aktiengesetz.*

Im Aufsichtsrat ergriff Beitz freilich nur noch selten das Wort – etwa als er sich über eine Kartellstrafe in Höhe von 480 Millionen Euro erregte, die im Februar 2007 gegen ThyssenKrupp wegen Beteiligung an Preisabsprachen unter Aufzugsherstellern verhängt worden war. Die Strafzahlung schmälerte den Gewinn, und Großaktionär Beitz war immer an einer möglichst hohen Dividende interessiert, weniger am Aktienkurs. Denn nur wenn stetig Geld vom Unternehmen fließt, kann die Stiftung als Wohltäterin auftreten.

So pochte die Stiftung, obwohl ThyssenKrupp im Geschäftsjahr 2008/2009 Verluste in Höhe von knapp 2,4 Milliarden Euro gemacht hatte, auf eine Dividendenausschüttung, die ihr 35 Millionen Euro bescherte. Für das folgende Geschäftsjahr, in dem der Konzern wieder einen Überschuss erwirtschaftete, flossen der Stiftung im Januar 2011 – entsprechend ihrem Anteil von 25,33 Prozent – rund 53 Millionen Euro zu.

Beitz suchte in den letzten Jahren nicht mehr die große Bühne, den strahlenden Auftritt. Aber er zog nach wie vor die Fäden, wenn auch eher aus dem Hintergrund. Weitreichende Beschlüsse und Top-Personalien im ThyssenKrupp-Konzern brauchten stets den Segen des Patriarchen. Man müsse entscheidungsreife Projekte »zum Hügel tragen«, hieß es im Vorstand.

Den beiden Projekten in Übersee, die in erster Linie ursächlich waren für die schlechte Konzernbilanz 2008/2009, hatte Beitz skeptisch gegenübergestanden, ehe ihm der Vorstand die

Zustimmung abringen konnte. In der Euphorie des Boomjahres 2005 war beschlossen worden, in Brasilien ein gigantisches Stahlwerk zu bauen. Die Idee schien vernünftig: Statt Eisenerze rund um den Globus zur Weiterverarbeitung zu transportieren, sollte ein Stahlwerk in unmittelbarer Nähe der Minen deutliche Kostenvorteile bringen. Doch dann geriet das Vorhaben zum Fiasko. Kurz nach Vertragsunterzeichnung stellten die Planer fest, dass große Teile des Baugeländes in einem Mangrovensumpf lagen. Mit Zehntausenden Stahlträgern musste der Grund erst einmal mühsam befestigt werden, Baumaschinen und Gebäude waren immer wieder eingesunken. Die Fertigstellung verzögerte sich, die Kosten wuchsen in die Höhe – von veranschlagten 1,3 auf 5,2 Milliarden Euro.

Ähnlich glücklos agierten die Manager auch beim Bau eines Stahlwalzwerks im US-Bundesstaat Alabama. Dort sollte der Stahl aus Brasilien zu hochwertigen Blechen für die amerikanische Autoindustrie verarbeitet werden. Doch die Branche lag danieder. Unklar war, ob das 2,6 Milliarden Euro teure Werk jemals ausgelastet werden könnte.

Als Konzernchef Ekkehard Schulz das Ausmaß des Desasters erkannte und die beiden zuständigen Spartenchefs im März 2009 feuerte, war nicht mehr viel zu retten. Das lange Zeit enge Vertrauensverhältnis zwischen Beitz und Schulz, die sich nicht zuletzt durch ihr gemeinsames Hobby, die Jagd, verbunden fühlten, war erheblich gestört. Dreimal hatte Beitz dafür gesorgt, dass der Vertrag mit Schulz um jeweils zwei Jahre verlängert worden war, zuletzt bis Januar 2011. Im Juni 2007 hatte Beitz den »eisernen Ekki« sogar ins Kuratorium der Krupp-Stiftung geholt. Zeitweise schien es, als stehe Schulz inzwischen höher in der Gunst des Patriarchen als sein ewiger Rivale Cromme, dessen zusätzliches Engagement als Aufsichtsratsvorsitzender bei Siemens Beitz argwöhnisch verfolgte. »Schulz' Ansehen befindet sich im Sinkflug«, zitierte das Wirtschaftsmagazin *Capital* einen

»Konzernkenner«. Auch dass Schulz zu zögerlich den Konzern-umbau anging, verdross den alten Herrn.

Nun versuchte Schulz auf einmal mit Brachialgewalt, die schwerfällige Konzernstruktur aufzubrechen. Die fünf bisher selbstständigen Konzerntöchter Stahl, Edelstahl, Technologie, Fahrstühle und Services sollten in zwei Bereiche, »Materials« und »Technologies«, zusammengefasst werden. Das löste Proteste der Metall-Gewerkschaft und der Betriebsräte aus, die ihre Mitbestimmungsrechte bedroht sahen. Denn die Verschlankung bedeutete, dass Aufsichtsratsposten wegfielen. Zudem hatte Schulz angekündigt, dass es keine Arbeitsplatzgarantie geben könne.

Unter den Beschäftigten entstand ein Aufruhr, wie es ihn bei ThyssenKrupp lange nicht gegeben hatte. Die Arbeitnehmer demonstrierten gegen betriebsbedingte Kündigungen und die Aushöhlung ihrer Mitsprachemöglichkeiten. Sie drohten sogar damit, sie würden das Gras vor der Villa Hügel zertrampeln – in den Augen von Beitz das schlimmste Sakrileg.

Der IG-Metall-Vorsitzende Berthold Huber rief Beitz an und bat ihn, zwischen Vorstand und Betriebsrat zu vermitteln. Beitz lud die Kontrahenten zu einem Gespräch ein. In der Villa Hügel saß Beitz neben dem Aufsichtsratsvorsitzenden Cromme und Vorstandschef Schulz. Ihnen gegenüber, so berichtete ein Augenzeuge, nahmen Gewerkschafter und Betriebsräte Platz. Schweigend, mit geschlossenen Augen, hörte sich Beitz den Forderungskatalog der Arbeitnehmer an. Als sie geendet hatten, öffnete Beitz die Augen, schaute Cromme und Schulz an und beschied sie: »So machen wir das!«

Die beiden Topmanager standen nun da wie dumme Jungs. Nur schwach wehrte sich Schulz gegen hämische Kommentare, er habe sich von Beitz bei der Krisenbewältigung bevormunden lassen. Beitz habe ihn doch vorher gefragt, ob er »als Moderator« zur Verfügung stehen solle. Zackig, so überlieferte er es selbst, antwortete Schulz: »Jawohl, Herr Beitz, das würde ich begrüßen.«

Der neue Plan entsprach dem alten Führungsmodell des Krupp-Konzerns, obwohl bei der Fusion mit Thyssen vereinbart worden war, grundsätzlich die Struktur des damals erfolgreicheren Partners zu übernehmen. »Krupp schlägt Thyssen«, titelte die *Welt am Sonntag* zu dem vorgesehenen Konzernumbau, »Thyssen wird wieder mehr Krupp«, folgerte das *Handelsblatt*.

Und noch ein weiteres Mal musste sich der ehemalige Thyssen-Mann Schulz von Beitz deckeln lassen. Der Vorstandsvorsitzende hatte öffentlich seine Überzeugung kundgetan, dass sein Nachfolger aus dem Haus und nicht von außen kommen würde. Doch dann präsentierte Cromme, nebenbei Siemens-Oberaufseher, im Einvernehmen mit Beitz den Siemens-Manager Heinrich Hiesinger als neuen Konzernchef.

Seinen größten Triumph erlebte Beitz mit der Verlegung des Konzernsitzes nach Essen. »Krupp kehrt heim«, verkündete die Lokalpresse pathetisch, als 2006 die Entscheidung gefallen war, die neue Verwaltungszentrale genau dort zu errichten, wo im Jahr 1811 Friedrich Krupp begonnen hatte, aus Eisen den viel belastbareren Gussstahl zu produzieren, und wo 1953 Berthold Beitz als Generalbevollmächtigter des letzten Krupp seinen Dienst angetreten hatte: an der Altendorfer Straße.

Krupp hatte wieder die Oberhand gewonnen über den einstigen Konkurrenten Thyssen. Dessen historische Keimzelle Duisburg ist nur noch zweiter Firmensitz und wurde auf die – wenn auch gewaltige – Stahlproduktion reduziert. Es seien »rein sachliche, wirtschaftliche Erwägungen« gewesen, die bisherige Firmenresidenz im Düsseldorfer »Dreischeibenhaus« zu verlassen, wiegelte Beitz ab, wohl um dem Vorwurf zu begegnen, er habe aus Sentimentalität seine egoistischen Interessen durchgesetzt. Schließlich habe der Konzernvorstand den Umzug beschlossen.

Inmitten des neuen »Krupp-Gürtels« am Nordrand der Essener Innenstadt entstand in dreijähriger Bauzeit das knapp 300 Millionen Euro teure Hauptquartier von ThyssenKrupp: ein Kubus aus Stein, Glas und Stahl mit Seitenabmessungen von mehr als 50 Metern. Einen auffälligen Akzent setzt ein gut 800 Quadratmeter großes, mit Stahltrossen fixiertes Panoramafenster, das den Blick quer durch das Gebäude und vom Innenhof in den Himmel freigibt.

Sichtlich ergriffen nahm Berthold Beitz am 17. Juni 2010, gut drei Monate vor seinem 97. Geburtstag, den Schlüssel entgegen.

MYTHEN UND MERITEN

Der Schreibtisch ist leer wie eh und je. Im Grunde ist er ein überflüssiges Möbelstück, auch wenn Berthold Beitz, inzwischen hoch in den Neunzigern, fast jeden Tag hierher zur Arbeit kommt. Auf der kahlen rotledernen Arbeitsplatte, auf der einsam das kleine kupferne Reh steht, macht sich Beitz allenfalls mal Notizen, oder er unterschreibt Briefe und Dokumente. Nicht einmal das Telefon duldet er auf der riesigen Tischfläche, er hat es auf einen kleinen Hocker neben seinem Stuhl verbannt. So wirkt der Schreibtisch wie eine Barriere, die Besucher auf Abstand hält. Das großflächige Bücherregal in seinem Rücken dient nur zur Dekoration, in den dickleibigen Folianten hat der notorische Nichtleser Beitz bestenfalls mal geblättert. Nie, sagt er, käme er auf die Idee, ein Buch aufzuschlagen und von vorn bis hinten durchzulesen.

Das Arbeitszimmer ist längst ein Museum zur höheren Ehre seines Besitzers, eine Ruhmeshalle mit einer »überdimensionalen Trophäensammlung«, wie ein Reporter des *Manager Magazins* entzückt beobachtete. An den Wänden, auf Kommoden und in den Regalen – überall hängen Urkunden seiner Auszeichnungen und stehen silbergerahmte Fotos seiner Begegnungen mit Mächtigen und Großen der Welt: Beitz mit Sowjetführer Nikita Chruschtschow, mit Chinas Zhou Enlai, mit Papst Johannes Paul II., mit Bundespräsidenten und Bundeskanzlern, mit seinem Freund Max Schmeling und natürlich mit Alfried Krupp. Auch die alte Heimat prangt an der Wand: Auf eine historische

Karte Pommerns hat Beitz einen kleinen roten Punkt geklebt, um Zemmin zu markieren, das Dorf, aus dem er stammt.

Sein Geburtsort erhob ihn schon 1991 zum Ehrenbürger. Die Ostseestädte Greifswald (1995) und Kiel (2004) folgten. Nur seine Wahlheimat Essen zögerte lange. Den Ehrenring der Stadt, eigentlich die höchste Würdigung, die die Ruhrmetropole vergibt, besitzt Beitz schon seit 1983. Aber Ehrenbürger hatte Essen seit 1949 nicht mehr ernannt. Als der Rat der Stadt im Februar 2007 beschloss, für Beitz die erste Ausnahme zu machen, verband er dies mit einer besonderen Dreingabe: Er gab der Straße, die an der neuen ThyssenKrupp-Hauptverwaltung vorbeiführt, den Namen »Berthold-Beitz-Boulevard«. Eine solche Ehrung wird normalerweise nicht zu Lebzeiten des Namensgebers vorgenommen.

Aber was ist schon »normal« im Leben des Berthold Beitz? Außergewöhnliche Verdienste dürfen durchaus außerhalb des Üblichen gewürdigt werden. Auch Greifswald hat schon 2003 einen zentralen Platz auf dem naturwissenschaftlichen Campus der Universität nach ihrem Förderer benannt, und Zemmin hat seinem berühmtesten Sohn wieder einmal vorneweg mit einer Berthold-Beitz-Straße gehuldigt.

Alle möglichen Institutionen haben Beitz mit Orden und Ehrenbezeugungen überhäuft, vor allem mit akademischen Graden. Als Beitz im Jahr 2000 mit der Leibniz-Medaille der Berlin-Brandenburgischen Akademie der Wissenschaften ausgezeichnet wurde, wies deren damaliger Präsident Dieter Simon darauf hin, dass »Ehrendoktor«, »Ehrenprofessor«, »Ehrensenator« und »Ehrenförderer« für den Laureaten »geläufige und umstandslos eingesammelte Titel« geworden seien.

Den ersten Ehrendoktor verlieh ihm, auf eigenes Drängen und mit freundlicher Hilfe des DDR-Staatsratsvorsitzenden Erich Honecker, 1983 die Universität Greifswald; um den SED-Makel abzustreifen, wurde die Ehrenpromotion am 17. Oktober

2006 »erneuert« – in einer fünfminütigen Zeremonie während eines Festakts anlässlich des 550. Gründungstags der Alma Mater Gryphiswaldensis, immerhin in Anwesenheit der schwedischen Königin Sylvia und des Bundespräsidenten Horst Köhler. Mit einigen Doktorhüten wurde Beitz' heldenhaftes Handeln im Zweiten Weltkrieg honoriert, so 1993 von der Jagiellonen-Universität in Krakau. Das israelische Weizmann-Institut in Rehovot, das freilich die Vergabe von Ehrendoktortiteln recht inflationär betreibt – mehr als 200-mal in den vergangenen drei Jahrzehnten –, zeichnete Beitz »in Anerkennung außergewöhnlichen Mutes, Ideenreichtums und Mitgefühls« 1996 aus. Auch der von der Fakultät für Geschichtswissenschaft der Ruhr-Universität Bochum 1999 verliehene Grad eines »Doktors der Philosophie ehrenhalber« würdigte vor allem Beitz' »untadeliges, beispielsetzendes Verhalten in der Zeit des Nationalsozialismus«.

Zu höheren akademischen Weihen gelangte Beitz aber auch als Repräsentant der Institution, die Wissenschaftler großzügig fördert. Für Zuwendungen der Krupp-Stiftung an Stipendiaten zeigte sich 2007 die Tübinger Fakultät für Kulturwissenschaften mit einem Dr. h.c. erkenntlich, auf Vorschlag des Seminars für Japanologie. Auch wenn es nicht seine Millionen sind, die er verteilt – Beitz fährt die Ernte ein.

Es ist ja, in der Regel, gut angelegtes Geld. Eine Anschubfinanzierung der Krupp-Stiftung rettete Mitte der 1980er-Jahre die Gebäude der traditionsreichen Leopoldina, der Deutschen Akademie der Naturforscher in Halle an der Saale, vor dem Verfall. Dafür wurde Beitz 1987 als »Ehrenförderer« ausgezeichnet. Das Bauvorhaben »in jener schwierigen Zeit der DDR-Regierung verständlich zu machen«, verlautbarte die Akademie 2005, als sie den Mäzen zu ihrem Ehrensenator ernannte, sei »vor allem dank der Beihilfe in höheren politischen Regionen durch Berthold Beitz« gelungen – eine hübsche Umschreibung für den kurzen Draht zwischen Beitz und Honecker.

Eine andere Männerfreundschaft verhalf Beitz gar zum Titel »Professor«. Den verlieh ihm 1988 – »für welche Dienste auch immer«, wie die Historikerin Brigitte Seebacher bissig kommentierte – die nordrhein-westfälische Landesregierung unter ihrem damaligen Ministerpräsidenten Johannes Rau, der auch dem Kuratorium der Krupp-Stiftung angehörte. Die Ehrung wurde damit begründet, dass Beitz durch die Gründung der »Kulturstiftung Ruhr« das kulturelle Profil des Landes mitgeprägt habe. Mit einer privaten Spende von 100 000 Mark hatte Beitz 1984 den Start dieser Stiftung ermöglicht, die anschließend zehn Jahre lang mit jeweils einer Million Mark aus dem Fonds der Krupp-Stiftung finanziert werden sollte. Die Kulturstiftung Ruhr präsentiert seither die Kunstausstellungen in der Villa Hügel und fördert Projekte zur Geschichte des Ruhrgebiets.

Unter Managern ist es seit einiger Zeit en vogue, sich mit einem »Professor« vor dem Namen zu schmücken, irgendein Argument dafür findet sich immer. Beitz aber war mal wieder den meisten voraus. »Jahrzehntelang«, konstatierte das *Manager Magazin* im Jahr 2000, sei der Titel »ein Geheimtipp geblieben, dessen süßen Zauber nur ein paar Stilisierungspioniere« wie Beitz erkannt hätten.

Fraglos zu Recht gewürdigt wurde Beitz' Zivilcourage bei der Rettung von Juden im Zweiten Weltkrieg. Dafür zeichneten ihn jüdische und israelische Institutionen mehrfach aus, etwa mit dem Leo-Baeck-Preis (1999) oder mit der Moses-Mendelssohn-Medaille (2010). Die israelische Holocaust-Gedenkstätte Yad Vashem nahm ihn 1973 in die Liste der »Gerechten unter den Völkern« auf. Auch Else Beitz wurde 2006 diese Ehrung zuteil, die höchste Auszeichnung, die der Staat Israel an Nichtjuden vergibt. Bis Ende 2010 waren 23 788 Menschen aus 45 Nationen als »Gerechte« anerkannt, davon nur 495 Deutsche. Am 7. Mai 1990 durfte Beitz auf dem Hazikaron, dem »Berg des Gedächtnisses« in Jerusalem, ein Johannisbrotbäumchen pflanzen.

Über seine Überlebenshilfe in Galizien hat Beitz lange nicht gesprochen – wohl weil es in den frühen Jahren der Bundesrepublik nicht opportun war. Ansonsten machte er gern Reklame in eigener Sache, Motto: Tue Gutes und rede darüber! Deshalb gibt es von Beitz, wie der damalige Präsident der Berlin-Brandenburgischen Akademie, Dieter Simon, in seiner Laudatio auch anmerkte, »anders als bei manchem der häufig in medienferner Stille wirkenden Förderer ... seit vielen Jahrzehnten ein gut dokumentiertes öffentliches Bild«. Die »Scheinwerfer des öffentlichen Interesses« hätten sich »immer wieder auf diesen besonderen Mann gerichtet«, und »flinke Federn« hätten »an seinem Bild gezeichnet, gestrichelt, gekritzelt und gelegentlich auch geschmiert«.

Vor allem hat sich durch apologetische Verklärung ein Bild von Beitz verfestigt, das seinem Selbstverständnis entspricht: einzigartig zu sein.

Seine unstreitigen Verdienste im Zweiten Weltkrieg hätten Beitz, wie der Buchautor Bernd Schmalhausen feststellte, »auf eine moralische Ebene gehoben«, die ihn »unangreifbar« macht. Der schriftstellernde Essener Staatsanwalt hat es zwar so nicht gemeint, aber das Heldentum von Boryslaw gereichte bisweilen zum Totschlagargument gegen jede Kritik, etwa an Beitz' unternehmerischem Handeln. Auf diese Weise wurden Meriten instrumentalisiert, um Mythen zu schaffen.

Beitz wusste sich als Selbstdarsteller immer gut in Szene zu setzen, auch wenn sich unter seiner Ägide über dem Krupp-Konzern dunkle Wolken zusammenbrauten. Beitz »sah meist heiterer aus als seine Bilanzen«, spöttelte der Autor des TV-Porträts »Liebling der Götter«; da der Film für die »Hall of Fame«, die symbolische Ruhmeshalle für verdiente Persönlichkeiten der Wirtschaft im Bonner Haus der Geschichte, produziert worden ist, war der ironische Kommentar das Äußerste an subtiler Kritik.

Zu den von Beitz und seinen Verehrern gern verbreiteten Legenden gehört die vom überaus sozial eingestellten Kapitalisten. Bei genauerem Hinhören entpuppt sich das mitunter jedoch als bloßes Gerede.

Ein Beispiel: Mit der Entsendung des ehemaligen SPD-Finanzministers Peer Steinbrück in den ThyssenKrupp-Aufsichtsrat sehe sich Beitz »in der Tradition des letzten Alleinbesitzers Alfried Krupp«, der »bis zu seinem Tode 1967 seine soziale Verantwortung« hochgehalten habe, berichtete die *Süddeutsche Zeitung* im November 2009. Coautor des Artikels war Joachim Käppner, der Verfasser der autorisierten Beitz-Biografie. Damit ist es Beitz gelungen, eine eigene Interpretation von sozialer Verantwortung in Umlauf zu bringen. Denn natürlich hat Beitz den Exminister nicht aus »sozialer Verantwortung« berufen, sondern um sich dessen immer noch exzellente politische Verbindungen für das Unternehmen nutzbar zu machen.

Beitz klopfte sich für seine vermeintlich soziale Tat auch noch selbst auf die Schulter. Der Wiedergänger Alfried Krupps hält ja, wie er oft erzählt hat, gelegentlich Zwiesprache mit dem verstorbenen Konzerneigner. Zur Personalie Steinbrück, davon ist der Stiftungsvorsitzende laut *Süddeutscher Zeitung* überzeugt, hätte die Stimme aus dem Jenseits gesagt: »Gut gemacht, Beitz!«

So elegant kann Eigenlob platziert werden.

Beitz beherrschte auch die Kunst, die eigene Person zum Maßstab aller Dinge zu machen. Am 4. September 1983, kurz vor seinem 70. Geburtstag, strahlte das Erste Deutsche Fernsehen ein sehr gefälliges Filmporträt des Jubilars aus. Der Autor des Films hatte gewiss nicht beabsichtigt, seinen Helden aufs Glatteis zu führen, als er beim Interview in Beitz' Ferienhaus in Kampen zu einer grundsätzlichen Frage anhob: »Sie haben sich doch sicher Gedanken gemacht über die Gesellschaft, unsere westliche Gesellschaft, die ja auch vom Kapitalismus geprägt wurde. Was glauben Sie, wie die zu verbessern ist? Wie sind gesellschaftliche Ungerechtigkeiten zu beseitigen?«

Beitz presste nachdenklich die Lippen zusammen und antwortete nach kurzem Zögern, wobei er erst einmal die Frage neu formulierte: »Wie habe ich die gesellschaftlichen Ungerechtigkeiten beseitigt?« Dann fuhr er fort: »Ich bin geboren auf dem Lande in einem ganz kleinen Haus. Ich bin bis zum siebten Lebensjahr barfuß gelaufen ... Ich habe gearbeitet, habe versucht, etwas zu werden, habe mich angestrengt und habe selbst dadurch die gesellschaftliche Ungerechtigkeit beseitigt.«

Die Antwort ist aufschlussreich. Sie zeigt zweierlei: Erstens, dass Beitz dieselben Anekdoten von seiner Kindheit stereotyp immer wieder erzählt, und zweitens, dass er nur über sich spricht, obwohl nach seinem persönlichen Aufstieg gar nicht gefragt war.

»Ja, Sie haben das Problem für sich gelöst«, sagte der Interviewer, »aber Sie sind eine Ausnahme.«

»Das kann sein, dass ich eine Ausnahme bin«, sagte Beitz.

ANMERKUNGEN

In den Anmerkungen finden Sie die Quellen für Zitate und Textstellen. Vor jeder Anmerkung gibt die Seitenzahl an, wo der vollständige Text zu finden ist.

Um die Lesbarkeit zu erleichtern, wurden alle Zitate in die neue Rechtschreibung umgewandelt.

PROLOG

9   »mit dem, was Sie zu erzählen haben«: Rau bei der Verleihung der Ehrendoktorwürde der Ruhr-Universität Bochum, *Westdeutsche Allgemeine Zeitung*, 16.6.1999

9   »Zeugen und Mitgestalter«: Stein bei der Verleihung des »Preises für Verständnis und Toleranz des Jüdischen Museums Berlin«, Redemanuskript, 14.12.2002

10   »Als Alfried Krupp«: Werner Abelshauser: »Der letzte Triumph des Berthold Beitz«, in *Frankfurter Allgemeine Sonntagszeitung*, 13.6.2010

11   »Biografie über Erich Honecker«: Interview mit Berthold Beitz am 11.6.2001; Norbert F. Pötzl: *Erich Honecker. Eine deutsche Biographie*, München/Stuttgart 2002

11   »Von seinem Einsatz für Juden«: Thomas Sandkühler: *»Endlösung« in Galizien. Der Judenmord in Ostpolen und die Rettungsinitiativen von Berthold Beitz 1941–1944*, Bonn 1996; Bernd Schmalhausen: *Berthold Beitz im Dritten Reich. Mensch in unmenschlicher Zeit*, Essen 1991

11   »Krupps Statthalter und Testamentsvollstrecker«: Diana
      Maria Friz: *Die Stahlgiganten. Alfried Krupp und Berthold Beitz*,
      Frankfurt am Main/Berlin 1990; Lothar Gall (Hg.): *Krupp im
      20. Jahrhundert*, Berlin 2002
12   Siedler und Beitz: Wolf Jobst Siedler an Berthold Beitz,
      22.10.2002
14   Beitz über Honecker: Pötzl, S. 179
15   »Biografie über Berthold Beitz«: Joachim Käppner: *Berthold
      Beitz. Die Biographie*, Berlin 2010
15   »Die umfangreiche Biografie«: *Frankfurter Allgemeine
      Zeitung*, 21.3.2011
16   »eine Sicht auf den letzten Patriarchen«: *Manager Magazin*,
      17.12.2010
16   »Gefahr, unter Einfluss zu geraten«: *Berliner Zeitung*,
      15.12.2010
16   »eine Unternehmerbiografie«: Burkhard Spinnen: *Der
      schwarze Grat. Die Geschichte des Unternehmers Walter Linden-
      maier aus Laupheim*, Frankfurt am Main 2003; Rezension
      »Outsourcing einer Biographie« in *Berliner Zeitung*, 20.5.2003
16   »›Reinkarnation‹ des letzten Krupp«: Friz, S. 286
16 f. Beitz an Golo Mann: Schweizerisches Literaturarchiv (SLA)
      A-1-g/17; Urs Bitterli: *Golo Mann. Instanz und Außenseiter*,
      Zürich 2004, S. 518; Tilmann Lahme: *Golo Mann. Biographie*,
      Frankfurt am Main 2009, S. 389
17   »eine fulminante Wallenstein-Biografie«: Golo Mann:
      Wallenstein, Frankfurt am Main 1971
17   »bemerkenswerte Rede«: Golo Mann: *Der tiefe Wandel der
      Gesellschaft. Festschrift zum 100sten Jubiläum der Firma
      Degussa*, Düsseldorf/Wien 1973; siehe auch Lahme, S. 370
17   »Außerdem hatte die Degussa«: vgl. Peter Hayes: *Die Degussa
      im Dritten Reich. Von der Zusammenarbeit zur Mittäterschaft*,
      München 2004
17 f. »Der Konzern hatte im letzten Kriegsjahr«: Am 30.9.1944
      betrug die Gesamtzahl der bei Krupp Beschäftigten 277 382,
      vgl. Gall, S. 666

18   »Beitz lud Golo Mann«: Berthold Beitz an Golo Mann,
      20.3.1975, SLA A-1-g/17

18 f. »einen biografischen Essay«: Golo Mann an Berthold Beitz,
      1.7.1975, SLA A-1-g/17; Lahme, S. 389, Bitterli, S. 518

19   »Er freue sich über die Zusage«: Golo Mann an Berthold
      Beitz, 17.7.1975, SLA A-1-g/17; Lahme, S. 389

19   »schriftliche Vereinbarung«: Vereinbarung zwischen Stiftung
      und Golo Mann, 19.5/25.5.1976, SLA A-1-g/18

19   »Vor Krupp fürchte ich mich«: Tagebuchnotiz, 17.2.1977,
      Lahme, S. 389

19   »Mythos Krupp«: Lahme, S. 390

19   »wie er Beitz im August ankündigte«: Golo Mann an
      Berthold Beitz, 11.8.1977, SLA A-1-g/19

19 f. »Beitz im Juni 1980«: Berthold Beitz an Golo Mann,
      4.6.1980, SLA A-1-g/21

20   »Golo Mann antwortete verstimmt«: Golo Mann an Bert-
      hold Beitz, 11.6.1980, SLA A-1-g/21

20   »Niemand möchte Sie um die Früchte Ihrer Arbeit bringen«:
      Berthold Beitz an Golo Mann, 23.6.1980, SLA A-1-g/21

20   »Wir waren so verblieben«: Berthold Beitz an Golo Mann,
      12.3.1981, SLA A-1-g/21

20 f. »In 14 Tagen«: Golo Mann an Berthold Beitz, 5.6.1981, SLA
      A-1-g/21; Bitterli, S. 521 f.

21   »wie er Beitz hinterher schrieb«: Golo Mann an Berthold
      Beitz, 18.11.1981

21   »noch immer jämmerlich wenig«: Golo Mann an Diana
      Maria Friz, undatiert, SLA B-4-j-9/9; Lahme, S. 390

21   »In seinem Tagebuch«: Tagebuchnotiz vom 9.7.1981, Bitterli,
      S. 522

21   »Zweifel daran bekommen«: Fritz, S. 35

21   »Immerhin versicherte Beitz dem Verfasser schriftlich«:
      Berthold Beitz an Golo Mann, 25.8.1981, SLA A-1-g/21;
      Bitterli, S. 523

22   »Zwiesprache mit seinem verstorbenen Mentor«: *Handels-
      blatt*, 25.9.1998

22   »In einem Brief an einen Freund«: Golo Mann an Hans-
      Dieter Müller, 25.5.1983, Bitterli, S. 523

22   »Bei seiner radikalen Ablehnung«: Friz, S. 35

23   »Trotz manchen Widerspruchs im Einzelnen«: Friz, S. 35 f.

23   »Berthold sei ›äußerst unglücklich und bedrückt‹«: Edith von
      Bohlen und Halbach an Golo Mann, 23.7.1981, SLA A-
      1-g/22

23   »Einen Auszug, ›Krupp und das Dritte Reich‹ betreffend«:
      Friz, S. 30 ff.

24   »zu Krupps Glück dauerte dieser Krieg dreißig Jahre«: Der
      Spiegel, 13.7.1960; Mühlen: Die Krupps, Frankfurt am Main
      1960, S. 11

24   »ein recht unsympathischer Dümmling«: Der Spiegel,
      13.7.1960; Mühlen, S. 207

24 f. »Wegen seiner Attitüde werde Beitz ›der Amerikaner‹
      genannt«: Mühlen, S. 222 ff.

25   »den bedenklich mächtigen Einfluss des Hauses Krupp«:
      Leserbrief von Norbert Mühlen im Spiegel, 17.8.1960

25   »Wir haben daran absolut kein Interesse«: Der Spiegel,
      13.7.1960

25   »Es war keine fragende Intervention«: Der Spiegel, 13.3.1963;
      Fritz J. Raddatz in Die Zeit, 7.8.2008; Süddeutsche Zeitung,
      27.3.2009

26   »Anstoß nahm Beitz ein Jahrzehnt später auch an einem
      Schlüsselroman«: Bild am Sonntag, 26.8.1973; Westdeutsche
      Allgemeine Zeitung, 1.9.1973; Welt am Sonntag, 2.9.1973;
      Handelsblatt, 3.9.1973

27   »Sie sind es nicht«: Der Spiegel, 9.7.1973; Stern, 5.7.1973

27   »Der Dialog blieb drin«: Will Tremper: Das Tali-Komplott,
      Wien/München/Zürich 1973, S. 240 f.

27   »Spiegel-Bestsellerliste«: Der Spiegel, 8.10.1973 – 21.1.1974

27   »ein Doppelporträt der ›Stahlgiganten‹ Alfried Krupp und
      Berthold Beitz«: Friz, S. 11; Der Spiegel, 12.9.1988

28   »Jahre später, berichtet Seebacher«: Information von Brigitte
      Seebacher, 10.7.2010

28   »In der Kunst der Selbstdarstellung«: Brigitte Seebacher-
      Brandt: *Politik im Rücken – Zeitgeist im Sinn*, Berlin 1995,
      S. 266

28   »eine Philippika gegen Berthold Beitz«: *Der Spiegel*,
      16.10.1995

28   »durch Beitz veranlasst«: Information von Brigitte Seeba-
      cher, 10.7.2010

28   »Provokation der Brandt-Witwe«: *Der Spiegel*, 20.11.1995

29   »seine eindrucksvolle Nachkriegskarriere«: »Aufstieg aus der
      Baracke«, in *Spiegel Geschichte*, 31.3.2009; Beitz-Brief vom
      2.4.2009 an mich: »Ihren Text …, der meinen beruflichen
      Werdegang nach dem Krieg beschreibt, habe ich gern
      gelesen. Haben Sie vielen Dank für diese Würdigung.«

29   »Verstrickung in den Fall Rosemarie Nitribitt«: »Lüstern
      und spießig«, in *Spiegel special*, 21.2.2006

29   »Die Vereinbarung, die ich mit Beitz schloss«: Meine
      Gespräche mit Berthold Beitz fanden gleichwohl einen
      Niederschlag in einem von ihm autorisierten Interview, das
      publiziert wurde in Stefan Aust/Gerhard Spörl (Hg.): *Die
      Gegenwart der Vergangenheit. Der lange Schatten des Dritten
      Reichs*, München 2004, S. 58 ff.

1. KAPITEL

31   »Ich habe so viel Gefühl«: Fernsehporträt »Berthold Beitz.
      Der Herr der drei Ringe« von Reinhold Böhm, WDR 2003;
      Nordmagazin, NDR, 27.5.1991

31   »nicht einmal tot überm Zaun hängen«: *Der Spiegel*,
      27.5.1959

31 f. »Im Sommer sind wir barfuß gelaufen«: Fernsehporträt
      »Berthold Beitz. Liebling der Götter« von Raimund Kusse-
      row, SDR 1997

32   »In dem Tümpel wäre der kleine Berthold einmal ›fast
      ertrunken‹«: Fernsehporträt »Der Herr der drei Ringe«

32   »Eine mit Kopfsteinen gepflasterte Straße«: Rudi Böhme: Zemminer Ortschronik, in *Nordkurier/Demminer Zeitung*, 17.5.1994

33   »In Pommern wird ein Verwalter«: Johann Christoph Adelung: *Grammatisch-kritisches Wörterbuch der Hochdeutschen Mundart*, Band 4, Leipzig 1801, S. 306

33   »der Erste unter dem Gesinde«: Gerd Vonderach: *Land-Leben gestern und heute. Studien zum sozialen Wandel ländlicher Arbeits- und Lebenswelten*, Münster 2004, S. 112

33   »er könne handeln ›wie ein Unternehmer‹«: *Süddeutsche Zeitung*, 25.9.2008

33   »Ich habe das Höchste erreicht«: Interview Berthold Beitz mit *Bild*, 26.9.1983

34   »Wenn man der unbestrittene Liebling«: Sigmund Freud: *Gesammelte Werke*, Band 12, S. 26

35   »Das Foto war vom Kaiser signiert«: Interview Berthold Beitz mit dem Verfasser, in Stefan Aust/Gerhard Spörl (Hg.): *Die Gegenwart der Vergangenheit. Der lange Schatten des Dritten Reiches*, München 2004, S. 65

35   »ihrer neuen Garnison Angerburg zugeführt«: *Demminer Tageblatt*, 28.9.1913

36   »Begeistert meldeten sich«: Ernst Günther von Etzel (Hg.): *Geschichte des 2. Pommerschen Ulanenregiments Nr. 9*, 1931, S. 33

36   »der britische Militärhistoriker John Keegan«: *Der Spiegel*, 18.1.1999

36   »Mit den Erfindungen der modernen Rüstungstechnik«: Henning Schlüter, in *Frankfurter Allgemeine Zeitung*, 25.7.1997, Rezension von Jay Winter und Blaine Baggett: *1914–1918. The Great War and the Shaping of the 20th Century*, New York u.a. 1996

37   »Er schloss sich dem ›Stahlhelm‹ an«: Käppner, S. 31

38   »Die vierköpfige Familie wohnte«: Kreisheimatmuseum Demmin

38   »Im Schuljahr 1923/24«: Max Bruhn: *Die höhere Schule in Demmin und ihre Lehrer*, Demmin 1957; Interviews mit dem

Demminer Stadtchronisten Heinz-Gerhard Quadt, 17.4.2003
und 6.10.2005

38   »Zwei Jahre später«: Universitätsarchiv Greifswald, Wiss.
     Rat 150 b

38   »Seine Losung«: Laudatio des Ortschronisten Rudi Böhme
     zur Verleihung der Zemminer Ehrenbürgerwürde an Beitz,
     1991

38   »Religiös sei er eigentlich nicht«: *Der Spiegel*, 20.11.1995

38   »Lieber als die Werke der Klassiker«: Leo Brawand: »Der
     schöne Kruppier«, in *Stern Biografie*, Nr. 1/2000

39   »Undeutsches Schrifttum«: *Greifswalder Zeitung*, 11.5.1933

40   »das Abitur im Februar 1934«: *Greifswalder Zeitung*,
     16.2.1934

40   »Bereits im April 1934«: Interview mit Rainer Stabenow,
     Vorsitzender des Stralsunder Ruder-Clubs von 1978 bis
     1990, 8.10.2005; Fernsehporträt »Der Herr der drei
     Ringe«; »Nachrichten Stralsunder Ruder-Club e.V.«,
     Mai 1934

40   »so kam Berthold Beitz auch zum Segelsport«: www.stralsun-
     der-ruderclub.de zum 95. Geburtstag des Ehrenmitglieds
     Berthold Beitz

40 f. »›Bobby‹, wie Beitz gerufen wurde«: Interview mit Rainer
      Stabenow, 8.10.2005

41   »die schwarz-weiß-rote Flagge geweht«: »Stolz wehten im
     Vorjahre bei der Reichstagseröffnung die neuen Farben des
     Reiches, stolz marschierten die Ruderer am 1. Mai in den
     Reihen der deutschen Arbeiter, bewusst, dass sie ihr Teil dazu
     beitragen würden, an der Ertüchtigung der nationalsozialisti-
     schen Jugend mitzuhelfen, sie auszubilden im Gemeinschafts-
     sinn, Kameradschaft und Gehorsam.« Zitate aus *Stralsundi-
     sche Zeitung*, 2./3.6.1934

41   »prophylaktisch den Blinddarm entfernen«: Fernsehporträt
     »Der Herr der drei Ringe«

41   »Bald bezog Beitz in Stralsund«: Stadtarchiv Stralsund,
     Einwohnerbuch 1934 und 1938

41 f. »Er sagte gern: Bobby, mach du«: Karin von Behr:
       Ferdinand Streb 1907–1970, Hamburg 1991, S. 20

42   »Die Zweigstelle der Pommerschen Bank«: Interview mit
       Heinz-Gerhard Quadt, 6.10.2005

42   »Die Progromnacht«: Stadtarchiv Stralsund

42   »Auch Christel Hingst«: Behr, S. 15, S. 94, S. 117

43   »Ich kam vom Dorf«: *Die Woche*, 23.9.1993

43   »du bist mein einziger Sohn«: Fernsehporträt »Liebling der
       Götter«

43   »und da hast du den leichtesten Weg«: Fernsehporträt
       »Der Herr der drei Ringe«

43   »Mit einem Vulkanfiberkoffer und zwei Anzügen«:
       Hamburger Abendblatt, 22.5.1951

43   »Beispielsweise erstellte er Abrechnungen«: Thomas
       Sandkühler: *»Endlösung« in Galizien. Der Judenmord in
       Ostpolen und die Rettungsinitiativen von Berthold Beitz 1941–
       1944*, Bonn 1996, S. 291

44   »Genau dies wollte Beitz«. Reinhard Appel (Hg.): *Es wird
       nicht mehr zurückgeschossen Erinnerungen an das Kriegsende* >
       Bergisch Gladbach 1995, S. 36

44   »Das Reichswirtschaftsministerium«: Rainer Karlsch,
       Raymond G. Stokes: *Faktor Öl. Die Mineralölwirtschaft
       in Deutschland 1859–1974*, München 2003, S. 203

45   »Beitz konnte davon ausgehen«: Christel Oldenburg:
       Tradition und Moderne. Die Hamburger SPD 1950–1966,
       Berlin 2009, S. 732

45   »Trotzdem rang Beitz mit sich«: Sandkühler, S. 291

2. KAPITEL

46   »Wächters Anweisung vom 18. November«: Mietek Pemper:
       Der rettende Weg. Schindlers Liste. Die wahre Geschichte,
       Hamburg 2005, S. 29 ff.

47 f. »Sonderaktion Krakau«: Jochen August (Hg.): *»Sonderaktion*

Krakau«. *Die Verhaftung der Krakauer Wissenschaftler am 6. November 1939*, Hamburg 1997, S. 7 f., 37 ff.; vgl. Rede von Berthold Beitz anlässlich der Verleihung der Ehrendoktorwürde der Universität Krakau, 3.3.1993

48   »Reinhard Heydrich«: zitiert nach *Der Spiegel*, 5.2.2005

49   Johannes Paul II. und das Ehepaar Beitz: *Financial Times Deutschland*, 6.5.2005; Fernsehporträt »Der Statthalter« von Adalbert Wiemers, WDR 1996

49 f. Beitz und Schindler: Marek Halter: *Auf der Suche nach den 36 Gerechten*, München 1997, S. 101 ff.; *Die Zeit*, 1.4.1994; *Weltwoche*, 26.5.1994

51   »neben dem damaligen Führer der dortigen Studentenschaft«: Lutz Hachmeister: *Schleyer. Eine deutsche Geschichte*, München 2004, S. 90

51   Emil Julius Gumbel: Die Tiraden gegen Gumbel, der 1933 gerade noch rechtzeitig ins Ausland flüchten konnte, erregten Aufsehen im ganzen Reich. Der Philosophie- und Geschichtsstudent Golo Mann wunderte sich damals im *Heidelberger Tageblatt*: »Wenn man, ohne die Gebräuche des politischen Kampfs in Deutschland zu kennen, die in den letzten Monaten gegen Dr. Gumbel entwickelte und immer mehr steigernde Hetze an sich … ernst nähme, so müsste man glauben, ein großer Teil der Studentenschaft und anderer Interessenten sei verrückt geworden.« Zitiert nach Lutz Hachmeister: *Schleyer. Eine deutsche Geschichte*, München 2004, S. 90

51   Beitz, Losacker und Görgens: Sandkühler, S. 293, S. 453

52   »Im April 1940«: Käppner, S. 43

53   »Hitler habe ihm zugesichert«: Ulrich Herbert: »Arbeit und Vernichtung. Ökonomisches Interesse und Primat der ›Weltanschauung‹ im Nationalsozialismus«, in Dan Diner (Hg.): *Ist der Nationalsozialismus Geschichte?*, Frankfurt am Main 1987, S. 211

54   »Hitler malte sich aus«: Werner Jochmann (Hg.): *Adolf*

Hitlers Monologe im Führerhauptquartier 1941–1944, Hamburg 1980, Aufzeichnung vom 25.10.1941

54   »Die Ausnutzung der neu zu besetzenden Gebiete«: zitiert nach Karlsch/Stokes, S. 213

54   »Dort oblag dem noch nicht einmal 28-jährigen Bankkaufmann«: Thomas Sandkühler: *»Endlösung« in Galizien. Der Judenmord in Ostpolen und die Rettungsinitiativen von Berthold Beitz 1941–1944*, Bonn 1996, S. 294 f.; kriminalpolizeiliche Vernehmung von Berthold Beitz am 28.11.1950 im Ermittlungsverfahren gegen Friedrich Hildebrand

55   »Als Beitz nach Boryslaw kam«: Wilhelm Dichter: *Das Pferd Gottes*, Berlin 1998, S. 26

56 f. »Ein jüdischer Augenzeuge«: Augenzeugenbericht Jan Moldauer, zitiert nach Sandkühler, S. 303

57   »Das sind die Ukrainer«: Dichter, S. 30

57   »Auch Beitz nahm für bare Münze«: Interview des Verfassers mit Berthold Beitz, in Stefan Aust/Gerhard Spörl (Hg.): *Die Gegenwart der Vergangenheit. Der lange Schatten des Dritten Reichs*, München 2004, S. 60

57 f. »Heydrich instruierte die Leiter der deutschen Einsatzgruppen«: Peter Longerich (Hg.): *Die Ermordung der europäischen Juden*, München 1998, S. 118 f.

58   »er wurde Augenzeuge«: Interview des Verfassers mit Berthold Beitz, in Aust/Spörl (Hg.), S. 60

58   »Manche von ihnen waren«: Jozef Rogosz: »In der galizischen Hölle«, zitiert nach Martin Pollack: *Galizien*, Frankfurt am Main 2001, S. 38 f.

59   »Hart an den Häusern entlang«: Joseph Roth: »Das polnische Kalifornien«, in *Frankfurter Zeitung*, 29.6.1928

59   »Obwohl Beitz wusste«: Bernd Schmalhausen: *Berthold Beitz im Dritten Reich. Mensch in unmenschlicher Zeit*, Essen 1991, S. 11; Steffen Mensching: *Jacobs Leiter*, Berlin 2003, S. 365 f.

60   »Das Ehepaar bezog«: Thomas Sandkühler in Gerhard Hirschfeld/Tobias Jersak (Hg.): *Karrieren im Nationalsozialis-*

mus. Funktionseliten zwischen Mitwirkung und Distanz, Frankfurt am Main 2004, S. 108

60   »Zuzugserlaubnis für Angehörige«: Schmalhausen, S. 26

60   »Gronek brachte Milch«: Thomas Sandkühler: *»Endlösung«
     in Galizien. Der Judenmord in Ostpolen und die Rettungsinitiativen von Berthold Beitz 1941–1944*, Bonn 1996, S. 295

61   »Deshalb gründete Beitz«: Sandkühler, S. 295 f.

63   »Zygmunt Spiegler«: Schmalhausen, S. 27

63   »die ohnehin kümmerlichen Lebensmittelrationen«: Das
     Elend verstärkte zwangsläufig den »Schleichhandel« und
     trieb die Schwarzmarktpreise in die Höhe. Ukrainische
     Bauern kamen mit ihren Feldfrüchten in die Stadt und
     kehrten vollbepackt mit hochwertigen Waren nach Hause
     zurück. Für einen Laib Brot mussten sich die Juden in der
     Stadt oft von teurem Familienschmuck, von kostbaren
     alten Büchern und anderen wertvollen Erbstücken
     trennen; siehe auch Thomas Geldmacher: *Wir als Wiener
     waren ja bei der Bevölkerung beliebt*, Wien 2002, S. 67 f.;
     Sandkühler, S. 313

63   »Helmrich«: Bericht Eberhard Helmrich über Hilfeleistungen an Juden und Polen, 21.6.1949

64   »Der Leiter dieser neu eingerichteten Zentralbehörde«:
     Sandkühler, S. 295

64   Beitz an Thier: Sandkühler, S. 314 f.

65   »Beitz übertrieb«: Karlsch/Stokes, S. 219

65   »Zunächst stellte Beitz«: www.jewishgen.org/Yizkor/
     Borislav; Sandkühler, S. 315

65   »Erich Radecke«: Sandkühler, S. 296 f.

66   »Der damals 14-jährige Klempnergehilfe«: *Welt am Sonntag*,
     6.5.1990

66   »Ende Oktober 1941 wurde Beitz«: Sandkühler, S. 316, S.
     319

67   »Am 6. November 1941«: Sandkühler, S. 318

67 f. »Revierleutnant Gustav Wüpper«: Gustav Wüpper, 1893 in
     Hamburg geboren, hatte nach der Volksschule als Decks-

mann und Schiffsführer gearbeitet, ehe er 1919 bei der Hamburger Schutzpolizei anheuerte. Bis 1933 war Wüpper SPD-Mitglied gewesen, was ihm später im Beruf immer wieder Scherereien bereitete. Deshalb ließ er sich 1938, nach dem »Anschluss« Österreichs, nach Wien versetzen. Im September 1941 erhielt Wüpper, NSDAP-Mitglied seit 1937, den Auftrag, in Boryslaw die Schutzpolizei-Dienstabteilung zu leiten. Zitiert nach Geldmacher, S. 74 f.

68   »Die Männer in den grünen Uniformen«: Dichter, S. 34

68   Einrichtung jüdischer Ghettos: Frank Golczewski: »Polen«, in Wolfgang Benz u.a.: *Dimensionen des Völkermords*, München 1996, S. 470 f.

69   »Dritte Verordnung über Aufenthaltsbeschränkungen«: Verordnungsblatt für das Generalgouvernement, 25.10.1941, S. 595

72   Beitz und Josef Hirsch: Eidesstattliche Erklärung von Josef Hirsch, 18.9.1947; Sandkühler, S. 326

72   »durch ›eine Arierin ersetzen‹«: Mensching, S. 390

73   »Ich verzweifle fast darüber«: Mensching, S. 365

74   »Die Juden kommen nur«: Dichter, S. 37

75   Emil Piotr Ehrlich: Ehrlich wurde 1901 in Litwinow (Ostgalizien) geboren, hatte in Wien studiert und ein Diplom als Kaufmann erworben, danach ein Praktikum in London absolviert. In den 1930er-Jahren unterrichtete er an der Staatlichen Hochschule für Handel und Wirtschaft in Lwow (Lemberg) und verfasste Lehrbücher. Unter sowjetischer Besatzung seit Herbst 1939 schlug er sich als Lederwarenhändler durch, 1942 zog er nach Warschau und arbeitete dort als Buchhalter. Zitiert nach Aloizy Czech: »Fala ze Lwowa«, in *Forum – Biuletyn Uniwersytetu Ekonomicznego w Katowicach*, Nr. 31/2010, S. 42 f.

75   »Beitz durchschaute«: Sandkühler, S. 332

76   »Abend des 6. August«: Sandkühler, S. 337; Schmalhausen, S. 47

77 »Spiegler hatte Beitz«: Schmalhausen, S. 54

77 f. Beitz am Bahnhof in Boryslaw: Fernsehporträt »Liebling der Götter« von Raimund Kusserow, SDR 1988

78 Lizzy Lockspeiser: Die Darstellung folgt Sandkühler, S. 339; lt. Käppner, S. 75, wurde Lizzy Lockspeiser jedoch nicht gerettet, vielmehr habe es sich um eine andere Frau gehandelt

79 »Bubis in seiner Autobiografie«: Ignatz Bubis: *Damit bin ich noch längst nicht fertig*, Berlin 1996, zitiert nach *Der Spiegel*, 16.8.1999

79 »Bubis sagte zum Ehepaar Beitz«: Rede von Ignatz Bubis am 6.10.1997

80 »wurde mir blitzschnell klar«: Sandkühler, S. 340 f.

80 »organisierter Raubmord«: Sandkühler, S. 341

81 »Nach den Deportationen im August«: Sandkühler, S. 346

81 f. »Am 9. September 1942«: Sandkühler, S. 345 f.

82 »Beitz freundete sich mit Malz an«: Sandkühler in Hirschfeld/Jersak, S. 109

83 »Am 6. Oktober 1942 teilte Beitz«: Sandkühler, S. 351

83 »Als zusätzliche Sicherheit beschaffte Beitz«: Sandkühler, S. 352 f.

84 »Dieser Urlaub zog sich in die Länge«: Sandkühler, S. 533 (Fn. 150)

86 »Für Zygmunt Spiegler«: Sandkühler, S. 355; Schmalhausen, S. 56

86 »Daraufhin richtete Beitz eine Werksschule«: Sandkühler, S. 357

87 »mehr Arbeiter als Tomaten«: Cornelia Schmalz-Jacobsen, *Zwei Bäume in Jerusalem*, Hamburg 2002, S. 68

87 »Helmrichs Tochter Cornelia Schmalz-Jacobsen«: Schmalz-Jacobsen, S. 108

87 f. »Katzmann und die Gestapo in Drohobycz«: Sandkühler, in Hirschfeld/Jersak, S. 106

88 »Beitz konnte zeitweilig«: Sandkühler, S. 361

88 »Sein Eintreten für Juden«: Sandkühler, S. 535, Fn. 179

89 »Bendt berichtete Beitz«: Fernsehporträt »Der Herr der drei Ringe« von Reinhold Böhm, WDR 2003

89 f. »Im Dezember 1942 wurde in Boryslaw«: Sandkühler, S. 365 f.

91 »Beitz musste mit ansehen«: Fensehporträt »Der Herr der drei Ringe«

92 »Sofort fuhr Beitz«: Sandkühler, S. 372

93 »vom vielen Schießen die Hand verrenkt«: Geldmacher, S. 118 f.

93 »Er sah aschfahl aus«: Sandkühler, in Hirschfeld/Jersak, S. 121, zitiert einen Brief Hilde Bergers an Sandkühler vom 9.5.1991

93 »Beitz intervenierte sofort«: Sandkühler, S. 381; Berthold Beitz an Josef Gabriel, 17.7.1943, zitiert nach Sandkühler, S. 538, Fn. 237

93 f. »Brief über den ›Judeneinsatz‹«: Sandkühler, S. 394 f.

94 f. »Zur selben Zeit«: Sandkühler, S. 395; Schmalhausen, S. 92

95 *The Ghetto Speaks*: Sandkühler, S. 539, Fn. 257

95 »Angst habe er damals nicht empfunden«: Interview Berthold Beitz mit dem Verfasser, in Aust/Spörl, S. 59

95 »Der Historiker Thomas Sandkühler«: Sandkühler, S. 405

95 f. »In den meisten Fällen hatte Beitz«: Interview Berthold Beitz mit dem Verfasser, in Aust/Spörl, S. 61

96 »Zur Verleihung des Leo-Baeck-Preises«: Interview Berthold Beitz mit dem Verfasser, in Aust/Spörl, S. 58; Rudolf Augstein an Berthold Beitz, 14.2.2000

96 »Manche wollten aus mir einen Helden machen«: Interview Berthold Beitz mit dem Verfasser, in Aust/Spörl, S. 63

96 »Ich habe in meinem Leben viel Glück gehabt«: Fernsehporträt »Der Herr der drei Ringe«

96 Beitz und Marek Halter: Halter, S. 97

98 Hilde Berger und Schindler: Mensching, S. 411

98– Frühjahr 1944 – Ankunft in Hamburg: Berthold Beitz:
102 »Niederlage und Befreiung. Erlebnisse in verworrener Zeit«,

in Reinhard Appel (Hg.): *Es wird nicht mehr zurückgeschossen
… Erinnerungen an das Kriegsende 1945*, Bergisch Gladbach
1995, S. 36 – 41

101 »Mit dem pommerschen Unteroffizier«: Volker Koop:
Besetzt. Amerikanische Besatzungspolitik in Deutschland, Berlin
2006, S. 39

3. KAPITEL

103 »die Aufstellung von einfachen Behelfsheimen«: Die schlichten Holzlauben mit einer Wohnfläche von rund 20 Quadratmetern bestanden aus einem einzigen Raum. In Broschüren
hatte Ley die künftigen Verwendungsmöglichkeiten der
Notbauten, für die Zeit nach dem »Endsieg«, als »Geräte-
schuppen oder Kleintierstall« amüsant illustrieren lassen.
Reichswohnungskommissar Reichsleiter Dr. Ley II Nr.
2141/18/43, zitiert nach Markus Denkhaus: *Eine dörfliche
Gemeinde am Stadtrand von Hamburg*, Norderstedt 2001, S. 80;
Frankfurter Allgemeine Zeitung, 24.9.1997

104 »gewiss unzulänglich gewesen«: Interview des Verfassers mit
Berthold Beitz, in Aust/Spörl (Hg.): *Die Gegenwart der
Vergangenheit*, München 2004, S. 64

104 »Niederlage und Befreiung«: Berthold Beitz: »Niederlage
und Befreiung. Erlebnisse in verworrener Zeit«, in Reinhard
Appel (Hg.): *Es wird nicht mehr zurückgeschossen … Erinnerungen an das Kriegsende 1945*, Bergisch Gladbach 1995, S. 35

104 »Im Sommer 1945 verdingte sich Beitz«: *Financial Times
Deutschland*, 6.5.2005; *Spiegel special*, Nr. 2/2009

104 »Konservenfabrik«: Fragebogen der britischen Militärregierung vom 10.8.1946, Military Government of Germany,
CCG (BE) Public Safety (Special Branch): Berthold Beitz

104 »Der Mut zum Zugreifen«: Berthold Beitz in Appel, S. 42

105 f. Beitz und Evelyn Döring: Joachim Käppner: *Berthold Beitz*,
Berlin 2010, S. 217

106   Vorstellungsgespräch bei Major Jones: *Der Spiegel*, 27.5.1959

107   Beitz und Hartmann: Karin von Behr: *Ferdinand Streb 1907–1970. Zur Architektur der fünfziger Jahre in Hamburg*, Hamburg 1991, S. 56

107   »Ihr macht die Arbeit«: Arbeitskreis Geschichte der SPD Hamburg; *Der Spiegel*, 27.5.1959; Thomas Sandkühler in Gerhard Hirschfeld/Tobias Jersak (Hg.): *Karrieren im Nationalsozialismus. Funktionseliten zwischen Mitwirkung und Distanz*, Frankfurt am Main 2004, S. 114; Behr, S. 56

108   »Farbe und Würze«: *Der Spiegel*, 27.5.1959

108   Beitz an Greifswalder Bürgermeister: Stadtarchiv Greifswald

109   Manfred Ewald: *Frankfurter Allgemeine Zeitung*, 19.7.1997; Information von Prof. Dr. Dieter Birnbaum, 8.1.2006

109   Karl Klasen: Der ehemalige Syndikus der Deutschen Bank und Disconto-Gesellschaft Filiale Hamburg, Jahrgang 1909, war als SPD-Mitglied seit 1931 in der NS-Zeit nicht in den Staatsdienst übernommen worden. Nach dem Krieg war er zunächst zur Deutschen Bank in Hamburg zurückgekehrt und wurde am 1. April 1948 erster Präsident der neu gegründeten Landeszentralbank.

109 f. Eva Fogelmann: *»Wir waren keine Helden«. Lebensretter im Angesicht des Holocaust*, München 1998, S. 14

110 f. Dankesbriefe Überlebender aus Boryslaw: Briefe im Staatsarchiv Bremen, eingereicht im Verfahren UR 3/51 gegen Friedrich Hildebrand; teilweise auch abgedruckt in *Süddeutsche Zeitung*, 2./3.2.2008

112   Generaldirektor bei Iduna-Germania: Sandkühler, in Hirschfeld/Jersak, S. 114

113   Beitz' Rückblick über seine Tätigkeit bei Iduna-Germania: Abschiedsrede Berthold Beitz vor der Iduna-Germania 1953, zitiert nach Behr, S. 34, 36 f.

114   »Einweihung der neuen Iduna-Zentrale«: *Weg und Ziel*, Mitteilungsblatt der Iduna-Germania, Nr. 6/1951

114   »Beitz schafft für seine Mitarbeiter«: *Hamburger Abendblatt*, 22.5.1951

115 »Für das Buffet sorgte Fritz Haerlin«: Schon kurz nach Hitlers
»Machtergreifung« 1933 war Haerlin der Reiter-SS beigetreten, vier Jahre später auch der NSDAP. Nach dem Krieg stufte
der Fachausschuss zur Entnazifizierung Haerlin als »entlastet«
ein, weil dessen Zugehörigkeit zur Reiter-SS »nur sportlich zu
werten« sei. Außerdem war die Reiter-SS vom Internationalen
Gerichtshof in Nürnberg als einzige SS-Formation nicht als
verbrecherische Organisation eingestuft worden.

115 Beitz Stammgast im »Halali«: Sepp Ebelseder/Michael
Seufert: *Vier Jahreszeiten. Hinter den Kulissen eines Luxushotels*,
Reinbek 1999, S. 235 ff.

115 »Wir waren jung«: Behr, S. 24

115 »Gesellschaft der Freunde von Bayreuth e. V.«: *Der Spiegel*,
12.8.1953

116 »Im Interesse einer reibungslosen Durchführung der
Festspiele«: Klaus Umbach: *Richard Wagner. Ein deutsches
Ärgernis*, Reinbek 1982, S. 28

117 »Wenn Sie Kontakte zur Industrie suchen«: *Der Spiegel*,
27.5.1959

117 Werner Lorenz: Hermann Weiß (Hg.): *Biographisches Lexikon
zum Dritten Reich*, Frankfurt am Main 2002, S. 305; Christian
Zentner/Friedemann Bedürftig (Hg.): *Das große Lexikon des
Dritten Reiches*, Augsburg 1995, S. 362

118 »Und von wem wurden Sie verfolgt«: Claus Jacobi: *Der
Verleger Axel Springer*, München 2005, S. 110

118 Adenauer im Bundestag Oktober1952: Adenauer im Deutschen Bundestag, 22.10.1952; *Der Spiegel*, 4.4.1956

118 Adenauer über ehemalige Parteigenossen im AA: *Hamburger
Abendblatt*, 23.10.1952

118 Springer-Verlagsgebäude: Behr, S. 52 f.; Hans-Peter Schwarz:
Axel Springer, München 2005, S. 147; Jacobi, S. 144 f.

119 »die Könige von Hamburg«: Schwarz, S. 147

120 »Ich weiß, du hast für Deutschland gekämpft« und allgemein
über Max Schmeling: David Pfeifer: *Max Schmeling. Die
Geschichte eines deutschen Idols*, Frankfurt am Main 2005

120 »1948 stand er zum letzten Mal im Ring«: Pfeifer, S. 321ff., S. 326 ff., S. 330

121 »Gewiss ist Schmeling«: Volker Kluge: *Max Schmeling. Eine Biographie in 15 Runden*, Berlin 2004; *Die Welt*, 12.2.2005

121 »von Beitz bekam er Aufträge«: Ralf Stremmel: »The Desidarata of Business-Film Research«, in Vinzenz Hediger/ Patrick Vonderau (Hg.): *Films That Work. Industrial Film and the Productivity of Media*, Amsterdam 2009, S. 465

122 »Zusammenschluss der beiden Unternehmen«: *Hundert Jahre Signal-Iduna*, Dortmund 2007, S. 51

122 Paul Hertz über Ferdinand Streb: Behr, S. 26

122 »der einzige Versicherungsgewaltige aus dem Bundesgebiet«: *Der Abend*, 20.10.1951

122 »Mit dem Geld der Iduna«: Behr, S. 10

123 Theodor Heuss: Behr, S. 43 ff.

126 »Ich habe ja nicht am Straßenrand gesessen«: *Der Spiegel*, 20.11.1995

126 »Die Band spielte einen Tusch«: Ebelseder/Seufert, S. 255

127 »Seine Zusage musste Beitz«: Norbert Mühlen: *Die Krupps*, Frankfurt am Main 1960, S. 223; William Manchester: *Krupp. Zwölf Generationen*, München 1968, S. 673

127 »Mach's gut, Berthold«: Manchester, S. 673; Axel Springer an Berthold Beitz, 23.7.1953

4. KAPITEL

128 »Krupp Statement«: zitiert nach Lothar Gall: *Krupp im 20. Jahrhundert*, Berlin 2002, S. 483; dort auch Faksimileabbildung

128 »den Verlust des gesamten Firmenvermögens«: Otto Kranzbühler an Alfried Krupp, 14.5.1952, zitiert nach Gall, S. 480

129 »eine vollkommene Zerschlagung«: Alfried Krupp an Otto Kranzbühler, 6.6.1952, zitiert nach Gall, S. 481

129   »Art von Erpressung«: Norbert Mühlen: *Die Krupps*, Frank-
       furt am Main 1960, S. 228
131   »Durch den Verlust von Kohle und Stahl«: *Der Spiegel*,
       11.3.1953
131   »Früher war man in Essen stolz«: *WAZ*, 4.3.1999
132   Oberst Fowles' Ansprache vor den Prokuristen und Abtei-
       lungsleitern: *Neue Ruhr-Zeitung*, 23.9.1978
132 f. »Seit über 130 Jahren«: Telford Taylor: *Die Nürnberger
       Prozesse*, München 2001, S. 190
133   »vermutlich mit einem Todesurteil«: Taylor, S. 727
134   »Jetzt, wo die Amerikaner Korea am Hals haben«: Thomas
       Alan Schwartz: »Die Begnadigung deutscher Kriegsverbre-
       cher. John McCloy und die Häftlinge von Landsberg«, in
       Vierteljahrshefte für Zeitgeschichte, Juli 1990, S. 375 f.
134   »dem plebejischen Furor der Hitler-Bewegung«: Werner
       Abelshauser: »Rüstungsschmiede der Nation? Der Krupp-
       konzern im Dritten Reich und in der Nachkriegszeit 1933 bis
       1951«, in Gall, S. 288
134 f. Empfang in Görings Amtssitz am 20.2.1933: Bernt Engel-
       mann: *Einig gegen Recht und Freiheit*, München 1975, S. 272;
       Adam Tooze: *Ökonomie der Zerstörung. Die Geschichte der
       Wirtschaft im Nationalsozialismus*, München 2007, S. 127 ff.
136   »›nicht gerade Nachttöpfe‹ geschmiedet«: *Der Spiegel*,
       30.11.1955
136   »Comfort der kleinen Häuslichkeit«: zitiert nach Renate
       Köhne-Lindenlaub: *Die Villa Hügel. Unternehmerwohnsitz im
       Wandel der Zeit*, Berlin/München 2010, S. 22
136   »Das Anwesen mit 8100 Quadratmetern Wohn- und Nutz-
       fläche«: Essen Marketing GmbH. (Hg.): *Essen; Der Spiegel*,
       14.12.1987; Diana Maria Friz: *Die Stahlgiganten*, Frankfurt
       am Main/Berlin 1990, S. 25
138   »Die Medien verbreiteten den Eindruck eines Opfergangs«:
       Der Spiegel, 11.3.1953
138   »Auch Beitz beteiligte sich später an der Legendenbildung«:
       Fernsehporträt »Liebling der Götter«, SDR 1997

138 »Die Ausbeutung der KZ-Häftlinge«: Friedhelm Kröll:
»Der Krupp-Prozess«, in Gerd R. Ueberschär (Hg.): *Der
Nationalsozialismus vor Gericht*, Frankfurt am Main 1999,
S. 182 f.

139 »Ich habe nicht den Wunsch und nicht die Absicht«: Friz,
S. 46

139 »Beitz' Ernennung zum Generalbevollmächtigten«: Gall,
S. 499

140 »Wenn Alfried Krupp es nicht sagt«: *Der Spiegel*, 27.5.1959

140 »Titelgeschichte über den Krupp-Konzern«: *Der Spiegel*,
30.11.1955

140 »Gewissermaßen außerdienstlich beschäftigte er sich mit
der Rettung von Juden«: *Süddeutsche Zeitung*,
26./27.11.1955

141 Meinungsumfrage: Michael Schwartz: »Vertriebene im
doppelten Deutschland«, in *Vierteljahrshefte für Zeitgeschichte*,
Januar 2008

141 Ludwig Losacher: Ulrich Herbert: »Als die Nazis wieder
gesellschaftsfähig wurden«, in *Die Zeit*, 10.1.1997

141 »Als Beitz zu Krupp kam«: *Der Spiegel*, 30.11.1955

142 »Alfried Krupp bekräftigte vor versammeltem Direktorium«:
Der Spiegel, 27.5.1959

142 f. Beitz und Friedrich Janssen: *Der Spiegel*, 16.11.1955

143 »Beitz war zum Durchhalten entschlossen«: *Der Spiegel*,
27.5.1959

144 Modenschau in der Villa Hügel: Manchester, S. 676; *Die
Tageszeitung*, 10.12.1988; *Westdeutsche Allgemeine Zeitung*,
5.2.2003; *Der Spiegel*, 25.5.1955; *Frankfurter Allgemeine
Zeitung*, 13.2.2007

144 »Alfried Krupp, ›scheu und zurückhaltend wie immer‹«: Friz,
S. 117

144 »Das habe ich dann verhindert«: Friz, S. 116

145 »eine repräsentative Dienstvilla«: Karin von Behr: *Ferdinand
Streb 1907–1970. Zur Architektur der fünfziger Jahre in
Hamburg*, Hamburg 1991, S. 65 f.; *Der Spiegel*, 27.5.1959

145 »ein Satteldachhaus in Bad Pyrmont«: von Behr, S. 65

146 Alfried Krupps Umgang mit Beitz: Nina Grunenberg: *Die Wundertäter. Netzwerke der deutschen Wirtschaft 1942–1966*, München, S. 142

146 »eine neue zentrale Verwaltung«: *Der Spiegel*, 27.5.1959

146 »das ›Generalregulativ‹«: Friz, S. 74 f.

147 »Das Direktorium«: *Hamburger Abendblatt*, 11.6.1954

147 »Das sind meine Boys«: *Der Spiegel*, 27.5.1959

148 Ludwig Grauert: zitiert nach *Der Spiegel*, 7.2.1983

148 f. Johannes von Bellersheim: *Der Spiegel*, 27.5.1959

149 f. Hundhausen und der »Bericht 1948/53«: *Industriekurier*, 10.7.1954; Brief von Carl Hundhausen an Josef Saal (*WAZ*, Düsseldorf), 3.7.1954

150 f. »die bebilderte Broschüre, genannt Bericht 1948-1953«: Rundschreiben des Vorstands der Iduna-Germania, 29.7.1954

151 Vorwürfe der Iduna-Germania an Beitz und sein Ausscheiden aus dem Vorstand: *Der Spiegel*, 27.5.1959; Gerhard Bergholter: *Unternehmensgeschichte der Iduna Versicherungen. Von den Anfängen bis zum Jahr 1972*, Hamburg 1990

151 Menderes in der Villa Hügel: *Essener Tageblatt*, 6.10.1954; *Der Spiegel*, 13.10.1954

152 »Wende in der öffentlichen Meinung«: laut Kurt Schoop, zitiert in Eva-Maria Lehming: *Carl Hundhausen. Sein Leben, sein Werk, sein Lebenswerk. Public Relations in Deutschland*, Wiesbaden 1997, S. 179

152 »Der Antifaschist Haile Selassie«: Michael Kunczik: *Public Relations. Konzepte und Theorien*, Köln/Weimar/Wien 2010, S. 122

152 »den ersten Empfang für den ersten Staatsbesucher«: Interview mit Kurt Schoop, in *Welt am Sonntag*, 3.6.2001

152 f. »Beitz wies Schoop an«: William Manchester: *Krupp. Zwölf Generationen*, München 1968, S. 681

153 »Das ist ein echter Palast«: zitiert nach Simone Derix: *Bebilderte Politik. Staatsbesuche in der Bundesrepublik Deutschland 1945–1990*, Göttingen 2009, S. 85

153 Kurt Betz an Heinz Wiers: 9.12.1954, BA B 145/42, zitiert nach Derix, S. 65

153 »Das war die Wiederauferstehung«: *Welt am Sonntag*, 3.6.2001; *Der Spiegel*, 17.11.1954

154 »aber ›nicht gerade Krupp‹«: Clemens von Brentano di Tremezzo an Erica Pappritz, 9.11.1956, zitiert nach Derix, S. 65

154 »Hundhausen sah seine Hauptaufgabe darin«: Lehming, S. 249

154 »Notiz für Beitz«: Notiz Hundhausens für Beitz, 12.8.1955, zitiert nach Lehming, S. 71

155 Axel Springer und Hundhausen: Lehming, S. 220 ff.

155 »Bereinigung der Schulbücher«: Notiz Hundhausens für Beitz, 12.8.1955, zitiert nach Lehming, S. 71

156 f. »Ändern Sie den Namen Krupp«: »Excerpts from Notes of Meeting with McCloy«, 4.5.1951, Historisches Archiv Fried. Krupp WA 66 v 74, zitiert nach Werner Bührer: »Return to Normality: The United States and Ruhr Industry, 1949–1955«, in Jerry M. Diefendorf/Axel Frohn/Hermann-Josef Rupieper: *American Policy and the Reconstruction of West Germany, 1945–1955*, Washington D. C. 2004, S. 149

158 »das ›Punkt-Viereinhalb-Programm‹«: Edwin H. Hartrich: *The Fourth and Richest Reich. How the Germans Conquered the Postwar World*, New York 1980, S. 258 f., zitiert nach Bührer S. 150

158 Krupps Entwicklungshilfeprogramm: *Bild*, 20.3.1956; *Hamburger Abendblatt*, 20.3.1956

158 f. »Aufgrund alliierter Anordnungen«: *Der Spiegel*, 30.11.1955

159 »Gesprächsnotiz«: Gesprächsnotiz Margolies, 3.11.1955, zitiert nach Bührer, S. 150 f.

160 Antwort auf Hensels Intervention: Bührer, S. 151

160 Beitz bei Unterstaatssekretär Murphy: *Bild* und *Hamburger Abendblatt*, 20.3.1956

160 »Die ›Krupp-Kampagne zum Erhalt des Eigentums‹«: Information der Bonner US-Botschaft an das State Department, 28.3.1956, zitiert nach Bührer, S. 152

160 f. »Beitz bereitete seinen Auftritt und das Referat sorgfältig
vor«: *Der Spiegel*, 27.5.1959; Rede abgedruckt unter der
Überschrift »Das Partnerschaftskonzept«, in James Daniel
(Hg.): *Private Investment. The Key to International Industrial
Development*, New York 1958, S. 154

161   Hartrichs Kündigung: *Der Spiegel*, 27.5.1959

161 f. Beitz bei Edward Murrow und das Interview durch Dick
Hottelet: Transkript der Sendung, CBS News, 7.7.1958

162   »Eine Waffe ist, was bumm-bumm macht«: *Der Spiegel*,
14.10.1968

163   »Das bleibt der einzige Verkauf«: Friz, S. 90

163   »Er sollte recht behalten«: Bergbau-Archiv Bochum, Bestand
20 (Fried. Krupp Bergwerke AG, Essen); *Die Zeit*, 21.11.1957

164   Organisationsprinzipien von Krupp: *Krupp-Mitteilungen*,
Februar 1958, S. 7

165   Beitz zu den Treuhändern: *Der Spiegel*, 27.5.1959

165   »Die Absicht scheint zu sein«: *New York Herald Tribune*,
31.1.1959

166   »Herr Beitz, Sie sind noch nicht lange genug bei Krupp«:
Der Spiegel, 20.11.1995; Fernsehporträt »Liebling der
Götter«, SDR 1997

166   »keine entsprechenden Zeugnisse und Quellenbelege«: Gall,
S. 654, Fn. 42

166   offener Brief von Leo Brawand: *Manager Magazin*,
1.2.1973

167   »nur ein Glied in der Kette dieser Tradition«: *Der Spiegel*,
16.11.1955

167   »Beitz verteidigte öffentlich diese Entscheidung«: *Der
Spiegel*, 13.3.1967

167   Augstein und Krupp auf Sylt: *Der Spiegel*, 20.11.1995

5. KAPITEL

169 »Alfrieds ›feine, fast allzu vornehme Zurückhaltung‹«: Tilo von Wilmowsky: *Rückblickend möchte ich sagen …*, Oldenburg 1961, S. 243

170 »Das war der Tag«: Diana Maria Friz: *Die Stahlgiganten*, Frankfurt am Main/Berlin 1990, S. 117; William Manchester: *Krupp. Zwölf Generationen*, München 1968, S. 676

174 f. Amtshilfeersuchen der Kripo Frankfurt: Kriminalpolizei Frankfurt am Main an Kriminalpolizei Kassel, 2.11.1957, in Hessisches Hauptstaatsarchiv (HHA), Verfahrensakte 76 Js 1178/1957, Archivnummer Abt. 461, Nr. 33233

175 Vernehmung von Harald von Bohlen und Halbach: Vernehmungsprotokoll vom 3. November 1957, HHA

175 »Einer Freundin hatte sie einmal anvertraut«: Aussage Irene W. am 17. März 1958, HHA

175 »Der sieht so gut aus, der Junge«: Abschrift der Tonbandaufzeichnung eines Telefongesprächs mit Renate N., HHA

176 »Nach einer Befragung zweier Hausangestellter«: Schreiben Kriminalhauptkommissar Hartung nach der Vernehmung des Hauspersonals am 5. November 1957, HHA

176 Gunter Sachs: zitiert nach Helga Dierichs: »Tod einer Hure«, in Helfried Spitra (Hg.): *Die großen Kriminalfälle. Deutschland im Spiegel berühmter Verbrechen*, Frankfurt am Main 2001, S. 42

176 Ernst Sachs: *Der Spiegel*, 31.5.1999

177 Verlautbarung der Polizei: zitiert nach Dierichs, in Spitra, S. 44

178 Fortsetzungsreihe in der *Quick*: *Quick*, 17.1.1959; *Quick*, 7.3.1959, zitiert vom Untersuchungsrichter II am Landgericht Frankfurt am Main, 9.3.1959, HHA

178 f. Vereinbarung zwischen Pohlmann und Hansen: 16 AR 85/59, Vermerk vom 3. März 1959, HHA

179 Aussage und Schreiben von Harald von Bohlen und Halbach: Vermerk vom 13. März 1959; Schreiben Harald von Bohlen

und Halbach vom 15.3.1959 an die Staatsanwaltschaft
Frankfurt am Main, HHA

180 »erwähnte Beitz in seiner Aussage«: Vernehmung Berthold
Beitz am 27.4.1959, HHA

181 »Nach meiner Rücksprache mit Beitz«: Schreiben von
Harald von Bohlen und Halbach, 15.3.1959, HHA

181 f. »Brief an Beitz«: Schreiben von Heinz Pohlmann, 7.4.1959,
HHA

182 Telefonat KD Kalk mit Burandt und Beitz' Antwort auf
Interviewwunsch: Dierichs, in Spitra, S. 53

6. KAPITEL

184 »Kosten-Nutzen-Verhältnis« der Sklavenarbeit: Adam Tooze:
*Ökonomie der Zerstörung. Die Geschichte der Wirtschaft im
Nationalsozialismus*, München 2007, S. 614; Thomas Kuczyn-
ski: *Brosamen vom Herrentisch. Hintergründe der Entschädigungszahlungen an die im Zweiten Weltkrieg nach Deutschland
verschleppten Zwangsarbeitskräfte*, Berlin 2004, S. 82: »Einen
Beleg, wie lukrativ das Geschäft mit der Zwangsarbeit für die
Firmen ... gewesen sein muss, liefert die Feststellung des
Generalinspekteurs der Luftwaffe, Erhard Milch, auf der
53. Besprechung der Zentralen Planung am 14. Februar 1944,
wonach die Belegschaft von Konzernen wie Flick, Krupp und
I.G. Farben zu über 40 Prozent aus ausländischen Zwangsar-
beitskräften bestand.« Grundsätzliches bei Mark Spoerer:
Zwangsarbeit unter dem Hakenkreuz, Stuttgart/München 2001

184 ausländische Zwangsarbeiter bei Krupp: www.dhm.de/lemo/
html/biografien/KruppBohlenHalbachGustav/index.html;
Deutschland im zweiten Weltkrieg, Band 5, Berlin/Ost 1984, S. 375
ff.; Werner Abelshauser: »Fremdarbeiter – Zwangsarbeiter –
Arbeitssklaven«, in Lothar Gall (Hg.): *Krupp im 20. Jahrhundert*,
Berlin 2002, S. 424 ff. gibt für Dezember 1944 rund 75 000
»Kriegsgefangene« und »Ausländer« als Krupp-Beschäftigte an.

185 »ein gefährliches Präjudiz«: Gustav Stein an Hans Globke, 15.3.1956, zitiert nach Wolfgang Benz (Hg.): *Lexikon des Holocaust*, München 2002, S. 322; Peer Heinelt: *Die Entschädigung der NS-Zwangsarbeiterinnen und -Zwangsarbeiter*, Frankfurt am Main 2008, S. 19

185 »Im Juli 1954«: Protokoll der Direktoriumssitzung vom 27.7.1954, zitiert nach Gall, S. 550, Fn. 658

186 »Schon im April 1942«: Tilo von Wilmowsky an Alfried Krupp, 2.4.1942, zitiert nach Werner Abelshauser: »Fremdarbeiter – Zwangsarbeiter – Arbeitssklaven«, in Gall, S. 405

187 Kranzbühler über die Haager Konvention: Telford Taylor im Vorwort zu Benjamin B. Ferencz: *Lohn des Grauens. Die verweigerte Entschädigung für jüdische Zwangsarbeiter. Ein Kapitel deutscher Nachkriegsgeschichte*, Frankfurt am Main/ New York 1981, S. 10

187 »Es war entsetzlich«: Thomas Rother: *Die Krupps. Durch fünf Generationen Stahl*, Frankfurt am Main 2001, S. 178

187 »Krupp ›der reichste Mann in Europa‹«: *Time*, 19.8.1957

188 McCloy an Krupp: 20.6. 1958, zitiert nach Gall, S. 552

189 Beitz und Ferenc: Ferencz, S. 108, S. 111

190 »Brief von Beitz«: Beitz an Katzenstein, 10.6.1959, zitiert nach Ferencz, S. 112; Kuczynski, S. 38

190 ff. Verhandlungen Krupp – Claims Coinference: Ferencz, S. 112 f.; S. 115; Fn. 249, S. 249 (NIK = Nürnberg Industrielle Krupp); S. 116 f.; S. 118

192 »in Anbetracht der erheblichen finanziellen Belastung«: Schreiben vom 25.2.1960, zitiert nach Ferencz, S. 121

193 »*Krupp-Mitteilungen*«: *Krupp-Mitteilungen* Nr. 44/1960, zitiert nach Peer Heinelt: *»PR-Päpste«. Die kontinuierlichen Karrieren von Carl Hundhausen, Albert Oeckl und Franz Ronneberger*, Berlin 2003, S. 1

193 »Auf freiwilliger Basis«: *Welt am Sonntag*, 21.11.1999

194 »Für deutsche Firmen, konstatierte Kuczynski«: Kuczynski, S. 44

195   Briefwechsel Goldmann – Beitz: Ferencz, S. 131
195   Rabbi Prinz an Dean Rusk: zitiert nach Ferencz,
      S. 132
197   »Ihrem Bericht über den bisherigen Verlauf des Anmeldever-
      fahrens«: Brief von Beitz an Goldmann, 15.1.1964, zitiert
      nach Ferencz, S. 133
198   »Was für eine Schuld?«: Rother, S. 179 f.
198 f. »Krupp habe Druck auf ihn ausgeübt«: Rother, S. 180; Ernst
      Schmidt: *Vom Staatsfeind zum Stadthistoriker*, Essen 1998,
      S. 91 f.

7. KAPITEL

200   Beitz über den »Jägerwinkel«: Vorwort von Berthold Beitz in
      Hanns Boventer (Hg.): *Der Jägerwinkel 1950–1990. Festschrift
      zur Erinnerung an Trudel Hardieck*, Königsdorf 1990, S. 3; im
      Jahr 2003 musste der »Jägerwinkel« Insolvenz anmelden
      (*Münchner Merkur*, 31.5.2003), die Privatklinik wird seit 2005
      unter neuer Leitung fortgeführt (www.jaegerwinkel.de)
201   Kurt Ruppmann: www.dws-xip.pl/reich/biografie/numery/
      numer105.html, forum.axishistory.com/viewtopic.
      php?f=38&t=58216, www.wohlbolds.homepage.t-online.de/
      ghtout/gp315.htm
201   Willi Hardieck: forum.axishistory.com/viewtopic.
      php?f=38&t=81288, www.wohlbolds.homepage.t-online.de/
      ghtout/gp320.htm, zweiter-weltkrieg-lexikon.de/index.php/
      Waffen-SS/SS-Panzer-Brigaden/150.-SS-Panzer-Brigade.
      html
201   Franz Grothe: Grothe, Jahrgang 1908, wurde, gemeinsam
      mit Georg Haentzschel, künstlerischer Leiter des »Deut-
      schen Tanz- und Unterhaltungsorchesters« und empfahl sich
      den Nazis mit Durchhalteschlagern wie »Wir werden das
      Kind schon schaukeln« und »Wenn unser Berlin auch
      verdunkelt ist«.

202 »einer von Adolf Hitlers Lieblingsmalern«: »Der Führer spricht« heißt Paduas wohl bekanntestes, 1939 entstandenes Werk; es zeigt eine Bauernfamilie, die andächtig Hitlers Stimme aus dem Volksempfänger lauscht. Paduas schwüles Gemälde »Leda mit dem Schwan« war manchem Parteigenossen zu pornografisch, doch Hitler ließ es 1939 im Haus der Deutschen Kunst in München ausstellen und kaufte es anschließend privat für seinen Berghof auf dem Obersalzberg bei Berchtesgaden. Weil der 1908 in Salzburg geborene Padua den Malstil von Wilhelm Leibl, dem bedeutendsten Vertreter des Realismus im 19. Jahrhundert, nachahmte, nannte man ihn den »Unter-Leibl«. Zitiert nach Reinhard Müller-Mehlis: *Die Kunst im Dritten Reich*, München 1976; *Der Spiegel*, 29.9.1965

203 »Krieg habe etwas mit Wildschützenromantik zu tun«: Wolfgang Schmidt: »Maler an der Front«, in Rolf-Dieter Müller/Hans-Erich Volkmann (Hg.): *Die Wehrmacht. Mythos und Realität*, München 1999, S. 664

204 Padua über Beitz: *Der Spiegel*, 29.9.1965

206 Kurt Fett: *Der Spiegel*, 14.12.1955; 4.1.1956; 6.6.1956; 15.8.1956

206 Wolf Graf Baudissin, Tagebuchnotiz: Militärgeschichtliches Forschungsamt (Hg.): *Anfänge westdeutscher Sicherheitspolitik 1945–1956*, Band 3, München 1993, S. 1038 ff., hier S. 1071, Fn. 114

207 Otto Skorzeny: Jean-Paul Pallud: *Ardennes 1944, Peiper & Skorzeny*, Oxford 1987

208 »Einen frivolen Spaß erlaubte sich Beitz«: Fernsehporträt »Liebling der Götter: Berthold Beitz« von Raimund Kusserow«, SDR 1997

209 »Morski rief Beitz zu Hilfe«: Thomas Sandkühler in Gerhard Hirschfeld/Tobias Jersak (Hg.): *Karrieren im Nationalsozialismus. Funktionseliten zwischen Mitwirkung und Distanz*, Frankfurt am Main 2004, S. 380

209 »Am 28. November 1950 wurde Berthold Beitz«: Protokoll der Vernehmung am 28.11.1950, Staatsarchiv Bremen

209 f. »Einige Tage später wurde auch Hildebrand«: Protokoll der Vernehmung am 8.12.1950, Staatsarchiv Bremen

210 »Wenn der Krieg beendet ist«: vgl. 2. Kapitel

212 Hilde Olsen über ihr Treffen mit Beitz: Steffen Mensching: *Jacobs Leiter*, Berlin 2003, S. 394

212 f. Beitz als Zeuge vor Gericht: *Süddeutsche Zeitung*, 22.8.1966; *Weser-Kurier*, 20.8.1966; *Die Zeit*, 26.8.1966

213 Briefwechsel Beitz/Hildebrand: Käppner, S. 374

213 Hilde Olsen bei Biolek: »Boulevard Bio«, 18.6.1996

214 »Ehrung in der Gedenkstätte Yad Vashem«: Daniel Fraenkel, in Israel Gutman (Hg.): *Lexikon der Gerechten unter den Völkern*, Göttingen 2005, S. 70

8. KAPITEL

216 »Beitz und Ehrlich«: Joachim Käppner: *Berthold Beitz*, Berlin 2010, S. 222

216 f. Arbeiteraufstand in Polen: Wlodzimiercz Borodziej: *Geschichte Polens im 20. Jahrhundert*, München 2010, S. 297

217 »Einladung nach Polen«: *Hamburger Abendblatt*, 4.3.1958; *Der Spiegel*, 27.5.1958

218 »die Oder-Neiße-Linie als polnische Westgrenze«: *Der Spiegel*, 26.2.1958

219 »In einem offenen und herzlichen Ton«: *Westdeutsche Allgemeine Zeitung*, 4.3.1958

219 Anbahnen geschäftlicher Beziehungen und Studienaustausch der Töchter: *Frankfurter Allgemeine Zeitung*, 13.3.1963; *Der Spiegel*, 1.2.1961

220 »Die gesamte westdeutsche Industrie«: zitiert nach Karsten Rudolph: *Wirtschaftsdiplomatie im Kalten Krieg. Die Ostpolitik der westdeutschen Großindustrie 1945–1991*, Frankfurt am Main 2004, S. 31

221 »Wiederaufnahme der Geschäftsbeziehungen«: WA 66 v 238, Schreiben von Maschinoimport vom 17.5.1954 und von

Promsyrioimport vom 18.5.1954, zitiert nach Karl-Heinz
Schlarp: *Zwischen Konfrontation und Kooperation. Die Anfangs-
jahre der deutsch-sowjetischen Wirtschaftsbeziehungen in der Ära
Adenauer*, Hamburg 2000, S. 353

221 Aktenvermerk Maltzahn: Besprechung mit Deiss am
4.6.1954, zitiert nach Schlarp, S. 354; *Der Spiegel*, 7.7.1954

222 »Errichtung von Chemieanlagen«: Rudolph, S. 247

222 Gespräch mit Krestow: RWWA/OW, K-189-14 Ostaus-
schuss/Russlandausschuss: Notiz Dr. Hipp betr. Russland,
20.1.1956, zitiert nach Schlarp, S. 160

223 »eigene Ost-Diplomatie«: Rudolph, S. 54 f., S. 247 f.

223 »Sie könnten heute noch in Königsberg und Breslau sitzen«:
Der Spiegel, 27.6.1966

224 Einladung nach Moskau: *Der Spiegel*, 4.6.1958

224 f. Visite in der Sowjetunion: *Westdeutsche Allgemeine Zeitung*,
5.6.1958; *Die Welt*, 5.6.1958

225 »Die Steppe muss eine Brotfabrik werden«: Hartmut Pogge
von Strandmann: »Großindustrie und Rapallopolitik.
Deutsch-sowjetische Handelsbeziehungen in der Weimarer
Republik«, in *Historische Zeitschrift*, 222. Band, 1976, S. 18 ff.

225 f. »Beitz klärte den Vizepremier auf«: *Der Spiegel*, 5.6.1963

226 »Man sprach von uns als den ersten Schwalben«: *Westdeutsche
Allgemeine Zeitung*, 5.6.1958

226 Adenauers Gespräche über den Rapacki-Plan: Konrad
Adenauer: *Erinnerungen*, Band 3, Stuttgart 1967, S. 390

227 »Kritik an Krupp-Geschäften mit Moskau«: *Die Welt*,
6.6.1958

227 Adenauer äußert »Zweifel an der nationalen Zuverlässigkeit«
von Beitz: *Der Spiegel*, 2.7.1958; *Süddeutsche Zeitung*,
10.7.1958

228 Besuch der Posener Messe: *Frankfurter Allgemeine Zeitung*,
9.6.1958; Rudolph, S. 205

228 »Beitz und Gomulka«: Fernsehporträt »Liebling der
Götter«; *Der Spiegel*, 6.9.1982

228 Zweiter Besuch der Posener Messe: *Frankfurter Allgemeine*

Zeitung, 13.3.1963; Hansjakob Stehle: *Nachbar Polen*, Frankfurt am Main 1968, S. 322

229   Adenauer über Beitz: *Weltwoche*, 30.4.1965

229 f. Besuch in Warschau: *Frankfurter Allgemeine Zeitung*, 15.12.1960; *Der Spiegel*, 1.2.1961; *Frankfurter Allgemeine Zeitung*, 15.12.1960

230   Ausklammern der Oder-Neiße-Linie: Krzysztof Ruchniewicz: »Die Missionen von Berthold Beitz in Polen Ende der 50er-/Anfang der 60er-Jahre«, in *Oppelner Beiträge zur Germanistik*, Band 5, Frankfurt am Main 2002, S. 143

231   »Das ist, bitte, unsere Sache«: Rudolph, S. 206; *Die Zeit*, 6.4.1962; *Stern*, 12.4.1962

231   »Für Beitz war dieses Gespräch«: Berthold Beitz: »Wandel durch Handel«, in *Den Wandel gestalten. Festschrift für Friedel Neuber*, Stuttgart 1995, S. 128

231   Beitz bei Adenauer: *Der Spiegel*, 1.2.1961, 5.6.1963

231   Adenauer über die Hallstein-Doktrin: Politisches Archiv des Auswärtigen Amtes (PA AA), Band 319 A Bestand B, StS I – 4124/60

232   Unterredung mit Scherpenberg: PA AA StS I – 5/61

232   »Bericht über Beitz' Warschau-Besuch«: *Die Welt*, 10.1.1961

232   Gespräche mit John F. Kennedy: *Parlamentarisch-Politischer Pressedienst* der SPD, 9.1.1961

233   Adenauer vor der Unionsfraktion: *Hamburger Abendblatt*, 11.1.1961; *Der Spiegel*, 1.2.1961

233   Carstens über Beitz: PA AA, StS 0161/61

234   Erklärung von Felix von Eckardt: Protokoll der Bundespressekonferenz, 23.1.1961; *Der Spiegel*, 1.3.1961

234   »Das gut zweistündige Gespräch«: *Der Spiegel*, 22.2.1961

235   Presse-Kommuniqué: *Hamburger Abendblatt*, 25.1.1961

235   »Der *Spiegel* resümierte«: *Der Spiegel*, 1.2.1961

235   Disput zwischen Augstein und Bucerius: Peter Merseburger: *Rudolf Augstein*, München 2007, S. 321; Karl-Heinz Janßen/Haug von Kuenheim/Theo Sommer: *Die Zeit. Geschichte einer Wochenzeitung*, München 2006, S. 131

236 »Herr Adenauer hat sich bei mir bedankt«: Gall, *Krupp im 20. Jahrhundert*, S. 548 f.

236 Leihgaben für die Villa Hügel: Brief von Beitz an Adenauer, 11.1.1961

236 Beitz' Verärgerung über das Verhalten der Bundesregierung: *Die Zeit*, 6.4.1962

236 f. Telefonat Hasselblatt mit Pressestelle des AA: PA AA Presse-referat Dr. Hille an Staatssekretär Carstens, 6.4.1962, 990-88/2032

237 Kritik von Botschafter Berger an Beitz: PA AA Botschafter Berger an Staatssekretär Carstens, 10.4.1962

237 von Brentano bei Kennedy: »Memorandum of Conversation«; 17.2.1961, zitiert nach Krzysztof Ruchniewicz, S. 153

237 »Im Juni 1961 weilte Beitz wieder auf der Posener Messe:« *Der Spiegel*, 21.6.1961; *Frankfurter Allgemeine Zeitung*, 12.6.1961 und 15.6.1961

239 Reise nach Ungarn: *Der Spiegel*, 3.10.1962

239 f. Ministerialdirektor Krapf und der »Alleinvertretungsan-spruch«: PA AA, B 150, zitiert nach Mechthild Lindemann: »Anfänge einer neuen Ostpolitik?«, in Rainer A. Blasius (Hg.): *Von Adenauer zu Erhard, Vierteljahrshefte für Zeitge-schichte*, Band 68, München 1994, S. 56

240 »Er verspüre keine Neigung«: Aktenvermerk, 11.2.1963

240 »diplomatischer Fauxpas«: *Der Spiegel*, 4.8.1965

240 »Erich Kuby schrieb 1963 im *Stern*«: *Stern*, 3.11.1963

241 Pressekonferenz: *Trybuna Ludu*, 9.6.1963

241 Beitz' Unterredung mit Klentsow: *Die Welt*, 16.4.1963; *Tagesspiegel*, 16.4.1963; *Industriekurier*, 18.4.1963

242 Visite in Moskau: *Der Spiegel*, 6.6.1963

242 f. Chruschtschows Monolog: *Akten zur auswärtigen Politik der Bundesrepublik Deutschland*, Band 1, München 1995, S. 541

243 f. »Röhrenembargo«: *Der Spiegel*, 6.6.1963

244 Ausreise der 43 Russlanddeutschen: *Die Welt*, 16.7.1963

244 Springer bei Chruschtschow: Michael Jürgs: *Der Fall Axel Springer*, München 1995, S. 77

245 »Wir brauchen nicht mehr Rubel aus dem Osten«: *Bild*,
24.5.1963

245 Gratulation von Springer: Springer an Beitz, 24.9.1963

245 Hochzeit Barbara Beitz und William Bernard Ziff: *Sarasota
Herald-Tribune*, 10.7.1963; *Frankfurter Rundschau*, 11.7.1963

9. KAPITEL

247 »Beitz erzählte die Geschichte anders«: Joachim Käppner:
Berthold Beitz, Berlin 2010, S. 312

248 Schröders Entlassung: Gall, *Krupp im 20. Jahrhundert*, S. 562

248 »Alle Arbeiten und Aufträge hereinholen«: Werner Abelshauser: »Liebling der Götter«, in *Frankfurter Allgemeine Sonntagszeitung*, 21.9.2003

248 Krupps Gesamtumsätze: Gall, S. 562

248 f. Schröders *Handelsblatt*-Artikel: *Handelsblatt*, 27.7.1962

249 f. »Auf uns kommt eine bedrohliche Entwicklung zu«: *Die
Welt*, 24.9.1962

250 Beitz dementiert Liquidiätsprobleme: *Süddeutsche Zeitung*,
11.11.1963

250 »Man hat den Eindruck«: *Der Spiegel*, 18.12.1963

250 »Auch Hermann Josef Abs«: *Frankfurter Allgemeine Zeitung*,
5.11.1963

251 »Aktenvermerk an Krupp und Beitz«: Krupp-Archiv WA 130
v 2836, zitiert nach Gall, S. 566

251 »neue Firmenzentrale«: Astrid Dörnemann: »Mies van der
Rohes Verwaltungsgebäude für das Unternehmen Fried.
Krupp«, in *Essener Beiträge*, 112. Band (2000), S. 245

252 Besuch bei Streb: Karin von Behr: *Ferdinand Streb 1907–
1970*, Hamburg 1990, S. 95

252 Mies van der Rohes Entwurf für neue Firmenzentrale: *Der
Spiegel*, 17.5.1961

253 »Baustoppgesetz« für Verwaltungsgebäude: *Die Kabinettsprotokolle der Bundesregierung*, Band 16 – 1963, München 2006, S. 284

253 »Notwendigkeit von Sparmaßnahmen«: Dörnemann, S. 263

254 Erich Kuby über Beitz' Büro: *Stern*, 3.11.1963

254 »Die Platte ist blank wie ein Tennisplatz im Winter«: *Die Zeit*, 12.2.1965

254 »Ich lese nichts«: *Der Spiegel*, 13.3.1967

254 f. »Das meiste wurde mündlich verhandelt«: *Süddeutsche Zeitung*, 10.3.1967

255 »*Die Zeit* beschrieb seinen Arbeitsstil«: *Die Zeit*, 17.3.1967

255 »aus der Hosentasche«: *Der Spiegel*, 22.6.1970

255 »Zahl der Beschäftigten«: Gall, S. 568

256 »eine weitgehende Kehrtwendung«: Gall, S. 569 f., S. 660 (Fn. 138)

257 »Die haben heute Krupp alle gemacht«: *Capital*, 1.7.1971

258 »Ist es wahr?«: Friz, S. 155

258 »benommen wie ein übler Prolet«: Tonbandaufzeichnung eines Gesprächs zwischen Beitz und Golo Mann in Essen, 28.4.1978, Nachlass Golo Mann, SLA V0813_T02

259 »im schneidigen Stil«: *Der Spiegel*, 13.3.1967

259 »Nun ist er am Boden«: *Capital*, 1.7.1971

260 »einen Leitartikel«: *Wehr und Wirtschaft*, 6/1967; Originalquelle: *Elseviers Weekblad*, 14/1967

260 »Beitz lehnte mit der Begründung ab«: *Der Spiegel*, 10.4.1967; 2.10.1967

261 »Mein Dank und mein Vertrauen«: *Die Zeit*, 7.4.1967

261 f. »Herr Beitz hat zwischen meinem Vater und mir«: Hans-Bruno Kammertöns: *Der letzte Krupp. Arndt von Bohlen und Halbach. Das Ende einer Dynastie*, Hamburg 1998, S. 205

262 »Hör mal, Bettina«: Käppner, S. 294

262 »Machen Sie das, wie Sie wollen«: Fernsehporträt »Liebling der Götter«, SDR 1997

262 »Ich habe es stets für meine Pflicht gehalten«: *Westdeutsche Allgemeine Zeitung*, 4.2.1998

263 »Die einfache gesetzliche Erbfolge«: Diana Maria Friz: *Die Stahlgiganten. Alfried Krupp und Berthold Beitz*, Frankfurt am Main/Berlin 1990, S. 242

263   »Ziel der Überlegungen«: Interview mit Beitz in *Bild der Wissenschaft*, 1.3.1984

263   »Am Abend des 19. September 1966«: Kammertöns, S. 225

264   »Er wusste nicht, was eine Milliarde ist«: Will Tremper, in *Bild*, 16.5.1986

264   Alfried Krupps Testament: Alfried Krupp von Bohlen und Halbach-Stiftung (Hg.): *Eine Bilanz. 1968–1998*, Essen 1999, S. 17

265   Hochzeit von Susanne Beitz: *Der Spiegel*, 23.1.1967

265   »Zwei Königskinder von der Ruhr«: *Stern*, 26.1.1967

265 f. »Vogelsang, gehen Sie ruhig zu Krupp«: Friz, S. 169 f.

267   »Der Arzt rief Beitz in Kampen an«: Friz, S. 163

267   »Die Dynastie der Krupps«: *Der Spiegel*, 7.8.1967

267   »Ich durfte ihm fast anderthalb Jahrzehnte« : Friz, S. 165 f.

269   Lothar Gall über Hermann Josef Abs: *Frankfurter Allgemeine Zeitung*, 14.12.1999

269   »charmant, redegewandt, eitel«: *Frankfurter Rundschau*, 13.10.2001

269 f. »Vielleicht ist es müßig«: zitiert nach Lothar Gall: *Der Bankier. Hermann Josef Abs*, München 2004, S. 387 f.

270   »Was haben wir an den Ostgeschäften verloren?«: *Der Spiegel*, 20.11.1995

270   »Brief an den Verleger Fritz Molden«: *Die Zeit*, 17.8.1973

271   »Beitz hakte die Krupp-Krise als ›Betriebsunfall‹ ab«: *Stern*, 23.8.1970

271   »Auch Abs kommentierte«: *Capital*, 1.7.1971

271   »Beitz habe die Krise gemeistert«: Gall, S. 660

10. KAPITEL

273   »Den habe ich doch erfunden«: *Manager Magazin*, 1.2.1972

273   »Da ist Berthold Beitz«: *Die Zeit*, 15.6.1970

273   »Ich begehre nicht ein Komma mehr«: *Die Zeit*, 14.4.1967

273 »Bei bedeutenden ausländischen Persönlichkeiten«: Vereinbarung vom 11.12.1968, zitiert nach Käppner, S. 340

274 »Toter konnte man kaum sein«: *Wirtschaftswoche*, 29.6.1973

274 »Mit dem zunächst bescheidenen Stiftungsetat«: *Der Spiegel*,
22.6.1970

275 »Krupp-Privatmaschine«: *Capital*, 1.10.1972

275 »Hier stinkt's«: *Wirtschaftswoche*, 29.6.1973

275 »Beitz ›bald auf null‹ bringen zu können«: *Manager Magazin*,
1.4.1972

275 »Herr Beitz reist um die Welt«: *Der Spiegel*, 5.11.1972

276 »Bei dieser Gelegenheit trat Beitz«: *Der Spiegel*,
17.2.1969

276 »Märchenhochzeit im Schnee«: *Frau im Spiegel*, 1.3.1969

276 »Der 81-jährige katholische Dorfpfarrer von Werfen«: *Die
Zeit*, 1.10.1998 (Auszug aus Hanns-Bruno Kammertöns: *Der
letzte Krupp. Arndt von Bohlen und Halbach. Das Ende einer
Dynastie*, Hamburg 1998)

278 Buchbesprechung für den *Spiegel*: Berthold Beitz: »Der Vater
des Präsidenten«, in *Der Spiegel*, 14.7.1969

279 »Verbesserung der deutsch-polnischen Beziehungen«: Brief
von Willy Brandt vom 2.6.1969 an Berthold Beitz, Willy-
Brandt-Archiv im Archiv der sozialen Demokratie, WBA
Außenminister 2, zitiert nach Gottfried Niedhart/Oliver
Bange: »Die ›Relikte der Nachkriegszeit‹ beseitigen. Ostpoli-
tik in der zweiten außenpolitischen Formationsphase der
Bundesrepublik Deutschland und ihre internationalen
Rahmenbedingungen 1969–1971«, Manuskript, S. 16

279 »Da Beitz für Anfang Januar 1970«: Mieczyslaw Rakowski:
»Es geschah tatsächlich irgendwas Wichtiges, Historisches«,
in *Frankfurter Rundschau*, 6.12.2000

280 »Wir wollten der Moskauer Dominanz gerecht werden«:
Egon Bahr: *Zu meiner Zeit*, München 1996, S. 338

280 »Beitz erinnerte in einem Interview daran«: *Capital*,
Nr. 9/1970

281 »Ich hatte das Empfinden«: Bahr, S. 341

281 f. »Botschafter in Moskau oder in Warschau«: Interview Beitz
mit dem Verfasser, in Stefan Aust/Gerhard Spörl (Hg.): *Die
Gegenwart der Vergangenheit. Der lange Schatten des Dritten
Reichs*, München 2004, S. 66

282 »Beauftragter der Bundesrepublik Deutschland für die
wirtschaftliche Zusammenarbeit mit der Sowjetunion«:
Karsten Rudolph: *Wirtschaftsdiplomatie im Kalten Krieg. Die
Ostpolitik der westdeutschen Großindustrie 1945–1991*, Frank-
furt am Main 2004, S. 352, unter Berufung auf Schriftwechsel
Mommsen/Bahr im Archiv der sozialen Demokratie, Dep.
Bahr, Nr. 109

283 »Krupp ist Beitz«: Claus Jacobi: »Berthold Beitz. Die zweite
Machtergreifung«, in *Manager Magazin*, 1.4.1972

283 »Beitz schätzte den aufrechten Linken«: Jens Becker/Harald
Jentsch/Peter Wald: *Otto Brenner*, Göttingen 2007

284 »Peinlichkeit einer Abwahl«: Diana Maria Friz: *Die Stahlgiganten. Alfried Krupp und Berthold Beitz*, Frankfurt am Main/
Berlin 1990, S. 179

284 »Die Finte, die sich Vogelsang ausgedacht hatte«: *Die Zeit*,
15.4.1983

284 f. »Zum verabredeten Zeitpunkt erklärte Vogelsang«: *Frankfurter Allgemeine Zeitung*, 9.1.1972

11. KAPITEL

287 »Fernschreiben an Staatssekretär Paul Frank«: Politisches
Archiv des Auswärtigen Amts (PA AA), Ref. 311, Schreiben
Mommsen vom 13.4.1973

287 »Schah ist bereit«: PA AA, Fernschreiben Botschafter
Lilienfeld, 19.4.1973

288 »Pflege und Ausweitung der deutsch-iranischen Wirtschaftsbeziehungen«: PA AA, Schreiben Mommsen an Lilienfeld
vom 30.4.1973

288 »mehr allgemein gehaltene Gespräche mit Schah und

Ministerpräsident«: PA AA, Fernschreiben Botschaft Teheran an AA, 8.5.1973

288   Bericht von Lilienfeld: PA AA, Schriftlicher Bericht des Botschafters ans AA, 12.5.1973

288 f. Interview vom September 1973: *Handelsblatt*, 24.9.1973

289   »Selbstgefällig erklärte der Schah«: *Stern*, 22.11.2001

289   »zu ›einem der fünf mächtigsten Staaten der Welt‹ machen«: *Der Spiegel*, 6.5.1974, 22.11.1976

290   »Ende April 1974 lud Resa Pahlewi«: *Der Spiegel*, 22.7.1974

290   »Partnerschaft mit Krupp«: *Welt am Sonntag*, 1.8.1976

290   »Dolle Kiste«: *Der Spiegel*, 22.7.1974

290   »Am Abend des 12. Juli 1974«: *Welt am Sonntag*, 1.8.1976

291   »Brandt gratulierte«: *Der Spiegel*, 22.7.1974

291   »Wir hatten dadurch eine sehr schnelle Entscheidungsmöglichkeit«: *Welt am Sonntag*, 21.7.1974

291   »Die Idee stammt von Herrn Beitz«: *Der Spiegel*, 22.7.1974

291 f. Gastbeitrag für *Die Welt*: *Die Welt*, 19.6.1975

292   Vertragsunterzeichnung in Teheran: *Die Welt*, 19.9.1974; *Der Spiegel*, 9.12.1974

292   »Für Krupp bedeutete die Beteiligung des Schahs«: *Die Welt*, 19.9.1974; *Der Spiegel*, 9.12.1974

292   »Stolz präsentierte Beitz seine neuen Partner«: *Der Spiegel*, 22.7.1974

292 f. »Wir haben einen Packagedeal abgeschlossen«: *Der Spiegel*, 22.7.1974, 28.6.1976

293   »1978 versuchte Beitz«: *Der Spiegel*, 28.6.1976; *Handelsblatt*, 22.9.1978

294   von Maltzahn als Sonderbotschafter in Teheran: *Manager Magazin* 1.12.1972, 1.2.1974, 1.10.1974; *Handelsblatt*, 10.1.1974

294   »Krupp ging leer aus«: *Der Spiegel*, 25.10.1976

295   »Zwei Jahre später musste Beitz einsehen«: *Die Zeit*, 29.10.1976; *Der Spiegel*, 25.10.1976

295 f. »Die öffentliche Meinung schwelgte in Bewunderung«: *Die Zeit*, 29.10.1976

296 »Beitz konterte kühl«: *Bild*, 21.10.1976

296 »Gegenüber Golo Mann feixte Beitz«: zitiert nach Joachim Käppner: *Berthold Beitz*, Berlin 2010, S. 402

296 »eine der größten Torheiten Seiner Majestät«: zitiert nach Wahied Wahdat-Hagh: *Die Islamische Republik Iran. Die Herrschaft des politischen Islam als eine Spielart des Totalitarismus*, Münster 2003, S. 122

296 ZDF-Interview: »Heute«-Sendung, ZDF, 20.10.1976

297 »Die Entscheidung, den iranischen Staat als Teilhaber aufzunehmen«: *Bild*, 21.10.1976; *Deutsche Zeitung*, 29.10.1976

298 »er habe einen Despoten als Partner zu Krupp geholt«: Käppner, S. 400

299 »Navab im Bonner Auswärtigen Amt«: Aufzeichnung des Legationsrats I. Klasse Schöps vom 9.11.1979, in *Akten zur Auswärtigen Politik der Bundesrepublik Deutschland 1979*, Band II, S. 1668

300 »Wäre das Geld in festverzinslichen Wertpapieren angelegt worden«: *Handelsblatt*, 9.9.1988

300 »Wenn man sich das genau ausrechnet«: *Der Spiegel*, 5.9.1988

300 »Die *FAZ* sah darin groben Undank«: *Frankfurter Allgemeine Zeitung*, 9.12.2004

12. KAPITEL

301 »Phänomen«, Kiesingers Formulierung: Philipp Gassert: *Kurt Georg Kiesinger*, München 2006, S. 562

302 »wegen seiner Fachkenntnisse«: *Frankfurter Allgemeine Zeitung*, 13.7.1978

302 f. »Das SED-Abzeichen am Rockaufschlag«: Lothar Loewe, in *Welt am Sonntag*, 11.6.2000

303 Kontakte zu Heinz Berendt und Rudolf Haubold: *Der Spiegel*, 11.11.1974; *Der Spiegel*, 3.11.1969

303 »Information« vom 12.1.1970: SAPMO BA Berlin DY 30/3566, Blatt 257/258

304   Stoltenberg als Leiter der »Stabsabteilung Wirtschaftspoli-
      tik«: *Der Spiegel*, 17.2.1965

304   »auf den Frieden«: *Der Spiegel*, 2.11.1960

305   »Ulbricht sah da ›überhaupt kein Problem‹«: *Junge Welt*,
      15.3.2004

307   »seinen Jagdfreund Beitz«: *Frankfurter Allgemeine Zeitung*,
      23.10.1999

307   »Günther Wlost berichtete über ein Jagderlebnis mit
      Beitz«: Thomas Grimm: *Das Politbüro privat*, Berlin 2004,
      S. 133 f.

309   Helmut Schmidt über Guillaume: Norbert F. Pötzl: *Basar der
      Spione*, Hamburg 1997, S. 242

309   »Auf der Suche nach einer geeigneten, einflussreichen
      Persönlichkeit«: Werner Großmann: *Bonn im Blick*, Berlin
      2001, S. 72

310   »Honecker hat mir die Pumpe geschickt«: Norbert F. Pötzl:
      Erich Honecker, Stuttgart/München 2002, S. 179

311   »ein Handel wie ›in der Steinzeit‹«: *Der Spiegel*,
      13.3.1978

311 f. Segeltörn: Berthold Beitz an Ewald Moldt, 4.5.1982, in
      SAPMO BA Berlin DY 30, Blatt 101 bis 105

312   »Jugendfreund von Beitz«: *Die Zeit*, 3.9.1982

312   »Nu möt ick äwer hier röwer«: Aufzeichnungen des Orts-
      chronisten Rudi Böhme

314   »Brigitte Seebacher«: Brigitte Seebacher-Brandt: *Politik im
      Rücken – Zeitgeist im Sinn*, Berlin 1995, S. 267

314   Birnbaum bei Bernhardt: Schriftliche Mitteilung von Prof.
      Dr. Dieter Birnbaum, 10.12.2005

314   »›ablehnende Stimmen‹ gegen die Beitz-Ehrung«: *Ostsee-
      Zeitung*, 19.111.2005

315   »›Vorabinformation‹ über die Ehrung«: Universitätsarchiv
      Greifswald, Wiss. Rat 150

315   »Entwürfe der Laudatio und der Begrüßungsrede sowie
      Maßnahme- und Regieplan für die Ehrenpromotion am
      19.09.83«: Universitätsarchiv Greifswald, Wiss. Rat 150

315 f. »Informationsmaterial zu Berthold Beitz«: Universitätsarchiv Greifswald, Wiss. Rat 150c

316 »Gespräch mit Honecker«: Heinrich Potthoff: *Koalition der Vernunft*, München 1995, S. 174

316 »Wie Jung-Siegfried«: *Die Zeit*, 23.9.1983

317 »In der Urkunde«: Universitätsarchiv Greifswald, Wiss. Rat 150b

317 Laudatio von Prof. Tischer und Beitz' Erwiderung: Universitätsarchiv Greifswald, Wiss. Rat 150d, 150f

318 »Porträt von Ernst Moritz Arndt«: *Frankfurter Allgemeine Zeitung*, 24.10.2001

318 »als ›Personenschutz‹ rechtfertigte«: Mitteilung von Egon Krenz an den Verfasser

319 »Aktion Stahl«: MfS Rostock, Abt. VI

319 »Maßnahmen zur Instandsetzung des Geburtshauses von Dr. B. Beitz«: SAPMO BA Berlin DY 30/2845: »Information« von Bauminister Wolfgang Junker, 12.6.1985

320 »Barock in Dresden«: SAPMO BA Berlin DY 30/2395

320 »die Bedeutung der Ausstellung«: *Neues Deutschland*, 10.9.1986

320 f. Honecker in der Villa Hügel: *Die Tageszeitung*, 11.9.1987; *Time*, 7.9.1987

321 f. Geschenke und Dankschreiben: SAPMO BA Berlin DY 30/2393, Blatt 16 ff.; BA Berlin DY 30/2314, Blatt 25, 274, 277; BA Berlin DY 30/2314, Blatt 26 f.; BA Berlin DY 30/2314, Blatt 28 f.

322 Beil über Beitz: SAPMO BA Berlin DY 30/2314, Blatt 285; BA Berlin DY 30/2413, Blatt 286

323 »Fehlspekulation im Zusammenhang mit einem Warenterminingeschäft«: *Der Spiegel*, 1.10.1990

323 »Herr Beitz, sind Sie so fromm«: Pötzl: *Erich Honecker*, S. 301 f.

323 f. »Beitz erfuhr davon«: ebd., S. 339

324 »In einem Brief an Honecker«: ebd., S. 342

324 f.   »Gerhard Beil«: Andreas Förster: *Auf der Spur der Stasi-Millionen*, Berlin 1998, S. 189; S. 271, Fn. 14

325   »ein vernichtendes Urteil«: Wolf Jobst Siedler, in Arnulf Baring: *Deutschland, was nun?*, Berlin 1991, S. 80

13. KAPITEL

326   »bedeckte den Sarg die Rennflagge«: *Die Zeit*, 11.8.1967; vgl. Svante Domizlaff/Alexander Rost: *Germania. Die Yachten des Hauses Krupp*, Bielefeld, 2007; *Hamburger Abendblatt*, 28.1.2007

327   »Automatisch wären wir in eine Konkurrenz geraten«: *Die Welt*, 19.8.1972

327   »förderungswürdige junge Talente«: *Frankfurter Allgemeine Zeitung*, 2.2.1972; 26.9.2003; *Westdeutsche Allgemeine Zeitung*, 2.6.1999

328   »Beitz gab Daume einen Korb«: *Die Zeit*, 9.12.1966

328   »Im März 1967«: *Hamburger Abendblatt*, 5.12.1966

329   »den Haken wieder eingeschäkelt«: *Die Welt*, 19.8.1972

329   Günther Bantzer und Horst Dieter Marheineke: *Die Welt*, 19.8.1972

330   »auf dem gleichen Level wie München«: *Der Spiegel*, 24.7.1972

330   »Willi Daumes Empfehlung«: *Der Spiegel*, 17.1.1972

330   Freiübungen auf dem Balkon: *Capital*, Nr. 6/1973

330   »ein unermüdlicher Twist- und Cha-Cha-Cha-Tänzer«: *Hamburger Abendblatt*, 11.1.1964

331   Brandt und Pawlow auf Sylt: *Der Spiegel*, 17.1.1972; 29.5.1972

331   »Radio Free Schleswig-Holstein«: *Der Spiegel*, 24.7.1972

331   »Das Negativ verkaufte Beitz«: *Der Spiegel*, 23.8.1971

332   »Kiel ist gelaufen«: Bericht in der Ratsversammlung vom 28.9.1972

333   »In meinem Club in Chicago«: *Der Spiegel*, 28.1.1980; vgl.

Volker Kluge: *Die Olympischen Sommerspiele. Die Chronik*, Berlin 1997, Band 1, S. 314; Arnold Paucker/Sylvia Gilchrist/ Barbara Suchy: *Die Juden im Nationalsozialistischen Deutschland/The Jews in Nazi Germany 1933–1943*, Tübingen 1986; W. Ludwig Tegelbeckers: *Jüdischer Sport im nationalsozialistischen Deutschland*, Bremen 1997

333 »Berthold Beitz gehörte zu den wenigen geladenen Gästen«: *Hamburger Abendblatt*, 21.6.1973, 30.7.1973

334 »den Grund hierfür kenne er nicht«: *Die Zeit*, 8.6.1973

334 »Beitz erzählte später«: Joachim Käppner: *Berthold Beitz*, Berlin 2010, S. 391 f.

334 Botschafter Pauls an Auswärtiges Amt: 6.6.1973, PA AA Ref. 313

335 »Wir wurden verwöhnt«: *Stern*, 14.6.1973

335 »Beitz kommt, eleganter denn je«: Klaus Harpprecht: *Im Kanzleramt. Tagebuch der Jahre mit Willy Brandt*, Reinbek 2000, S. 175

335 »Nach Besuchen in Moskau und in Tallinn«: *Vorwärts*, 1.8.1974

336 »Herrn Carters Erklärungen«: *Der Spiegel*, 18.2.1980

336 f. Honeckers Gespräch mit Beitz: Günter Gaus an Auswärtiges Amt, 20.2.1980, in *Akten zur Auswärtigen Politik der Bundesrepublik Deutschland 1980*, Band 1, München 2011, S. 325

337 »Niemand soll glauben«: *Der Spiegel*, 28.4.1980

337 »Das Bündnis mit den Amerikanern wird nicht gefährdet«: *Der Spiegel*, 19.5.1980

338 »Daume ein unschuldiges Opfer des Boykotts«: *Hamburger Abendblatt*, 17.7.1980

338 »Unsere Stimme«: *Quick*, 31.7.1980

338 »einen exponierten Liegeplatz«: *Der Spiegel*, 28.7.1980

339 »Beitz gewann die Wahl«: *Hamburger Abendblatt*, 28.7.1980

340 »Beitz erkannte ihn nicht«: *Westdeutsche Allgemeine Zeitung*, 1.9.1984

340 »Nach dem Krieg war Spiegler nach Israel übergesiedelt«: *Süddeutsche Zeitung*, 13.8.1984; *Neue Ruhr-Zeitung*, 16.8.1984; *Westdeutsche Allgemeine Zeitung*, 1.9.1984

341 »Einige Tage später trafen sich Beitz und Spiegler«: *Süddeutsche Zeitung*, 13.8.1984; *Neue Ruhr-Zeitung*, 16.8.1984

342 »Bei einem abermaligen Boykott«: *Der Spiegel*, 17.2.1986

342 »Das IOC ist keine Weltpolizei«: *Die Welt*, 29.11.1984; *Frankfurter Allgemeine Zeitung*, 3.12.1984

342 »keine geteilten Spiele«: *Der Spiegel*, 17.2.1986

343 Gerhard Beils »Information« für Honecker: SAPMO BA Berlin DY 30/2983, Blatt 300, Blatt 302

343 »Gespräch zwischen Honecker und Samaranch«: Thomas Kistner/Jens Weinreich: *Der olympische Sumpf. Die Machenschaften des IOC*, München 2000, S. 90 f.

344 »Bericht für das SED-Politbüro«: *Der Spiegel*, 15.7.1996

345 »Für uns beide ist Lausanne zu klein«: *Frankfurter Allgemeine Zeitung*, 13.11.1985, 22.12.1998; *Berliner Zeitung*, 18.9.1996

345 »Beitz fühlte sich Berlioux verpflichtet«: *Berliner Zeitung*, 18.9.1996

346 Notiz von Wolfgang Gitter: *Berliner Zeitung*, 7.12.1999

346 »die führende soziale Kraft des 20. Jahrhunderts«: *Frankfurter Allgemeine Zeitung*, 27.9.1988

347 »Wir können ehrlich genug sein«: *Welt am Sonntag*, 27.6.1993

347 »Solche Äußerungen stehen ihr nicht zu«: *Süddeutsche Zeitung*, 25.6.1993; *Berliner Zeitung*, 8.10.2010

14. KAPITEL

348 »Mitteilung« von Jürgen Reinhold: Jürgen Reinhold: *Erinnerungen*, Essen 2000, S. 296, S. 308

350 »ein vernünftiges Verhältnis zu Herrn Beitz«: *Der Spiegel*, 5.6.1972

350 »der beste Mann an der Ruhr«: *Die Zeit*, 15.12.1972

351 »mit dem Rausschmiss nach 66 Tagen« *Die Zeit*, 15.12.1972; *Der Spiegel*, 11.12.1972

351 f. »ein von Krackow angeblich begangener Vertrauensbruch«: Tonbandaufzeichnung eines Gesprächs zwischen Beitz und Golo Mann am 28.1.1978 in Essen, Nachlass Golo Mann, SLA V0813_T01

352 »Unsere Auseinandersetzung«: Krackow an Beitz, 27.8.1973, zitiert nach *Der Spiegel*, 5.11.1973

353 »Glückwunschbrief an Willy Brandt«: Karsten Rudolph: *Wirtschaftsdiplomatie im Kalten Krieg*, Frankfurt am Main 2004, S. 266 f.

353 »Als Speer nach 20-jähriger Haft«: Nina Grunenberg, *Die Wundertäter*, München 2006, S. 24

353 »Aufruf zur Unterstützung der Ostverträge«: Rudolph, S. 271

354 »Er war der einzige Kandidat«: *Der Spiegel*, 11.12.1972

354 offener Brief von Leo Brawand: *Manager Magazin*, 1.2.1973

354 »mein Weg zu Krupp«: *Die Welt*, 19.6.1975

355 »für mich unerfreuliche Äußerung in der Presse«: *Der Spiegel*, 24.2.1975; *Die Welt*, 19.6.1975

355 »Einer von drinnen ist besser als einer von außen«: *Der Spiegel*, 24.2.1975

355 f. »Heinz Petry, der neue Mann an der Spitze«: *Frankfurter Allgemeine Zeitung*, 11.1.1999; *Börsen-Zeitung*, 12.1.1999

356 »1,3 Milliarden Mark kamen in die Kassen«: *Der Spiegel*, 12.9.1988

356 »Prototyp eines strahlenden Managers«: Adolf Theobald: *Die Macher. Eine Typologie der Chefs*, München 1977, S. 18

356 f. »Heinz Petry erfüllte Beitz' Wünsche willfährig«: *Der Spiegel*, 11.10.1976

357 »Dann gehen nicht Sie unter«: Tonbandaufzeichnung eines Gesprächs zwischen Beitz und Golo Mann in Essen am 28.1.1978, Nachlass Golo Mann, SLA V0813_T01

357 »aus derselben Gegend‹ wie Beitz«: Munzinger-Archiv

357 f. Beitz und Scheider: *Der Spiegel*, 30.6.1980

358   »Wiewohl Beitz als allgegenwärtiger Gottvater«: *Der Spiegel*, 16.2.1987

358   »Haftstrafen für einen hohen Krupp-Manager und ein Aufsichtsratsmitglied«: *Der Spiegel*, 21.9.1987

359   »Beitz fliegt auf Exoten«: *Die Zeit*, 16.3.1990

359   »offizieller Berater der bulgarischen Stahlindustrie«: *Der Spiegel*, 21.9.1987

359   »Protektion durch Beitz«: *Der Spiegel*, 16.2.1987

360 f. Schiebereien der Rheinform GmbH: *Der Spiegel*, 21.9.1987

361   »Weil das Harmoniebedürfnis die Wahrheitsliebe überwog«: *Die Zeit*, 27.6.1986

362   »um 16 Millionen Mark geschädigt«: *Handelsblatt*, 14.7.1995

363   »einen Anruf von Rickert«: *Manager Magazin*, 1.5.1990

365   »andernfalls ist die Ruhrstahl tot«: *Der Spiegel*, 4.10.1982

365   »worauf die ganze Sache aufflog«: *Der Spiegel*, 4.10.1982

365   »Beitz suchte zu beschwichtigen«: *Der Spiegel*, 10.8.1981, 4.10.1982

365 f. »Hinter den Gesprächen steckte wieder einmal Beitz«: *Der Spiegel*, 29.10.1984, 24.6.1985

366   Vereinbarung zwischen Vorstand und Betriebsrat der Krupp Stahl: *Westdeutsche Allgemeine Zeitung*, 15.8.2003

368   »Am 2. Dezember 1987«: *Der Spiegel*, 7.12.1987

368   »Was jetzt geschieht, tut auch mir weh«: *Der Spiegel*, 14.12.1987

369   »Düsseldorfer Vereinbarung«: Landesentwicklungsgesellschaft Nordrhein-Westfalen (Hg.): *Duisburg-Rheinhausen. Aufstieg – Niedergang – Neubeginn*, Düsseldorf 2000

369   »Die Kapazitäten mussten zurückgefahren werden«: *Handelsblatt*, 26.5.2006

370   »Der Erbwalter möchte manches erhalten«: *Frankfurter Allgemeine Zeitung*, 22.4.1987

370   »Was muss eigentlich noch passieren«: *Der Spiegel*, 20.6.1988

371   »Beruflich bedrückt mich«: *Frankfurter Allgemeine Zeitung*, 19.7.1997

371 »Den Aufsichtsratsvorsitz werde ich in absehbarer Zeit aufgeben«: zitiert nach *Manager Magazin*, 1.1.1989

372 Ultimatum an Beitz: *Der Spiegel*, 28.11.1988

372 Kaufangebot von Spethmann: Dieter Spethmann in *Frankfurter Allgemeine Zeitung*, 27.3.1997

372 »Herr Spethmann, Sie sind Jurist«: *Frankfurter Allgemeine Zeitung*, 19.7.1997

373 »Da muss man jahrelang durch Blut waten«: *Manager Magazin*, 1.1.1989

374 »Beitz hatte seine Fähigkeit zur Selbstverleugnung«: *Manager Magazin*, 1.5.1989

15. KAPITEL

375 »Den habe ich dazu gemacht«: *Manager Magazin*, 1.5.1990

376 »Der hat einen Riesenehrgeiz«: *Der Spiegel*, 14.10.1991; 17.2.1992

376 »Den Ankauf der Hoesch-Aktien«: *Die Zeit*, 18.10.1991; *Der Spiegel*, 17.2.1992

376 »Was wäre die Alternative?«: *Der Spiegel*, 28.10.1991; *Manager Magazin*, 1.7.1992

377 »aus dem Mythos Krupp«: *Die Zeit*, 28.8.1992

380 »Die Landesregierung könne ›eine solche feindliche Übernahme‹«: Christiane Oppermann: *Schwarzbuch Banken*, Kreuzlingen/München 2002, S. 159, S. 162

380 »ein gemeinsames unternehmerisches Konzept für den Stahlbereich«: Regierungserklärung von NRW-Wirtschaftsminister Wolfgang Clement, 20.3.1997

381 Vereinigungsgespräche Thyssen mit Krupp-Hoesch: *Der Spiegel*, 11.8.1997; *Berliner Zeitung*, 11.8.1997

381 »Beitz hätte es in der Hand gehabt«: *Die Zeit*, 14.8.1997

381 f. »Alle zwei bis drei Wochen trafen sich Beitz und Vogelsang«: Fernsehporträt »Der Herr der Ringe«, WDR 2003

382 »Immer wenn die Gespräche zu scheitern drohten«: *Manager Magazin*, 1.5.2000

382 »Anfang November 1997«: *Frankfurter Allgemeine Zeitung*, 6.11.1997; *Welt am Sonntag*, 9.11.1997

383 »Die Feststellung des Wertverhältnisses«: *Süddeutsche Zeitung*,1.12.1998; www.manager-magazin.de, 3.12.1998; *Börsen-Zeitung*, 4.12.1998

384 »Ohne Vogelsang wäre die Fusion nicht möglich gewesen«: Fernsehporträt »Der Herr der drei Ringe« von Reinhold Böhm, WDR 1996

384 »Vogelsang gab nicht«: *Westdeutsche Allgemeine Zeitung*, 23.8.1997

384 »Der erste Impuls«: *Handelsblatt*, 23.12.2010

384 »Jeder, der ihn kennt«: *Westdeutsche Allgemeine Zeitung*, 4.12.1998

384 f. »neu entstandene Industriegigant«: »Börse online«, 15.4.1999

386 Kriwet wird zum Verzicht auf den Vorsitz im Aufsichtsrat aufgefordert: *Der Spiegel*, 5.3.2001

387 »Auf den ersten Blick«: *Financial Times Deutschland*, 12.3.2001

387 f. Konflikt mit den USA und Ankauf des 3,3-prozentigen iranischen Aktienpakets: *Manager Magazin*, 1.7.2003

16. KAPITEL

389 »Ein Neffe empörte sich«: *Der Spiegel*, 20.11.1995

389 f. »entgegen den testamentarischen Verfügungen unserer Vorfahren«: Leserbrief von Friedrich von Bohlen und Halbach mit Anschreiben an Rudolf Augstein, 23.11.1995

390 »Beitz als ›einen Fremdling in Familie und Revier‹«: Diana Maria Friz: *Die Stahlgiganten*, Frankfurt am Main/Berlin 1990, S. 14

390 »Beitz habe ›Ellbogen aus Stahl‹«: William Manchester: *Krupp. Zwölf Generationen*, München 1968, S. 714

390 f. »Alfrieds Brüder zeigten dem Konzerneigner«: Manchester, S. 715

391 f. »Ob Alfried den Schachzug«: Friz, S. 42

392 »›Eines Tages‹, erzählte Beitz«: Friz, S. 146

392 Gespräch Berthold Beitz und Golo Mann: 28.4.1977, SLA V0813_T02

393 »Vorbedingung für seinen Erbverzicht«: Berthold Beitz im *Spiegel*-Gespräch, 20.11.1995

393 »Auf seine schriftliche Offerte«: Friz, S. 175

393 f. Gutachten von Prof. Coing: *Der Spiegel*, 6.10.1997

394 f. Briefwechsel Golo Mann mit Harald von Bohlen: Golo Mann an Harald von Bohlen und Halbach, 21.4.1977, SLA A-1-g/19; Harald von Bohlen und Halbach an Golo Mann, 29.4.1977, SLA A-1-g/19; Harald von Bohlen und Halbach an Golo Mann, 29.4.1977; Golo Mann an Harald von Bohlen und Halbach, 30.4.1977, SLA A-1-g/19

395 »Telegramm an Beitz«: Golo Mann an Berthold Beitz, 1.5.1977, SLA A-1-g/19

395 f. »Die Beziehungen der Brüder zu Beitz«: Vermerk Golo Mann, 11.8.1977, SLA A-1-g/19

396 f. Briefwechsel Otto Kranzbühler mit Golo Mann: Otto Kranzbühler an Golo Mann, 5.9.1977, SLA A-1-g/19; Otto Kranzbühler an Golo Mann, 29.5.1978, SLA A-1-g/20; Golo Mann an Otto Kranzbühler, 15.6.1978, SLA A-1-g/20

397 »Klage gegen die Krupp-Stiftung«: *Frankfurter Allgemeine Zeitung*, 9.10.1993; *Handelsblatt*, 15.10.1993

398 »Wir wollen verhindern«: *Der Spiegel*, 6.10.1997

398 »Zunächst versuchte Beitz«: *Frankfurter Allgemeine Zeitung*, 9.10.1993

399 »keine persönlichen wirtschaftlichen Vorteile erstreben«: *Der Spiegel*, 9.10.1997

399 »In letzter Instanz«: BGH-Beschluss vom 7.12.2000, III ZR 355/99

17. KAPITEL

400 »Beim Spaziergang am Sylter Strand«: *Frankfurter Allgemeine Zeitung*, 7.10.2008

401 »Kurzerhand rief Beitz«: *Westdeutsche Allgemeine Zeitung*, 25.8.2006; *Süddeutsche Zeitung*, 25.8.2006; *Stern*, 30.1.2010; Rede von Hartwig Fischer bei der Einweihung am 28.1.2010

401 »Mit einem Gemälde von Emil Nolde«: *Rheinischer Merkur*, 20.12.1988; *Der Tagespiegel*, 5.1.1991

402 »ein Muster an Transparenz und Klarheit«: *Neue Zürcher Zeitung*, 8.2.2010

402 »ein singuläres Ereignis«: www.derwesten.de, 23.9.2009; *Welt am Sonntag, Ausgabe NRW*, 27.9.2009

403 »So kaufte die Stiftung«: Alfried Krupp von Bohlen und Halbach-Stiftung (Hg.): *Eine Bilanz 1968–1998*, Essen 1999, S. 55

403 »Anschaffung eines Seenotrettungskreuzers«: Diana Maria Friz: *Die Stahlgiganten. Alfried Krupp und Berthold Beitz*, Frankfurt am Main/Berlin 1990, S. 262

404 »Ich senke das Durchschnittsalter dramatisch«: Krupp-Stiftung (Hg.), S. 85; *Wirtschaftswoche*, 25.3.1999

404 »Trotz der Aufnahme neuer Mitglieder«: www.krupp-stiftung.de

404 Mitglieder des Stiftungskuratoriums: *Die Zeit*, 17.3.1967; Lothar Gall (Hg.): *Krupp im 20. Jahrhundert*, S. 574; S. 585

405 »eine ziemlich kuriose Erklärung«: *Der Spiegel*, 2.3.1987

406 »eine leitende Position im Krupp-Konzern zusichern«: *Der Spiegel*, 31.1.1972

406 Haubolds Information an Behrendt: SAPMO BA Berlin DY 30/3566, »Information« von Heinz Behrendt vom 12.1.1970

407 »kalt wie eine Hundeschnauze«: *Die Zeit*, 12.2.1982

407 Leussinks Rückkehr ins Kuratorium der Krupp-Stiftung: *Der Spiegel*, 16.2.1987

408 »Schlaglichtartig und überzeugend«: *Der Spiegel*, 28.11.1977

408 »die Herausgabe eines apologetischen Buches«: Hans-
Friedrich Stumpf : *Kernenergieforschung in Celle 1944/45*,
Celle 1995; Rezension von Harry Klein: »Atombomben
für die Nazis?«, in *Publiz. Politik und Kultur aus Celle*,
August/September 1995, S. 13 (www.celle-im-national-
sozialismus.de)

409 »Förderprogramm zur Bekämpfung der Jugendarbeitslosigkeit«: *Frankfurter Allgemeine Zeitung*, 17.11.1999; Institut
Arbeit und Qualifikation der Universität Duisburg-Essen,
5.8.2010

409 »Kosten der Eröffnungsfeier des neuen Folkwang-Museums«: *Süddeutsche Zeitung*, 28.1.2010

410 »Beitz stellte eine weitere Million Euro«: www.derwesten.de,
17.12.2010

410 »Der Zweck der Arbeit«: Lothar Gall: *Krupp. Der Aufstieg
eines Industrieimperiums*, Berlin 2000, S. 226

410 »Verhütung sozialistischer Irrtümer«: Lothar Gall (Hg.):
Krupp im 20. Jahrhundert, Berlin 2002, S. 588; Thomas
Rother: *Die Krupps*, Frankfurt am Main 2001, S. 183

410 »Selbst Beitz' Ehefrau Else«: *Else Beitz: Das wird gewaltig
ziehen und Früchte tragen!*, Essen 1994

410 »patriarchalisch-sozialfürsorgliche Motive«: Lothar Gall:
Krupp. Aufstieg eines Industrieimperiums, Berlin 2000, S. 215 ff.;
Pressemitteilung der Krupp-Stiftung zur Einweihung des
Krupp-Krankenhauses, 5.9.1980

411 »Neubau des Alfried-Krupp-Krankenhauses«: *Frankfurter
Allgemeine Zeitung*, 4.5.1996; *Die Welt*, Ausgabe NRW,
20.6.2008

411 Elektronenstrahltomograf: *Handelsblatt*, 2.2.2000; *Westdeutsche Allgemeine Zeitung*, 5.2.2000

412 »In dem weitgespannten Spektrum der Fördertätigkeit«:
Timm Rautert/Regine Hauch: *Im Krankenhaus. Der Patient
zwischen Technik und Zuwendung*, Berlin 1993

412 »enge Verzahnung zwischen Stiftung und Krankenhaus«:
Frankfurter Allgemeine Zeitung, 4.5.1996

412 f. Beitz' Verhältnis zu den Gewerkschaften: *Der Spiegel*, 28.3.1966; *Capital*, 1.12.1969; *Süddeutsche Zeitung*, 26.5.2008

413 Begegnung mit Franz Steinkühler: *Der Spiegel*, 30.4.1979

413 »ein kritisches Wort zu Berthold Beitz«: *Manager Magazin*, 23.11.2007

413 Wechsel zum Diakonischen Werk: *Westdeutsche Allgemeine Zeitung*, 5.1.2006; *Der Spiegel*, 18.6.2007

413 »Ver.di sah darin ›den bisher einmaligen Versuch‹«: Erklärung des Ver.di-Landesbezirks NRW, 30.8.2006

413 f. »Die Klinikleitung begründete den Wechsel«: *Der Spiegel*, 18.6.2007

414 »urteilte das Landesarbeitsgericht«: Beschluss des Landesarbeitsgerichts Düsseldorf, 17.3.2009, Az. 8 TaBV 76/08

414 »Stiftung Alfried Krupp Kolleg Greifswald«: www.wiko-greifswald.de/stiftung.html; Pressemitteilung Nr. 133/2003 der Ernst-Moritz-Arndt Universität Greifswald

415 »ein ›liberales, weltoffenes Zentrum für Begegnungen im Ostseeraum‹«: Pressemitteilung der Krupp-Stiftung, 3.12.2002

416 »eine Forschungsstätte wie das ›Institute for Advanced Study‹«: Bernd Henningsen: »Das Alfried-Krupp-Wissenschaftskolleg Greifswald. Zur Idee eines *Centers of Excellence*«, Grundsatzpapier, 3.3.2002

417 »den Dank des Wissenschaftlichen Beirats«: Punkt 4 des Protokolls der Sitzung des Wissenschaftlichen Beirats, zitiert nach Hinweisbeschluss des Landgerichts Stralsund, 19.10.2004

417 f. »von ›unterschiedlichen Perspektiven aller Beteiligten‹«: *Ostsee-Zeitung*, Lokalteil Greifswald, 9.7.2003

418 »Die Vernunft sagt«: *Moritz*, September 2003, S. 6 f.

418 »nach einem Vorschlag von Berthold Beitz«: Redemanuskript, 30.8.2003

419 »ein Sonderrecht der Stiftung«: *Frankfurter Allgemeine Zeitung*, 11.8.2007

419 »das Entsenderecht der Krupp-Stiftung«: *Handelsblatt*, 22.1.2007

419 »Ausnahmeklausel«: *Frankfurter Allgemeine Zeitung*, 11.7.2009; www.corporate-governance-code.de

419 f. Klage gegen das Sonderrecht der Stiftung: *Handelsblatt*, 12.6.2007

420 »der Bundesgerichtshof entschied«: BGH Beschluss vom 8.6.2009, II ZR 2009; BVerfG Beschluss vom 30.10.2009, 1 BvR 1892/09

420 f. »Wir binden Herrn Beitz ein«: *Welt am Sonntag*, 14.6.2009; Mathias Habersack: *Münchener Kommentar zum Aktiengesetz*, München 3. Auflage 2008, §109 Rn. 3

421 »Kartellstrafe in Höhe von 480 Millionen«: *Manager Magazin*, 23.11.2007

421 So pochte die Stiftung«: *Börsen-Zeitung*, 1.12.2010

421 f. »Den beiden Projekten in Übersee«: *Capital*, 1.1.2010

422 »Bau eines Stahlwalzwerks«: *Der Spiegel*, 18.1.2010

422 f. »Schulz' Ansehen befindet sich im Sinkflug«: *Capital*, 1.6.2009

423 »So machen wir das!«: *Welt am Sonntag*, 14.6.2009

424 »Jawohl, Herr Beitz, das würde ich begrüßen«: *Die Zeit*, 20.1.2011

424 »Krupp schlägt Thyssen«: *Welt am Sonntag*, 19.4.2009; *Handelsblatt*, 20.4.2009

424 »rein sachliche, wirtschaftliche Erwägungen«: *Wirtschaftswoche*, 20.3.2006

425 »Gerührt nahm Berthold Beitz am 17. Juni 2010«: *Frankfurter Allgemeine Zeitung*, 18.6.2010

EPILOG

426 »Nie, sagt er, käme er auf die Idee«: *Der Tagesspiegel*,
31.1.2010

426 »Das Arbeitszimmer ist längst ein Museum«: *Welt am
Sonntag*, 27.6.1993

426 »Ruhmeshalle mit einer ›überdimensionalen Trophäensammlung‹«: *Manager Magazin*, 23.11.2007

427 »Berthold-Beitz-Boulevard«: *Handelsblatt*, 10.5.2007

427 »Leibniz-Medaille«: Laudatio von Dieter Simon, 1.7.2000, in
Berlin-Brandenburgische Akademie der Wissenschaften
(Hg.): *Jahrbuch 2000*, Berlin 2000, S. 132

427 f. Erneuerung der Ehrenpromotion: Pressemitteilung der
Universität Greifswald, 19.9.2006

428 »in Anerkennung außergewöhnlichen Mutes, Ideenreichtums und Mitgefühls«: *Stuttgarter Zeitung*, 9.11.1996;
www.weizmann.ac.il/acadaff/phd.html

428 »untadeliges, beispielsetzendes Verhalten in der Zeit des
Nationalsozialismus«: Pressemitteilung der Ruhr-Universität
Bochum, 10.6.1999

428 »Für Zuwendungen der Krupp-Stiftung an Stipendiaten«:
Schwäbisches Tagblatt, 2.11.2007

428 »die Gebäude der traditionsreichen Leopoldina«: Jürgen
Kocka u. a. (Hg.): *Die Berliner Akademien der Wissenschaften im
geteilten Deutschland 1945–1990*, Berlin 2002, S. 226; Pressemitteilung der Leopoldina, 7.10.2005

429 »für welche Dienste auch immer«: Brigitte Seebacher-Brandt:
Politik im Rücken – Zeitgeist im Sinn, Berlin 1995, S. 267

429 »Gründung der ›Kulturstiftung Ruhr‹: *Hamburger Abendblatt*,
30.6.1988

429 »Mit einer privaten Spende«: *Handelsblatt*, 24.2.1984

429 »›Jahrzehntelang‹, konstatierte das *Manager Magazin*«:
Manager Magazin, 1.11.2000

429 »Die israelische Holocaust-Gedenkstätte Yad Vashem«:
www1.yadvashem.org/yv/en/righteous/statistics.asp

430 »Seine unstreitigen Verdienste im Zweiten Weltkrieg«:
Bernd Schmalhausen in dem Fernsehporträt »Der Herr der
drei Ringe«, WDR 2003

431 »Beitz ›in der Tradition des letzten Alleinbesitzers Alfried
Krupp‹«: *Süddeutsche Zeitung*, 20.11.2009

431 »ein sehr gefälliges Filmporträt des Jubilars«: Fernsehporträt
»Der Statthalter: Berthold Beitz« von Adalbert Wiemers,
WDR 1983

LITERATUR UND QUELLEN

BÜCHER

Johann Christoph Adelung: *Grammatisch-kritisches Wörterbuch der Hochdeutschen Mundart*, Band 4, Leipzig 1801

Konrad Adenauer: *Erinnerungen*, Band 3, Stuttgart 1967

Götz Aly/Susanne Heim: *Vordenker der Vernichtung. Auschwitz und die deutschen Pläne für eine neue europäische Ordnung*, Frankfurt am Main 1993

Antje Ascheid: *Hitler's heroines. Stardom an womanhood in Nazi cinema*, Philadelphia 2003

Birgit Aschmann: *Treue Freunde …? Westdeutschland und Spanien 1945–1963*, Stuttgart 1999

Jochen August (Hg.): *»Sonderaktion Krakau«. Die Verhaftung der Krakauer Wissenschaftler am 6. November 1939*, Hamburg 1997

Stefan Aust/Gerhard Spörl (Hg.): *Die Gegenwart der Vergangenheit. Der lange Schatten des Dritten Reichs*, München 2004

Uwe Bahnsen/Kerstin von Stürmer: *Die Stadt, die auferstand. Hamburgs Wiederaufbau 1948–1960*, Hamburg 2002

Egon Bahr: *Zu meiner Zeit*, München 1996

Arnulf Baring: *Machtwechsel. Die Ära Brandt/Scheel*, Stuttgart 1982

Arnulf Baring: *Deutschland, was nun?*, Berlin 1991

Jens Becker/Harald Jentsch/Peter Wald: *Otto Brenner*, Göttingen 2007

Karin von Behr: *Ferdinand Streb 1907–1970. Zur Architektur der fünfziger Jahre in Hamburg*, Hamburg 1991

Else Beitz: *Das wird gewaltig ziehen und Früchte tragen. Industriepädagogik in den Großbetrieben des 19. Jahrhunderts bis zum Ersten Weltkrieg, dargestellt am Beispiel der Firma Fried. Krupp*, Essen 1994

Wolfgang Benz (Hg.): *Lexikon des Holocaust*, München 2002

Gerhard Bergholter: *Unternehmensgeschichte der Iduna Versicherungen. Von den Anfängen bis zum Jahr 1972*, Hamburg 1990

Berlin-Brandenburgische Akademie der Wissenschaften (Hg.): *Jahrbuch 2000*, Berlin 2000

Urs Bitterli: *Golo Mann. Instanz und Außenseiter*, Zürich 2004

Jochen Böhler: *Auftakt zum Vernichtungskrieg. Die Wehrmacht in Polen 1939*, Frankfurt am Main 2006

Wlodzimiercz Borodziej: *Geschichte Polens im 20. Jahrhundert*, München 2010

Hanns Boventer (Hg.): *Der Jägerwinkel 1950–1990. Festschrift zur Erinnerung an Trudel Hardieck*, Königsdorf 1990

Ulrich Brochhagen: *Nach Nürnberg. Vergangenheitsbewältigung und Westintegration in der Ära Adenauer*, Hamburg 1994

Max Bruhn: *Die höhere Schule in Demmin und ihre Lehrer*, Demmin 1957

Ignatz Bubis: *Damit bin ich noch längst nicht fertig*, Berlin 1996

Markus Denkhaus: *Eine dörfliche Gemeinde am Stadtrand von Hamburg*, Norderstedt 2001

Simone Derix: *Bebilderte Politik. Staatsbesuche in der Bundesrepublik Deutschland 1945–1990*, Göttingen 2009

Wilhelm Dichter: *Das Pferd Gottes*, Reinbek 2000

Svante Domizlaff/Alexander Rost: *Germania. Die Yachten des Hauses Krupp*, Bielefeld 2007

Sepp Ebelseder/Michael Seufert: *Vier Jahreszeiten. Hinter den Kulissen eines Luxushotels*, Reinbek 1999

Daniela Ellmauer/Michael John/Regine Thumser: *»Arisierungen«, beschlagnahmte Vermögen, Rückstellungen und Entschädigungen in Oberösterreich*, Wien 2004

Bernt Engelmann: *Einig gegen Recht und Freiheit*, München 1975

Ernst Günther von Etzel: *Geschichte des 2. Pommerschen Ulanenregiments Nr. 9*, Berlin 1931

Benjamin B. Ferencz: *Lohn des Grauens. Die verweigerte Entschädigung für jüdische Zwangsarbeiter. Ein Kapitel deutscher Nachkriegsgeschichte*, Frankfurt am Main/New York 1981

Eva Fogelmann: *Wir waren keine Helden*, München 1998

Andreas Förster: *Auf der Spur der Stasi-Millionen*, Berlin 1998

Sigmund Freud: *Gesammelte Werke*, Band 12, Frankfurt am Main 2006

Saul Friedländer: *Die Jahre der Vernichtung. Das Dritte Reich und die Juden 1939–1945*, München 2006

Diana Maria Friz: *Die Stahlgiganten. Alfried Krupp und Berthold Beitz*, Frankfurt am Main/Berlin 1990

Lothar Gall: *Krupp. Der Aufstieg eines Industrieimperiums*, Berlin 2000

Lothar Gall (Hg.): *Krupp im 20. Jahrhundert*, Berlin 2002

Lothar Gall: *Der Bankier. Hermann Josef Abs*, München 2004

Philipp Gassert: *Kurt Georg Kiesinger*, München 2006

Thomas Geldmacher: *Wir als Wiener waren ja bei der Bevölkerung beliebt*, Wien 2002

Thomas Grimm: *Das Politbüro privat*, Berlin 2004

Werner Großmann: *Bonn im Blick. Die DDR-Aufklärung aus der Sicht ihres letzten Chefs*, Berlin 2001

Nina Grunenberg: *Die Wundertäter. Netzwerke der deutschen Wirtschaft 1942–1966*, München 2006

Israel Gutman (Hg.): *Lexikon der Gerechten unter den Völkern*, Göttingen 2005

Theodor Häbich: *Deutsche Latifundien*, Stuttgart 1947

Lutz Hachmeister: *Schleyer. Eine deutsche Geschichte*, München 2004

Marek Halter: *Auf der Suche nach den 36 Gerechten*, München 1997

Brigitte Hamann: *Hitlers Wien. Lehrjahre eines Diktators*, München 1996

Handbuch des Grundbesitzes im Deutschen Reiche, Provinz Pommern, Berlin 1910

Klaus Harpprecht: *Im Kanzleramt. Tagebuch der Jahre mit Willy Brandt*, Reinbek 2000

Edwin H. Hartrich: *The Fourth and Richest Reich. How the Germans Conquered the Postwar World*, New York 1980

Peter Hayes: *Die Degussa im Dritten Reich. Von der Zusammenarbeit zur Mittäterschaft*, München 2004

Peer Heinelt: *»PR-Päpste«. Die kontinuierlichen Karrieren von Carl Hundhausen, Albert Oeckl und Franz Ronneberger*, Berlin 2003

Peer Heinelt: *Die Entschädigung der NS-Zwangsarbeiterinnen und -Zwangsarbeiter*, Frankfurt am Main 2008

Marion Heistermann: *Demontage und Wiederaufbau. Industriepolitische Entwicklungen in der »Kruppstadt« Essen nach dem Zweiten Weltkrieg (1945–1956)*, Essen 2004

Claus Jacobi: *Der Verleger Axel Springer*, München 2005

Peyman Jafari: *Der andere Iran. Geschichte und Kultur von 1900 bis zur Gegenwart*, München 2010

Karl-Heinz Janßen/Haug von Kuenheim/Theo Sommer: *Die Zeit. Geschichte einer Wochenzeitung*, München 2006

Werner Jochmann (Hg.): *Adolf Hitlers Monologe im Führerhauptquartier 1941–1944*, Hamburg 1980

Michael Jürgs: *Der Fall Axel Springer*, München 1995

Hans-Bruno Kammertöns: *Der letzte Krupp. Arndt von Bohlen und Halbach. Das Ende einer Dynastie*, Hamburg 1998

Joachim Käppner: *Berthold Beitz. Die Biographie*, Berlin 2010

Rainer Karlsch/Raymond G. Stokes: *Faktor Öl. Die Mineralölwirtschaft in Deutschland 1859–1974*, München 2003

Thomas Kistner/Jens Weinreich: *Der olympische Sumpf. Die Machenschaften des IOC*, München 2000

Gert von Klass: *Die drei Ringe. Krupp nach fünf Menschenaltern*, Tübingen 1961

Volker Kluge: *Die Olympischen Sommerspiele. Die Chronik*, Berlin 1997

Volker Kluge: *Max Schmeling. Eine Biographie in 15 Runden*, Berlin 2004

Jürgen Kocka (Hg.): *Die Berliner Akademien der Wissenschaften im geteilten Deutschland 1945–1990*, Berlin 2002

Renate Köhne-Lindenlaub: *Die Villa Hügel. Unternehmerwohnsitz im Wandel der Zeit*, Berlin/München 2010

Volker Koop: *Besetzt. Amerikanische Besatzungspolitik in Deutschland*, Berlin 2006

Alfried Krupp von Bohlen und Halbach-Stiftung (Hg.): *Eine Bilanz. 1968–1998*, Essen 1999

Thomas Kuczynski: *Brosamen vom Herrentisch. Hintergründe der Entschädigungszahlungen an die im Zweiten Weltkrieg nach Deutschland verschleppten Zwangsarbeitskräfte*, Berlin 2004

Michael Kunczik: *Public Relations. Konzepte und Theorien*, Köln/Weimar/Wien 2002

Tilmann Lahme: *Golo Mann. Biographie*, Frankfurt am Main 2009

Karl Lauschke: *Vom Schlotbaron zum Krisenmanager. Der Wandel der Wirtschaftselite in der Eisen- und Stahlindustrie*, Manuskript 2001

Eva-Maria Lehming: *Carl Hundhausen. Sein Leben, sein Werk, sein Lebenswerk. Public Relations in Deutschland*, Wiesbaden 1997

Peter Longerich (Hg.): *Die Ermordung der europäischen Juden*, München 1998

William Manchester: *Krupp. Zwölf Generationen*, München 1968

Golo Mann: *Wallenstein*, Frankfurt am Main 1971

Golo Mann: *Der tiefe Wandel der Gesellschaft. Festschrift zum 100sten Jubiläum der Firma Degussa*, Düsseldorf/Wien 1973

Steffen Mensching: *Jacobs Leiter*, Berlin 2003

Peter Merseburger: *Rudolf Augstein*, München 2007

Militärgeschichtliches Forschungsamt (Hg.): *Anfänge westdeutscher Sicherheitspolitik 1945–1956*, Band 3, München 1993

Karl Mittermaier: *Mussolinis Ende. Die Republik von Salò 1943–1945*, München 1995

Norbert Mühlen: *Die Krupps*, Frankfurt am Main 1960

Reinhard Müller-Mehlis: *Die Kunst im Dritten Reich*, München 1976

Christel Oldenburg: *Tradition und Moderne. Die Hamburger SPD 1950–1966*, Berlin 2009

Christiane Oppermann: *Schwarzbuch Banken*, Kreuzlingen/München 2002

Jean-Paul Pallud: *Ardennes 1944. Peiper & Skorzeny*, Oxford 1987

Arnold Paucker/Sylvia Gilchrist/Barbara Suchy: *Die Juden im nationalsozialistischen Deutschland/The Jews in Nazi Germany 1933–1943*, Tübingen 1986

Mietek Pemper: *Der rettende Weg. Schindlers Liste. Die wahre Geschichte*, Hamburg 2005

David Pfeifer: *Max Schmeling. Die Geschichte eines deutschen Idols*, Frankfurt am Main 2005

Andreas Platthaus: *Alfred Herrhausen. Eine deutsche Karriere*, Berlin 2006

Dieter Pohl: *Nationalsozialistische Judenverfolgung in Ostgalizien 1941– 1944*, München 1996

Martin Pollack: *Galizien*, Frankfurt am Main 2001

Heinrich Potthoff: *Die »Koalition der Vernunft«. Deutschlandpolitik in den 80er Jahren*, München 1995

Heinrich Potthoff: *Bonn und Ost-Berlin 1969–1982. Dialog auf höchster Ebene und vertrauliche Kanäle*, Bonn 1997

Norbert F. Pötzl: *Basar der Spione. Die geheimen Missionen des DDR-Unterhändlers Wolfgang Vogel*, Hamburg 1997

Norbert F. Pötzl: *Erich Honecker. Eine deutsche Biographie*, München/ Stuttgart 2002

Kurt Pritzkoleit: *Die neuen Herren. Die Mächtigen in Staat und Wirtschaft*, München/Wien/Basel 1955

Thomas Ramge: *Die Flicks*, Frankfurt am Main 2004

Timm Rautert/Regine Hauch: *Im Krankenhaus. Der Patient zwischen Technik und Zuwendung*, Berlin 1993

Jürgen Reinhold: *Erinnerungen*, Essen 2000

Gerhard Roßbach: *Mein Weg durch die Zeit*, Weilburg/Lahn 1950

Markus Roth: *Herrenmenschen. Die deutschen Kreishauptleute im besetzten Polen. Karrierewege, Herrschaftspraxis und Nachgeschichte*, Göttingen 2009

Thomas Rother: *Die Krupps. Durch fünf Generationen Stahl*, Frankfurt am Main 2001

Karsten Rudolph: *Wirtschaftsdiplomatie im Kalten Krieg. Die Ostpolitik der westdeutschen Großindustrie 1945–1991*, Frankfurt am Main 2004

Ulrich Sander: *Mörderisches Finale. NS-Verbrechen bei Kriegsende*, Köln 2008

Thomas Sandkühler: *»Endlösung« in Galizien. Der Judenmord in Ostpolen und die Rettungsinitiativen von Berthold Beitz 1941–1944*, Bonn 1996

Dieter Schenk: *Die Post von Danzig*, Reinbek 1995

Karl-Heinz Schlarp: *Zwischen Konfrontation und Kooperation. Die Anfangsjahre der deutsch-sowjetischen Wirtschaftsbeziehungen in der Ära Adenauer*, Hamburg 2000

Bernd Schmalhausen: *Berthold Beitz im Dritten Reich. Mensch in unmenschlicher Zeit*, Essen 1991

Cornelia Schmalz-Jacobsen: *Zwei Bäume in Jerusalem*, Hamburg 2002

Carlo Schmid: *Erinnerungen*, Bern/München/Wien 1979

Ernst Schmidt: *Vom Staatsfeind zum Stadthistoriker*, Essen 1998

Hans-Peter Schwarz: *Axel Springer*, München 2005

Brigitte Seebacher-Brandt: *Politik im Rücken – Zeitgeist im Sinn*, Berlin 1995

Burkhard Spinnen: *Der schwarze Grat. Die Geschichte des Unternehmers Walter Lindenmaier aus Laupheim*, Frankfurt am Main 2003

Mark Spoerer: *Zwangsarbeit unter dem Hakenkreuz*, Stuttgart/München 2001

Hansjakob Stehle: *Nachbar Polen*, Frankfurt am Main 1968

Christian Steiger: *Rosemarie Nitribitt. Autopsie eines deutschen Skandals*, Königswinter 2007

Frank Stenglein: *Krupp. Höhen und Tiefen eines Industrieunternehmens*, München/Düsseldorf 1998

Hans-Friedrich Stumpf: *Kernenergieforschung in Celle 1944/45*, Celle 1995

Telford Taylor: *Die Nürnberger Prozesse*, München 2001

W. Ludwig Tegelsbeckers: *Jüdischer Sport im nationalsozialistischen Deutschland*, Bremen 1997

Adolf Theobald: *Die Macher. Eine Typologie der Chefs*, München 1977

Adam Tooze: *Ökonomie der Zerstörung. Die Geschichte der Wirtschaft im Nationalsozialismus*, München 2007

Will Tremper: *Das Tall-Komplott*, Wien/München/Zürich 1973

Klaus Umbach: *Richard Wagner. Ein deutsches Ärgernis*, Reinbek 1982

Gerhard Vonderach: *Land-Leben gestern und heute. Studien zum sozialen Wandel ländlicher Arbeits- und Lebenswelten*, Münster 2004

Wahied Wahdat-Hagh: *Die Islamische Republik Iran. Die Herrschaft des politischen Islam als eine Spielart des Totalitarismus*, Münster 2003

Annette Weinke: *Die Nürnberger Prozesse*, München 2006

Hermann Weiß (Hg.): *Biographisches Lexikon zum Dritten Reich*, Frankfurt am Main 2002

Tilo von Wilmowsky: *Warum wurde Krupp verurteilt? Legende und Justizirrtum*, Stuttgart 1950

Tilo von Wilmowsky: *Rückblickend möchte ich sagen …*, Oldenburg 1961

Bernhard Woischnik: *Alfred Krupp. Meister des Stahls. Das Lebensbild eines großen Deutschen*, Bad Godesberg 1957

Christian Zentner/Friedemann Bedürftig (Hg.): *Das große Lexikon des Dritten Reiches*, Augsburg 1995

AUFSÄTZE

Werner Abelshauser: »Rüstungsschmiede der Nation? Der Krupp-konzern im Dritten Reich und in der Nachkriegszeit 1933–1951«, in Lothar Gall (Hg.): *Krupp im 20. Jahrhundert*, Berlin 2002

Werner Abelshauser: »Fremdarbeiter – Zwangsarbeiter – Arbeitssklaven«, in Lothar Gall (Hg.): *Krupp im 20. Jahrhundert*, Berlin 2002

Werner Abelshauser: »Liebling der Götter. Aufstieg, Glanz und Macht von Berthold Beitz«, in *Frankfurter Allgemeine Sonntagszeitung*, 21.9.2003

Wladislaw Bartoszewski: »Polen – Juden – Krieg – Okkupation«, in Andrzej Krzysztof Kunert: *Polen – Juden 1939–1945*, Warschau 2001

Berthold Beitz: »The Partnership Approach« (Rede in San Francisco im Oktober 1957), in James Daniel (Hg.): *Private Investment. The Key to International Industrial Development*, New York/Toronto/London 1958

Berthold Beitz: »Der Vater des Präsidenten«, Buchrezension von Otto Heinemann: »Kronenorden Vierter Klasse«, in *Der Spiegel*, 14.7.1969

Berthold Beitz: »Wandel durch Handel. Grenzüberschreitungen im Kalten Krieg«, in Manfred Scholle (Hg.): *Den Wandel gestalten. Zum 60. Geburtstag von Friedel Neuber*, Stuttgart 1995

Berthold Beitz: »Niederlage und Befreiung. Erlebnisse in verworrener Zeit«, in Reinhard Appel (Hg.): *Es wird nicht mehr zurückgeschossen ... Erinnerungen an das Kriegsende 1945*, Bergisch Gladbach 1995

Wolfgang Benz: »Der Wollheim-Prozess. Zwangsarbeit für die I.G. Farben«, in Ludolf Herbst/Constantin Goschler (Hg.): *Wiedergutmachung in der Bundesrepublik Deutschland*, München 1989

Rudi Böhme: »Zemminer Ortschronik«, in *Nordkurier/Demminer Zeitung*, 17.5.1994

Werner Bührer: »Return to Normality: The United States and Ruhr Industry, 1949–1955«, in Jerry M. Diefendorf/Axel Frohn/Hermann-Josef Rupieper: *American Policy and the Reconstruction of West Germany, 1945–1955*, Washington D. C. 2004

Nawojka Cieślińska-Lobkowicz: »Judaika in Polen«, in *Osteuropa*, Nr. 4/2011

Aloizy Czech: »Fala ze Lwowa« (über Emil Piotr Ehrlich), in *Forum – Biuletyn Uniwersytetu Ekonomicznego w Katowicach*, Nr. 31/2010

Helga Dierichs: »Rosemarie Nitribitt. Tod einer Hure«, in Helfried Spitra (Hg.): *Die großen Kriminalfälle. Deutschland im Spiegel berühmter Verbrechen*, Frankfurt am Main 2001

Astrid Dörnemann: »Mies van der Rohes Verwaltungsgebäude für das Unternehmen Fried. Krupp«, in *Essener Beiträge zur Geschichte von Stadt und Stift Essen*, 112. Band, Essen 2000

Frank Golczewski: »Polen«, in Wolfgang Benz (Hg.): *Dimension des Völkermords. Die Zahl der jüdischen Opfer des Nationalsozialismus*, München 1996

Bernd Henningsen: »Das Alfried Krupp Wissenschaftskolleg Greifswald. Zur Idee eines *Centers of Excellence*«, Berlin 3.3.2002

Ulrich Herbert: »Arbeit und Vernichtung. Ökonomisches Interesse und Primat der ›Weltanschauung‹ im Nationalsozialismus«, in Dan Diner (Hg.): *Ist der Nationalsozialismus Geschichte?*, Frankfurt am Main 1987

Ulrich Herbert: »Als die Nazis wieder gesellschaftsfähig wurden«, in *Die Zeit*, 10.1.1997

Andreas Höfer: »Licht und Schatten. Der lange Weg des olympischen Feuers«, in *Zeitschrift des Deutschen Olympischen Sportbunds*, Nr. 2/2008

Harry Klein: »Atombomben für die Nazis?«, Rezension von Hans-Friedrich Stumpf: »Kernenergieforschung in Celle 1944/45«, in *Publiz. Politik und Kultur aus Celle*, August/September 1995 (www.celle-im-nationalsozialismus.de)

Friedhelm Kröll: »Der Krupp-Prozess«, in Gerd R. Ueberschär (Hg.): *Der Nationalsozialismus vor Gericht*, Frankfurt am Main 1999

Mechthild Lindemann: »Anfänge einer neuen Ostpolitik?«, in *Vierteljahrshefte für Zeitgeschichte*, Band 68, München 1994

Georg Meyer: »Zur inneren Entwicklung der Bundeswehr bis 1960/61«, speziell »Bemerkungen zur personellen Auswahl für die Streitkräfte und zum personellen Aufbau der Bundeswehr«, in Militärgeschichtliches Forschungsamt (Hg.): *Anfänge westdeutscher Sicherheitspolitik 1945–1956*, Band 3, München 1993

Gottfried Niedhart/Oliver Bange: »Die ›Relikte der Nachkriegszeit‹ beseitigen. Ostpolitik in der zweiten außenpolitischen Formationsphase der Bundesrepublik Deutschland und ihre internationalen Rahmenbedingungen 1969–1971«, Manuskript

Lutz Niethammer: »Schule der Anpassung. Die Entnazifizierung in den vier Besatzungszonen«, in *Spiegel special*, 1.4.1995

Hartmut Pogge von Strandmann: »Großindustrie und Rapallopolitik. Deutsch-sowjetische Handelsbeziehungen in der Weimarer Republik«, in *Historische Zeitschrift*, 222. Band, 1976

Mieczyslaw F. Rakowski: »Es geschah tatsächlich irgendwas Wichtiges, Historisches«, in *Frankfurter Rundschau*, 6.12.2000

Jozef Rogosz: »In der galizischen Hölle«, in Martin Pollack: *Galizien*, Frankfurt am Main 2001

Josef Roth: »Das polnische Kalifornien«, in *Frankfurter Zeitung*, 29.6.1928

Krzysztof Ruchniewicz: »Die Missionen von Berthold Beitz in Polen Ende der 50er/Anfang der 60er Jahre«, in *Oppelner Beiträge zur Germanistik*, Band 5, Frankfurt am Main 2002

Thomas Sandkühler: »Berthold Beitz und die ›Endlösung der Judenfrage‹ im Distrikt Galizien 1941–1944«, in Gerhard Hirschfeld/Tobias Jersak (Hg.): *Karrieren im Nationalsozialismus. Funktioneliten zwischen Mitwirkung und Distanz*, Frankfurt am Main 2004

Dirk Schleinert: »Großgrundbesitzer in Vorpommern zwischen 1800 und 1945«, Manuskript 2000

Dirk Schleinert: »Zur Geschichte von Zemmin. Professor Berthold Beitz zum 90. Geburtstag«, Manuskript 2003

Wolfgang Schmidt: »Maler an der Front«, in Rolf-Dieter Müller/ Hans-Erich Volkmann (Hg.): *Die Wehrmacht. Mythos und Realität*, München 1999

Michael Schwartz: »Vertriebene im doppelten Deutschland«, in *Vierteljahrshefte für Zeitgeschichte*, Januar 2008

Thomas Alan Schwartz: »Die Begnadigung deutscher Kriegsverbrecher. John McCloy und die Häftlinge von Landsberg«, in *Vierteljahrshefte für Zeitgeschichte*, Juli 1990

Dieter Spethmann: »Der Übernahmeversuch von Krupp war ein Irrweg«, in *Frankfurter Allgemeine Zeitung*, 27.3.1997

Ralf Stremmel: »The Desidarata of Business-Film Research«, in Vinzenz Hediger/Patrick Vonderau (Hg.): *Films That Work. Industrial Film and the Productivity of Media*, Amsterdam 2009

Manfred Zeidler: »Deutsch-sowjetische Wirtschaftsbeziehungen im Zeichen des Hitler-Stalin-Paktes«, in Bernd Wegner (Hg.): *Zwei Wege nach Moskau. Vom Hitler-Stalin-Pakt zum »Unternehmen Barbarossa«*, München/Zürich 1991

Michael Zimmermann: »Essen-Humboldtstraße«, in Wolfgang Benz/Barbara Distel (Hg.): *Der Ort des Terrors. Geschichte der nationalsozialistischen Konzentrationslager*, Band 3, München 2006

FERNSEHDOKUMENTATIONEN

»Der Statthalter: Berthold Beitz« von Adalbert Wiemers, WDR 1983
»Berthold Beitz. Liebling der Götter«, von Raimund Kusserow, SDR 1997
»Berthold Beitz. Der Herr der drei Ringe« von Reinhold Böhm, WDR 2003
»Boulevard Bio: Der Stammtisch der Überlebenden« u. a. mit Hilde Berger, WDR 1996

AMTLICHE DOKUMENTE

Akten zur auswärtigen Politik der Bundesrepublik Deutschland
Die Kabinettsprotokolle der Bundesregierung

ARCHIVE

Der Bundesbeauftragte für die Unterlagen des Staatssicherheitsdienstes der ehemaligen Deutschen Demokratischen Republik (BStU)
Deutsches Rundfunk-Archiv
Hessisches Hauptstaatsarchiv (HHA)
Kreisheimatmuseum Demmin
Politisches Archiv des Auswärtigen Amtes (PA-AA)
Schweizerisches Literaturarchiv (SLA)
Staatsarchiv Bremen
Stadtarchiv Greifswald
Stiftung Archiv Parteien und Massenorganisationen der DDR im Bundesarchiv (SAPMO)
Universitätsarchiv Greifswald

INTERNET

www.celle-im-nationalsozialismus.de
www.corporate-governance-code.de
www.derwesten.de
www.dhm.de/lemo/html/biografien/KruppBohlenHalbachGustav/index.html
www.dhm.de/lemo/html/nazi/innenpolitik/nsdap/index.html
www.jaegerwinkel.de
www.jewishgen.org/Yizkor/Borislav
www.krupp-stiftung.de
www.manager-magazin.de

www.verwaltungsgeschichte.de
www.weizmann.ac.il/acadaff/phd.html
www.wiko-greifswald.de/stiftung.html
www1.yadvashem.org/yv/en/righteous/statistics.asp

BILDNACHWEIS

BILDTEIL 1

S. 1   ullstein bild (oben); Der Spiegel (unten)

S. 2   Michael Rougier / Time Life Pictures / Getty Images (oben); akg-images / Erich Lessing (unten)

S. 3   picture-alliance / dpa (beide Bilder)

S. 4   Stan Wayman / Time Life Pictures / Getty Images (oben); akg-images / Erich Lessing (unten)

S. 5   Fotoagentur Sven Simon (oben); Rene Burri / Magnum Photos / Agentur Focus (unten)

S. 6   Süddeutsche Zeitung Photo (oben); Harald Kratzer / Keystone (unten)

S. 7   Fotoarchiv Jupp Darchinger – Archiv der sozialen Demokratie (AdsD), Friedrich-Ebert-Stiftung (oben); Yad Vashem, the Department of the Righteous Among the Nations (unten)

S. 8   Fotoarchiv Jupp Darchinger – Archiv der sozialen Demokratie (AdsD), Friedrich-Ebert-Stiftung (oben); Fotoagentur Sven Simon (unten)

BILDTEIL 2

S. 1   Wolfgang Prange

S. 2   picture-alliance / dpa (oben); ullstein bild (unten)

S. 3   imago / ddrbildarchiv (oben); ddp images / dapd / Roland Weihrauch (unten)

S. 4   picture-alliance / dpa (beide Bilder)

S. 5   Fotoarchiv Jupp Darchinger - Archiv der sozialen Demokratie (AdsD), Friedrich-Ebert-Stiftung (oben), imago / Sven Simon (unten)

S. 6   Süddeutsche Zeitung Photo (oben), Fotoarchiv Jupp Darchinger - Archiv der sozialen Demokratie AdsD), Friedrich-Ebert-Stiftung (unten)

S. 7   WAZ FotoPool / Oliver Müller (oben), ddp images / dapd / Volker Hartmann (unten)

S. 8   picture-alliance / dpa (oben); WAZ FotoPool / Kerstin Kokoska (unten)

DANK

Beim Entstehen dieses Buches haben mich viele sach- und fachkundige Menschen unterstützt. Besonders herzlichen Dank schulde ich Renate Faerber-Husemann und Dr. Martin Rupps; sie haben mich in vielen Gesprächen zu dieser Biografie ermuntert, das Manuskript kritisch durchgesehen und mir wertvolle Ratschläge zur Optimierung des Textes gegeben. Für die Überlassung von Archivmaterial, das meine eigenen Recherchen ergänzte, bin ich Helga Dierichs und Dr. Tilmann Lahme dankbar. Prof. Dr. Karsten Rudolph und Dr. Dirk Schleinert haben mir freundlicherweise teils unveröffentlichte Manuskripte zur Verfügung gestellt. Für Auskünfte und weiterführende Informationen danke ich Prof. Dr. Dieter Birnbaum, Rolf Böker, Prof. Dr. Walter Bührer, Dr. Bernd Kappelhoff, Steffen Mensching, Heinz-Gerhard Quadt, Dr. Brigitte Seebacher und Rainer Stabenow sowie all jenen Persönlichkeiten, die mir Berthold Beitz 2003/2004 als Gesprächspartner vermittelt hat, die ich hier aber nicht namentlich nennen darf. Marta Solarz in Warschau hat für mich dankenswerterweise einige Texte aus dem Polnischen übersetzt, Claus-Dieter Schmidt aus der *Spiegel*-Bildredaktion hat mir bei der Suche nach Fotos geholfen. Schließlich gilt mein besonderer Dank Dr. Walter Lehmann-Wiesner, meinem Kollegen aus der *Spiegel*-Dokumentation, der das Manuskript auf sachliche Richtigkeit geprüft und mir viele wichtige Hinweise auf zusätzliche Quellen gegeben hat. Dem Team des Heyne Verlags danke ich für die angenehme und reibungslose Zusammenarbeit.

PERSONENREGISTER